“十四五”职业教育项目式课证融通系列教材

JIANZHU GONGCHENG JIANLI

建筑工程监理

（第三版）

主　编　王光炎
副主编　柳宜爽　廉　静　孙庆珍　高德昊　冯国海
编　者　尚峰梅　高卫格　侯　蓉　薛苗苗　柴　雪

中国财经出版传媒集团
中国财政经济出版社
·北京·

图书在版编目(CIP)数据

建筑工程监理／王光炎主编．—北京：中国财政经济出版社，2021.11（2025.1 重印）
ISBN 978-7-5095-5333-6

Ⅰ．①建… Ⅱ．①王… Ⅲ．①建筑工程-施工监理
Ⅳ．①TU712.2

中国版本图书馆 CIP 数据核字（2021）第 255678 号

策划编辑：李昊民　　责任校对：胡永立
责任编辑：李昊民　刘孺泾　　责任印制：张　健

建筑工程监理
JIANZHU GONGCHENG JIANLI
中国财政经济出版社 出版
URL：http：//www.cfeph.cn
E-mail：cfeph @ cfemg.cn

社址：北京市海淀区阜成路甲 28 号　邮政编码：100142
营销中心电话：010-88191522
天猫网店：中国财政经济出版社旗舰店
网址：https：//zgczjjcbs.tmall.com
廊坊市佳艺印务有限公司印刷　各地新华书店经销
成品尺寸：203mm×260mm　16 开　19 印张　484 000 字
2021 年 11 月第 1 版　2025 年 1 月河北第 3 次印刷
定价：53.00 元
ISBN 978-7-5095-5333-6
（图书出现印装问题，本社负责调换，电话：010-88190548）
本社质量投诉电话：010-88190744
打击盗版举报热线：010-88191661　QQ：2242791300

前言

本书以面向工程咨询管理企业、培养施工一线土建类专业人才为目标，针对工程项目咨询管理和土建施工类专业人才培养的需要，以国家法律法规、规章制度为依据，以具备基本知识为基础，注重理论联系实际、解决实际问题能力的培养；既注重内容的先进性、实用性，又便于实施项目案例教学和实践教学。本书入选了“十二五”职业教育国家规划教材。自第二版于2017年7月出版以来，受到了广大师生的欢迎和高度好评。为积极响应课程改革和教材建设，满足职业教育改革与发展的需求，达到建设工程监理方面的人才培养要求，适应职业教育的发展趋势，全面贯彻党的二十大报告中提出的教育方针，落实立德树人根本任务，培养德智体美劳全面发展的社会主义建设者和接班人，编者根据第二版使用中发现的问题和不足，结合土木建筑工程领域近年来出现的新技术、新材料、新设备、新工艺和现行《建设工程监理规范》（GB/T 50319—2013）标准，新修订的法律法规及相关政策文件，在第二版书稿的基础上进行了第三版的修订，修订工作主要有以下几点：

1.《住房和城乡建设部办公厅关于做好建筑业“证照分离”改革衔接有关工作的通知》（建办市〔2021〕30号）规定，监理企业资质由三级调整为两级，取消丙级资质，相应调整乙级资质的许可条件；取消监理事务所资质和公路、水利水电、港口与航道、农林工程专业监理资质。教材中对有关监理企业资质的内容进行了修改。

2. 2020年5月28日，第十三届全国人民代表大会第三次会议表决通过了《中华人民共和国民法典》（以下简称《民法典》），自2021年1月1日起施行。《中华人民共和国合同法》同时废止。教材中有关合同管理的内容依据《民法典》第三编合同进行了修订和更新。

3. 根据相关政策性文件的出台，就教材中相关的内容做了更新和增加，例如，更新了监理工程师执业资格考试报考条件和管理，增加了《房屋建筑和市政基础设施项目工程总承包管理办法》（建市规〔2019〕12号）、《危险性较大的分部分项工程安全管理规定》等文件的内容。

4. 对课后链接执业资格考试题做了更新。

5. 删除了教材中一些陈旧的知识内容。

本套丛书特色

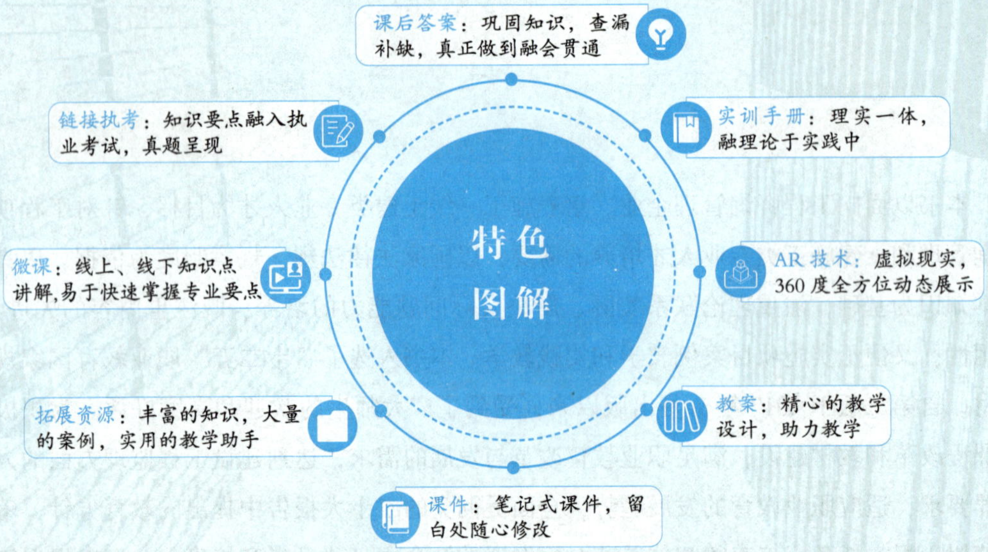

本书可作为土建施工类专业的教学用书，也可作为专业技术人员的学习资料和参考书。

由于编者水平有限，书中难免有不足之处，恳请广大读者批评指正。

编　者

目录

课程导入/1

知识目标/1
技能目标/1
素养目标/1
项目流程图/1
0.1 课程定位/2
0.2 建筑工程监理概述/2
0.3 建筑工程监理的发展/6
0.4 我国建筑工程监理的实施原则、程序和主要任务/10

项目 1 | 工程监理企业与监理工程师/14

知识目标/14
技能目标/14
素养目标/14
项目流程图/14
1.1 工程监理企业/15
1.2 工程监理企业的运营/26
1.3 项目监理机构/31
1.4 监理工程师/43
1.5 建设工程监理的组织协调/52
基础考核/56
技能实训/58
链接执考/58

项目 2 | 监理规划与监理实施细则的编写/60

知识目标/60
技能目标/60
素养目标/60
项目流程图/60
2.1 监理大纲/61
2.2 监理规划/61
2.3 监理实施细则/75
基础考核/80
技能实训/81
链接执考/81

项目 3 | 建设工程质量控制/83

知识目标/83
技能目标/83
素养目标/83
项目流程图/83
3.1 建设工程质量控制概述/84
3.2 工程勘察设计阶段的质量控制/88
3.3 工程施工的质量控制/92
3.4 建筑工程施工质量验收/109
3.5 工程质量问题和质量事故处理/114
基础考核/120
技能实训/121
链接执考/121

项目 4 | 建筑工程造价控制/123

知识目标/123
技能目标/123
素养目标/123
项目流程图/123
4.1 建筑工程全过程造价控制的概念/124
4.2 建筑工程造价构成/125
4.3 工程量清单计价与计量规范/136
4.4 建筑工程造价的计价依据/143
4.5 建筑工程设计阶段的造价控制/151
4.6 建筑工程施工招标阶段的造价控制/152
4.7 建筑工程施工阶段的造价控制/154
基础考核/165
技能实训/166
链接执考/166

项目 5 | 工程建设进度控制/167

知识目标/167
技能目标/167
素养目标/167
项目流程图/167
5.1 建筑工程进度控制概述/168
5.2 建筑工程设计阶段的进度控制/169
5.3 建筑工程施工阶段的进度控制/175
5.4 建筑工程进度计划实施中的监测与调整方法/190
基础考核/208
技能实训/209
链接执考/210

项目 6 | 建筑工程安全控制/212

知识目标/212
技能目标/212
素养目标/212
项目流程图/212
6.1 安全监理的定义/213
6.2 安全监理的方针与原则/213
6.3 安全监理的工作内容/219
基础考核/235
技能实训/237
链接执考/237

项目 7 | 建筑工程合同管理/239

知识目标/239
技能目标/239
素养目标/239
项目流程图/239
7.1 建筑工程招标管理/240
7.2 建筑工程合同管理概述/249
7.3 合同法律制度/252
7.4 建筑工程合同管理/258
7.5 建设工程施工索赔/263
基础考核/268
技能实训/269
链接执考/270

项目 8 | 建筑工程信息档案管理/271

知识目标/271
技能目标/271
素养目标/271
项目流程图/271
8.1 建设工程信息管理概述/272
8.2 建设工程信息过程管理/275
8.3 建设工程文件档案资料管理/280
基础考核/295
技能实训/296
链接执考/296

参考文献/298

课程导入

知识目标

1. 了解我国建设监理制度的发展历程。
2. 掌握监理的概念和性质。
3. 掌握建设工程监理的依据和范围。
4. 了解监理员与监理工程师岗位的区别。

课程导入

技能目标

具备在教师引导下自主学习本课程的基本能力。

素养目标

1. 培养诚实守信、公平正义的品德。
2. 培养科学规范、遵守规则的职业操守。
3. 树立客户第一，服务至上的理念。

项目流程图

01 课程定位 → 02 建筑工程监理概述 → 03 建筑工程监理的发展 → 04 我国建筑工程监理的实施原则、程序和主要任务

0.1 课程定位

建筑工程监理是施工现场每个管理人员和技术人员都应熟悉的知识，也是建筑工程技术专业和建筑工程管理专业的必修课，是一门重要的专业课，是土建类专业学生应该具有的基本素质和将来在工程建设领域就业的必备知识。本课程亦可作为其他专业的选修课，通过学习本课程可以扩展学生的专业视野和就业领域。

学习该课程，使学生了解工程建设监理的基本概念，掌握必要的基础知识，培养学生一定的分析处理与工程监理相关的实际问题的能力，为今后的学习、工作打下必要的基础。本书依据我国工程建设管理的法律法规和建设工程监理制度的相关规定，在现有建设工程监理理论的基础上，结合工程项目监理的实践认识，比较全面地阐述了建设工程监理的基本任务、方法和手段(见表 0.1)。

表 0.1　课程定位

课程性质	必修课程、专业基础课程	备注
课程功能	培养学生对建筑工程项目的质量、进度、投资控制和安全、环境、合同、信息管理以及监理工程、监理组织与协调的能力	
前导课程	建筑 CAD、建筑力学与结构、建筑识图与构造、建筑施工测量、基础工程施工、砌体结构工程施工、混凝土结构工程施工、钢结构工程施工、屋面及防水工程施工、装饰装修工程施工、建筑工程施工组织、建筑抗震知识、建筑法规、建筑工程计量与计价	
平行课程	建筑工程质量管理、建筑工程安全管理	
后续课程	建筑工程施工质量问题处理、综合实训、顶岗实习	

0.2 建筑工程监理概述

0.2.1 建筑工程监理的概念

建设工程监理是指具有相应资质的工程监理企业，接受建设单位的委托，承担其项目管理工作，并代表建设单位对承建单位的建设行为进行监控的专业化服务活动。其特性主要表现为监理的服务性、科学性、独立性和公正性。

《建设工程监理规范》(GB/T 50319—2013)中明确指出：工程监理单位受建设单位委托，根据法律法规、工程建设标准、勘察设计文件及合同，在施工阶段对建设工程质量、进度、造价进行控制，对合同、信息进行管理，对工程建设相关方的关系进行协调，并履行建设工程安全生产管理法定职责的服务活动。

建筑工程监理可以是对建筑工程项目活动的全过程监理，也可以是对建筑工程项目某一实施阶段的监理，如设计阶段监理、施工阶段监理等。我国目前应用最多的是施工阶段监理。

0.2.2 建筑工程监理的性质

监理单位是建筑市场的主体之一，依法成立并取得国务院建设主管部门颁发的工程监理企业资质证书，从事建设工程监理活动的服务机构。建设监理是一种高智能的有偿技术服务，在国际上把这类服务归为工程咨询(工程顾问)服务。

《中华人民共和国建筑法》(以下简称《建筑法》)规定："工程监理单位不按照委托监理合同的约定履行监理义务，对应当监督检查的项目不检查或者不按照规定检查，给建设单位造成损失的，应当承担相应的赔偿责任。工程监理单位与承包单位串通，为承包单位谋取非法利益，给建设单位造成损失的，应当与承包单位承担连带赔偿责任。"

1. 服务性

工程建设监理是一种高智能的有偿技术服务活动。它是监理人员利用自己的工程建设知识、技能和经验为建设单位提供的管理服务。它既不同于承建商的直接生产活动，也不同于建设单位的直接投资活动，它不向建设单位承包工程造价，不参与承包单位的利益分成，它获得的是技术服务性的报酬。工程建设监理的服务客体是建设单位的工程项目，服务对象是建设单位。这种服务性的活动是严格按照监理合同和其他有关工程建设合同来实施的，是受法律约束和保护的。

2. 科学性

工程建设监理应当遵循科学性准则。监理的科学性体现为其工作的内涵是为工程管理与工程技术提供知识的服务。监理的任务决定了它应当采用科学的思想、理论、方法和手段，监理的社会化、专业化特点要求监理单位按照高智能原则组建，监理的服务性质决定了它应当提供科技含量高的管理服务，工程建设监理维护社会公众利益和国家利益的使命决定了它必须提供科学性服务。按照工程建设监理科学性要求，监理单位应当拥有足够数量的、业务素质合格的监理工程师，要有一套科学的管理制度，要掌握先进的监理理论、方法，要积累足够的技术、经济资料和数据，要拥有现代化的监理手段。

3. 公正性

监理单位不仅是为建设单位提供技术服务的一方，它还应当成为建设单位与承建商之间的公正的第三方。在任何时候，监理方都应依据国家法律、法规、技术标准、规范、规程和合同文件站在公正的立场上进行判断、证明和行使自己的处理权，要维护建设单位和不损害被监理单位双方的合法权益。

4. 独立性

从事工程建设监理活动的监理单位是直接参与工程项目建设的"三方当事人"之一，它与项目建设单位、承建商之间的关系是一种平等主体关系。监理单位是作为独立的专业公司，根据监理合同履行自己权利和义务的服务方。为维护监理的公正性，它应当按照独立自主的原则开展监理活动。在监理过程中，监理单位要建立自己的组织，要确定自己的工作准则，要运用自己的理论、方法、手段，根据监理合同和自己的判断，独立地开展工作。

0.2.3 建设工程监理的依据

按照我国工程建设监理的有关规定，建筑工程监理的依据是国家批准的工程项目建设文件，有关工程建设的法律、法规和工程建设监理合同及其他工程建设合同。

(1)法律主要是指与工程建设活动有关的法律，如《建筑法》、《中华人民共和国民法典》(合同部分)、《中华人民共和国招标投标法》(以下简称《招标投标法》)等。

(2)法规主要包括以下内容。

①国务院制定的行政法规，如《建设工程质量管理条例》《建设工程安全生产管理条例》《生产安全事故报告和调查处理条例》《招标投标法实施条例》等。

②地方性法规，由省级人大及其常委会、省所在市人大及其常委会、国务院批准的较大的市人大及其常委会制定。

(3)国家批准的工程项目建设文件，主要包括建设计划、规划、设计文件等。这既是政府有关部门对工程建设进行审查、控制的结果，是一种许可，也是工程实施的依据。

(4)依法签订的工程建设合同，是工程建设监理工作具体控制工程造价、质量、进度的主要依据。监理工程师以此为尺度严格监理，并努力达到工程实施的依据。监理单位必须依据监理委托合同中的授权开展工作。

0.2.4 建设工程监理的范围

为了确定必须实施监理的建设工程项目的具体范围和规模标准，规范建设工程监理活动，根据《建设工程质量管理条例》制定的规定，下列建设工程必须实行监理：国家重点建设工程，大中型公用事业工程，成片开发建设的住宅小区工程，利用外国政府或者国际组织贷款、援助资金的工程，国家规定必须实行监理的其他工程。

(1)国家重点建设工程，是指依据《国家重点建设项目管理办法》所确定的对国民经济和社会发展有重大影响的骨干项目。

(2)大中型公用事业工程，是指项目总投资额在3000万元以上的下列工程项目：

①供水、供电、供气、供热等市政工程项目。

②科技、教育、文化等项目。

③体育、旅游、商业等项目。

④卫生、社会福利等项目。

⑤其他公用事业项目。

(3)成片开发建设的住宅小区工程，建筑面积在5万平方米以上的住宅建设工程必须实行监理；5万平方米以下的住宅建设工程可以实行监理，具体范围和规模标准由省、自治区、直辖市人民政府建设行政主管部门规定。为了保证住宅质量，对高层住宅及地基、结构复杂的多层住宅应当实行监理。

(4)利用外国政府或者国际组织贷款、援助资金的工程范围：

①使用世界银行、亚洲开发银行等国际组织贷款资金的项目。

②使用国外政府及其机构贷款资金的项目。

③使用国际组织或者国外政府援助资金的项目。

(5)国家规定必须实行监理的其他工程：

①项目总投资额在3000万元以上，关系社会公共利益、公众安全的下列基础设施项目。

A. 煤炭、石油、化工、天然气、电力、新能源等项目。

B. 铁路、公路、管道、水运、民航以及其他交通运输业等项目。

C. 邮政、电信枢纽、通信、信息网络等项目。

D. 防洪、灌溉、排涝、发电、引(供)水、滩涂治理、水资源保护、水土保持等水利建设项目。

E. 道路、桥梁、地铁和轻轨交通、污水排放及处理、垃圾处理、地下管道、公共停车场等城市基础设施项目。

F. 生态环境保护项目。

G. 其他基础设施项目。

②学校、影剧院、体育场馆项目。

0.2.5 建设工程监理的作用

1. 有利于提高建筑工程投资决策科学化水平

工程监理企业可协助建设单位选择适当的工程咨询机构，管理工程咨询合同的实施，并对咨询结果(如项目建议书、可行性研究报告)进行评估，提出有价值的修改意见和建议；或者直接从事工程咨询工作，为建设单位提供建设方案。工程监理企业参与或承担项目决策阶段的监理工作，有利于提高项目投资决策的科学化水平，避免项目投资决策失误，也为实现建设工程投资综合效益最大化打下了良好的基础。

2. 有利于规范工程建设参与各方的建设行为

在建筑工程项目实施过程中，工程监理企业可依据委托监理合同和有关的建设工程合同对承建单位的建设行为进行监督管理。由于这种约束机制贯穿于工程建设的全过程，采用事前、事中和事后控制相结合的方式，因此可以有效地规范各承建单位的建设行为，最大限度地避免不当建设行为的发生；即使出现不当建设行为，也可以及时加以制止，最大限度地减少其不良后果。应当说，这是约束机制的根本目的。另外，由于建设单位不了解与建设工程有关的法律、法规、规章、管理程序和市场行为准则，也可能发生不当建设行为，在这种情况下，工程监理单位可以向建设单位提出适当的建议，从而避免发生建设单位的不当建设行为，这对规范建设单位的建设行为也可起到一定的约束作用。当然，要发挥上述约束作用，工程监理企业首先必须规范自身的行为，并接受政府的监督管理。

3. 有利于促使承建单位保证建设工程质量和使用安全

在加强承建单位自身对工程质量管理的基础上，由工程监理企业介入建设工程生产过程的管理，对保证建设工程质量和使用安全有着重要作用。

4. 有利于实现建设工程投资效益最大化

建筑工程投资效益最大化有以下三种不同的表现。

(1)在满足建筑工程预定功能和质量标准的前提下，建设投资额最少。

(2)在满足建筑工程预定功能和质量标准的前提下，建筑工程寿命周期费用(或全寿命费用)最少。

(3)建筑工程本身的投资效益与环境、社会效益的综合效益最大化。

0.3 建筑工程监理的发展

0.3.1 建设工程监理在国外的形成与发展

建设监理制度的起源，发生在16世纪的欧洲，随着社会对房屋建造技术的要求不断提高，传统的建筑业开始出现专业化的分工，社会对建设监理的需求逐渐产生。18世纪60年代的英国产业革命，大大促进了整个欧洲大陆工业化的发展进程。

第二次世界大战以后欧美的恢复建设速度加快，自20世纪50年代末期开始，由于科学技术、工业和国防建设的发展以及人们生活水平的不断提高，一系列大型、巨型工程的建设项目开展，如航天工程、大型水电工程、核电站、大型钢铁企业、石油化工企业和新型城市建设等，以及在工程的建设施工阶段对建设施工质量进行全面监理的需要，建设工程监理逐步贯穿建设活动的全过程。

随着建设监理需求的发展，西方工业发达国家把建设监理逐步法律化、制度化、程序化。20世纪80年代建设监理在国际上得到了较大的发展，一些发展中国家开始效仿发达国家的做法，结合本国实际确立或引进社会监理机制，对工程建设实施监理。

0.3.2 建设工程监理在我国的形成与发展

1982年，我国在使用世界银行贷款的第一个项目(云南鲁布革水电站项目)的实施过程中，就采用了业主委托“工程师单位”实施现场监督的管理模式。

我国建设监理制度的试点工作开始于1988年。1988年7月25日，原建设部制定印发了《关于开展建设监理工作的通知》(以下简称《通知》)。《通知》提出，建立具有中国特色的建设监理制度，以提高投资效益和建设水平。此外，《通知》还就推行对建筑监理制度的试点城市进行了具体的部署。

现在，建筑监理制度作为改革开放催生的四大建筑制度之一，与项目业主负责制、投标承包制和合同管理制一起载入改革创新的史册。

1. 建筑监理制度试点起步阶段

1988年8月12日至13日，原建设部在北京召开建设监理试点工作会议(即第一次全国建筑监理工作会议)，研究落实《通知》的要求，商讨监理试点工作的目的、要求，确定监理试点单位的条件等事宜。

1988年10月11日至13日，原建设部在上海召开第二次全国建设监理工作会议，进一步商讨选择哪些城市作为建设监理制度的试点，经讨论后确定了作为试点的8市2部，即将北京、上海、南京、天津、宁波、沈阳、哈尔滨、深圳和原能源部的水电系统、原交通部的公路系统作为监理试点。根据会议精神，原建设部于1988年11月12日制定印发了《关于开展建筑监理试点工作的若干意见》。据此，试点地区和部门开始组建监理单位，建设行政主管部门帮助监理单位选择监理工程项目，逐步开始实施建筑监理制度。

原交通部作为建筑工程监理制度的试点单位，利用世界银行贷款先后修建了很多基础交通设施，如陕西省西安—三原一级公路、京津塘高速公路和天津港东突堤工程。以上工程修建中，承包方按照国际通行的国际咨询工程师联合会(FIDIC)合同条款要求，实行了国际招标及工程监理制，从而逐步形成了适合中国国情的交通建设工程监理模式。自第一批交通建设项目实行工程监理制以来，交通建设的工程监理制度经过开始试点、稳步发展、全面推行三个阶段，逐步成熟完善。随着我国改革开放的不断深入和交通事业的持续发展、快速发展，建设监理制度已成为我国公路、水运工程建设中不可缺少的重要环节，所起的作用也越来越明显。

1998 年 5 月 10 日至 17 日，原建设部建设监理司在安徽合肥举办建设监理研讨班，就建筑监理试点各阶段的理论、政策和工作中的具体问题进行了研究和论证，尤其是对监理单位的组织模式、监理人员称谓和监理方法，跨地区承揽监理任务的管理，以及与工程质量监督的关系等问题，进行了深入探讨，从而初步理清了建设监理工作的思路。

1989 年 7 月 28 日，原建设部颁发了《建设监理试行规定》。这是我国建筑监理工作的第一个法规性文件，它全面地规范了参与建设监理各方的行为。

为了及时总结试点经验，指导建筑监理试点工作健康发展，1989 年 10 月 23 日至 26 日，原建设部在上海召开了第三次全国建设监理工作会议，总结了 8 市 2 部监理试点的经验。试点经验归纳为：实行监理制度的工程在工期、质量、造价等方面与以前相比均取得了更好的效果；试点工作充分证明，实行这项改革有助于完善我国工程建设管理体制，有助于提高我国工程的整体水平和投资效益；要组建一支高水平的工程建设监理队伍，应把工程监理制度稳定下来。

2. 建筑监理制度稳步发展阶段

1993 年 5 月，第五次全国建设监理工作会议召开，标志着我国建筑监理制度走向稳步发展的新阶段。

第五次全国建设监理工作会议总结了我国 4 年多来监理试点工作的经验，宣布结束试点工作，进入稳步发展的新阶段。会议提出了新的发展目标：从 1993 年起，用 3 年左右的时间完成稳步发展阶段的各项任务；从 1996 年开始，建筑监理制度走向全面实施阶段；到 20 世纪末，我国的建筑监理事业争取达到产业化、规范化、国际化的程度。会议同时提出稳步发展阶段的主要任务：健全监理法规和行政管理制度；大中型工程项目和重点工程项目都要实行监理制；监理队伍的规模要和基本建设的发展水平相适应，基本满足监理市场的需求；要有相当一部分监理单位和监理人员获得国际同行的认可，并进入国际建筑市场。

会后，国内各地区、各部门立即着手部署工作，其中北京市、上海市，原水电部和原煤炭部等地区和部门，由试点阶段进入全面推行阶段，所有新开工工程项目都要实行监理制度。原机械部、原煤炭部、有色金属总公司等也向本系统发出通知，今后新建项目一律委托系统内具有相应资质的监理单位进行监理。

1993 年，全国已注册的监理单位达到 886 家，从业者约为 4.2 万人。在监理队伍中还涌现出一批甲级资质的监理单位。兼职承担监理业务的单位逐渐减少，专职承担监理业务的单位不断增多。

1993 年上半年中国建设监理协会经原建设部、原民政部批准正式成立，并于同年 7 月在北京召开成立大会，中国建设监理协会的成立标志着我国建设监理行业基本形成，并走上自我约束、自我发展的道路。

到 1994 年年底，我国已有 29 个省、自治区、直辖市和国务院所属的 36 个工业交通原材料等部门在推行监理制度。其中，北京、天津、上海及辽宁、湖北、河南、海南、江苏等省的地级以上城市全部推行监理制度。全国推行监理制度的地级以上城市达153个，约占全国196个地级城市的76%。全国大中型水电工程、大部分国道和高级公路工程都实行了工程监理，建筑市场初步形成了由业主、监理和承建三方组成的三元主体结构。

3. 建筑监理制度全面推行阶段

1995年12月15日，原建设部和原国家计委印发了《工程建设监理规定》的通知，1996年1月1日起实施，同时废止了原建设部1989年7月28日发布的《建设监理试行规定》。

1997年《中华人民共和国建筑法》规定，国家推行建筑工程监理制度，从而使建筑工程监理制度进入全面推行阶段。

截至1996年年底，全国共有工程建设监理单位2100多家，其中甲级资质的监理单位123家。全国从事监理工作的人员共10.2万余人，其中具有中级及以上技术职称的人员有7.54万余人；全国约4.3万人参加了原建设部指定院校的监理培训。当时取得原建设部、原人事部确认资格的监理工程师的人数达到2963人，经过注册的监理工程师有1865人。各地区、各部门自行培训，监理工作人员基本能持证上岗。在一些外资、合资项目的监理工作中，我国监理人员已经成为主力。

1996年全国开展监理工作的地级市达到238个，占全国269个地级市的88.4%，地级城市已经普遍推行建筑监理制。

1997年我国工程建设的总投资额为2.46万亿元，实行监理制度的项目投资额超过1.02万亿元，监理制度覆盖面达41.7%。

1999年5月13日—14日，原建设部与原人事部举行了全国监理工程师执业资格考试，这是继1997年首次全国监理工程师考试以来的第三次全国性监理工程师考试，共有3万多人报名参加，约有6000人通过考试取得监理执业资格，全国具有监理执业资格的人数超过了3.06万。

2000年7月，原建设部与中国建设监理协会共同组织召开了监理企业改制工作研讨会，与监理企业及各方人士共同研讨了监理企业改制的有关问题，还着手修改了《工程建设监理单位资质管理办法》。

4. 建筑监理制度逐步完善阶段

目前，虽然建设监理制度已经在全国范围内推行，但是业主、施工单位和质量监督机构对实行工程监理的意义以及重要性还是缺乏认识，对监理人员的地位以及各方的关系也不甚了解。有些业主认为监理人员是自己的雇员，必须为自己的利益着想，按自己的要求办事。质量监督机构认为监理人员代替了自己的职能，因而忽视了对工程质量的监管。由于对监理人员的工作认识模糊，工程建设各方在关系的协调上不顺畅，监理人员的决定不能实施，监理效果不够理想，工程质量监督工作出现漏洞。当工程出现质量问题时，还容易出现相互推诿的现象。

为了解决上述问题，我国于1992年2月1日施行《工程建设监理资质管理试行办法》；2008年5月，中华人民共和国住房和城乡建设部、国家工商行政管理总局联合发布《建设工程监理合同示范文本(征求意见稿)》；政府和相关部门也相继出台了许多与建设工程监理关系密切的法律、法规、规章、规范，如《建筑法》《建设工程质量管理条例》《工程监理企业资质管理规定》《建设工程监理规范》和《房屋建筑工程施工旁站监理管理办法(试行)》等。

上述法律、法规各有其作用。其中《建筑法》的实施，为维护建筑市场的秩序，保证建筑工程的质量和安全提供了法律保障，也为建筑工程的监督管理提供了法律依据；《建设工程质量管理条例》为工程质量提供了详尽的规范，弥补了以往一些因质量管理规定笼统而产生的漏洞，可操作性得到极大提高；《工程监理企业资质管理规定》明确了从事建筑工程监理活动的企业取得工程监理企业资质的合法程序；《建设工程监理规范》进一步明确了工程监理的定义，解决了建设单位与施工单位之间信息不对称和专业化监督管理缺失的问题；《房屋建筑工程施工旁站监理管理办法(试行)》明确了旁站监理人员的职责和奖罚办法，使其在旁站的监理过程中及时发现并处理问题，进一步细化了监理人员的工作职责。

以上法律、法规、制度的制定和完善，规范了我国建筑工程的监理市场，进一步明确了监理人员的权利和义务。业主与监理之间通过工程建设监理合同建立一种委托与被委托的关系，双方都要在合同约定的范围内行使各自的权利，承担相应的责任。取得从业资格的监理人员接受业主的委托对项目的实施进行监理，但是监理人员不是业主在项目上的利益代表，必须依据工程建设监理合同，设计文件，相关规范、规定及相关法律对项目实施独立、科学、公正的监理。业主有权要求更换不称职的监理人员或解除监理合同，但不得干预和影响监理人员的正常工作，不得随意变更监理人员的指令。监理人员接受业主的委托，对项目的实施进行监督与管理，要对业主负责。监理人员的一切监理行为必须以监理合同和工程承包合同为依据，以实施三个控制为目标，以监理人员的名义独立实施监理，在业主与承包商之间要做到独立、客观、公正。

实行建筑监理制度是我国建设领域的一项重大改革，是我国对外开放、国际交往日益扩大的结果。通过实行建筑工程监理制度，我国建筑工程的管理体制开始向社会化、专业化、规范化的先进管理模式转变。这种管理模式，在项目法人与承包商之间引入了建筑监理单位作为中介服务的第三方，进而在项目法人与承包商、项目法人与监理单位之间形成了以经济合同为纽带，以提高工程质量和建设水平为目的的相互制约、相互协作、相互促进的一种新的建筑项目管理运行机制。这种机制为提高建筑工程质量、节约建筑工程的投资、缩短建筑的工期创造了有利的条件。

住房和城乡建设部、国家发展改革委联合印发《房屋建筑和市政基础设施项目工程总承包管理办法》(建市规〔2019〕12号)(以下简称《办法》)，该《办法》自2020年3月1日起施行。

《办法》明确规定，施工单位与设计单位资质互认，同时可以组成联合体来完成相应规模工程总承包项目。但是工程总承包单位不得是工程总承包项目的代建单位、项目管理单位监理单位、造价咨询单位、招标代理单位。

工程总承包项目的项目经理应由取得相应工程建设类注册执业资格(包括建筑师、勘察设计注册工程师、注册建造师或者注册监理工程师)的人员担任，或者由担任过与拟建项目类似的工程总承包项目经理、设计项目负责人、施工项目负责人或者项目总监理工程师来担任。也就是说，注册监理工程师可以担任工程总承包项目的项目经理。监理工程师的社会认可度会随着各项利好政策的出台而提高。

经过20多年的发展，建筑工程监理制度已逐步走向成熟，在我国国民经济建设中发挥着越来越重要的作用。

0.4 我国建筑工程监理的实施原则、程序和主要任务

0.4.1 我国建筑工程监理的实施原则

建筑工程监理的实施应遵循以下五大原则。

1. 公平、独立、自主的原则

监理工程师在建设工程监理中必须尊重科学，尊重事实，组织各方协同配合，维护有关各方的合法利益，为此，必须坚持公正、独立、自主的原则。业主与承建单位虽然都是独立运行的经济主体，但他们追求的经济目标有差异，监理工程师应在按合同约定的权、责、利关系的基础上，协调双方的一致性。只有按合同的约定建成工程，业主才能实现投资的目的，承建单位也才能实现自己生产的价值，取得工程款和实现盈利。

2. 权责一致的原则

监理工程师承担的职责应与业主授予的权限相一致。监理工程师的监理职权依赖于业主的授权。这种权力的授予，除体现在业主与监理单位签订的委托监理合同之中，还应作为业主与承建单位建设工程合同的合同条件。因此，监理工程师在明确业主提出的监理目标和监理工作内容要求后，应与业主协商，明确相应的授权，达成共识后明确反映在委托监理合同中及建设工程合同中。据此，监理工程师才能开展监理活动，总监理工程师代表监理单位全面履行建设工程委托监理合同，承担合同中确定的监理方向业主方所承担的义务和责任。因此，在委托监理合同实施中，监理单位应给总监理工程师充分授权，体现权责一致的原则。

3. 总监理工程师负责制的原则

总监理工程师是工程监理全部工作的负责人。要建立和健全总监理工程师负责制，就要明确权、责、利关系，健全项目监理机构，具有科学的运行制度、现代化的管理手段，形成以总监理工程师为首的高效能的决策指挥体系。

总监理工程师负责制的内涵包括以下两方面。

(1)总监理工程师是工程监理的责任主体。责任是总监理工程师负责的核心，它既是总监理工程师的工作压力与动力的来源，也是确定总监理工程师权力和利益的依据。所以总监理工程师应是向业主和监理单位负责的承担者。

(2)总监理工程师是工程监理的权力主体。根据总监理工程师承担责任的要求，总监理工程师全面领导建设工程的监理工作，包括组建项目监理机构，主持编制建设工程监理规划，组织实施监理活动，对监理工作进行总结、监督、评价。

4. 严格监理、热情服务的原则

严格监理，就是各级监理人员严格按照国家政策、法规、规范、标准和合同控制建设工程的目标，依照既定的程序和制度，认真履行职责，对承建单位进行严格监理。

监理工程师还应为业主提供热情的服务，“应运用合理的技能，谨慎而勤奋地工作”。由于业主一般不熟悉建设工程管理与技术业务，监理工程师应按照委托监理合同的要求多方位、多层次地为

业主提供良好的服务，维护业主的正当权益。但是，不能因此而一味向各承建单位转嫁风险，从而损害承建单位的正当经济利益。

5. 综合效益的原则

建设工程监理活动即要考虑业主的经济效益，也必须考虑与社会效益和环境的有机统一。建设工程监理活动虽经业主的委托和授权才得以进行，但监理工程师应首先严格遵守国家的建设管理法律、法规、标准等，以高度负责的态度既对业主负责，谋求最大的经济效益，又对国家和社会负责，取得最佳的综合效益。只有在符合宏观经济效益、社会效益和环境效益的条件下，业主投资项目的微观经济效益才能得以实现。

0.4.2 我国建筑工程监理的实施程序

建筑工程监理一般按照如下程序组织实施。

1. 编制监理大纲，承揽监理项目

监理单位应根据工程项目招标文件，项目的特点、规模以及监理单位自身的条件、特点和以往承揽工程的经验编制监理大纲。监理大纲是监理单位在招投标阶段编制的规划性文件，是《监理投标书》的组成部分。监理大纲是监理工作开展的纲领性文件，是以后开展监理工作制定方案的依据，也是制定监理规划的基础。

2. 组建项目监理机构

监理机构的人员构成是投标书中的重要内容，是业主在评标过程中认可的。总监理工程师在组建项目建立机构时，应根据监理大纲内容和签订的委托合同内容组建，并在监理规划和具体实施细则执行中进行及时的调整。

3. 按照中标监理大纲编制建筑工程监理规划

《建筑工程监理规划》是开展工程监理工作的指导性文件，其内容将在项目 2 中介绍。

4. 按照工程监理规划制定各专业监理实施细则

《建筑工程监理实施细则》是建筑工程监理工作的操作性文件，其内容将在项目 2 中介绍。

5. 依据监理实施细则有序、严格、规范地开展监理工作

监理工作的规范化体现在以下三方面：

(1)工作的时序性。监理的各项工作都应按一定的逻辑顺序先后展开。

(2)职责分工的严密性。建筑工程监理工作是由不同专业、不同层次的专家群体共同来完成的，他们之间严密的职责分工是协调进行监理工作的前提和实现监理目标的重要保证。

(3)工作目标的确定性。在职责分工的基础上，每一项监理工作的具体目标都应是确定的，完成的时间也应有时限规定，从而能通过报表资料对监理工作及其效果进行检查和考核。

6. 组织竣工预验收，参与竣工验收

建筑工程施工完成以后，监理单位应审查施工单位的竣工申请，组织工程竣工预验收，在预验收中发现的问题，应及时与施工单位沟通，提出整改要求。工程竣工预验收合格后，总监理工程师组织项目监理机构编写工程质量评估报告，经总监理工程师和工程监理单位技术负责人审核签字、

加盖公章后报建设单位。监理单位应参加由业主组织的工程竣工验收，签署监理单位意见。

7. 编写工程项目监理工作总结

监理工作完成后，项目监理机构应及时从两方面进行项目监理工作总结。一方面主要包括委托监理合同履行情况概述，监理任务或监理目标完成情况的评价，由业主提供的供监理日常工作使用的办公用房、交通、生活等的清单，表明监理工作终结的说明等。另一方面主要包括在本项目的监理过程中积累的技术、方法或是经济措施、组织措施以及委托合同执行方面的好的建议，监理工作中存在的问题及改进方法。

8. 向项目业主提交建筑工程监理档案资料

建筑工程监理工作完成后，监理单位向业主提交的监理档案资料应在委托监理合同文件中约定。如合同没有明确规定，监理单位一般应提交委托监理合同、监理规划及监理实施细则、监理月报、会议纪要、工程合同、其他事项管理资料、监理工作总结、监理评估报告等档案资料。

0.4.3 建筑工程监理工作的主要任务

1. 施工准备阶段建筑工程监理工作的主要任务

(1)审查施工单位提交的施工组织设计、施工方案、质量安全保证措施应符合施工合同要求。

(2)参与由建设单位组织的图纸会审及设计交底会。

(3)审查施工单位的工程质量、安全管理体系及组织机构和人员资格。

(4)审查施工单位安全管理制度及专职管理人员和特种作业人员的资格。

(5)审核分包单位的资质条件。

(6)检查施工单位的实验室。

(7)查验施工单位的施工测量放线成果。

(8)审查工程开工条件，签发开工令。

2. 工程施工阶段建筑工程监理工作的主要任务

(1)施工阶段的质量控制。

①核验工程测量放线，验收隐蔽工程、检验批、分项、分部工程，签署分项、分部工程和单位工程质量评定表。

②进行旁站、巡视、平行检验，对发现的质量问题应及时通知施工单位整改，并做好监理检查记录。

③审查施工单位报送的工程材料、构配件、设备的质量证明文件，抽查进场的工程材料、构配件的质量。

④审查施工单位提交的新材料、新工艺、新技术、新设备的论证材料及相关验收标准。

⑤检查施工单位的测量、检测仪器设备，度量衡定期检验的证明文件。

⑥监督施工单位针对质量问题的处理情况，并做好检查记录。

(2)施工阶段的进度控制。

①监督施工单位严格按照施工合同规定的工期组织施工。

②审查施工单位提交的施工进度计划，核查施工单位对施工进度计划的调整。

③建立工程进度台账，核对工程形象进度，按月、季和年度向业主报告工程执行情况、工程进度以及存在的问题。

(3)施工阶段的投资控制。

①审核施工单位提交的工程款支付申请，签发或出具工作款支付证，并报业主审核批准。

②建立计量支付签证台账，定期与施工单位核对清单。

③审查施工单位提交的工程变更申请，协调处理施工费用索赔、合同争议等事项。

④审查施工单位提交的竣工结算申请。

(4)施工阶段的安全生产管理。

①依照法律、法规和建筑工程强制性规范标准，对施工单位安全生产管理进行监督。

②编制《安全生产应急预案实施细则》，并参加业主组织的应急预案的演练。

③审查施工的工程项目安全生产规章制度、组织机构的建立及专职安全生产管理人员的配备情况。

④督促施工单位进行安全自查工作，巡视检查施工现场安全生产情况。在实施监理过程中，发现存在安全事故隐患的，应及时签发监理通知单，要求施工单位整改；情况严重的，总监理工程师应及时下达工程暂停指令，要求施工单位暂停施工，并及时报告业主。施工单位拒不整改或不停止施工的，应当通过业主及时向有关主管部门报告。

3. 竣工验收阶段建筑工程监理工作的主要任务

(1)督促和检查施工单位及时整理竣工文件和验收资料，并提出意见。

(2)审查施工单位提交的竣工验收申请，编写《工程质量评估报告》。

(3)组织工程竣工预验收，参加由业主组织的竣工验收，并签署竣工验收意见。

(4)编制、整理工程监理归档文件并向业主提交。

项目1　工程监理企业与监理工程师

知识目标

1. 了解监理企业组织形式及其运营。
2. 熟悉监理企业资质管理和项目监理机构。
3. 掌握监理工程师考试和注册。
4. 掌握监理工程师的法律责任。

技能目标

具备编制监理标书的能力。

素养目标

1. 培养公平公正的监理行业执业理念。
2. 培养遵纪守法的监理职业道德。
3. 树立建设监理行业神圣职责的理念。
4. 培养献身建设监理行业的光荣感和使命感。

项目流程图

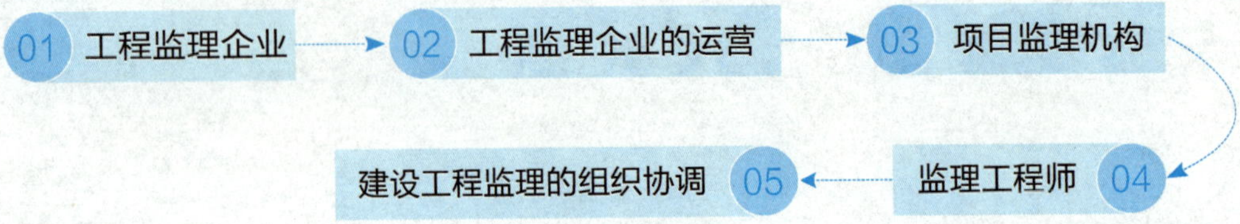

1.1 工程监理企业

工程监理企业

1.1.1 工程监理企业的含义与分类

1. 工程监理企业的含义

工程监理企业是指取得工程监理企业资质证书，从事工程监理业务，具有法人资格的经济组织。它是监理工程师的职业机构。

工程监理企业作为建筑市场的三大主体之一，对培育、发展和完善我国建筑市场起着重要作用。建设工程监理单位是我国在工程建设领域推行建设工程监理制度后逐渐兴起的一种企业。这种企业的责任主要是向项目法人提供高智能的技术服务，对工程项目建设的投资、建设工期和质量进行监督管理，力求帮助业主实现建筑项目的投资意图。大量的监理实践证明，凡是实现监理的建设项目投资效益明显，工期得到了控制，工程质量水平提高。因此，推行建设监理制是我国建设管理体制的一项重要而成功的改革，监理单位也必将在工程建设领域发挥越来越大的作用。

2. 工程监理企业的分类

(1)按组织方式分类。

①公司制监理企业。公司又可分为有限责任公司和股份有限公司。

有限责任公司。有限责任公司的股东以其出资额为限，一般有2～50个出资者，对公司承担责任，公司以全部资产对公司的债务承担责任。公司股东，按其投入公司资本额的多少，享有大小不同的资产收益权、重大决策参与权和对管理者的选举权。公司则享有由股东成本形成的全部法人财产权，依法享有民事权，并承担民事责任。

股份有限公司。股份有限公司以其全部资本分为等额股份，股东以其所持股份为限对公司承担经济责任。同时，以其所持股份的多少，享有相应的资产收益权、重大决策参与权和选择管理者的权利。公司则以其全部资产对公司的债务承担责任。另外，与有限责任公司一样，股份有限公司享有由股东成本形成的全部法人财产权，依法享有民事权利，承担民事责任。

有限责任公司是市场经济体制下大量存在的公司组建形式，监理企业也多是这种类型。

② 合资工程监理企业。合资工程监理企业是现阶段经济体制形态下的产物，它包括国内企业合资组建的监理企业，也包括中外企业合资组建的监理企业。合资企业各方按照投入资金多少或按约定的合资章程的规定对合资监理企业承担一定的责任，同时享有相应的权利。合资监理企业依法享有民事权利，承担民事责任。

③合作监理企业。对于风险较大、规模较大或技术复杂的工程建设项目的监理，一家监理企业难以胜任时，往往由两家甚至多家监理企业共同合作监理，并组成合作监理企业，经工商局注册，以独立法人的资格享有民事权利，承担民事责任。合作各方，按照约定的合作章程分享利益和承担相应的责任。两家监理企业仅仅合作监理而不注册，不构成合作监理企业。

另外，还有合伙监理企业、个人独资监理企业两种形式。

(2)按资质等级分类。

工程监理企业资质分为综合资质、专业资质两个序列。综合资质只设甲级；专业资质原则上分为甲、乙两个级别，并按照工程性质和技术特点划分为10个专业工程类别(见表1.2)。

①综合资质监理企业。具有5个以上工程类别的专业甲级工程监理资质的，可以向国务院建设行政主管部门申请工程监理综合资质。综合资质监理企业不分资质等级，可以承担所有工程类别建设工程项目的工程监理业务。

②专业资质监理企业。专业资质分为甲级、乙级。专业甲级资质可承担相应专业工程类别建设工程项目的工程监理业务、专业乙级工程监理企业可以监理相应专业工程类别二级以下(含二级)建设工程项目的工程监理业务。

(3)按专业工程类别分类。

我国的专业工程类别按照工程性质和技术特点主要有市政公用工程、机电安装工程、通信工程、航空航天工程、铁路工程、电力工程、化工石油工程、矿山工程、冶炼工程、房屋建筑工程等10类专业。每个专业工程类别按照工程规模和技术复杂程度又分为3个等级。

工程监理企业的业务可以涉及以上专业工程类别中的一个或几个，按照资质类别和等级的高低承担相应专业等级的监理业务。

1.1.2 工程监理企业的资质管理

对工程监理企业实行资质管理的制度是实行市场准入控制的有效手段。工程监理企业资质管理内容主要包括工程监理企业的设立、定级、升级、降级、变更、终止等的资质审查或批准以及对监理企业的监督检查工作。

1. 工程监理企业的资质要素

工程监理企业的资质是其拥有的注册资本、专业技术能力、工程监理业绩、管理水平、经营规模和社会声誉等综合实力指标的综合反映。

工程监理企业的注册资本不仅是企业从事经营活动的基本条件，也是企业清偿债务的保证。工程监理企业既要有一定数量的专门从事监理工作的工程经济、技术人员，又要有高级专业职称人员，尤其是要有一定数量的注册监理工程师，这反映了企业从事监理工作的工程范围和业务能力。工程监理业绩则反映了工程监理企业开展监理业务的经历和成效。

另外，工程监理企业从事的是一种科学性很强的管理工作，也配有一定的技术装备，如办公自动化设备、工程测量仪器、交通通信设备、工程检测设备等。工程监理企业的管理水平高低也直接影响监理工作成效，因此建立一套企业内部的规章制度，如企业组织管理制度、人事管理制度、财务管理制度、生产经营管理制度、日常运作制度等非常重要。

2. 工程监理企业的资质等级标准和业务范围

(1)综合资质标准。

①具有独立法人资格且注册资本不少于600万元。

②企业技术负责人应为注册监理工程师，并具有15年以上的从事工程建设工作的经历或者具有工程类高级职称。

③具有5个以上工程类别的专业甲级工程监理资质。

④注册监理工程师不少于60人，注册造价工程师不少于5人，以及注册建造师，以及注册建筑师、一级注册结构工程师或者其他勘察设计注册工程师合计不少于15人次。

⑤企业具有完善的组织结构和质量管理体系，有健全的技术、档案管理制度。

⑥企业具有必要的工程试验检测设备。

⑦申请工程监理资质之日前两年内企业没有违反法律、法规及规章的行为。

⑧申请工程监理资质之日前两年内没有因本企业监理责任造成重大质量事故。

⑨申请工程监理资质之日前两年内没有因本企业监理责任发生三级以上工程建设重大安全事故或者发生两起以上四级工程建设安全事故。

综合资质可以承担所有专业工程类别建设工程项目的工程监理业务。

(2)专业资质标准。

①甲级。

A. 具有独立法人资格且注册资本不少于300万元。

B. 企业技术负责人应为注册监理工程师，并具有15年以上从事工程建设工作的经历或者具有工程类高级职称。

C. 注册监理工程师、注册造价工程师、一级注册建造师、一级注册建筑师、一级注册结构工程师或者其他勘察设计注册工程师合计不少于25人次；其中，相应专业注册监理工程师不少于“专业资质注册监理工程师人数配备表”中要求配备的人数(见表1.1)，注册造价工程师不少于2人。

D. 企业近2年内独立监理过3个以上相应专业的二级工程项目，但是，具有甲级设计资质或一级及以上施工总承包资质的企业申请本专业工程类别甲级资质的除外。

E. 企业具有完善的组织结构和质量管理体系，有健全的技术、档案等管理制度。

F. 企业具有必要的工程试验检测设备。

G. 申请工程监理资质之日前两年内企业没有违反法律、法规及规章的行为。

H. 申请工程监理资质之日前两年内没有因本企业监理责任造成重大质量事故。

I. 申请工程监理资质之日前两年内没有因本企业监理责任发生三级以上工程建设重大安全事故或者发生两起以上四级工程建设安全事故。

专业甲级资质可承担相应专业工程类别建设工程项目的工程监理业务(见表1.2)。

②乙级。

A. 具有独立法人资格且注册资本不少于100万元。

B. 企业技术负责人应为注册监理工程师，并具有10年以上从事工程建设工作的经历。

C. 注册监理工程师、注册造价工程师、一级注册建造师、一级注册建筑师、一级注册结构工程师或者其他勘察设计注册工程师合计不少于15人次。其中，相应专业注册监理工程师不少于“专业资质注册监理工程师人数配备表”中要求配备的人数(见表1.1)，注册造价工程师不少于1人。

D. 有较完善的组织结构和质量管理体系，有技术、档案等管理制度。

E. 有必要的工程试验检测设备。

技术提示：

工程监理企业的注册资本不仅是企业从事经营活动的基本条件，也是企业清偿债务的保证。

F. 申请工程监理资质之日前两年内企业没有违反法律、法规及规章的行为。

G. 申请工程监理资质之日前两年内没有因本企业监理责任造成重大质量事故。

H. 申请工程监理资质之日前两年内没有因本企业监理责任发生三级以上工程建设重大安全事故或者发生两起以上四级工程建设安全事故。

专业乙级资质可承担相应专业工程类别二级以下(含二级)建设工程项目的工程监理业务(见表1.2)。

此外，工程监理企业可以开展相应类别建设工程的项目管理、技术咨询等业务。

表 1.1　专业资质注册监理工程师人数配备表

(单位：人)

序号	工程类别	甲级	乙级	备注
1	房屋建筑工程	15	10	
2	冶炼工程	15	10	
3	矿山工程	20	12	
4	化工石油工程	15	10	
5	电力工程	15	10	
6	铁路工程	23	14	
7	航空航天工程	20	12	
8	通信工程	20	12	
9	市政公用工程	15	10	
10	机电安装工程	15	10	

表 1.2　专业工程类别和等级表

序号	工程类别		一级	二级	三级
一	房屋建筑工程	一般公共建筑	28 层以上；36 米跨度以上(轻钢结构除外)；单项工程建筑面积 3 万平方米以上	14～28 层；24～36 米跨度(轻钢结构除外)；单项工程建筑面积 1 万～3 万平方米	14 层以下；24 米跨度以下(轻钢结构除外)；单项工程建筑面积 1 万平方米以下
		高耸构筑工程	高度 120 米以上	高度 70～120 米	高度 70 米以下
		住宅工程	小区建筑面积 12 万平方米以上；单项工程 28 层以上	建筑面积 6 万～12 万平方米；单项工程 14～28 层	建筑面积 6 万平方米以下；单项工程 14 层以下

续表

序号	工程类别		一级	二级	三级
二	冶炼工程	钢铁冶炼、连铸工程	年产100万吨以上；单座高炉炉容1250立方米以上；单座公称容量转炉100吨以上；电炉50吨以上；连铸年产100万吨以上或板坯连铸单机1450毫米以上	年产100万吨以下；单座高炉炉容1250立方米以下；单座公称容量转炉100吨以下；电炉50吨以下；连铸年产100万吨以下或板坯连铸单机1450毫米以下	
		轧钢工程	热轧年产100万吨以上，装备连续、半连续轧机；冷轧带板年产100万吨以上，冷轧线材年产30万吨以上或装备连续、半连续轧机	热轧年产100万吨以下，装备连续、半连续轧机；冷轧带板年产100万吨以下，冷轧线材年产30万吨以下或装备连续、半连续轧机	
		冶炼辅助工程	炼焦工程年产50万吨以上或炭化室高度4.3米以上；单台烧结机100平方米以上；小时制氧300立方米以上	炼焦工程年产50万吨以下或炭化室高度4.3米以下；单台烧结机100平方米以下；小时制氧300立方米以下	
		有色冶炼工程	有色冶炼年产10万吨以上；有色金属加工年产5万吨以上；氧化铝工程40万吨以上	有色冶炼年产10万吨以下；有色金属加工年产5万吨以下；氧化铝工程40万吨以下	
		建材工程	水泥日产2000吨以上；浮化玻璃日熔量400吨以上；池窑拉丝玻璃纤维、特种纤维；特种陶瓷生产线工程	水泥日产2000吨以下；浮化玻璃日熔量400吨以下；普通玻璃生产线；组合炉拉丝玻璃纤维；非金属材料、玻璃钢、耐火材料、建筑及卫生陶瓷厂工程	

续表

序号	工程类别		一级	二级	三级
三	矿山工程	煤矿工程	年产120万吨以上的井工矿工程；年产120万吨以上的洗选煤工程；深度800米以上的立井井筒工程；年产400万吨以上的露天矿山工程	年产120万吨以下的井工矿工程；年产120万吨以下的洗选煤工程；深度800米以下的立井井筒工程；年产400万吨以下的露天矿山工程	
		冶金矿山工程	年产100万吨以上的黑色矿山采选工程；年产100万吨以上的有色砂矿采、选工程；年产60万吨以上的有色脉矿采、选工程	年产100万吨以下的黑色矿山采选工程；年产100万吨以下的有色砂矿采、选工程；年产60万吨以下的有色脉矿采、选工程	
		化工矿山工程	年产60万吨以上的磷矿、硫铁矿工程	年产60万吨以下的磷矿、硫铁矿工程	
		铀矿工程	年产10万吨以上的铀矿；年产200吨以上的铀选冶	年产10万吨以下的铀矿；年产200吨以下的铀选冶	
		建材类非金属矿工程	年产70万吨以上的石灰石矿；年产30万吨以上的石膏矿、石英砂岩矿	年产70万吨以下的石灰石矿；年产30万吨以下的石膏矿、石英砂岩矿	
四	化工石油工程	油田工程	原油处理能力150万吨/年以上、天然气处理能力150万方/日以上、产能50万吨以上及配套设施	原油处理能力150万吨/年以下、天然气处理能力150万方/日以下、产能50万吨以下及配套设施	
		油气储运工程	压力容器8兆帕以上；油气储罐10万立方米/台以上；长输管道120千米以上	压力容器8兆帕以下；油气储罐10万立方米/台以下；长输管道120千米以下	
		炼油化工工程	原油处理能力在500万吨/年以上的一次加工及相应二次加工装置和后加工装置	原油处理能力在500万吨/年以下的一次加工及相应二次加工装置和后加工装置	
		基本原材料工程	年产30万吨以上的乙烯工程；年产4万吨以上的合成橡胶、合成树脂及塑料和化纤工程	年产30万吨以下的乙烯工程；年产4万吨以下的合成橡胶、合成树脂及塑料和化纤工程	

续表

序号	工程类别		一级	二级	三级
四	化工石油工程	化肥工程	年产20万吨以上合成氨及相应后加工装置；年产24万吨以上磷氨工程	年产20万吨以下合成氨及相应后加工装置；年产24万吨以下磷氨工程	
		酸碱工程	年产硫酸16万吨以上；年产烧碱8万吨以上；年产纯碱40万吨以上	年产硫酸16万吨以下；年产烧碱8万吨以下；年产纯碱40万吨以下	
		轮胎工程	年产30万套以上	年产30万套以下	
		核化工及加工工程	年产1000吨以上的铀转换化工工程；年产100吨以上的铀浓缩工程；总投资10亿元以上的乏燃料后处理工程；年产200吨以上的燃料元件加工工程；总投资5000万元以上的核技术及同位素应用工程	年产1000吨以下的铀转换化工工程；年产100吨以下的铀浓缩工程；总投资10亿元以下的乏燃料后处理工程；年产200吨以下的燃料元件加工工程；总投资5000万元以下的核技术及同位素应用工程	
		医药及其他化工工程	总投资1亿元以上	总投资1亿元以下	
五	水利水电工程	水库工程	总库容1亿立方米以上	总库容1000万～1亿立方米	总库容1000万立方米以下
		水力发电站工程	总装机容量300兆瓦以上	总装机容量50兆～300兆瓦	总装机容量50兆瓦以下
		其他水利工程	引调水堤防等级1级；灌溉排涝流量5立方米/秒以上；河道整治面积30万亩(1亩≈667平方米)以上；城市防洪城市人口50万人以上；围垦面积5万亩以上；水土保持综合治理面积1000平方千米以上	引调水堤防等级2、3级；灌溉排涝流量0.5～5立方米/秒；河道整治面积3万～30万亩；城市防洪城市人口20万～50万人；围垦面积0.5万～5万亩；水土保持综合治理面积100～1000平方千米	引调水堤防等级4、5级；灌溉排涝流量0.5立方米/秒以下；河道整治面积3万亩以下；城市防洪城市人口20万人以下；围垦面积0.5万亩以下；水土保持综合治理面积100平方千米以下
六	电力工程	火力发电站工程	单机容量30万千瓦以上	单机容量30万千瓦以下	
		输变电工程	330千伏以上	330千伏以下	
		核电工程	核电站；核反应堆工程		
七	农林工程	林业局(场)总体工程	面积35万公顷以上	面积35万公顷以下	
		林产工业工程	总投资5000万元以上	总投资5000万元以下	
		农业综合开发工程	总投资3000万元以上	总投资3000万元以下	
		种植业工程	2万亩以上或总投资1500万元以上	2万亩以下或总投资1500万元以下	
		兽医/畜牧工程	总投资1500万元以上	总投资1500万元以下	

续表

序号	工程类别		一级	二级	三级
七	农林工程	渔业工程	渔港工程总投资3000万元以上；水产养殖等其他工程总投资1500万元以上	渔港工程总投资3000万元以下；水产养殖等其他工程总投资1500万元以下	
		设施农业工程	设施园艺工程1公顷以上；农产品加工等其他工程总投资1500万元以上	设施园艺工程1公顷以下；农产品加工等其他工程总投资1500万元以下	
		核设施退役及放射性三废处理处置工程	总投资5000万元以上	总投资5000万元以下	
八	铁路工程	铁路综合工程	新建、改建一级干线；单线铁路40千米以上；双线30千米以上及枢纽	单线铁路40千米以下；双线30千米以下；二级干线及站线；专用线、专用铁路	
		铁路桥梁工程	桥长500米以上	桥长500米以下	
		铁路隧道工程	单线3000米以上；双线1500米以上	单线3000米以下；双线1500米以下	
		铁路通信、信号、电力电气化工程	新建、改建铁路（含枢纽，配、变电所，分区亭）单双线200千米及以上	新建、改建铁路（不含枢纽，配、变电所，分区亭）单双线200千米及以下	
九	公路工程	公路工程	高速公路	高速公路路基工程及一级公路	一级公路路基工程及二级以下各级公路
		公路桥梁工程	独立大桥工程；特大桥总长1000米以上或单跨跨径150米以上	大桥、中桥桥梁总长30～1000米或单跨跨径20～150米	小桥总长30米以下或单跨跨径20米以下；涵洞工程
		公路隧道工程	隧道长度1000米以上	隧道长度500～1000米	隧道长度500米以下
		其他工程	通信、监控、收费等机电工程，高速公路交通安全设施、环保工程和沿线附属设施	一级公路交通安全设施、环保工程和沿线附属设施	二级及以下公路交通安全设施、环保工程和沿线附属设施
十	港口与航道工程	港口工程	集装箱、件杂、多用途等沿海港口工程20000吨级以上；散货、原油沿海港口工程30000吨级以上；1000吨级以上内河港口工程	集装箱、件杂、多用途等沿海港口工程20000吨级以下；散货、原油沿海港口工程30000吨级以下；1000吨级以下内河港口工程	
		通航建筑与整治工程	1000吨级以上	1000吨级以下	
		航道工程	通航30000吨级以上船舶沿海复杂航道；通航1000吨级以上船舶的内河航运工程项目	通航30000吨级以下船舶沿海航道；通航1000吨级以下船舶的内河航运工程项目	

续表

序号	工程类别		一级	二级	三级
十	港口与航道工程	修造船水工工程	10000吨位以上的船坞工程；船体5000吨位以上的船台、滑道工程	10000吨位以下的船坞工程；船体5000吨位以下的船台、滑道工程	
		防波堤、导流堤等水工工程	最大水深6米以上	最大水深6米以下	
		其他水运工程项目	建安工程费6000万元以上的沿海水运工程项目；建安工程费4000万元以上的内河水运工程项目	建安工程费6000万元以下的沿海水运工程项目；建安工程费4000万元以下的内河水运工程项目	
十一	航空航天工程	民用机场工程	飞行区指标为4E及以上及其配套工程	飞行区指标为4D及以下及其配套工程	
		航空飞行器	航空飞行器(综合)工程总投资1亿元以上；航空飞行器(单项)工程总投资3000万元以上	航空飞行器(综合)工程总投资1亿元以下；航空飞行器(单项)工程总投资3000万元以下	
		航天空间飞行器	工程总投资3000万元以上；面积3000平方米以上；跨度18米以上	工程总投资3000万元以下；面积3000平方米以下；跨度18米以下	
十二	通信工程	有线、无线传输通信工程，卫星、综合布线	省际通信、信息网络工程	省内通信、信息网络工程	
		邮政、电信、广播枢纽及交换工程	省会城市邮政、电信枢纽	地市级城市邮政、电信枢纽	
		发射台工程	总发射功率500千瓦以上短波或600千瓦以上中波发射台；高度200米以上广播电视发射塔	总发射功率500千瓦以下短波或600千瓦以下中波发射台；高度200米以下广播电视发射塔	
十三	市政公用工程	城市道路工程	城市快速路、主干路，城市互通式立交桥及单孔跨径100米以上的桥梁；长度1000米以上的隧道工程	城市次干路工程，城市分离式立交桥及单孔跨径100米以下的桥梁；长度1000米以下的隧道工程	城市支路工程、过街天桥及地下通道工程
		给水排水工程	10万吨/日以上的给水厂；5万吨/日以上污水处理工程；3立方米/秒以上的给水、污水泵站；15立方米/秒以上的雨泵站；直径2.5米以上的给排水管道	2万～10万吨/日的给水厂；1万～5万吨/日污水处理工程；1～3立方米/秒的给水、污水泵站；5～15立方米/秒的雨泵站；直径1～2.5米的给水管道；直径1.5～2.5米的排水管道	2万吨/日以下的给水厂；1万吨/日以下污水处理工程；1立方米/秒以下的给水、污水泵站；5立方米/秒以下的雨泵站；直径1米以下的给水管道；直径1.5米以下的排水管道

续表

序号	工程类别		一级	二级	三级
十三	市政公用工程	燃气热力工程	总储存容积1000立方米以上液化气贮罐场(站)；供气规模15万立方米/日以上的燃气工程；中压以上的燃气管道、调压站；供热面积150万平方米以上的热力工程	总储存容积1000立方米以下的液化气贮罐场(站)；供气规模15万立方米/日以下的燃气工程；中压以下的燃气管道、调压站；供热面积50万～150万平方米的热力工程	供热面积50万平方米以下的热力工程
		垃圾处理工程	1200吨/日以上的垃圾焚烧及填埋工程	500～1200吨/日的垃圾焚烧及填埋工程	500吨/日以下的垃圾焚烧及填埋工程
		地铁轻轨工程	各类地铁轻轨工程		
		风景园林工程	总投资3000万元以上	总投资1000万～3000万元	总投资1000万元以下
十四	机电安装工程	机械工程	总投资5000万元以上	总投资5000万元以下	
		电子工程	总投资1亿元以上；含有净化级别6级以上的工程	总投资1亿元以下；含有净化级别6级以下的工程	
		轻纺工程	总投资5000万元以上	总投资5000万元以下	
		兵器工程	建安工程费3000万元以上的坦克装甲车辆、炸药、弹箭工程；建安工程费2000万元以上的枪炮、光电工程；建安工程费1000万元以上的防化民爆工程	建安工程费3000万元以下的坦克装甲车辆、炸药、弹箭工程；建安工程费2000万元以下的枪炮、光电工程；建安工程费1000万元以下的防化民爆工程	
		船舶工程	船舶制造工程总投资1亿元以上；船舶科研、机械、修理工程总投资5000万元以上	船舶制造工程总投资1亿元以下；船舶科研、机械、修理工程总投资5000万元以下	
		其他工程	总投资5000万元以上	总投资5000万元以下	

注：1. 表中的“以上”含本数，“以下”不含本数。

2. 未列入本表中的其他专业工程，由国务院有关部门按照有关规定在相应的工程类别中划分等级。

3. 房屋建筑工程包括结合城市建设与民用建筑修建的附建人防工程。

3. 工程监理企业的资质申请、审批与管理

(1)资质申请。新设立的工程监理企业，一般先到企业注册所在地工商行政管理部门登记注册并取得企业法人营业执照后，方可到建设行政主管部门办理资质申请手续。申请工程监理企业资质，应向建设行政主管部门提供下列资料：

①工程监理企业资质申请表(一式三份)及相应电子文档；

②企业法人、合伙企业营业执照；

③企业章程或合伙人协议；

④企业法定代表人、企业负责人和技术负责人的身份证明、工作简历及任命(聘用)文件;

⑤工程监理企业资质申请表中所列注册监理工程师及其他注册执业人员的注册执业证书;

⑥有关企业质量管理体系、技术和档案等管理制度的证明材料;

⑦有关工程试验检测设备的证明材料。

取得专业资质的企业申请晋升专业资质等级或者取得专业甲级资质的企业申请综合资质的,除前款规定的材料外,还应当提交下列资料:

① 企业原资质证书正、副本复印件;

② 企业“监理业务手册”及近两年已完成代表工程的监理合同、监理规划、工程竣工验收报告及监理工作总结。

(2)资质审批。工程监理企业申请综合资质、专业甲级资质的,应当向企业工商注册所在地的省、自治区、直辖市人民政府建设主管部门提出申请。省、自治区、直辖市人民政府建设主管部门应当自受理申请之日起 20 日内初审完毕,并将初审意见和申请材料报国务院建设主管部门。国务院建设主管部门应当自省、自治区、直辖市人民政府建设主管部门受理申请材料之日起 60 日内完成审查,公示审查意见,公示时间为 10 日。其中,涉及铁路、交通、水利、通信、民航等专业工程监理资质的,由国务院建设主管部门送国务院相关部门审核,国务院相关部门应当在 20 日内审核完毕,并将审核意见报国务院建设主管部门。国务院建设主管部门根据初审意见审批。

工程监理企业申请专业乙级和事务所资质的,由企业所在地省、自治区、直辖市人民政府建设主管部门审批。

工程监理企业在资质证书有效期内发生名称、地址、注册资本、法定代表人等变更的,应当在工商行政管理部门办理变更手续后 30 日内办理资质证书变更手续。

工程监理企业合并的,合并后存续或者新设立的工程监理企业可以承继合并前各方中较高的资质等级,但应当符合相应的资质等级条件。工程监理企业分立的,分立后企业的资质等级,根据实际达到的资质条件,按照本规定的审批程序核定。

(3)资质管理。

①工程监理企业资质管理的机构及其职责。

我国监理企业资质管理确定的原则是“分级管理、统分结合”,按照中央和地方两个层次进行管理。

国务院建设主管部门负责全国工程监理企业资质的统一监督管理工作。国务院铁路、交通、水利、信息产业、民航等有关部门配合国务院建设主管部门实施相关资质类别工程监理企业资质的监督管理工作。

省、自治区、直辖市人民政府建设主管部门负责本行政区域内工程监理企业资质的统一监督管理工作。省、自治区、直辖市人民政府交通、水利、信息产业等有关部门配合同级建设主管部门实施相关资质类别工程监理企业资质的监督管理工作。

②资质审批的公示公告制度。

为了提高资质审批与管理的透明度,便于社会监督,增加公正性,资质审核和审批的结果、例行监督检查的结果等都在中国工程建设信息网上公示公告。

③违规处理。

为了保证监理企业依法依规开展监理业务，全面履行监理合同约定的权利义务，建设主管部门对监理企业不定期进行监督检查，发现违规情况进行处理，并在网上公示处理结果。

1.2 工程监理企业的运营

工程监理企业从事工程建设监理，一切监理活动都必须遵循“守法、诚信、公正、科学”的原则。按照工程项目进行阶段的划分，工程监理企业的市场经营内容包括工程建设决策阶段监理、工程建设设计阶段监理、工程建设施工阶段监理。我国主要是工程建设施工阶段监理，工程监理企业一般通过投标竞争或由业主直接委托取得监理业务。

1.2.1 工程监理企业的运营准则

工程监理企业从事建设工程监理活动，应遵循“公平、独立、诚信、科学”的准则。

工程监理单位在实施建设工程建设与相关服务时，要公平地处理工作中出现的问题，独立地进行判断和行使职权，科学地为建设单位提供专业化服务，既要维护建设单位的合法权益，也不能损害其他有关单位的合法权益。

技术提示：

工程监理业绩反映工程监理企业开展监理业务的经历和成效，是企业晋级的前提条件之一。

1. 公平

公平性是监理发展的职业准则，尽管工程监理单位是受建设单位委托，但也应公平地处理有关问题，公平地对待建设单位和施工单位。

2. 独立

《建筑法》第三十五条规定，工程监理单位与被监理单位的承包、建材、构配件和设备供应单位不得有隶属关系或其他利害关系，不得承担该项建设工程的监理业务。

工程监理是独立于建设单位和施工单位的第三方。它既规范建设单位的行为，又监管施工单位的行为，代表的是国家和社会的利益。

3. 诚信

党的二十大报告指出，要“弘扬诚信文化，健全诚信建设长效机制”。诚信，即诚实守信，是道德规范在市场经济中的体现。它要求一切市场参加者在不损害他人利益和社会公共利益的前提下，追求自己的利益，目的是在当事人之间的利益关系和当事人与社会之间的利益关系中实现平衡，并维护市场道德秩序。诚信原则的主要作用在于指导当事人以善意的心态、诚信的态度行使民事权利，承担民事义务，正确地从事民事活动。

加强企业信用管理，提高企业信用水平，是完善我国工程监理制度的重要保证。企业信用的实质是解决经济活动中经济主体之间的利益关系。它是企业经营理念、经营责任和经营文化的集中体现。信用是企业的一种无形资产，良好的信用能为企业带来巨大效益。工程监理企业应建立健全一套信用管理制度，包括合同管理制度、与业主的合作制度、监理服务需求调查制度等。

4. 科学

科学，是指工程监理企业要依据科学的监理方案，运用科学的技术手段，采取科学的工作方法，开展监理工作。工程监理结束后，还应进行科学的总结，以不断提高监理业务水平。

(1)科学的监理方案。监理方案的核心是监理规划，主要包括工程监理的组织计划，监理工作的程序，工程的关键部位或可能出现的重大问题的监理措施等。在实施监理前，对可能出现的问题应考虑周全，并有相应的对策，发挥监理的预控作用。

(2)科学的技术手段。工程监理必须依靠先进的科学仪器，提高监理工作的效率及准确性。常用的仪器有计算机、摄像机、各种专业检测、试验、化验的仪器等。

(3)科学的工作方法。监理工程师在掌握大量的、确凿的有关监理对象及其外部环境实际情况的基础上，高效地处理有关问题；处理问题要有书面记录，以备查和总结经验。

公平是监理单位开展监理工作与相关服务的根本原则，独立是工程监理单位公平地开展监理与相关服务活动的前提，诚信、科学是监理与相关服务的质量根本保证。倡导公平、独立、诚信、科学的原则，更符合科学发展观和工程监理实际。

1.2.2 加强工程监理企业的内部管理

强化企业管理，提高科学管理水平，是建立现代企业制度的要求，也是监理企业提高市场竞争力的重要途径。

1. 管理措施

(1)做好市场定位。

(2)运用现代化的管理方法。

(3)监理市场信息系统。

(4)开展质量贯标活动。

(5)严格执行规范。

2. 管理制度

同其他类型的企业一样，工程监理企业也应建立健全自己的内部管理制度，如组织管理制度、人事管理制度、财务管理制度、经营管理制度、设备管理制度和档案管理制度等。

(1)组织管理制度——有效配置资源，提高工作效率。

(2)人事管理制度——完善激励机制，提高员工素质。

(3)劳动合同管理制度——推动竞争上岗，发扬积极创造。

(4)财务管理制度——加强资产管理，加强经济核算。

(5)经营管理制度——制定经营规则，加强市场开发。

(6)监理部管理制度——制定运行办法，完善工作标准和检查评定办法。

(7)档案管理制度——整理保管档案，方便归档查询。

1.2.3 工程监理企业的市场经营活动

1. 经营活动的主要内容

监理单位的经营范围是指监理单位资质证书中填写的，经建设监理资质管理部门审查确定的经营范围。

监理单位经营活动的主要内容有工程建设决策阶段监理、工程建设设计阶段监理、工程建设施工阶段监理三个部分。

(1)决策阶段监理。这个阶段的主要工作是受建设单位和政府的委托选定决策咨询单位；协助建设单位和政府与决策单位签订《决策咨询合同》；监理《决策咨询合同》的履行；咨询单位提出咨询报告后对咨询意见进行评估。

(2)设计阶段监理。这个阶段的主要工作是协助建设单位编制勘察设计招标文件；协助建设单位审查和评选勘察设计方案；协助业主选定勘察设计单位；协助建设单位签订《勘察设计合同》；监督管理《勘察设计合同》的实施；核查工程设计概算和施工图预算，验收工程设计文件。

(3)施工阶段监理。这个阶段包括施工招标阶段监理，施工阶段监理和竣工后工程保修阶段监理。工程施工阶段的监理是工程建设最终的实施阶段，对工程质量的好坏至关重要。

工程施工阶段监理的主要工作内容是协助建设单位编制施工许可申请报告；协助建设单位审查确认施工单位选择的分包单位；审查施工单位编制的施工组织设计和施工方案；审查施工单位的施工准备情况，下达开工令；审查施工单位使用的建筑材料、配件和设备；检查施工技术措施和安全防护措施；检查施工进度和施工质量；主持协商工程设计变更；验收分部分项工程；整理资料归档；组织项目验收。

2. 工程监理业务的获取途径

监理单位采用何种方式承接监理业务，取决于业主选择监理单位、委托监理业务的方式。业主委托监理业务一般有三种形式，即点名委托、建设单位与多家监理单位协商方式委托和招标委托。

(1)点名委托。点名委托也叫直接委托，是指业主直接将监理业务委托某一监理单位的一种方式。《招标投标法》明确规定：关系公共利益安全、政府投资、外资工程等实行监理必须招标。在不宜公开招标的机密工程或没有投标竞争对手的情况下，或者是工程规模比较小、比较单一的监理业务，或者是对原工程监理企业续用等情况下，业主也可以直接委托工程监理企业。

(2)协商委托。协商委托是指业主与监理单位协商，确定受托人和委托监理业务的一种方式。用协商方式委托监理业务，形式简单、直接、费用低、周期短，但是缺乏竞争性，透明度不高，适用于监理业务不大的中小型建设项目。

(3)招标委托。工程监理企业通过投标竞争获得监理业务是一种主要的形式，是社会主义市场经济体制的必然要求。投标的一个重要步骤是投标书的编制，投标书体现了向业主提供的管理服务水平，反映了监理大纲——监理工作指导思想、管理措施、技术措施、监理费用构成等。监理大纲的水平集中反映了投标书的优劣，但不宜把监理费的高低当作选择工程监理企业的主要评定标准。

3. 承揽监理业务的注意事项

(1)严格遵守国家的法律法规及有关的规定，遵守监理行业的职业道德。

(2)严格遵照批准的经营范围承接监理业务，特殊情况下承接超出资质范围以外的监理业务时，需获得资质管理部门的批准。

(3)承接监理业务的总量要视本单位的力量而定，不得与建设单位签订监理合同后，把监理业务转包给其他监理单位。

(4)对于监理风险较大的项目，监理单位除可以向保险公司投保外，还可以与几家监理公司组成联合体共同承担风险。

(5)与业主见面时，要真诚、真实地介绍公司的情况，并向业主提交表明本单位资格和经验的说明书。

(6)提出准备完成此项任务的创新设想方案，充分表明本单位处理委托项目的能力。

(7)充分了解项目的情况，做好成本核算，填报合理的监理费用报价。

(8)谦卑真实、真诚宣传，尊重对手。

1.2.4 工程监理的成本与费用

监理单位在经营过程中必然负担必要的开支，在服务的同时也有一定的监理酬金。监理企业存在的前提就是监理收入要大于其经营开支，所以监理的成本与酬金是需要了解的非常重要的基础知识。

1. 工程监理费的构成

建设工程监理费由直接成本、间接成本、税金和利润四部分构成。

(1)直接成本。直接成本主要包括监理人员和监理辅助人员的工资、奖金、津贴、补助、附加工资等；用于监理工作的常规检测工器具、计算机等办公设施的购置费和其他仪器、机械的租赁费；用于监理人员和监理辅助人员的其他专项开支，如办公费、通信费、差旅费、书报费、文印费、会议费、医疗费、劳保费、保险费、休假探亲费等；其他费用。

(2)间接成本。间接成本主要包括管理人员、行政人员以及后勤人员的工资、奖金、补助和津贴；经营性业务开支，包括为招揽监理业务而发生的广告费、宣传费、有关合同的公证费等；办公费，包括办公用品、报刊、会议、文印、上下班交通费等；公用设施使用费，包括办公使用的水、电、气、环卫、保安等费用；业务培训、图书、资料购置费；附加费，包括劳动统筹、医疗统筹、福利基金、工会经费、人身保险、住房公积金、特殊补助等；其他费用。

(3)税金。税金是指按照国家规定，工程监理企业应缴纳的各种税金总额，如营业税、所得税、印花税等。

(4)利润。利润是指工程监理企业的监理活动收入扣除直接成本、间接成本和各种税金之后的余额。

2. 工程监理费的计算方法

建设工程监理费，一般由建设单位(业主)与工程监理企业协商确定。监理费的主要计收方法如下。

(1)按所监理工程概(预)算的百分比计收。一般工程规模越大，建设成本越多，监理费用的百分比相对会减小。

(2)固定价格计算法。此法适用于小型或中等规模的工程规模的工程监理费的计算，尤其是在监理内容比较明确的情况下，即在明确监理工作内容的基础上，以一笔监理费总价包干，工程量增减变化也不做调整。

(3)监理成本加固定费用计算法。也叫成本加酬金计费法，就是监理单位把在监理的工程建设项目上的花费报销后，再加上一笔其他的费用作为监理服务的酬金。适用于长期合作的伙伴。

(4)按监理时间计算。这种方法是根据合同项目的使用时间补偿费再加上一定数额的补贴来计算监理费的总额。适用于临时性的、短期的监理业务活动或者不适宜按照工程概(预)算的百分比等其他方法计算监理费时使用。

(5)按工资加一定比例的其他费用计算。这是按时计算法的变种，就是在参加监理工作的人员实际工资的基础上乘一个系数。这个系数实际上包括间接成本、利润和税金。

3. 现阶段我国收费标准

发展改革委和建设部发布的《建设工程监理与相关服务收费管理规定》(发改价格〔2007〕670 号)的附件《建设工程监理与相关服务收费标准》是现阶段我国监理服务的收费标准。

(1)施工监理收费一般按照建设项目工程概算投资额分档定额计费方法收费。

施工监理收费按照下列公式计算：

施工监理收费＝施工监理收费基价×专业调整系数×工程复杂程度调整系数×高程调整系数×(1±浮动幅度值)

①施工监理收费基价是完成国家法律法规、行业规范规定的施工阶段基本监理服务内容的酬金。施工监理收费基价按“施工监理收费基价表”(附表二)确定，计费额处于两个数值区间的，采用直线内插法确定施工监理收费基价。

②专业调整系数是对不同专业建设工程项目的施工监理工作复杂程度和工作量差异进行调整的系数。计算施工监理收费时，专业调整系数在“施工监理收费专业调整系数表”(附表三)中查找确定。

③工程复杂程度调整系数是对同一专业不同建设工程项目的施工监理复杂程度和工作量差异进行调整的系数。工程复杂程度分为一般、较复杂和复杂三个等级，其调整系数分别为：一般(Ⅰ级)0.85；较复杂(Ⅱ级)1.0；复杂(Ⅲ级)1.15。计算施工监理收费时，工程复杂程度在相应章节的“工程复杂程度表”中查找确定。

④ 高程调整系数：

海拔高程 2001m 以下的为 1。

海拔高程 2001～3000m 为 1.1。

海拔高程 3001～3500m 为 1.2。

海拔高程 3501～4000m 为 1.3。

海拔高程 4001m 以上的，高程附加调整系数在以上基础上由发包人和监理人协商确定。

发包人将施工监理基本服务中的某一部分工作单独发包给监理人，则按照其占施工监理基本服务工作量的比例计算施工监理收费，其中质量控制和安全生产监督管理服务收费不低于施工监理服务收费额的 70%。

> **知识链接：**
> 工程监理企业所拥有的专业技术人员数量主要体现为注册监理工程师的数量，这反映了企业从事监理工作的工程范围和业务能力。

(2) 其他阶段的相关服务收费。

一般按相关服务工作所需工日和《建设工程监理与相关服务人员人工日费用标准》的规定收费。

1.3 项目监理机构

1.3.1 建设工程项目组织管理的基本模式及监理模式

目前，我国的建设工程项目的组织管理形成了以建设单位为主导，监理单位为管理核心，承包商为主要实力的结构体系。三者以合同为依据，以经济为纽带，形成了三位一体的组织管理模式。建设工程项目管理模式对建设工程的规划、控制、协调起着重要作用，组织管理模式不同，其合同体系和管理特点也不同。

建设工程组织管理基本模式包括平行承发包模式、设计或施工总分包模式、项目总承包模式和项目总承包管理模式。

1. 平行承发包模式

(1)施工模式概述。所谓平行承发包，是指业主将建设工程的设计、施工以及材料设备采购的任务经过分解分别发包给若干个设计单位、施工单位和材料设备供应单位，并分别与各方签订合同。如图1.1所示，各设计单位之间的关系是平行的，各施工单位之间的关系是平行的，各材料设备供应单位之间的关系是平行的。

(2)适用条件。采用这种模式首先应合理地进行工程建设任务的分解，然后进行分类综合，确定每个合同的发包内容，以便选择适当的承建单位。

进行任务分解与确定合同数量、内容时应考虑以下因素：

①工程情况。建设工程的性质、规模、结构等是决定合同数量和内容的重要因素。建设工程实施时间的长短、计划的安排也对合同数量有影响。

②市场情况。首先，由于各类承建单位的专业性质、规模大小在不同市场的分布状况不同，建设工程的分解发包应力求使其与市场结构相适应；其次，合同任务和内容对市场具有吸引力，中小合同对中小型承建单位有吸引力，又不妨碍大型承建单位参与竞争；另外，还应按市场惯例做法、市场范围和有关规定来决定合同内容和大小。

③贷款协议要求。对两个以上贷款人的情况，可能贷款人对贷款使用范围、承包人资格等有不同要求，因此，需要在确定合同结构时予以考虑。

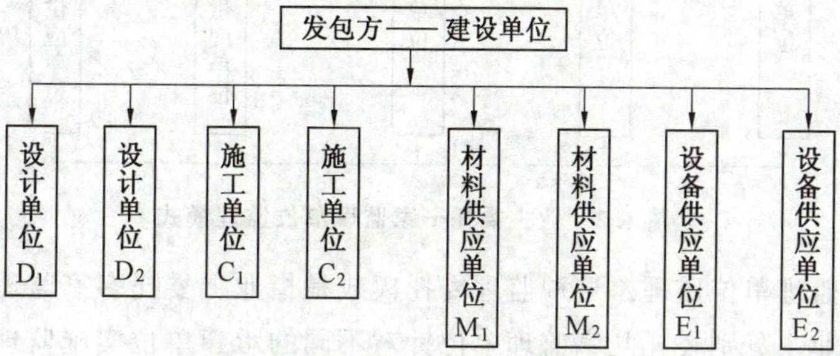

图1.1 平行承发包模式

(3)平行承发包模式具有以下优缺点。

①优点。

第一，有利于缩短工期。设计阶段与施工阶段有可能形成搭接关系，从而缩短整个建设工程工期。

第二，有利于质量控制。整个工程经过分解分别发包给各承建单位，合同约束与相互制约使每一部分能够较好地实现质量要求。

第三，有利于业主选择承建单位。大多数国家的建筑市场中，专业性强、规模小的承建单位一般占较大的比例。这种模式的合同内容比较单一，合同价值小、风险小，使它们有可能参与竞争。因此，无论大型承建单位还是中小型承建单位都有机会竞争。业主可在很大范围内选择承建单位，提高择优性。

②缺点。

第一，合同数量多，会造成合同管理困难。合同关系复杂，使建设工程系统内结合部位数量增加，组织协调工作量大。因此，应加大合同管理的力度，加强各承建单位之间的横向协调工作。

第二，投资控制难度大。这主要表现在：一是总合同价不易确定，影响投资控制实施；二是工程招标任务量大，需控制多项合同价格，增加了投资控制难度；三是在施工过程中设计变更和修改较多，导致投资增加。

(4)对应监理模式。

与建设工程平行承发包模式相对应的监理模式有以下两种主要形式。

①业主委托一家监理单位监理。这种监理委托模式是指业主只委托一家监理单位为其进行监理服务。这种模式对监理单位要求较高，要求被委托的监理单位具有较强的合同管理与组织协调能力，并能做好全面监理规划工作。监理单位可以指定一名总监理工程师，组建多个监理分支机构，对承建单位分别实施监理。在具体的监理过程中，项目总监理工程师重点做好总体协调工作，加强横向联系，保证监理工作的有效运行，如图 1.2 所示。

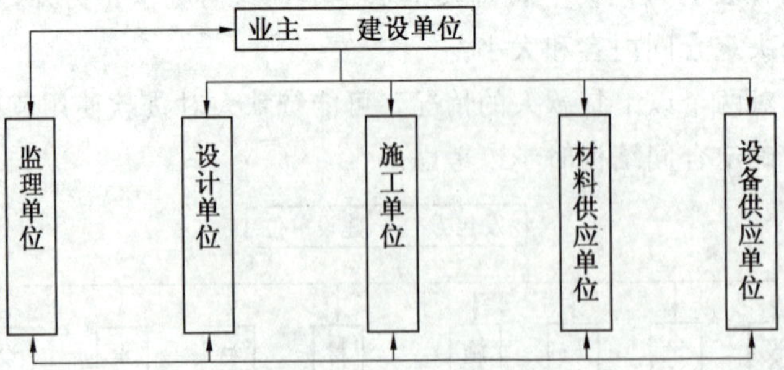

图 1.2 业主委托一家监理单位监理模式

②业主委托多家监理单位监理。这种监理委托模式是指业主委托多家监理单位为其进行监理服务。在这种模式下，业主分别委托几家监理单位针对不同的承建单位实施监理。由于业主分别与多个监理单位签订《委托监理合同》，故各监理单位之间的相互协作与配合需要业主进行协调。在这种模式下，监理单位的监理对象相对单一，便于管理。但整个工程的建设监理工作被肢解，各监理单位各负其责，缺少一个对建设工程进行总体规划与协调控制的监理单位，如图 1.3 所示。

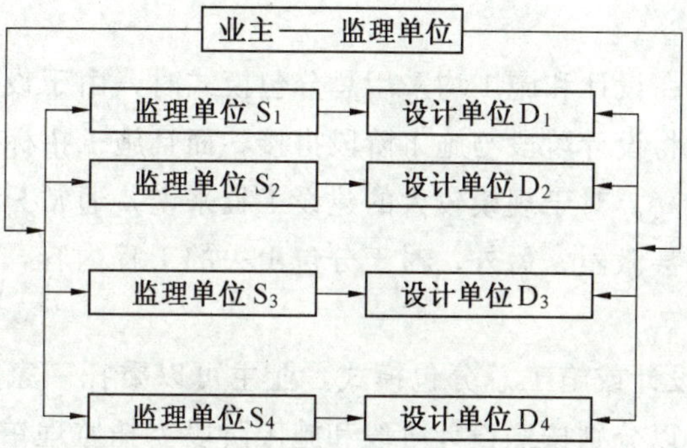

图 1.3 业主委托多个监理单位监理模式

为了克服上述不足，在某些大、中型项目的监理实践中，业主首先委托一个“总监理工程师单位”负责建设工程的总规划和协调控制，再由业主和“总监理工程师单位”共同选择几家监理单位分别承担不同合同段的监理任务。这大大减少了业主的管理压力，形成了业主委托“总监理工程师单位”进行监理的模式。

2. 设计或施工总分包模式

(1)施工模式概述。所谓设计或施工总分包，是指业主将全部设计或施工任务发包给一个设计单位或一个施工单位作为总包单位，总包单位可以将其部分任务再分包给其他承包单位，形成一个设计总包合同或一个施工总包合同以及若干分包合同的结构模式，如图 1.4 所示。

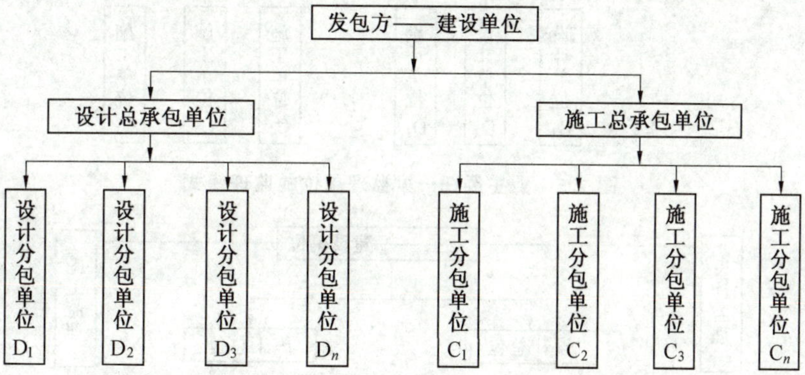

图 1.4 设计或施工总分包模式

(2)设计或施工总分包模式具有以下优缺点。

①优点。

第一，有利于建设工程的组织管理。工程合同数量比平行承发包模式要少很多，有利于业主的合同管理，也使业主协调工作量减少，可发挥监理工程师与总包单位多层次协调的积极性。

第二，有利于投资控制。总包合同价格可以较早确定，并且监理单位也易于控制。

第三，有利于质量控制。在质量方面，既有分包单位的自控，又有总包单位的监督，还有工程监理单位的检查认可，对质量控制有利。

第四，有利于工期控制。总包单位具有控制的积极性，分包单位之间也有相互制约的作用，有利于总体进度的协调控制，也有利于监理工程师控制进度。

②缺点。

第一，建设周期较长。在设计和施工均采用总分包模式时，由于设计图纸全部完成后才能进行施工总包的招标，不仅不能将设计阶段与施工阶段搭接，而且施工招标需要的时间也较长。

第二，总包报价可能较高。对于规模较大的建设工程来说，通常只有大型承建单位才具有总包的资格和能力，竞争相对不甚激烈。另外，对于分包出去的工程内容，总包单位要在分包报价的基础上加收管理费向业主报价。

(3)对应监理模式。对设计或施工总分包模式，业主可以委托一家监理单位实施阶段全过程的监理，如图 1.5 所示；也可以分别按照设计阶段和施工阶段委托监理单位，如图 1.6 所示。前者的优点是监理单位可以对设计阶段和施工阶段的工程投资、进度、质量控制统筹考虑，合理总体规划协调，更可使监理工程师掌握设计思路与设计意图，有利于施工阶段的监理工作。

虽然总承包单位对承包合同承担乙方的最终责任，但分包单位的资质、能力直接影响着工程质量、进度等目标的实现，所以，在这种模式下，监理工程师必须做好对分包单位资质的审查、确认工作。

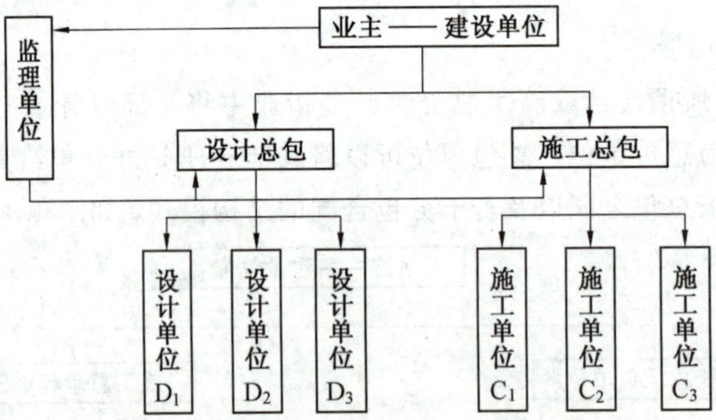

图 1.5　业主委托一家监理单位的监理模式

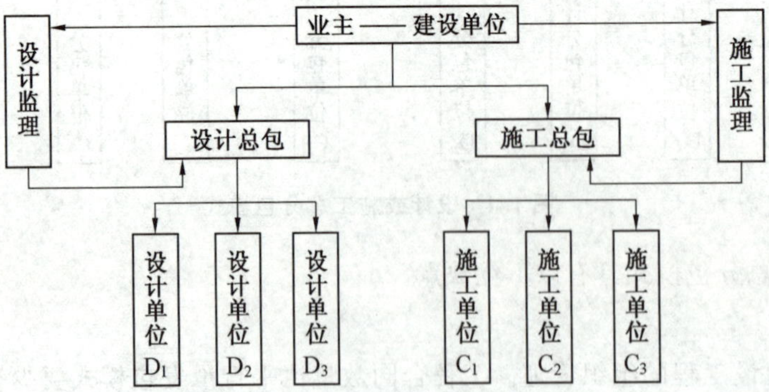

图 1.6　业主按阶段委托监理模式

3. 项目总承包模式

(1)施工模式概述。项目总承包模式是指业主将工程设计、施工、材料和设备采购等工作全部发包给一家承包公司，由其进行实质性设计、施工和采购工作，最后向业主交出一个已达到动用条件的工程。按这种模式发包的工程也称“交钥匙工程”，如图 1.7 所示。

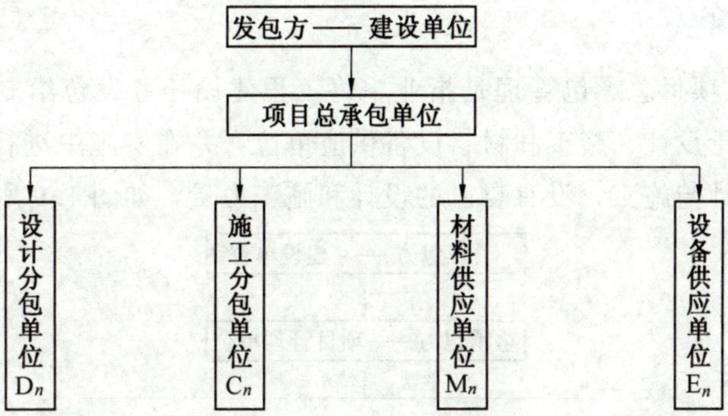

图 1.7 项目总承包模式

(2)项目总承包模式具有以下优缺点。

①优点。

第一，合同关系简单，组织协调工作量小。合同关系大大简化，监理工程师主要与项目总承包单位进行协调。许多协调工作量转移到项目总承包单位内部及其与分包单位之间，这使建设工程监理单位的协调量大为减少。

第二，缩短建设周期。由于设计和施工由一个单位统筹安排，使两个阶段能够有机地融合，一般都能做到设计阶段与施工阶段相互搭接，因此对进度目标控制有利。

第三，利于投资控制。通过设计与施工的统筹考虑可以提高项目的经济性，从价值工程或全寿命费用的角度可以取得明显的经济效果，但并不意味着项目总承包的价格低。

②缺点。

第一，招标发包工作难度大。合同条款不易准确确定，容易造成较多的合同争议。因此，虽然合同量最少，但是合同管理的难度一般较大。

第二，业主择优选择承包方范围小。由于承包范围大、介入项目时间早、工程信息未知数多，因此承包方要承担较大的风险，而有此能力的承包单位数量相对较少，往往导致竞争性降低，合同价格较高。

第三，质量控制难度大。其原因一是质量标准和功能要求不易做到全面、具体、准确，质量控制标准制约性受到影响；二是“他人控制”机制薄弱。

(3)对应监理模式。在项目总承包模式下，一般宜委托一家监理单位进行监理。在这种模式下，监理工程师需具备较全面的知识，做好合同管理工作，如图 1.8 所示。

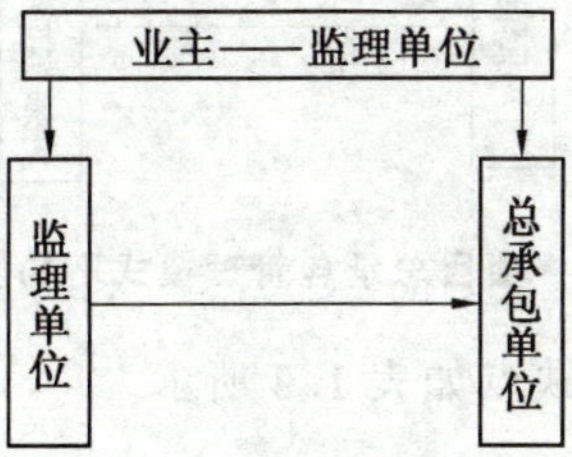

图 1.8 项目总承包模式下的监理模式

4. 项目总承包管理模式

(1)施工模式概述。项目总承包管理是指业主将工程建设任务发包给专门从事项目组织管理的单位，再由它分包给若干设计、施工和材料设备供应单位，并在实施中进行项目管理。项目总承包管理单位不直接进行设计与施工，没有自己的设计和施工力量，如图 1.9 所示。

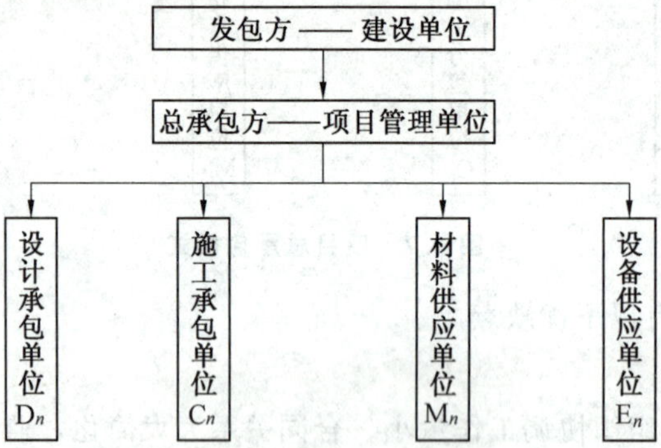

图 1.9　项目总承包管理模式

(2)项目总承包管理模式具有以下优缺点。

①优点。

合同管理、组织协调比较有利，进度控制也有利。

②缺点。

第一，监理工程师对分包的确认工作十分关键。

第二，项目总承包管理单位自身经济实力一般比较弱，而承担的风险相对较大。

项目总承包管理与项目总承包不同之处在于前者不直接进行设计与施工，没有自己的设计施工力量，而是将承接的设计与施工任务全部分包出去，他们专心致力于建设工程管理；后者有自己的设计、施工实体，是设计、施工、材料和设备采购的主要力量。

(3)对应监理模式。在项目总承包管理模式下，业主应委托一家监理单位进行监理，这样可明确管理责任，便于监理工程师对项目总承包管理合同和项目总承包管理单位进行分包等活动的监理。项目管理总承包模式下的监理模式如图 1.10 所示。

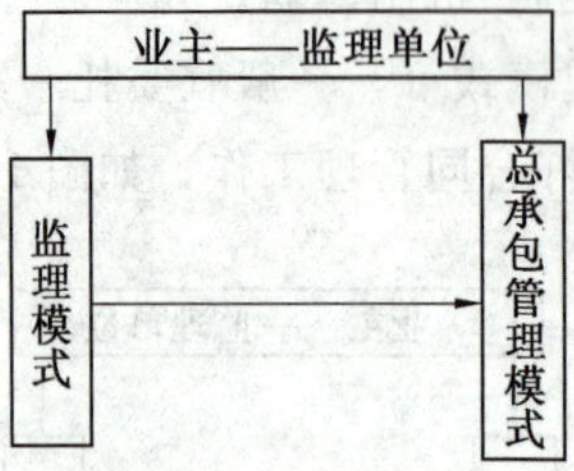

图 1.10　项目总承包管理模式下的监理模式

建设工程各种组织管理模式的优缺点如表 1.3 所示。

表 1.3 建设工程各种组织管理模式的优缺点

	平行承发包模式	设计或施工总分包模式	项目总承包模式	项目总承包管理模式
优点	有利于缩短工期	有利于建设工程的组织管理，协调工作量减少	合同关系简单，组织协调工作量小	合同关系简单、组织协调比较有利
	有利于质量控制	有利于投资控制	缩短建设周期	进度控制也有利
	业主选择承建单位范围大	有利于质量控制	利于投资控制	
		有利于工期控制		
缺点	合同数量多，组织协调工作量大；会造成合同管理困难	建设周期较长	招标发包工作难度大，合同管理的难度一般较大	监理工程师对分包的确认工作十分关键
	投资控制难度大	总包报价可能较高	业主择优选择承包方范围小	采用这种承发包模式应持慎重态度
			质量控制难度大	

项目监理机构建立的步骤如图 1.11 所示。

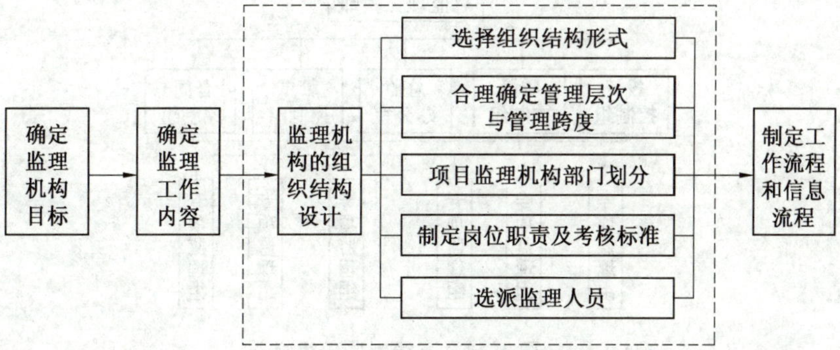

图 1.11 项目监理机构监理步骤

项目监理机构监理步骤图的说明如下。

①建设工程监理目标是项目监理机构建立的前提，项目监理机构的建立应根据委托监理合同确定的监理目标，制定总目标并明确划分监理机构的分解目标。

②监理工作的归并及组合应便于监理目标控制，并综合考虑监理工程的组织管理模式、工程结构特点、合同工期要求、工程复杂程度、工程管理及技术特点，还应考虑监理单位自身组织管理水平、监理人员数量、技术业务特点等。

③组织结构形式选择的基本原则是有利于工程合同管理，有利于监理目标控制，有利于决策指挥，有利于信息沟通。

④项目监理机构一般应有三个层次：决策层，由总监理工程师和其他助手组成；中间控制层，即协调层和执行层，一般由各专业监理工程师组成；作业层即操作层，主要由监理员、检查员等组成。

⑤项目监理机构应按监理工作内容形成相应的管理部门。

⑥监理人员的选择除应考虑个人素质外，还应考虑人员总体构成的合理性与协调性。我国《建设工程监理规范》规定，项目总监理工程师应由具有三年以上同类工程监理工作经验的人员担任，

总监理工程师代表应由具有两年以上同类工程监理工作经验的人员担任，专业监理工程师应由具有一年以上同类工程监理工作经验的人员担任。并且项目监理机构的监理人员应专业配套且数量满足建设工程监理工作的需要。

1.3.2 项目监理组织形式

1. 直线制监理组织形式

直线制监理组织形式的特点是项目监理机构中任何一个下级只接受唯一上级的命令。各级部门主管人员对所属部门的问题负责，项目监理机构中不再另设职能部门。这种组织形式适用于能划分为若干相对独立的子项目的大、中型建设工程。总监理工程师负责整个工程的规划、组织和指导，并负责整个工程范围内各方面的指挥、协调工作；子项目监理组分别负责各子项目的目标值控制，具体领导现场专业或专项监理组的工作。直线制监理组织形式的主要优点是组织机构简单，权力集中，命令统一，职责分明，决策迅速，隶属关系明确。缺点是实行没有职能部门的“个人管理”，这就要求总监理工程师博晓各种业务，通晓多种知识技能，成为“全能”式人物，如图 1.12 所示。

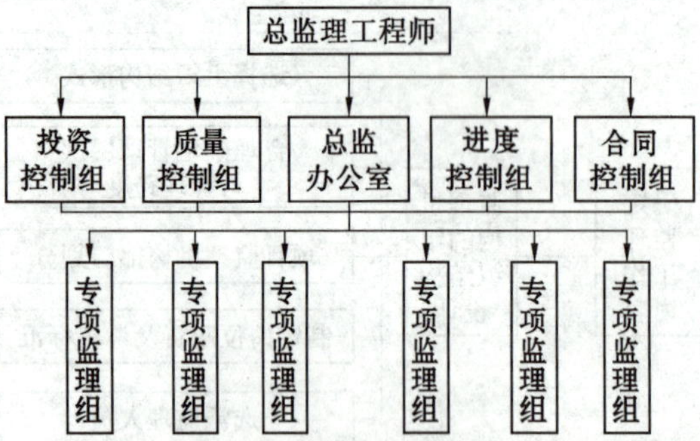

图 1.12　直线制监理组织

2. 职能制监理组织形式

职能制监理组织形式，是在监理机构内设立一些职能部门，把相应的监理职责和权力交给职能部门，各职能部门在本职能范围内有权直接指挥下级。此种组织形式一般适用于大、中型建设工程。这种组织形式的主要优点是加强了项目监理目标控制的职能化分工，能够发挥职能机构的专业管理作用，但由于下级人员受多头领导，如果上级指令相互矛盾，将使下级在工作中无所适从，如图 1.13 所示。

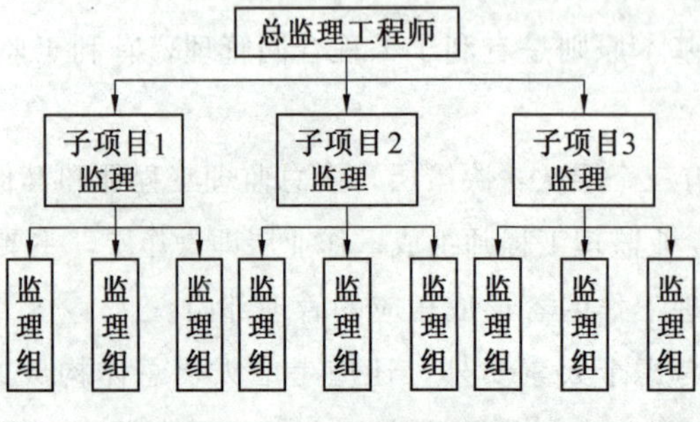

图 1.13　职能制监理组织

3. 直线职能制监理组织形式

直线职能制监理组织形式是吸收了直线制监理组织形式和职能制监理组织形式的优点而形成的一种组织形式。这种形式一方面保持了直线制组织实行直线领导、统一指挥、职责清楚的优点，另一方面又保持了职能制组织目标管理专业化的优点。其缺点是职能部门与指挥部门易产生矛盾，信息传递路线长，不利于互通情报，如图 1.14 所示。

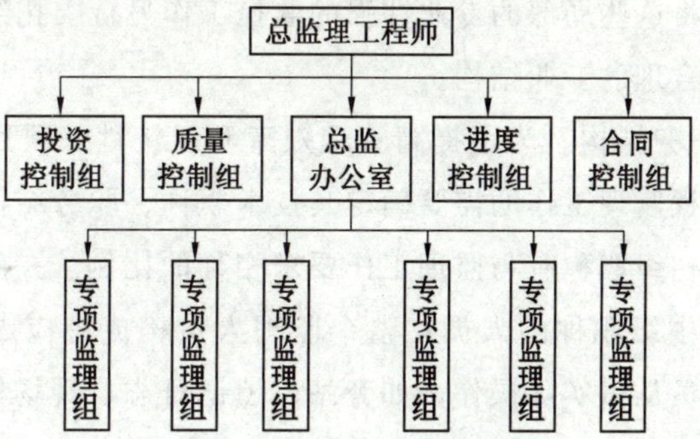

图 1.14　直线职能制监理组织

4. 矩阵制监理组织形式

矩阵制监理组织形式是由纵横两套管理系统组成的矩阵性组织结构，一套是纵向的职能系统，另一套是横向的子项目系统。这种形式的优点是加强了各职能部门的横向联系，缺点是纵横向协调工作量大，处理不当会造成扯皮现象，产生矛盾，如图 1.15 所示。

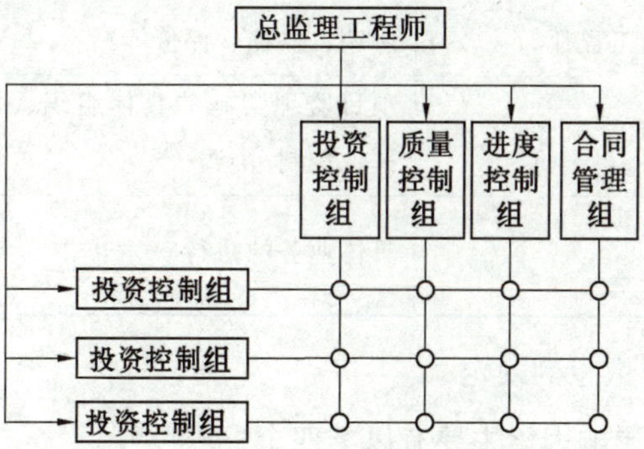

图 1.15　矩阵制监理组织

1.3.3 项目监理组织的人员配备

项目监理机构中配备监理人员的数量和专业应根据监理的任务范围、内容、期限以及工程的类别、规模、技术复杂程度、工程环境等因素综合考虑，并应符合委托监理合同中对监理深度和密度的要求，能体现项目监理机构的整体素质，满足监理目标控制的要求。

1. 项目监理机构的人员结构

项目监理机构应具有合理的人员结构，包括以下两方面的内容。

(1)合理的专业结构。项目监理机构应由与监理工程的性质(民用项目或专业性强的生产项目)

及业主对工程监理的要求(全过程监理或某一阶段如设计或施工阶段的监理，投资、质量、进度的多目标控制或某一目标的控制)相适应的各专业人员组成，也就是各专业人员要配套。

一般来说，项目监理机构应具备与所承担的监理任务相适应的专业人员。但是，当监理工程局部有某些特殊性，或业主提出某些特殊的监理要求而需要采用某种特殊的监控手段时，如局部的钢结构、网架、罐体等质量监控需采用无损探伤、X光及超声探测仪，水下及地下混凝土桩基需采用遥测仪器探测等等，此时，将这些局部的专业性强的监控工作另行委托给有相应资质的咨询机构来承担，也应视为保证了人员合理的专业结构。

(2)合理的技术职称、职务结构。为了提高管理效率和经济性，项目监理机构的监理人员应根据建设工程的特点和建设工程监理工作的需要确定其技术职称、职务结构。合理的技术职称结构表现在高级职称，中级职称和初级职称有与监理工作要求相称的比例。一般来说，决策阶段、设计阶段的监理，具有高级职称及中级职称的人员在整个监理人员构成中应占绝大多数。施工阶段的监理，可有较多的初级职称人员从事实际操作，如旁站、填记日志、现场检查、计量等。这里说的初级职称指助理工程师、助理经济师、技术员、经济员，还可包括具有相应能力的实践经验丰富的工人(能看懂图纸、正确填报有关原始凭证)。施工阶段项目监理机构监理人员要求的技术职称结构如表1.4所示。

表1.4　施工阶段项目监理机构监理人员要求的技术职称结构

层次	人员	职能	职称要求
决策层	总监理工程师、总监理工程师代表、专业监理工程师	项目监理的策划、规划、组织、协调、监控、评价等	高级职称
执行层/协调层	专业监理工程师	项目监理实施的具体组织、指挥、控制/协调	中级职称
作业层/操作层	监理员	具体业务的执行	初级职称

2. 项目监理机构监理人员数量的确定

项目监理机构人员数量的影响因素主要有以下四个。

(1)工程建设强度。工程建设强度是指单位时间内投入的建设工程资金的数量，用下式表示：

工程建设强度=投资/工期

其中，投资和工期是指由监理单位所承担的那部分工程的建设投资和工期。一般投资费用可按工程估算、概算或合同价计算，工期是根据进度总目标及其分目标计算。显然，工程建设强度越大，需投入的项目监理人数越多。

(2)建设工程复杂程度。根据一般工程的情况，工程复杂程度涉及以下各项因素：设计活动多少、工程地点位置、气候条件、地形条件、工程地质、施工方法、工程性质、工期要求、材料供应、工程分散程度等。

根据上述各项因素的具体情况，可将工程分为若干工程复杂程度等级。不同等级的工程需要配备的项目监理人员数量有所不同。例如，可将工程复杂程度按五级划分：简单、一般、一般复杂、复杂、很复杂。工程复杂程度定级可采用定量办法：对构成工程复杂程度的每一因素通过专家评估，根据工程实际情况给出相应权重，将各影响因素的评分加权平均后根据其值的大小确定该工程的复杂程度等级。例如，将工程复杂程度按10分制计评，则平均分值1～3分、3～5分、5～7分、7～9分者依次为简单工程、一般工程、一般复杂工程和复杂工程，9分以上为很复杂工程(见表1.5)。显然，简单工程需要的项目监理人员较少，而复杂工程需要的项目监理人员较多。

表1.5　工程复杂程度等级及其指标值

工程复杂程度等级		指标值
一级	简单	1～3
二级	一般程度	3～5
三级	一般复杂程度	5～7
四级	较复杂	7～9
五级	很复杂	10

(3)监理单位的业务水平。每个监理单位的业务水平和对某类工程的熟悉程度不完全相同，在监理人员素质、管理水平和监理的设备手段等方面也存在差异，这都会直接影响到监理效率的高低。高水平的监理单位可以投入较少的监理人力完成一个建设工程的监理工作，而一个经验不多或管理水平不高的监理单位则需投入较多的监理人力。因此，各监理单位应当根据自己的实际情况制定监理人员需要量定额。

(4)项目监理机构的组织结构和任务职能分工。项目监理机构的组织结构情况关系到具体的监理人员配备，务必使项目监理机构任务职能分工的要求得到满足。必要时，还需要根据项目监理机构的职能分工对监理人员的配备做进一步的调整。

有时监理工作需要委托专业咨询机构或专业监测、检验机构进行，当然，项目监理机构的监理人员数量可适当减少。

监理人员的基本职责应按照工程建设阶段和建设工程的情况确定。

技术提示：

监理人员应与承包人保持正常的工作关系，做好事前监理、事中监理及事后监理。

3. 项目监理机构人员数量的确定方法

项目监理机构人员需要量定额。工程监理单位应结合房屋建筑工程特点，根据建设项目的建设规模、建设投资、建设工期、监理服务费用、不同施工阶段高峰期工作强度等进行项目监理机构人员配置。

住宅工程应根据建设项目基础、主体结构形式、不同施工阶段、监理工作具体内容和范围等，科学合理、有效均衡地设置项目监理机构岗位、配置相应人员数量(见表1.6)。

表 1.6 住宅工程项目监理机构人员配置表

总建筑面积(M：平方米)		各岗位人员配置数量(人)			
区间值		总监理工程师	专业监理工程师	监理员	合计
$M\leqslant60000$	单栋	(1)	1	0～1	2～3
	多栋	(1)	1	0～2	2～4
$60000<M\leqslant120000$		(1)	1～2	2～3	4～6
$120000<M\leqslant200000$		1	2～3	3～5	6～9
$200000<M\leqslant300000$		1	3～6	5～8	9～15
$300000<M\leqslant500000$		1	6～9	8～12	15～22
$500000<M\leqslant800000$		1	9～12	12～16	22～29
$800000<M$		建筑面积每增加 3 万 m^2，需增加专业监理工程师 1 名，增加监理员 1 名。			

注：(1)代表总监理工程师可以兼任专业监理工程师。

具备使用上公共开放性、功能多样性、人流交通大量性、建筑结构复杂性、建筑风格时代性等特点的单体或群体建筑的为一般公共建筑(Ⅰ)，在工程概算投资额配置项目监理机构人员数量时，应充分考虑一般公共建筑(Ⅰ)建设标准高、专业种类多、建设周期长、社会影响大、公众普遍关注等特点。具体见表 1.7。

表 1.7 一般公共建筑工程(Ⅰ)项目监理机构人员配置表

工程概算投资额(N：万元)	各岗位人员配置数量(人)			
区间值	总监理工程师	专业监理工程师	监理员	合计
$N\leqslant3000$	(1)	1	0～1	2～3
$3000<N\leqslant5000$	(1)	1	1～2	3～4
$5000<N\leqslant10000$	(1)	1～2	2～3	4～6
$10000<N\leqslant30000$	(1)	2～3	3～4	6～8
$30000<N\leqslant60000$	1	3～5	4～5	8～11
$60000<N\leqslant100000$	1	5～6	5～9	11～16
$100000<N$	工程概算投资额每增加 1.5 亿元，增加专业监理工程师 1 名，增加监理员 1 名。			

一般状态下生产的单层和多层工业厂房建筑以及仓储类建筑为一般公共建筑工程(Ⅱ)。单层工业厂房建筑一般指机械、冶金、纺织、化工等行业厂房；多层工业厂房建筑一般是指为轻工、电子、仪表、通信、医药等生产和配套服务的项目。一般公共建筑工程(Ⅱ)监理机构人员配置见表 1.8。

表 1.8 一般公共建筑工程(Ⅱ)项目监理机构人员配置表

工程概算投资额(N：万元)	各岗位人员配置数量(人)			
区间值	总监理工程师	专业监理工程师	监理员	合计
$N\leqslant 3000$	(1)	1	0～1	2～3
$3000<N\leqslant 5000$	(1)	1	1～2	3～4
$5000<N\leqslant 10000$	(1)	1～2	2～3	4～6
$10000<N\leqslant 30000$	(1)	2～3	3	6～7
$30000<N\leqslant 60000$	1	3～4	3～5	7～10
$60000<N\leqslant 100000$	1	4～6	5～8	10～15
$100000<N$	工程概算投资额每增加 2 亿元，增加专业监理工程师 1 名，增加监理员 1 名。			

注：(1)代表总监理工程师可以兼任专业监理工程师。

施工阶段项目监理机构的监理人员数量一般不少于 3 人。

项目监理机构的监理人员数量和专业配备应随工程施工进展情况做相应的调整，从而满足不同阶段监理工作的需要。

> **技术提示：**
>
> 中大型项目，一般必须配备一名相关主导专业全国注册监理工程师出任总监理工程师；土建专业监理工程师两名，可以是全国注册或省注册；水电安装专业监理工程师一名，暖通专业监理工程师一名，可以是全国注册或省注册；安全监理工程师一名，大型项目配备两名；资料助理员一名；监理员 2～5 名；如果有其他专业的，需配备相关专业人员。

1.4 监理工程师

1.4.1 监理工程师的概念和素质要求

1. 监理工程师的概念

注册监理工程师简称监理工程师，是指经考试取得中华人民共和国监理工程师资格证书，并按照《注册监理工程师管理规定》(建设部令第 147 号)注册，取得中华人民共和国监理工程师注册执业证书和执业印章，从事工程监理及相关业务活动的专业技术人员。

未取得注册证书和执业印章的人员，不得以注册监理工程师的名义从事工程监理及相关业务。

以上监理工程师的概念包含这样几层含义：第一，监理工程师是岗位职务，不是专业技术职称，是经过授权的职务；第二，参加全国监理工程师执业资格考试合格，并通过一个监理单位申请注册获得监理工程师岗位证书的监理人员；第三，在岗的监理人员。不在监理工作岗位上，不从事监理活动者，都不能称为工程师。

经政府注册确定的监理工程师具有相应岗位责任的签字权。而从事工程建设监理工作，但尚未取得监理工程师注册执业证书的其他人员则统称为监理员。

监理工程师不得以个人的名义承接工程监理业务，可以受聘于一个具有建设工程勘察、设计、施工、监理、招标代理、造价咨询等一项或者多项资质的单位，从事工程监理、工程经济与技术咨询、工程招标与采购咨询、工程项目管理服务以及国务院有关部门规定的其他业务。

从事工程建设监理项目的监理工程师，根据工作岗位设定的需要可分为总监理工程师(简称总监)、子项监理工程师、专业监理工程师。对于较大的工程项目，可根据需要增设副总监理工程师。总监理工程师是临时聘任的工程建设项目上的岗位职务，就是说一旦没有被聘用，他就没有其相应的头衔，只有监理工程师的称谓。

我国监理工程师具有职业范围广泛、职业内容复杂、职业技能全面、职业责任重大的特点。没有专业技能的人不能从事监理工作，有一定专业技能，但没有学过监理知识的人也难以开展监理工作。

我国的监理工程师相当于国际社会通常所称的咨询工程师，简称工程师，仅按照委托人的最佳利益尽责，在技术领域的地位相当于法律领域的律师和医疗领域的医生。监理工程师保持其行为相对于承包商和供应商的绝对独立性。

施工阶段，按照《建设工程监理规范》(GB/T 50319—2013)的规定，项目总监理工程师、总监理工程师代表、专业监理工程师和监理员应分别履行以下职责。

(1)总监理工程师职责。

①确定项目监理机构人员的分工和岗位职责；

②主持编写项目监理规划、审批项目监理实施细则，并负责管理项目监理机构的日常工作；

③审查分包单位的资质，并提出审查意见；

④检查和监督监理人员的工作，根据工程项目的进展情况可进行人员调配，对不称职的人员应调换其工作；

⑤主持监理工作会议，签发项目监理机构的文件和指令；

⑥审定承包单位提交的开工报告、施工组织设计、技术方案、进度计划；

⑦审核签署承包单位的申请、支付证书和竣工结算；

⑧审查和处理工程变更；

⑨主持或参与工程质量事故的调查；

⑩调解建设单位与承包单位的合同争议、处理索赔、审批工程延期；

⑪组织编写并签发监理月报、监理工作阶段报告、专题报告和项目监理工作总结；

⑫审核签认分部工程和单位工程的质量检验评定资料，审查承包单位的竣工申请，组织监理人员对待验收的工程项目进行质量检查，参与工程项目的竣工验收；

⑬主持整理工程项目的监理资料。

总监理工程师不得将下列工作委托总监理工程师代表：

①主持编写项目监理规划、审批项目监理实施细则；

②签发工程开工/复工报审表、工程暂停令、工程款支付证书、工程竣工报验单；

③审核签认竣工结算；

④调解建设单位与承包单位的合同争议、处理索赔；

⑤根据工程项目的进展情况进行监理人员的调配，调换不称职的监理人员。

(2)总监理工程师代表职责。

①负责总监理工程师指定或交办的监理工作；

②按总监理工程师的授权，行使总监理工程师的部分职责和权力。

(3)专业监理工程师职责。

①负责编制本专业的监理实施细则；

②负责本专业监理工作的具体实施；

③组织、指导、检查和监督本专业监理员的工作，当人员需要调整时，向总监理工程师提出建议；

④审查承包单位提交的涉及本专业的计划、方案、申请、变更，并向总监理工程师提出报告；

⑤负责本专业分项工程验收及隐蔽工程验收；

⑥定期向总监理工程师提交本专业监理工作实施情况报告，对重大问题及时向总监理工程师汇报和请示；

⑦根据本专业监理工作实施情况做好监理日记；

⑧负责本专业监理资料的收集、汇总及整理，参与编写监理月报；

⑨核查进场材料、设备、构配件的原始凭证、检测报告等质量证明文件及其质量情况，根据实际情况认为有必要时对进场材料、设备、构配件进行平行检验，合格时予以签认；

⑩负责本专业的工程计量工作，审核工程计量的数据和原始凭证。

(4)监理员职责。

①在专业监理工程师的指导下开展现场监理工作；

②检查承包单位投入工程项目的人力、材料、主要设备及其使用、运行状况，并做好检查记录；

③复核或从施工现场直接获取工程计量的有关数据并签署原始凭证；

④按设计图及有关标准，对承包单位的工艺过程或施工工序进行检查和记录，对加工制作及工序施工质量检查结果进行记录；

⑤担任旁站工作，发现问题及时指出并向专业监理工程师报告；

⑥做好监理日记和有关的监理记录。

2. 监理工程师的素质要求

监理工程师在建设工程中处于核心地位，提供的是一种高智能的服务。工程目标实现的好坏与监理工程师的服务水平是直接相关的。监理工程师不仅要掌握技术、管理、经济、法律等多学科知识，能够对工程建设进行监督管理，提出指导性意见，而且要有较强的组织协调能力，能够组织协调各方的建设行为。这些工作特点对监理工程师的业务水平和素质提出了较高的要求。

(1)监理工程师要具有良好的思想素质。监理工程师良好的思想素质主要体现在以下几个方面。

①热爱社会主义祖国、热爱人民、热爱建设事业。这是我们提高责任心、端正工作作风、努力进取和搞好工程建设的动力。

②具有科学的工作态度。要坚持严谨求实、一丝不苟的科学态度，一切从实际出发、用数据说话，要做到事前有依据，事后有证据，不能草率从事，以使问题能得到迅速而正确的解决。

③具有廉洁奉公、为人正直、办事公道的高尚道德情操。对自己不谋私利，对业主和上级能站在公正立场上贯彻其合理意图。

④具有良好的性格。能够听取不同方面的意见，冷静分析问题。

⑤具有良好的职业道德。在职业过程中不得损害任何一方的利益。

(2)监理工程师要具有良好的业务素质。

①监理工程师应具有较高的学历和复合型的知识结构。现代工程建设的工艺越来越先进，材料设备越来越新颖。监理工程师应具有大专以上学历，且在工作中要不断学习和掌握一定的工程经济、法律和管理方面的理论知识，并总结经验，结合国外的先进经验进行技术、管理、知识的更新，努力提高自身的专业技能，成为一专多能的复合型人才，使监理企业成为真正的智力密集型的知识群体。

②监理工程师要有丰富的工程实践经验。工程建设实践经验就是理论知识在工程建设中成功的应用。一般来说，一个人在工程建设中工作的时间越长，参与经历的工程项目越多，经验越丰富。工程建设中出现失误或对问题处理不当，往往与经验不足有关。监理工程师每天都要处理很多有关工程实施中的设计、施工、材料等问题以及面对复杂的人际关系，仅有一些理论知识，而缺乏工程实践经验是难以出色地做好监理工作的。我国在考核监理工程师的资格中，其体现对实践经验要求的条件是具有高级专业技术职称或取得中级专业技术职称后具有 3 年以上实践经验。

③监理工程师要有较强的组织协调能力。组织协调工作贯穿整个建设工程实施及其管理的全过程。组织协调参与工程建设各方面的关系，使参建各方的能力能最大程度地得以发挥，是监理工程师能力的体现。监理工程师作为合同双方的纽带和桥梁，应做好协调、缓冲工作，为各方营造一个良好的合作氛围，使得各方主动接受监理工程师的组织协调和监督，有力推动工程顺利开展。

(3)监理工程师要具有良好的身心素质。为了有效地对工程项目实施控制，监理工程师必须经常深入到工程建设第一线。由于现场工作强度高、流动性大、工作条件差、任务重，因此监理工程师必须具有健康的身体和充沛的精力，否则难以胜任监理工作。考虑到人们的体质，《注册监理工程师管理规定》(建设部令第 147 号)规定年满 65 周岁就不宜再承担监理工作。因此年满 65 周岁的监理工程师也就不再予以注册。

监理工程师在工作过程中，要处理纷繁复杂的人际关系和利益纠纷，如果没有健康的心理素质和强大的心理能量，也是无法胜任监理工作的。

3. 监理工程师的职业修养和职业道德

党的二十大报告指出，要“引导广大人才爱党报国、敬业奉献、服务人民”。监理工程师应具有科学的工作态度，廉洁奉公、办事公道的高尚情操，有高度的责任心和团队精神。监理工作往往是由多个监理工程师协同完成的，监理工程师的责任心和协作精神非常重要，每位监理工程师都必须确保自身监理工作质量，并对自己的工作成果负责，只有这样才能确保整个监理项目的成果。

良好的职业道德，是监理工程师一项重要的素质，也是对监理工程师监理工作的必然要求。在监理行业中，监理工程师应严格遵守以下职业守则：

(1)维护国家的荣誉和利益，按照“守法、诚信、公正、科学”的准则执业。

(2)执行有关工程建设的法律、法规、规范、标准和制度，履行监理合同规定的义务和责任。

(3)努力学习专业技术和建设监理知识，不断提高业务能力和专业水平。

(4)不以个人名义承揽监理业务。

(5)不同时在两个或两个以上监理企业注册和从事监理活动，不在政府部门和施工、材料设备的生产供应等单位兼职。

(6)不为所监理的工程建设项目指定承建商、建筑构配件、设备、材料和施工方法。

(7)不收受被监理单位的任何礼金。

(8)不泄露所监理工程各方认为需要保密的事项。

(9)坚持独立自主地开展工作。

在国外，监理工程师的职业道德准则，由其协会组织制定并监督实施。国际咨询工程师联合会(FIDIC)分别从对社会和职业的责任、能力、正直性、公正性、对他人的公正这 5 个问题 14 个方面，规定了监理工程师的道德行为准则，可供我国的监理工程师学习参考。

1.4.2 监理工程师执业资格考试与注册

1. 监理工程师执业资格考试

执业资格是政府对某些责任较大、社会通用性强、关系公共利益的专业技术工作实行的市场准入控制，是专业技术人员依法独立开业或独立从事某种专业技术工作所必备的学识、技术和能力标准。执业资格一般要通过考试方式取得。监理工程师是新中国成立以来在工程建设领域第一个设立的执业资格。

(1)实行监理工程师执业资格考试制度的意义。

①促进监理人员努力钻研监理业务，提高国家工程业务水平；

②统一监理工程师的能力标准；

③有利于公正地确定监理人员是否具备监理工程师的资格；

④合理建设工程监理人才库；

⑤便于同国际接轨，开拓国家工程监理市场。

因此，我国建立监理工程师执业资格考试制度。

(2)报考监理工程师的条件。我国对监理工程师的报考条件主要在两方面作了限制：一是要有一定学历；二是要有一定年限的工程建设实践经验。具备下列条件之一者，可申请参加考试。

①凡遵守中华人民共和国宪法、其他法律法规，具有良好的业务素质和道德品行，具备下列条件之一者，可以申请参加监理工程师职业资格考试。

A. 具有各工程大类专业大学专科学历(或高等职业教育)，从事工程施工、监理、设计等业务工作满 4 年；

B. 具有工学、管理科学与工程类专业大学本科学历或学位，从事工程施工、监理、设计等业务工作满 3 年；

C. 具有工学、管理科学与工程一级学科硕士学位或专业学位，从事工程施工、监理、设计等业务工作满 2 年；

D. 具有工学、管理科学与工程一级学科博士学位。

2021 年继续在北京、上海开展提高监理工程师职业资格考试报名条件试点工作，试点专业为土木建筑工程专业(交通运输工程和水利工程专业不参加试点)，试点地区报考人员应当具有大学本科及以上学历或学位。原参加 2019 年度监理工程师执业资格考试，学历为大专及以下，且具有有效期内科目合格成绩的人员，可以在试点地区继续报名参加考试。

②已取得监理工程师一种专业职业资格证书的人员，报名参加其他专业科目考试的，可免考基础科目。考试合格后，核发人力资源社会保障部门统一印制的相应专业考试合格证明。该证明作为注册时增加执业专业类别的依据。

③具备以下条件之一的，参加监理工程师职业资格考试可免考基础科目。

A. 已取得公路水运工程监理工程师资格证书；

B. 已取得水利工程建设监理工程师资格证书。

经批准同意开展试点的地区，申请参加监理工程师职业资格考试的，应当具有大学本科及以上学历或学位。

(3)考试内容。由于监理工程师的业务主要是控制建设工程的质量、投资、进度，监督管理建设工程合同，协调工程建设各方的关系，因此监理工程师执业资格考试的内容主要是工程建设监理基本理论、工程质量控制、工程进度控制、工程投资控制、建设工程合同管理和涉及工程监理的相关法律法规等方面的理论知识和实务技能。考试内容共设 4 个科目，其中《建设工程监理基本理论和相关法规》和《建设工程合同管理》为基础科目，《建设工程目标控制》和《建设工程监理案例分析》为专业科目。专业类别分为三个：土木建筑工程、交通运输工程和水利工程，报考人员可根据实际工作需要选报其一。

(4)考试方式和管理。我国对监理工程师执业资格考试实行政府统一管理，主管部门是建设部、人事部。考试实行全国统一考试大纲、统一命题、统一组织、统一时间、闭卷考试、分科记分、统一录取标准的办法。一般每年组织一次。

监理工程师职业资格考试成绩实行滚动管理，参加 4 个科目考试人员必须在连续 4 个考试年度内通过全部应试科目；参加 2 个科目考试的符合免试基础科目的应试人员必须在连续 2 个考试年度内通过相应应试科目，方可获得资格证书。

2. 监理工程师注册

监理工程师注册制度是政府对监理人员实行市场准入控制的有效手段。监理人员经注册，即表明获得了政府对其监理工程师名义从业的行政许可，因而具有相应工种岗位的责任和权力。仅取得“监理工程师执业资格证书”，没有取得“监理工程师注册证书”的人员，则不具备这些权力，也不承担相应的责任。

注册分为三种形式，即初始注册、延续注册和变更注册。按照国家有关法规规定，监理工程师只能在一家企业注册，且按照专业类别每个人最多可以申请两个专业注册。

(1)初始注册。经考试合格，取得“监理工程师执业资格证书”的，可以在 3 年内申请监理工程师初始注册。

①申请监理工程师初始注册，一般要提供下列材料：

A. 监理工程师注册申请表。

B. 申请人的资格证书和身份证复印件。

C. 申请人与聘用单位签订的聘用劳动合同复印件。

D. 所学专业、工作经历、工程业绩、工程类中职及中职以上职称等有关证件的证明材料。

E. 超过 3 年未注册的，应当提供达到继续教育要求的证明材料。

②申请初始注册的程序如下。

A. 申请人向聘用单位提出申请。

B. 聘用单位同意后，连同上述材料由聘用企业向所在省、自治区、直辖市人民政府建设行政主管部门提出申请。

C. 省、自治区、直辖市人民政府建设行政主管部门初审合格后，报国务院建设行政主管部门。

D. 国务院建设行政主管部门对初审意见进行审核，对符合条件者准予注册，并颁发由国务院建设行政主管部门统一印制的“监理工程师注册证书”和执业印章。

省、自治区、直辖市人民政府建设行政主管部门的初审和国务院建设行政主管部门对初审意见进行审核时限都是从受理材料起20日内。

(2)延续注册。注册监理工程师每一注册有效期为3年，注册有效期满需继续执业的，应当在注册有效期30日前申请延续注册。

①延续注册应提交下列材料。

A. 申请人延续注册申请表。

B. 申请人与聘用单位签订的聘用劳动合同复印件。

C. 申请人注册有效期内达到继续教育要求的证明材料。

②申请延续注册的程序如下。

A. 申请人向聘用单位提出申请。

B. 聘用单位同意后，连同上述材料由聘用企业向所在省、自治区、直辖市人民政府建设行政主管部门提出申请。

C. 省、自治区、直辖市人民政府建设行政主管部门在受理申请后5日内进行审查完毕。

D. 省、自治区、直辖市人民政府建设行政主管部门将申请材料和初审意见报国务院建设行政主管部门，国务院建设行政主管部门自收到上报材料后10日内审批完毕并作出书面决定。

(3)变更注册。在注册有效期内，注册监理工程师变更执业单位，应当与原聘用单位解除劳动关系，办理变更注册，注册后仍延续原注册有效期。

①申请变更注册需提交的资料如下。

A. 申请人变更注册申请表。

B. 申请人与新聘用单位签订的聘用劳动合同复印件。

C. 申请人的工作调动证明(与原聘用单位解除聘用劳动合同或者聘用劳动合同到期的证明文件、退休人员的退休证明)。

②变更注册的变更程序与延续注册的程序一样。

需要注意的是，监理工程师办理变更注册后，一年内不能再次进行变更注册。

(4)不能获得初始注册、延续注册或者变更注册的情况。

A. 不具有完全民事行为能力的。

B. 刑事处罚尚未执行完毕或者因从事工程监理或者相关业务受到刑事处罚，自刑事处罚完毕之日起至申请注册之日止不满2年的。

C. 未达到监理工程师继续教育要求的。

D. 在两个或者两个以上单位申请注册的。

E. 以虚假的职称证书参加考试并取得资格证书的。

F. 年龄 65 周岁及以上。

G. 法律、法规规定不予注册的其他情形。

(5)注册证书失效作废的情况。

A. 不具有完全民事行为能力的。

B. 申请注销注册的。

C. 聘用单位破产的、被吊销营业执照的、被吊销资质证书的。

D. 已与聘用单位解除劳动合同的。

E. 注册有效期满且为延续注册的。

F. 年龄超过 65 周岁的。

G. 死亡或者丧失行为能力的。

H. 依法被撤销注册的。

I. 受到刑事处罚的。

J. 法律、法规规定应当注销或失效注册的其他情形。

被撤销注册或者不予注册的监理工程师，在重新具备注册条件后，可以重新申请注册。

3. 监理工程师的继续教育

随着现代科学技术的发展，注册后的监理工程师不能长久地停留在原有知识水平上，而应随着时代的进步不断更新知识、扩大知识面，学习新的理论知识、政策法规，了解新技术、新工艺、新材料、新设备，这样才能不断提高执业能力和工作水平，以适应建设事业发展及监理实务的需要。因此，我国规定，每个注册有效期内必须完成规定的继续教育要求。继续教育是注册监理工程师逾期初始注册、延续注册和重新注册的条件之一。

1.4.3 监理工程师的权利与义务

1. 监理工程师的法律地位

监理工程师的法律地位是由国家法律法规确定的，其建立在委托监理合同的基础上。监理工程师的法律地位主要体现在执业过程中享有的权利和应履行的义务。享有的权利主要有以下几方面。

(1)使用注册监理工程师称谓。

(2)在规定范围内从事执业活动。

(3)依据本人的能力从事相应的职业活动。

(4)保护和适用本人的注册证书和职业印章。

(5)对本人执业活动进行解释和辩护。

(6)接受继续教育。

(7)获得相应的劳动报酬。

(8)对侵犯本人的行为进行申诉。

知识链接：

继续教育可采取多种不同的方式，如脱产学习、集中授课、参加研讨会（班）、网络学习等。继续教育的内容应紧跟业务内容更新。继续教育的内容分为必修课和选修课，在每一注册有效期内两门课程的课时要求各为 48 学时。

同时，监理工程师还应履行下列义务。

(1)遵守法律、法规和相关的规定。

(2)履行管理职责，执行技术标准、规范和规程。

(3)保证执业活动成果的质量，并承担相应责任。

(4)接受继续教育，努力提高执业水准。

(5)在本人执业活动所形成的工程监理文件上签字、加盖执业印章。

(6)保守在执业中知悉的国家秘密和他人的商业、技术秘密。

(7)不得涂改、倒卖、出租、出借或者以其他形式非法转让注册证书或执业印章。

(8)不得同时在两个或者两个以上的单位受聘或执业。

(9)在规定的职业范围和聘用单位业务范围内从事执业活动。

(10)协助注册管理机构完成相关的工作。

2. 监理工程师的法律责任

党的二十大报告指出，要"坚持全面依法治国，推进法治中国建设"。监理工程师的法律责任与其法律地位密切相关，同样是建立在法律法规和委托监理合同的基础上。因而，监理工程师法律责任的表现行为主要有两方面，一是违反法律法规的行为，二是违反合同约定的行为。

(1)违法责任。现行法律法规对监理工程师的法律责任专门作了具体规定。法律法规规定的违法行为主要有质量违法责任、安全违法责任等。

《建筑法》第三十五条规定："工程监理单位不按照委托监理合同的约定履行监理义务，对应当监督检查的项目不检查或不按照规定检查，给建设单位造成损失的，应当承担相应的赔偿责任。"

《建设工程质量管理条例》第三十六条规定："工程监理单位应当依照法律、法规以及有关技术标准、设计文件和建设工程承包合同，代表建设单位对施工质量实施监理，并对施工质量承担监理责任。"

《中华人民共和国刑法》第一百三十七条规定："建设单位、设计单位、施工单位、工程监理单位违反国家规定，降低工程质量标准，造成重大安全事故的，对直接责任人员，处五年以下有期徒刑或者拘役，并处罚金；后果特别严重的，处五年以上十年以下有期徒刑，并处罚金。"

(2)违约责任。监理工程师一般主要受聘于工程监理企业，从事工程监理业务。工程监理企业是订立委托监理合同的当事人，是法定意义的合同主体。但委托监理合同在具体履行时，是由监理工程师到监理企业来实现的。因此，如果监理工程师出现工作过失，违反了合同约定，其行为将被视为监理企业违规，由监理企业承担相应的违约责任。当然，监理企业在承担违约赔偿责任后，有权在企业内部向有关过失行为的监理工程师追偿部分损失。所以，由监理工程师个人过失引发的合同违约行为，监理工程师应当与监理企业承担一定的连带责任。其连带责任的基础是监理企业与监理工程师签订的聘用协议或责任保证书，或监理企业法定代表人对监理工程师签发的授权委托书。一般来说，授权委托书应包含职权范围和相应责任条款。

如果监理工程师有下列行为之一，则应承担一定的监理责任。

①未对施工组织设计中的安全技术措施或者专项施工方案进行审查。

②发现安全隐患未及时要求施工单位整改或者暂时停止施工。

③施工单位拒不整改或者停止施工，未及时向有关主管部门报告。

④未依照法律、法规和工程建设强制性标准实施监理。

(3)安全生产责任。安全生产责任是法律责任的一部分，来源于法律法规和委托监理合同。《建设工程安全生产管理条例》第十四条规定："工程监理单位和监理工程师应当按照法律、法规和工程建设强制性标准实施监理，并对建设工程安全生产承担监理责任。"

导致工作安全事故或问题的原因很多，有自然灾害、不可抗力等客观原因，也有建设单位、设计单位、施工企业、材料供应单位等主观原因。监理工程师虽然不管理安全生产，不直接承担安全责任，但不能排除其间接或连带承担安全责任的可能性。如果监理工程师有下列行为之一，则应当与质量、安全事故责任主体承担连带责任。

①违章指挥或者发出错误指令，引发安全事故的。

②将不合格的建设工程、建筑材料、建筑构配件和设备按照合格签字，造成工程质量事故，由此引发安全事故的。

③与建设单位或施工企业串通，弄虚作假、降低工程质量，从而引发安全事故的。

(4)监理工程师违规行为的处罚。

①对于未取得"监理工程师执业资格证书""监理工程师注册证书"和执业印章，以监理工程师的名义执行业务的人员，政府建设行政主管部门将予以取缔，并处以罚款；有违法所得的，予以没收。

②对于以欺骗手段取得"监理工程师执业资格证书""监理工程师注册证书"和执业印章的人员，政府建设行政主管部门将吊销其证书，收回执业印章，并处以罚款；情节严重的，3 年之内不允许考试及注册。

③如果监理工程师出借"监理工程师执业资格证书""监理工程师注册证书"和执业印章，情节严重的，将吊销证书，收回执业印章，3 年之内不允许考试及注册。

④监理工程师注册内容发生变更，为按照规定办理变更手续的，将被责令改正，并可能受到罚款和处罚。

⑤同时受聘于两个以上单位执业的，将被注销"监理工程师注册证书"，收回执业印章，并将受到罚款处理；有违法所得的，予以没收。

⑥监理工程师因过错造成质量事故的，责令停止执业 1 年；造成重大质量事故的，吊销执业资格证书，5 年内不予注册；情节特别恶劣的，终身不予注册。

⑦监理工程师在安全生产监理中未执行法律、法规和工程建设强制性标准的，责令停止执业 3 个月以上 1 年以下；情节严重的，吊销执业资格证书，5 年内不予注册；造成重大安全事故的，终身不予注册；构成犯罪的，依照刑法有关规定追究刑事责任。

1.5 建设工程监理的组织协调

建设工程监理的组织协调

1.5.1 组织协调的概念

协调就是联结、联合、调和所有的活动及力量，使各方配合得当，其目的是促使各方协同一致，以实现预定目标。协调工作应贯穿整个建设工程实施及其管理过程。建设工程系统就是一个由人员、物质、信息等构成的人为组织系统。

用系统方法分析，建设工程的协调一般有三大类："人员—人员界面""系统—系统界面""系统—环境界面"。项目监理机构的协调管理就是在"人员—人员界面""系统—系统界面""系统—环境界面"之间，对所有的活动及力量进行联结、联合、调和的工作。

在建设工程监理中，要保证项目的参与各方围绕建设工程开展工作，使项目目标顺利实现，组织协调工作最为重要，也最为困难，是监理工作能否成功的关键，只有通过积极的组织协调才能实现整个系统全面协调控制的目的。

1.5.2 组织协调的内容

1. 项目监理机构内部的协调

(1)项目监理机构内部人际关系的协调。

①在人员安排上要量才录用。

②在工作委任上要职责分明。

③在成绩评价上要实事求是。

④在矛盾调解上要恰到好处。

(2)项目监理机构内部组织关系的协调。项目监理机构内部组织关系的协调可从以下几方面进行。

①在职能划分的基础上设置组织机构，根据工程对象及委托监理合同所规定的工作内容，确定职能划分，并相应设置配套的组织机构。

②明确规定每个部门的目标、职责和权限，最好以规章制度的形式作出明文规定。

③事先约定各个部门在工作中的相互关系。

④建立信息沟通制度。

⑤及时消除工作中的矛盾或冲突。

(3)项目监理机构内部需求关系的协调。

①对监理设备、材料的平衡。

②对监理人员的平衡。

> **技术提示：**
>
> 总监与各专业监理工程师要经常交换信息。各专业监理人员要将工作中的各种信息向总监汇报，以便总监统一布置和协调。各专业监理人员要互通信息，以使监理工作有序进行。

2. 与业主的协调

监理实践证明，监理目标的顺利实现和与业主协调的好坏有很大的关系。

监理工程师应从以下几方面加强与业主的协调。

①监理工程师首先要理解建设工程总目标、理解业主的意图。对于未能参加项目决策过程的监理工程师，必须了解项目构思的基础、起因、出发点，否则可能对监理目标及完成任务有不完整的理解，会给他的工作造成很大的困难。

②利用工作之便做好监理宣传工作，增进业主对监理工作的理解。

③尊重业主，让业主一起投入建设工程全过程。

3. 与承包商的协调

监理工程师对质量、进度和投资的控制都是通过承包商的工作来实现的，所以做好与承包商的协调工作是监理工程师组织协调工作的重要内容。

坚持原则，实事求是，严格按规范、规程办事，讲究科学态度。协调不仅是方法、技术问题，更多的是语言艺术、感情交流和用权适度问题，有时尽管协调意见是正确的，但由于方式或表达不妥，反而会激化矛盾。而高超的协调能力则往往能取得事半功倍的效果，令各方面都满意。

在工程施工阶段协调工作的主要内容如下。

(1)与承包商项目经理关系的协调。从承包商项目经理及其工地工程师的角度来说，他们最希望监理工程师是公正的、通情达理的并容易理解别人的；希望从监理工程师处得到明确的而不是含糊的指示，并且能够对他们所询问的问题给予及时的答复；希望监理工程师的指示能够在他们工作之前发出。他们可能对本本主义者以及工作方法僵硬的监理工程师最为反感。对于这些心理现象，监理工程师应该加以了解。一个既懂得坚持原则，又善于理解承包商项目经理的意见，工作方法灵活，随时可能提出或愿意接受变通办法的监理工程师肯定是受欢迎的。

技术提示：

为了保持一致，共同努力，最终实现目标，应本着尊重、征询、热情服务的原则，主动与业主沟通。意见不一致时，耐心解释，以规范、标准合同条款为依据争取业主代表信任、理解和支持，必要时可以通过双方上级领导协调解决。

(2)进度问题的协调。由于影响进度的因素错综复杂，因此进度问题的协调工作也十分复杂。实践证明，有两项协调工作很有效：一是业主和承包商双方共同商定一级网络计划，并由双方主要负责人签字，作为工程施工合同的附件；二是设立提前竣工奖，由监理工程师按一级网络计划节点考核，分期支付阶段工期奖，如果整个工程最终不能保证工期，由业主从工程款中将已付的阶段工期奖扣回并按合同规定予以罚款。

(3)质量问题的协调。在质量控制方面应实行监理工程师质量签字认可制度。对没有出厂证明、不符合使用要求的原材料、设备和构件，不准使用；对工序交接实行报验签证；对不合格的工程部位不予验收签字，也不予计算工程量，不予支付工程款。在建设工程实施过程中，设计变更或工程内容的增减是经常出现的，有些是合同签订时无法预料和明确规定的。对于这种变更，监理工程师要认真研究，合理计算价格，与有关方面充分协商，达成一致意见，并实行监理工程师签证制度。

(4)对承包商违约行为的处理。在施工过程中，监理工程师对承包商的某些违约行为进行处理是一件难免的事情，应当慎重。

(5)合同争议的协调。对于工程中的合同争议，监理工程师应首先采用协商解决的方式，协商不成时才由当事人向合同

技术提示：

本着客观、公正、公平、监帮结合的原则，规范施工行为。对错误操作、违章操作及时指正。对待施工单位和业主之间的矛盾，要以合同条款和建设标准为准则，耐心协调，公平合理地解决矛盾。

管理机关申请调解。只有当对方严重违约而使自己的利益受到重大损失且不能得到补偿时才采用仲裁或诉讼手段。如果遇到非常棘手的合同争议问题，不妨暂时搁置，等待时机，另谋良策。

(6)对分包单位的管理。对分包单位的管理主要是对分包单位明确合同管理范围，分层次管理。将总包合同作为一个独立的合同单元进行投资、进度、质量控制和合同管理，不直接和分包合同发生关系。

(7)处理好人际关系。在监理过程中，监理工程师处于一种十分特殊的位置。业主希望得到独立、专业的高质量服务，而承包商则希望监理单位能对合同条件有一个公正的解释。因此，监理工程师必须善于处理各种人际关系，既要严格遵守职业道德，礼貌而坚决地拒收任何礼物，以保证行为的公正性，也要利用各种机会增进与各方面人员的友谊与合作，以利于工程的进展。否则，便有可能引起业主或承包商对其可信赖程度的怀疑。

4. 与设计单位的协调

监理单位必须协调与设计单位的工作，以加快工程进度，确保质量，降低消耗。

(1)真诚尊重设计单位的意见。

(2)施工中发现设计问题，应及时向设计单位提出，以免造成不必要的直接损失。

(3)注意信息传递的及时性和程序性。

通过监理工程师联系单、设计单位申报表或设计变更通知单传递协调信息，要按设计单位(经业主同意)→监理单位→承包商之间的程序进行。

> **技术提示：**
> 为避免设计变更造成返工，进而增加投资或影响质量、进度，应本着探讨、沟通、实事求是的原则，指出设计图纸中存在的缺陷，分析探讨并完善设计中的遗漏，修改不足之处，要有前瞻性、先进性、科学性。

5. 与政府部门及其他单位的协调

(1)与政府部门的协调。

①工程质量监督站是由政府授权的工程质量监督的实施机构，对委托监理的工程，质量监督站主要是核查勘察设计、施工单位的资质和工程质量检查。监理单位在进行工程质量控制和质量问题处理时，要做好与工程质量监督站的交流和协调。

②重大质量事故，在承包商采取急救、补救措施的同时，应敦促承包商立即向政府有关部门报告情况，接受检查和处理。

③《建设工程合同》应送公证机关公证，并报政府建设管理部门备案；征地、拆迁、移民要争取政府有关部门支持和协作；现场消防设施的配置，宜请消防部门检查认可；要敦促承包商在施工中注意防止环境污染，坚持做到文明施工。

(2)协调与其他单位的关系。这是一种争取良好社会环境的协调。本部分的协调工作，从组织协调的范围看，属于远外层的管理。监理单位有组织协调的主持权，但重要协调事项应当事先向业主报告。根据目前的工程监理实践，对外部环境协调，应由业主负责主持，监理单位主要针对一些技术性工作协调。

1.5.3 组织协调的方式

组织协调是一种管理艺术和技巧，监理工程师组织协调可采用如下方法。

(1)会议协调法。会议协调法是建设监理工作中最常用的一种协调方法，包括第一次工地会议、监理例会、专题监理会议等。

(2)交谈协调法。交谈协调包括面对面的交谈和电话交谈两种形式，无论是内部协调还是外部协调，该方法的使用频率都是相当高的。其作用有以下几点。

①保持信息畅通。

②寻求协作与帮助。

③及时发布工程指令。

(3)书面协调法。书面协调法的特点是具有合同效力，一般常用于以下几个方面。

①不需双方直接交流的书面报告、报表、指令和通知等。

②需要以书面形式向各方提供详细信息和情况通报的报告、信函和备忘录等。

③事后对会议记录、交谈内容或口头指令的书面确认。

(4)访问协调法。访问协调法主要用于外部协调，有走访和邀访两种形式。

(5)情况介绍法。情况介绍法通常与其他协调方法紧密结合在一起，它可能是在一次会议前，或是一次交谈前，或是一次走访或邀访前向对方进行情况介绍。

技术提示：

监理例会：

建筑施工过程中，由监理单位组织施工单位、建设单位进行生产协调例会。会议周期根据具体工程商定，一般为一周一次。

会议内容：

①先由施工方总结上周生产计划的完成情况、完成施工部位的质量情况等，接着施工方提出下周施工计划和需要协调解决的问题。

②由建设方回复施工方需要解决的问题，及提出进度要求。

③由监理单位提出现存问题，质量进度等方面完成的情况的检查。

④各方讨论，结束会议。

基础考核

一、单项选择题(每题的备选项中，只有1个最符合题意)

1. 工程监理企业资质分为综合资质、专业资质和事务所资质。其中，(　　)专业资质可设立丙级。

A. 房屋建筑　　B. 冶炼工程　　C. 矿山工程　　D. 化工石油

2. 下列行为要求中，既属于监理工程师职业道德又属于监理工程师义务的是(　　)。

A. 不收受被监理单位的任何礼金

B. 保证执业活动成果的质量，并承担相应责任

C. 不泄露与监理工程有关的需要保密的事项

D. 坚持独立自主地开展工作

3. 根据《注册监理工程师管理规定》，下列权利和义务中，（　　）属于注册监理工程师享有的权利。

A. 保证执业活动成果的质量

B. 依据本人能力从事相应的执业活动

C. 在规定的执业范围和聘用单位业务范围内从事执业活动

D. 接受继续教育，努力提高执业水准

4. 项目总承包管理模式的主要优点是（　　）。

A. 有利于投资控制　　B. 有利于择优选择承建单位

C. 有利于质量控制　　D. 有利于合同管理

5. 根据项目监理机构中管理层次的确定，监理员一般执行（　　）的工作。

A. 协调层　　B. 执行层

C. 决策层　　D. 操作层

二、多项选择题(每题的备选项中，有2个或2个以上符合题意，至少有1个错项)

1. 监理工程师从事监理工作时应严格遵循的职业道德守则是（　　）。

A. 维护国家的荣誉和利益，按照“守法、诚信、公正、科学”的准则执业

B. 可以个人名义承揽监理业务

C. 不同时在两个及以上监理单位注册和从事监理活动

D. 尽量为所监理项目指定施工方法

E. 坚持独立自主地开展工作

2. 下列职责属于专业监理工程师的是（　　）。

A. 负责总监指定或者交办的监理工作

B. 审核签认竣工结算

C. 负责本专业的监理实施细则

D. 根据本专业监理实施的情况做好监理日志

E. 负责本专业分项工程验收及隐蔽工程验收

3. 项目监理组织形式有（　　）。

A. 直线制　　B. 职能制

C. 直线职能制　　D. 平行制

E. 矩阵制

4. 直线职能制监理组织形式的优点有（　　）。

A. 职能部门与指挥部门不易产生矛盾

B. 信息线路较短，有利于互通情报

C. 目标管理专业化

D. 职责清楚

E. 直线领导，统一指挥

5. 项目总承包模式的缺点有（　　）。

A. 业主选择承包方范围小　　B. 合同关系复杂

C. 建设周期短　　　　D. 不利于投资控制

E. 质量控制难度大

技能实训

某市一化工公司委托天南监理公司为其化工厂建设项目进行监理服务，双方通过协商，就服务范围等事项达成协议，并签订了《监理委托合同》。委托工作范围为化工厂项目的两期工程建设：一期工程施工阶段监理和二期工程设计与施工阶段监理。总监理工程师在该项目上配备了设计阶段监理工程师 8 人，施工阶段监理工程师 20 人，并分设计阶段和施工阶段制定了监理规划。

在某次监理工作例会上，总监理工程师强调了设计阶段监理工程师下周的工作重点是审查二期工程的施工图预算，要求重点审查工程量是否准确、预算单价套用是否正确、各项取费标准是否符合现行规定等内容。

子项目监理工程师小杨在一期工程的施工监理中发现承包方未经申报，擅自将催化设备安装工程分包给某工程公司并进场施工后，立即向承包方下达了停工指令，要求承包方上报分包单位资质材料。承包方随后送来了该分包单位资质证明，小杨审查后向承包方签署了同意该分包单位分包的文件。小杨还审核了承包方送来的催化设备安装工程施工进度的保证措施，并提出了改进建议。承包方抱怨说，由于业主供应的部分材料尚未到场，有些保证措施无法落实，会影响工程进度。小杨说："我负责给你们协调，我去施工现场巡视一下，就去找业主。"

【问题】

1. 对该项目天南监理公司应派出几名总监理工程师？为什么？

2. 总监理工程师建立项目监理机构时应选择什么结构形式？总监理工程师分阶段制定监理规划是否妥当？为什么？

3. 根据监理人员的职责分工，指出小杨的工作哪些是履行了自己的职责，哪些不属于应履行的职责。不属于小杨履行的职责应由谁履行？

链接执考

1. (单项选择题)工程监理单位签订《工程监理合同》后，组建项目监理机构，严格按法律、法规和工程建设标准等实施监理，这体现了建设工程监理的(　　)。(2018 年注册监理工程师考试真题)

A. 服务性　　B. 科学性　　C. 独立性　　D. 公平性

2. (单项选择题)根据《建设工程监理范围和规划标准规定》，必须实行监理的工程是(　　)。(2019 年注册监理工程师考试真题)

A. 总投资额 2000 万元的学校项目　　B. 总投资额 2000 万元的供水项目

C. 总投资额 2000 万元的通信项目　　D. 总投资额 2000 万元的地下管道项目

3. (单项选择题)对于实行项目法人责任制的项目，项目董事会的职权是(　　)。(2020 年注册监理工程师考试真题)

A. 编制年度投资计划　　B. 确定中标单位

C. 提出项目开工报告　　D. 组织项目后评价

4.(单项选择题)根据《监理工程师职业资格制度规定》，具有各工程大类专业大学专科学历，从事工程监理、施工、设计、等业务工作满(　　)年者，可以申请参加监理工程师职业资格考试。(2021年注册监理工程师考试真题)

A. 3　　B. 4　　C. 5　　D. 6

5.(多项选择题)根据《建设工程监理规范》，属于总监理工程师的职责，不得委托给总监理工程师代表的工作包括(　　)。(2019年注册监理工程师考试真题)

A. 组织审查施工组织设计　　B. 组织审查工程开工报审表

C. 组织审核施工单位的付款申请　　D. 组织工程竣工预验收

E. 组织编写工程质量评估报告

6.(多项选择题)建设单位采用工程总承包模式的优点有(　　)。(2019年注册监理工程师考试真题)

A. 有利于缩短建设周期　　B. 组织协调工作量小

C. 有利于合同管理　　D. 有利于招标发包

E. 有利于造价控制

项目 2　监理规划与监理实施细则的编写

知识目标

1. 了解监理大纲的主要内容及编制要求。
2. 熟悉监理规划和监理实施细则的编写要求。
3. 掌握监理规划的主要内容和审批。
4. 掌握监理实施细则的主要内容和审批。

技能目标

具备根据工程的特点、重点、难点编制监理规划和监理实施细则的能力。

素养目标

1. 培养严谨细致、精益求精的工匠精神。
2. 培养踏实肯干、认真负责的工作作风。
3. 培养吃苦耐劳、勇于担当的优良品格。

项目流程图

01 监理大纲 → 02 监理规划 → 03 监理实施细则

2.1 监理大纲

2.1.1 监理大纲的编制要求

监理单位应根据工程项目招标文件，项目的特点、规模以及监理单位自身的条件、特点和以往承揽工程的经验编制监理大纲。监理大纲由监理单位的指定人员或技术管理部门组织人员进行编写。监理大纲是监理单位在招投标阶段编制的规划性文件，是监理投标书的组成部分，是监理开展工作的纲领性文件，是以后开展监理工作、制定方案的依据，也是制定监理规划的基础。

2.1.2 监理大纲的主要内容

(1)监理单位的基本情况。工程监理单位的资质、服务能力、技术力量、类似工程监理项目的业绩、监理企业信誉情况等，是否满足工程项目的要求。

(2)项目的人员配备。监理单位应根据招标文件中规定的监理人员数量专业配备、组建项目监理机构。根据工程特点，确定工程监理整体力量投入是否满足工程需要，确定总监理工程师人选是否符合招标文件及工程特点要求。此外，还应考虑总监理工程师的综合能力和业绩能否很好地完成监理工作。

(3)主要内容。建设工程监理大纲是监理单位技术、管理和服务全方位综合水平的反映。在编写建设工程监理大纲时要重点突出全面性、对关键工序及危险性较大的分部分项工程的针对性、控制措施的科学性等。

①全面性。工程监理单位在建设工程监理大纲中应明确项目拟投入的监理人员，工程质量、造价、进度控制措施，安全生产管理的监理工作，信息管理和合同管理方案，与工程建设相关各方的沟通协调方法等；监理工作目标是否明确，组织机构是否健全，工作计划是否可行，质量、造价进度控制措施是否全面、得当，安全管理、信息管理和合同管理等方法是否正确；项目监理机构的监理制度是否健全、到位等。

②针对性。建设工程监理大纲编写时应对招标工程进行认真透彻的分析并结合自身工程经验，对监理过程中的重点和难点进行辨识，从而在工程质量、造价、进度控制及安全生产管理等方面确定监理工作的重点和难点，提出针对性措施和方案。

建设工程监理大纲还要在关键工序及危险性较大的分部分项工程方面制定有针对性的监理方案。特别是针对危险性较大的分部分项工程，其预防措施中应包括合理地设置监控点和保障方案。

③科学性。监理单位在编写监理大纲时要根据工程专业特点科学地确定整体力量的投入情况，合理分配监理人员，确保工程监理人员的年龄结构满足招标工程要求，确保现场监理人员进退场计划科学合理，从而使监理工作能圆满完成。

2.2 监理规划

监理规划是监理项目机构全面开展建设工程监理工作的指导性文件。监理规划应针对建设工程的性质、特点、规模、外部条件等实际情况进行编制。

2.2.1 监理规划的一般性规定

监理规划应结合工程实际情况，明确项目监理机构的工作目标，确定具体的监理工作制度、内容、程序、方法和措施。

监理规划是在项目监理机构详细调查和充分研究建设工程的目标、技术、管理、环境以及工程参建各方的情况后指定的指导建设工程监理工作的实施方案。监理规划应起到指导项目监理机构实施建设工程监理工作的作用。因此，在监理规划中应明确具体的、切合工程实际的工作内容、程序、方法和措施，并制定完善的监理工作制度。

监理规划作为工程监理单位的技术文件，应经过工程监理单位技术负责人的审核批准，并在工程监理单位存档。

2.2.2 监理规划的编写依据

1. 工程建设法律、法规和规范标准

(1)国家相关工程建设法律、法规及政策。在进行工程建设时，参建各方都应按国家相关工程建设法律、法规及政策实施。

(2)工程所在地颁布的工程建设相关的法规、规章及政策。工程建设所在地相关的法规、规章及政策也要作为建设施工的依据。

(3)工程建设标准。工程建设时的标准、规范及规程等工程建设技术标准和管理标准也要作为施工的参考依据。

2. 建设工程外围、周边资料

建设工程实施前应对工程所在地的地质、水文、地形等相关资料进行明确、核实。还要对建设工程所在地的社会治安、建筑市场、建筑材料、相关单位、配套设施等方面的情况进行深入了解。

3. 政府批准相关工程建设文件

(1)经政府相关建设主管部门批准的工程项目的可行性研究报告、工程项目的立项批文。

(2)规划、土地、环保等部门批准的规划条件、土地使用条件、环境保护要求、市政管理规定。

4. 建设工程监理合同

《建设工程监理合同》中明确了建设单位所委托的监理单位实施工程项目的权利和义务的相关条款，是监理单位全面开展工作的重要依据。监理单位对监理人员的投入计划，工程质量、造价、进度控制，安全生产管理、信息管理、合同管理等都是监理规划的编写依据。

5. 建设工程合同

《建设工程合同》(如建设工程勘察、设计合同文件、施工合同)是监理开展工作的参考，在监理规划编写过程中，需要考量建设单位与有合同关系的各方的相关权利和义务。

6. 建设单位的合理化建议

工程监理单位在项目实施过程中要结合监理合同中的相关条款，在合同职责范围内，尽可能地满足建设单位提出的合理化建议。

7. 监理大纲

监理大纲是监理开展工作的纲领性文件，是以后开展监理工作制定方案的依据，也是作为编制

监理规划的基础。

2.2.3 监理规划的编写要求

1. 基本内容构成要力求统一

监理规划基本构成主要取决于委托单位。工程监理单位受建设单位的委托，应对建设工程质量、造价、进度三大目标进行控制，应对安全生产管理、合同管理、信息管理及有关单位关系协调进行管理，上述工作内容决定了监理规划的基本构成。由于监理规划是项目监理机构全面开展工作的指导性文件，因此其内容还应包含整个规划的工作方法及相应措施(如组织措施等)。

就项目工程来说，监理规划应根据建设工程监理委托合同中所明确的监理范围来编制。

2. 监理规划应有指导性、可操作性

每个单一建设项目都有着自身特点，监理规划在编制时应结合施工现场条件及实际状况，在监理规划中明确在项目实施过程中各个阶段的工作内容、人员、时间、工作方式等相关内容。只有这样，监理规划才能起到指导作用，进而使建设项目监理工作得以圆满完成。

监理规划应针对建设工程实际情况进行编制，故应在签订建设工程监理合同及收到工程设计文件后开始编制。此外，还应结合《施工组织设计》《施工图审查意见》等文件资料进行编制，一个监理项目应编制一个监理规划。

3. 监理规划应由总监理工程师组织编制

《建设工程监理规范》(GB/T 50319—2013)明确规定，总监理工程师应组织编制监理规划。总监理工程师在组织编制过程中应征求各专业监理工程师及相关监理人员的意见进行集中分析研讨，共同参与编写工作确定规划的内容。

监理规划编写时还应听取建设单位的建议，在合同职责范围内，尽可能地满足建设单位的合理要求。

4. 监理规划编写要利于合同履行

项目监理机构在编写监理规划前应充分了解监理合同中建设单位委托监理范围、权利、义务、责任，对影响完成项目目标任务的因素进行分析，制定具体的措施和方法来保证合同的顺利履行。

5. 监理规划的表达应当科学、有效

监理规划的内容应选择最为有效的方式、方法来表达，文字、图、表都是基本方法。规范化、标准化是科学管理的表现。

6. 监理规划的编制应及时、有序

监理规划可在签订建设工程监理合同及收到工程设计文件后由总监理工程师组织编制，并应在召开第一次工地会议前报送建设单位。

监理规划应在第一次工地会议召开 7 天前完成工程监理单位内部审核并报送建设单位。

7. 监理规划的审核、批准

监理规划编写完成后要进行审核、批准。总监理工程师在监理规划编写完成后报单位技术管理部门，单位技术负责人审批，还应按工程监理合同约定提交给建设单位。

2.2.4 监理规划的主要内容

《建设工程监理规范》(GB/T 50319—2013)明确规定，监理规划应包括下列主要内容。

1. 工程概况

一般包括：

(1)工程项目名称。

(2)工程建设地点。

(3)建设工程规模。

(4)建设总投资额。

(5)项目工期，包括工程开、竣工日期，工期总天数。

(6)质量目标。

(7)工程项目各参建单位的单位名称、项目负责人。

(8)工程项目特点，如建筑类别、结构类型、设计使用年限、建筑防火分类、建筑节能等。

(9)其他相关说明。

2. 监理工作范围、内容、目标

(1)监理工作范围。现阶段我国的建设工程监理任务多数是施工阶段的监理工作，应根据工程监理委托合同的内容在编写监理规划时进一步明确详细内容并加以说明，如工程施工质量控制、进度控制、投资控制、合同管理、信息管理、安全生产管理的监理工作和参建各方的工作协调。

(2)监理工作内容。按照《建设工程监理规范》(GB/T 50319—2013)的规定，工程施工阶段进行“三控两管一协调一履行”的监理工作，即质量控制、造价控制、进度控制、合同管理、信息管理及组织协调工作，并履行建设工程安全生产管理的监理职责。监理规划应对以上监理工作内容进一步细化。

(3)监理工作目标。项目监理机构确立正确的指导思想、行为准则和工作目标，对工程进行“三控”(投资控制、质量控制、进度控制)、“两管”(合同管理、信息管理)、“一协调”(协调参与工程建设的各方主体的关系)、“一履行”(履行建设工程安全生产管理的监理法定职责)。

①工程质量控制目标。监理控制工程质量总目标，满足《建设工程监理合同》要求，确保工程结构安全及使用功能。

②工程进度控制目标。确定进度控制目标，采取合理优化的控制措施，在确保质量和安全的前提下力争按期完工。

③工程造价控制目标。将工程造价控制在合同中明确的价格范围内，严格按照合同约定的价款对工程进行投资控制，认真进行工程计量和审核，确保投资控制目标得以实现。

④合同管理目标。监督工程参建各方严格执行合同。

⑤信息管理目标。有组织地收集、整理、储存和传递工程信息，运用现代管理模式，确保沟通渠道的畅通，使参建各方能够及时、准确地获取所需的信息。

⑥安全生产管理的监理工作目标。加强对施工单位现场施工安全的监督、检查，督促施工单位落实各项安全施工措施，确保工程顺利施工，并遵守现场施工安全文明的要求。

⑦协调工作目标。为保证本工程有条不紊地顺利实现各项控制目标。监理人员应协调好工程外

部环境及内部因素的各种关系。

3. 实施建设工程监理的主要依据

依据《建设工程监理规范》(GB/T 50319—2013)，实施建设工程监理的依据主要包括：

(1)建设工程法律法规及建设工程相关标准。

(2)建设工程勘察设计文件及技术资料。

(3)《建设工程监理合同》及与工程建设项目相关的合同文件。

(4)建设工程项目审批文件。

(5)国家现行的技术规范。

4. 监理机构组织形式、人员配备及进退场计划、监理人员的岗位职责

(1)项目监理机构组织形式。工程监理单位派驻施工现场的项目监理机构规模，应根据《建设工程监理合同》中约定的内容、期限、工程特点、规模、技术复杂程度等因素确定。

项目监理机构组织形式可用项目组织机构图来表达。图 2.1 为项目监理机构组织示例，图中可注明监理人员任职、姓名。

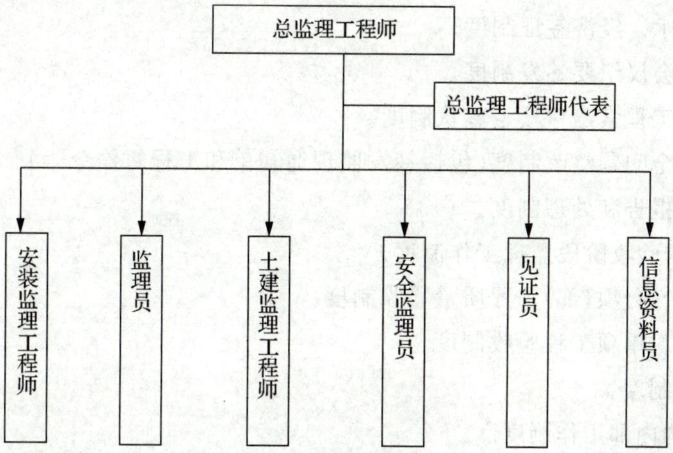

图 2.1　项目监理机构组织示例

(2)项目监理机构人员配备及进退场计划。项目监理机构配备监理人员应与监理投标文件中的内容一致，并注明职称及专业等有关信息。项目监理机构人员一般由总监理工程师、专业监理工程师、监理员组成，同时还应满足建设工程监理工作需要，必要时可设总监理工程师代表。

项目监理机构人员的进退场计划应根据工程项目的进展情况及相应专业情况来合理安排，对项目监理人员进行适当调整和补充。项目部对监理人员的调整和补充应提前告知建设单位。

(3)监理人员的岗位职责。总监理工程师应根据监理合同及《建设工程监理规范》(GB/T 50319—2013)的规定，结合工程项目的特点合理配备监理人员。必要时可设总监理工程师代表，设总监理工程师代表时经工程监理单位法定代表人同意，由总监理工程师书面授权，代表总监理工程师行使其部分职责和权力。

总监理工程师应根据监理工作范围、内容，并结合监理人员的专业水平、工作能力、实践经验等给其安排合适岗位。总监理工程师应对本项目部人员进行考核。

5. 监理工作制度

为保证建设工程全面履行，监理规划中应明确监理工作制度。健全的工作制度才能确保监理服务的质量。监理工作制度主要包括项目监理机构施工准备阶段监理工作制度、项目监理机构现场施工过程监理工作制度、项目监理机构验收阶段监理工作制度、项目监理机构内部工作制度及相关服务工作制度。

(1)项目监理机构施工准备阶段监理工作制度。

①工程开工、复工审批制度。

②图纸会审及设计交底制度。

③施工组织设计审核制度。

(2)项目监理机构现场施工过程监理工作制度。

①平行检验、见证取样、巡视检查和旁站制度。

②工程材料、半成品质量检验制度。

③施工现场安全生产监督检查制度。

④工程变更及技术、经济签证制度。

⑤现场协调会及会议纪要签发制度。

⑥工程款支付及工程索赔审核、签认制度。

⑦现场质量、安全问题整改制度(包括签发监理通知单和工程暂停令等)。

⑧质量安全事故报告和处理制度。

(3)项目监理机构验收阶段监理工作制度。

①隐蔽工程验收、分项(部)工程质量验收制度。

②单位工程验收、单项工程验收制度。

③监理工作报告制度。

(4)项目监理机构内部工作制度。

①项目监理机构工作会议制度，包括监理交底会议、监理例会、监理专题会，监理内部工作会议等。

②项目监理机构人员岗位职责制度。

③监理工作日志制度。

④监理周报、月报制度。

⑤档案管理制度。

⑥监理人员考勤、业绩考核及奖惩制度。

(5)相关服务工作制度。现阶段，监理工作朝项目管理方向发展，如在订立《建设工程监理合同》时，建设单位将项目策划、勘察、设计、保修阶段等相关服务一并委托的，提供相关服务时，还需要建立相关服务的制度。如①勘察阶段的核查勘察方案。②设计阶段的设计大纲、设计要求编写及审核制度、设计合同管理制度。③招标阶段招标文件、标底或招标控制价编制及审核制度、合同条件拟订及审核制度，组织招标事务有关规定等。④保修阶段的保修质量缺陷处理监督制度、保修合同管理制度、定期检查制度等。

6. 工程质量控制

质量是项目成功的基础，工程质量控制是监理工作的重点。在确定目标的前提下，遵循质量控制原则，制定质量控制措施、专项监理实施方案以及质量事故应急方案，项目监理机构宜根据工程特点、施工合同、工程设计文件及经过批准的施工组织设计对工程进行风险分析，并应制定工程质量、造价、进度目标控制及安全生产管理的方案，同时制定防范措施。

(1)施工过程中质量控制的要点。

①施工单位进入现场后，监理单位应及时审查施工单位项目管理机构的质量保证体系，包括质量(安全)组织管理机构图、施工单位现场管理制度及专职管理人员和特种作业人员的资格是否满足施工要求。审查施工组织设计、(专项)施工方案内容是否满足标准及规范、施工图纸等相关的要求。审核分包单位资格是否满足要求。

②施工过程中及时对进入施工现场的，用于工程的材料、构配件、设备等相关材料的质量证明文件进行检查并做好见证取样工作，并审查材料、构配件、设备等相关材料的复试报告。检查施工单位为本工程提供的试验室。审查本工程使用的新材料、新工艺、新技术、新设备材料相关质量证明文件。

③施工过程中采用旁站、巡视检查、平行检验等方法做好质量的检查监督工作。对施工控制测量成果及时复查、校核。对隐蔽工程、检验批、分项工程和分部工程进行验收。

④对施工过程中出现的质量问题及时进行处置和检查并做好书面记录，对质量事故积极参与做好配合工作。

⑤审查施工单位的竣工申请，并组织工程竣工预验收。组织编写《工程质量评估报告》，参与工程竣工验收，并签署监理意见。

(2)质量控制措施。

①组织措施：为确保工作能正常开展，总监理工程师应采取相应的措施，如确定项目管理的组织结构、职责分工，落实质量监督制度、责任控制流程等。

②技术措施：分析工程项目的技术难点、重点，并采取相应的措施。做好工程项目事前、事中和事后的质量检查。

③经济措施及合同措施：分析合同及可能会影响项目实现的经济因素，并采取严格的资金拨付检验，按合同规定执行质量标准，不符合合同规定质量要求的不予签认。为达到建设单位质量目标要求，也可采用补偿金、奖金等激励形式。

(3)动态分析项目质量控制的过程。要对项目实施过程中可能会出现的风险因素进行分析，从而确保项目目标的实现。

(4)工程质量控制表格。实行表格化管理，使其不仅在质量控制、施工进度统计中得到广泛应用，还可以在监理过程的各个方面发挥管理手段的作用。

7. 工程造价控制

造价控制是保证项目在预算范围内完成项目的过程，包括造价估算、确定项目预算及造价控制。在了解工程施工合同、工程设计图纸、施工进度计划、合同价款的计价方式、施工投标报价及组成、工程预算等情况后，严格把控工程款支付，加强索赔管理，加强工程量审核，做好工程款结算审核。针对工程特点确定工程造价控制的重点，将重点节点细化，将工程实际造价控制在计划范围内。

(1)造价控制的目标分解。

①按建设工程清单计价组成分解。

②按年度、季度、月度分解。

③按建设工程实施阶段分解(施工准备阶段投资分解、施工阶段投资分解、竣工结算及保修阶段投资分解)。

(2)工程造价控制的主要工作内容。在明确项目造价目标的前提下，认真分析研究合同、落实合同。监理机构在施工阶段的主要工作内容如下。

①根据相关合同要求，协助做好应由建设单位完成的与工程进展密切相关的各项工作，如按期提供施工场地，及时提供工程施工图纸等等。

②制订各阶段资金使用计划，并严格进行付款控制。

③做好工程计量、签证、工程变更、工程索赔等相关工作。

④进行工程款的支付。

⑤审核施工单位提交的工程结算书。

(3)工程造价控制的措施。

① 组织措施。

A. 在项目的造价控制前期，落实造价控制人员的任务分工和职能分工。

B. 编制各施工阶段造价控制工作详细计划工作流程图。

②经济措施。

A. 确定造价控制目标。审查资金使用计划，进行工程计量。

B. 复核工程款支付报审表，签发工程支付款证书。

C. 在施工过程投资跟踪控制，对工程施工过程中的投资支出做好分析与预测，发现偏差分析产生的原因，及时采取纠偏措施。

③技术措施。

审核施工单位编制的施工组织计划，对主要施工方案进行技术经济分析，严格控制设计变更。

④合同措施。

着重了解合同对造价控制的影响，做好工程项目的过程记录，保存各类文件或图纸，为正确处理可能发生的索赔提供依据。

(4)工程造价动态比较的内容。

①工程造价目标分解值与造价实际值的比较。

②工程造价目标值的预测分析。

(5)工程造价控制表格。建设工程施工阶段工程造价的控制与调整，表格的内容主要包括施工预算与工程成本控制表、工程变更与合同价的调整表、工程索赔表、工程价款结算表、工程造价争议的解决表等。

8. 工程进度控制

进度控制是保证工程项目按期完成的重要基础。按照目标要求进行计划分解，并确保有效执行，在全面了解工程施工合同文件、施工进度计划等内容的基础上，明确施工进度控制的目标和要求，制定施工进度控制工作流程、方法和措施，以及针对工程特点确定工程进度控制的重点和目标值，将工程实际进度控制在计划工期范围内。

(1)工程项目总进度计划。工程项目总进度计划指根据施工部署，通过对各单项工程的分部、分项工程的计算，明确工程量，进而计算出劳动力、主要材料、施工技术装备的需要量，定出各建筑物、设备、技术装备的开工顺序和施工周期，建筑与安装衔接时间，用进度表反映出来，作为控制施工进度的指导性文件之一。

(2)工程总进度目标分解。

①年度、季度、月度目标。

②各阶段的进度目标(施工准备阶段进度分解、施工阶段进度分解、竣工结算及保修阶段进度分解)。

③各子项目的进度目标。

(3)工程进度控制方法。

①建立科学有效的进度控制机制和进度管理制度。督促施工单位制定和履行切实可行的施工计划。

②运用动态控制管理机制进行进度控制。施工进度计划在实施过程中受各种因素的影响可能会出现偏差，项目监理机构应对施工进度计划的实施情况进行动态检查，对照施工实际进度和施工计划进度，判定实际进度是否出现偏差。发现实际进度严重滞后且影响合同工期时，应签发监理通知单，召开进度专题会议，要求施工单位采取调整措施加快施工进度，并督促施工单位按调整后的施工进度计划实施。

工程进度动态比较的内容包括：

A. 工程进度目标分解值与进度实际值的比较。

B. 工程进度目标值的预测分析。

(4)工程进度控制工作措施。

①组织措施：利用组织手段落实进度控制责任，建立进度控制协调制度。将组织协调及业务能力不能满足工程工期目标需要的管理人员，进行调整或撤换。当发现工程阶段性目标发生严重偏离时及时进行纠正。

②技术措施：施工过程中及时监控施工单位的作业实施计划，并建立多级网络计划体系，出现偏差时及时制定改进方案。

③经济措施：利用经济手段，业主可采取奖罚措施，激发施工单位的工作热情，对工期提前者实行奖励等。

④合同措施：为确保工程项目按合同要求完成目标，施工过程中应及时协调有关各方的进度。

技术提示：

中华人民共和国住房和城乡建设部建质〔2018〕37号文件《危险性较大的分部分项工程安全管理规定》规定如下：

第十条 施工单位应当在危大工程施工前组织工程技术人员编制专项施工方案。实行施工总承包的，专项施工方案应当由施工总承包单位组织编制。危大工程实行分包的，专项施工方案可以由相关专业分包单位组织编制。

第十一条 专项施工方案应当由施工单位技术负责人审核签字、加盖单位公章，并由总监理工程师审查签字、加盖执业印章后方可实施。危大工程实行分包并由分包单位编制专项施工方案的，专项施工方案应当由总承包单位技术负责人及分包单位技术负责人共同审核签字并加盖单位公章。

第十二条 对于超过一定规模的危大工程，施工单位应当组织召开专家论证会对专项施工方案进行论证。实行施工总承包的，由施工总承包单位组织召开专家论证会。专家论证前专项施工方案应当通过施工单位审核和总监理工程师审查。专家应当从地方人民政府住房城乡建设主管部门建立的专家库中选取，符合专业要求且人数不得少于5名。与本工程有利害关系的人员不得以专家身份参加专家论证会。

第十三条 专家论证会后，应当形成论证报告，对专项施工方案提出通过、修改后通过或者不通过的一致意见。专家对论证报告负责并签字确认。专项施工方案经论证需修改后通过的，施工单位应当根据论证报告修改完善后，重新履行本规定第十一条的程序。专项施工方案经论证不通过的，施工单位修改后应当按照本规定的要求重新组织专家论证。

(5)工程进度控制表格。工程项目进度控制表格主要有施工生产完成情况、建筑安装施工作业计划、施工作业总进度计划、承包人申报表、工程开工申请单、承包人每周工作计划、周完成统计表、设计变更申报表、延长工期申报表、交工报验单、工程进度执行状况表、工程进度管理考核标准、月项目计划表、月预算作业进度表等。

9. 安全生产管理的监理工作

项目监理机构根据工程现场实际情况，按法律法规、工程建设强制性标准等相关标准及规范，履行好安全生产管理的监理职责，加强对施工安全技术措施的审核及对安全专项施工方案的审查和监督，发现安全隐患及时落实处理。

应结合工程项目特点，确定安全监理工作的目标、重点、制度、方法和措施，并明确应编制安全监理细则的分部分项工程名称或施工部位。

(1)安全监理管理目标。项目监理机构制定项目安全监理管理目标，做到安全目标明确，责任到人。对工程项目安全监理管理事宜进行总体策划，将安全监理管理作为部署项目监理工作的一项重要内容。根据施工现场安全生产情况，对存在的安全隐患进行分析，布置安全监理管理工作重点，制定整改措施并落实措施。

(2)安全监理管理的具体内容。

①制定项目安全监理目标，编制项目安全监理实施细则，按细则对项目施工安全实施监理。

②设置安全监理重点，监督关键点，进行安全巡视检查控制。要求施工单位先自查、自纠，对施工现场发现的问题，施工单位应认真整改。

③审查施工单位上报的施工组织设计(施工方案)中的安全技术措施。

④对危险性较大的分部分项工程专项施工方案编制监理实施细则并对危大工程施工实施专项巡视检查。

(3)超过一定规模的专项施工方案的编制、审核、实施的要求。对于超过一定规模的危险性较大的分部分项工程，施工单位应当组织召开专家论证会对专项施工方案进行论证。实行施工总承包的，由施工总承包单位组织召开专家论证会。专家论证前专项施工方案应当通过施工单位审核和总监理工程师审查。

专家应当从专家库中随机选取，符合专业要求且人数不得少于5名。与本工程有利害关系的人员不得以专家身份参加专家论证会。

专家论证会后，应当形成论证报告，对专项施工方案提出通过或者不通过的一致意见。专家签字确认论证报告并对论证报告负责。

(4)安全监理管理方法。

①总监理工程师应定期组织工地安全与文明施工检查，发现问题，及时通知施工单位，并要求及时纠正。

②工程项目监理安全管理工作落实到人，坚持每天进行巡视，发现安全隐患时及时通知施工单位管理人员整改落实。

③总监理工程师组织做好特殊天气的预防工作，审查施工单位的应急救援预案。

(5)安全生产管理监理工作表格。(略)

10. 合同管理与信息管理

(1)工程建设合同管理。

①监理工程师应协助建设单位从事承包合同管理，审查施工分包合同，确认承建单位选择的专业分包施工单位。督促工程参建各方认真履行合同，从合同履行的各个环节入手，站在第三方的公正立场维护好工程参建各方的权利。

②合同管理的要点。

A. 了解合同所确定的工程质量目标、工期目标、工程造价目标以及安全文明施工管理目标。

B. 了解甲乙双方围绕合同目标相对应的权利和义务。

C. 了解可能的索赔风险，熟悉和掌握索赔程序。

D. 熟悉和掌握有关现场计量的专项条款及约定。

E. 熟悉和掌握工程款支付时间、条件及程序。

③施工合同管理流程。项目监理机构依据建设工程监理合同约定进行施工合同管理，处理工程暂停及复工，工程变更、索赔及施工合同争议、解除等事宜。

A. 项目监理机构可在工程实施变更前与建设单位、施工单位等协商确定工程变更的计价原则、计价方法或价款。

B. 建设单位与施工单位未能就工程变更费用达成协议时，项目监理机构可提出一个暂定价格，经建设单位同意后，作为临时支付工程款的依据。工程变更款项最终结算时，应以建设单位与施工单位达成的协议为依据。

C. 项目监理机构可对建设单位要求的工程变更提出评估意见，并应督促施工单位按照会签后的工程变更组织施工。

D. 项目监理机构在批准工程临时延期、工程最终延期前，均应与建设单位和施工单位协商。

E. 项目监理机构批准工程延期应同时满足下列条件：施工单位在施工合同约定的期限内提出工程延期，非施工单位因素造成施工进度滞后，施工进度滞后影响到施工合同约定的工期。

F. 施工单位因工程延期提出费用索赔时，项目监理机构可按施工合同约定进行处理。

G. 发生工期延误时，项目监理机构应按施工合同约定进行处理。

H. 施工合同终止时，项目监理机构协助建设单位按施工合同约定处理施工合同终止的有关事宜。

④合同管理表格。（略）

(2)信息管理。信息管理是影响建设工程监理决策的重要因素之一。信息管理的目标是通过对建设工程形成的信息进行全面、准确、及时的整理、处理、存储、传递，利用收集来的信息，形成一个以监理为中心的信息网，对业主、监理、工程参建各方会议达成的意见形成书面文字并及时进行传达，从而解决施工中存在的问题。月底应以监理月报的形式向业主反映每月监理工作的开展情况及取得的成效。

①信息管理的方法。

A. 工程项目监理机构设专职资料管理员负责施工过程的信息收集、整理工作，监理工程师要及时掌握工程进度、质量、投资等方面的信息，进行对比分析，对工程项目进行动态跟踪，有针对性地采取有效措施，以实现预定的工程控制目标。

B. 施工过程中要随时掌握各类信息，如国家政策法规更新、工程会议纪要、合同补充协议、工程变更等，根据此类信息，对工程进行动态控制。

C. 项目监理机构要对进入施工现场的工程需用设备、材料的市场信息系统实施动态管理，随时掌握设备材料的市场供需情况、价格及价格趋向。按施工合同要求对进场设备、材料的厂家品牌、质量及服务情况进行详细了解，为业主的决策提供市场信息咨询。

D. 监理机构要认真做好文档管理工作，对图纸会审、设计交底、重大施工技术讨论、工程事故等应及时整理成会议纪要或专题报告，各类往来文件应及时登记归档。定期召开监理例会并做好会议纪要，按时编制监理月报。各类文件均应及时、准确地记录工程施工过程和管理的真实情况。

②信息管理的主要内容。

A. 项目监理机构建立完善的监理文件资料管理制度。

B. 监理文件资料的收集、整理、编制、传递应及时、准确、完整。

C. 在工程建设阶段，监理人员要及时收集和整理工程信息。信息来源主要有业主提供的信息、承包商提供的信息、工程建设监理的记录及工地会议信息。并与工程参建各方建立联系。

D. 为了有效控制工程建设的投资、进度和质量目标，提高工程建设投资效益，应对收集的信息进行整理、优化并进行保存。

E. 项目监理机构采用计算机技术进行监理文件资料管理，实现监理文件资料管理的科学化、程序化、规范化，工程竣工后提交电子版监理资料。

11. 组织协调

监理机构与工程参建各方的沟通、协调，在分析重点的基础上，旨在让各方了解监理工作的内容、难度和业绩，增强参建各方对监理机构的信任和支持，从而使工程参建各方相互理解、协调一致。监理机构认真履行自己的职责，对监理过程中产生的各种关系进行疏导，对产生的干扰和障碍予以排除，使监理的全过程处于良好、顺畅的运行状态。这有利于所监理的项目安全生产无事故、质量好、投资省、工期短，确保监理总目标的实现。

(1)组织协调的内容。监理项目的组织协调主要是协调参建各方与工程建设有关单位或人员的人际关系、组织机构之间的关系以及其他可能发生的关系。需要协调的关系涉及面广、层次多、关系繁杂。在监理运行过程中，不同时期又有不同的表现，这些问题都需要通过协调来解决。

(2)组织协调的形式。沟通、协调的形式是多种的，但归纳起来可以划分为书面形式的沟通、会议形式的沟通、日常工作中的交流沟通等。

①书面形式的沟通。书面形式的沟通包括参建各方工作制度、现场管理制度、监理月报、监理工程师通知单、业主意见调查表等。

此外书面形式的沟通还包括工作联系单、监理工作报告、建议书、监理工作总结等。

②会议形式的沟通。会议形式包括监理例会、专题会议以及技术交底会，图纸会审等。

③日常工作中的交流沟通。日常工作中的沟通是通过交谈的方式进行的。通过交谈可以反映一个专业监理工程师的综合素质，包括敬业精神、专业技术水平、应变能力、协调能力、语言表达能力等，所以应该支持并鼓励这种沟通形式。鼓励专业监理工程师参与建设方管理人员交流，一是充分获取建设方的相关信息，为改进和完善监理工作提供依据；二是向建设方充分展现自我，让建设方认同项目监理部的每一个监理人员及其工作成果，认可项目监理部提供的服务质量。

(3)组织协调中应注意的几个问题。

①坚持公平、公正的协调原则。监理人员要严格遵守监理的职业道德，保证不违规。总监和监理人员都应站在公正、客观的立场上，依据相关的法律、法规、规范和施工合同，以科学分析的方法，正确地调解参建各方的矛盾，公正无私地处理工程建设过程中的人和事，做到一碗水端平，维护参建各方合理、合法的利益。

②知情是做好协调的基础。要及时了解和掌握有关各方当事人之间利益关系，做到心中有数，头脑清醒。要借助信息的发布、接收，及时掌握和跟踪各方信息，正确地应用信息。进行严格监督和科学控制，认真分析各方的情况，搞清来龙去脉。对出现的问题，要分析原因，对症下药，恰当地协调好各方关系。

③协调的关键是争议的处理。监理通过协调，使参建各方减少摩擦，消除对抗，树立整体思想和全局观念，最大限度地调动各方的积极性、主动性，使大家能够协同作战，确保监理总目标顺利实现。

12. 监理工作设施

(1)建设单位应按照建设工程监理合同约定，提供监理工作需要的办公、交通、通信、生活等设施。

(2)项目监理机构应妥善使用和保管建设单位提供的设施，并应按建设工程监理合同约定的时间移交建设单位。

(3)根据建设工程规模、结构形式、工程所在地的周围环境条件来配置满足监理工作需要的常规检测设备和工具。及时提供业主要求的信息，全面收集和记录工程监理资料，科学检验工程施工质量。

(4)对监理机构的检测设备、工具及生活设施及时建立台账目录登记造册，并由专人进行管理。

(5)项目监理机构宜实施建设工程监理信息化。

2.2.5 监理规划的报审程序及审核内容

依据《建设工程监理规范》(GB/T 50319—2013)，监理规划应在签订建设工程监理合同及收到工程设计文件后编制，在召开第一次工地会议前报送建设单位。

1. 监理规划的报审程序

(1)总监理工程师组织专业监理工程师，在签订监理合同及收到设计文件后，进行监理规划的编制工作。

(2)监理规划编制完成且总监理工程师签字后，报监理单位技术负责人进行审批。

(3)在召开第一次工地会议前，由总监理工程师报送建设单位。

(4)工程实施过程中，如设计文件、施工组织计划、施工方案等工程项目实际情况或条件发生变化而需要调整监理规划时，应由总监理工程师组织专业监理工程师研究修改，经工程监理单位技术负责人批准后报建设单位。

2. 监理规划的审核内容

(1)监理规划是否依据国家现行相关法律、法规及工程建设标准强制性条文要求编制。

(2)是否参照项目审批文件与建设工程项目有关的标准、设计文件、技术资料，监理大纲、委托监理合同文件以及与建设工程项目相关的合同文件编制。

(3)针对项目的实际情况，项目监理机构的工作目标是否明确，具体的监理工作制度、程序、方法和措施是否具有指导性和可操作性。

(4)配备到工程项目的人员是否满足各专业要求，人员的数量是否满足要求。

(5)用于工程项目的监理工作计划表，是否适应于本工程项目。

(6)工程质量、造价、进度控制的措施、方法是否适用于本项目，能否突出重点、难点，运用方法是否科学、合理。

(7)安全管理工作是否结合施工现场的实际情况，方法和措施是否运用得当，是否包括安全生产管理规定的监理法定职责内容。例如是否建立了对施工组织设计和专项施工方案的审查制度，是否建立了对现场安全隐患的巡视检查制度，是否结合工程特点建立了与建设单位的沟通协调机制，是否建立了安全生产管理状况的监理报告制度，是否确定了质量、造价、进度三大目标控制的相应措施。

2.2.6 监理相关服务的工作内容

工程监理单位在与建设单位签订建设工程监理合同时，如监理合同内容包含相关服务(工程勘察、设计和保修阶段的工程管理服务)的内容时，总监理工程师应在监理规划中编写相关服务监理工作计划，并组织专业监理工程师详细编写相关服务工作的内容、程序、措施、制度等。

2.3 监理实施细则

《监理实施细则》是指导项目监理机构具体开展专项监理工作的操作性文件，应体现项目监理机构对于建设工程在专业技术、目标控制方面的工作要点、方法和措施，做到详细、具体、明确。

2.3.1 监理实施细则的编制要求

(1)《建设工程监理规范》(GB/T 50319—2013)规定，采用新材料、新工艺、新技术、新设备的工程，以及专业性较强、危险性较大的分部分项工程，应编制《监理实施细则》。

(2)项目监理机构应结合工程特点、施工环境、施工工艺等因素编制《监理实施细则》，明确监理工作要点、监理工作流程和监理工作方法及措施，达到规范和指导监理工作的目的。

(3)对工程规模较小、技术较简单且有成熟管理经验和措施，并且监理规划可以起到监理实施细则作用时，可不必编制《监理实施细则》。

(4)从项目实施的角度来看，《监理实施细则》编制工作要涵盖质量、造价、进度及安全生产管理等多方面的内容。在《监理实施细则》编制时要结合项目实际情况体现各专业工程的特点及其针对性。

(5)在编制前，各专业监理工程师要组织各专业监理人员结合项目实际条件、设计要求、现场环境、技术规范、使用功能等要求，并结合专业特点，分析本专业可能出现的重点、难点及可能会出现的影响因素，有针对性地进行编制。

2.3.2 监理实施细则编制依据

《监理实施细则》是对监理规划的分解与细化，各专业的监理工程师收到工作内容后针对具体专业情况制定出详尽的业务文件，用来指导监理业务的实施。《监理实施细则》编制依据如下。

(1)监理规划。

(2)相关标准、工程设计文件。

(3)施工组织设计方案、专项施工方案。

编写《监理实施细则》时还要依据工程所在地有关工程建设的法律、法规、政策和规定，经上级主管部门批准的项目有关文件，省、市有关法规和规定及现行工程建设规范和质量评定标准，监理招标文件、《监理委托合同》及相关协议，依法成立的工程建设承包合同等相关规定。

2.3.3 监理实施细则的主要内容

监理实施细则的主要内容如下。

1. 专业工程特点

编制《监理实施细则》时要根据专业工程的施工特点，施工范围，实施中的难点、重点，并结合施工单位上报的专项施工方案中的施工顺序、工艺、工序等相关内容有针对性地进行编制。依据具体情况编制出的实施细则更具实施性与操作性。

项目监理机构还应对采用新材料、新工艺、新技术、新设备的工程，以及专业性较强、危险性较大的分部分项工程编制《监理实施细则》。例如某工程项目采用水泥粉煤灰碎石桩复合地基，水泥粉煤灰碎石桩是由水泥、碎石、石屑或砂加水拌和形成的高黏结强度桩(简称"CFG桩")，由桩、桩间土和褥垫层一起构成复合地基。水泥粉煤灰碎石桩复合地基具有承载力大、地基变形小等特点，适用范围较广。就基础形式而言，即可适用于条形基础、独立基础，也可用于箱形基础、筏基。其在工业厂房、民用建筑中均有大量应用。

2. 监理工作流程

项目监理机构人员应结合工程特点制定相应的工作流程图，用来指导专业工程的检查与验收工作。例如某工程项目采用水泥粉煤灰碎石桩监理工作涉及的流程包括CFG桩施工准备阶段的监理工作流程，CFG桩原材料及设备质量控制监理工作流程，CFG桩质量控制监理工作流程，CFG桩造价控制监理工作流程，CFG桩进度控制监理工作流程，CFG桩安全、文明施工监理流程，CFG桩监理旁站工作流程，CFG桩隐蔽工程验收工作流程，CFG桩资料管理工作流程等。若项目工作有由分包单位负责的，还应制定分包单位资格审查工作流程。

3. 监理工作要点

专业监理工程师应依据专业工程情况，分析工程特点，有针对性地设置检查点及要点、难点，配合监理工作流程图，对有详细、全面工作内容描述的检查点进行检查验收。

某建筑工程CFG桩分项工程监理工作要点如下，CFG桩分项工程监理工作流程如图2.2所示。

(1)CFG桩的数量、布置形式及间距应符合设计要求。

(2)打桩顺序：宜先长后短，先大后小，由中间向四周、由中间向两端或分段进行。

(3)桩身垂直度、桩长、桩顶标高及直径应符合设计要求。

(4)褥垫层厚度和密实度应符合设计要求。

(5)对桩基轴线位置与设计位置认真进行复核。

(6)施工使用的商品砼须具有出厂合格证，并分批抽样检测，合格后方可使用。

(7)班前检查钻头直径，保证钻头直径。如不满足设计要求，需要及时更换钻头。

(8)施工中密切注意桩机进度标尺，严格按施工技术要求进行施工，保证桩端达到设计要求深度。

(9)商品混凝土进场后要严格检查混凝土搅拌均匀度及和易性，坍落度控制在160～200mm，灌注过程中，要勤测量，勤记录，以准确掌握灌注高度和埋管速度，避免夹层、断桩及塌孔等质量问题产生。

(10)随时检查地泵输送砼是否均匀连续，严禁向砼中注水。

(11)监理人员时刻注意检查浆液初凝时间、注浆流量、压力、旋转提升速度等参数是否符合设计要求，并随时做好记录。

(12)截桩头时先找出桩顶标高位置，用钢钎等工具沿桩周向桩心逐次剔除多余的桩头，直到达到设计桩顶标高，并把桩顶找平，不可用重锤或重物横向击打桩体，桩头剔至设计标高处，桩顶表面不可出现斜平面。

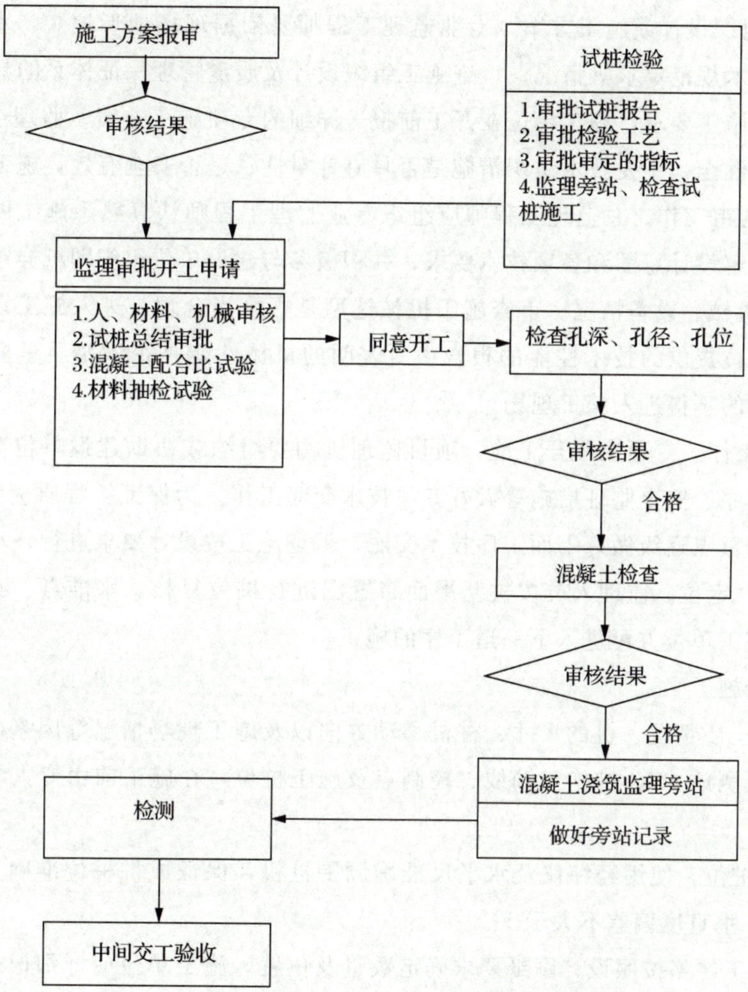

图 2.2　某建筑工程 CFG 桩分项工程监理工作流程

4. 监理工作方法及措施

在编写相关专业工程《监理实施细则》中的监理工作方法及措施时会具体到每道工艺或施工工序，针对性更强，更具操作性、实施性。

(1)监理工作方法。监理工程师在编写《监理实施细则》时对每个专业工程要做全面了解。常规的监理工作方法包括旁站、巡视、平行检测、见证取样等。其中指令文件、支付控制手段、监理工程师通知单作为辅助手段，配合监理工作实施。(监理工作方法的详细内容见 3.3.2 监理工作制度及方法)

(2)监理工作措施。为保证控制目标的实施，监理工程师在各专业工程要制定相应的实施措施。

按监理工作的时间不同分为事前控制、事中控制、事后控制。

①事前控制措施。

A. 审查施工单位资质及管理人员资格情况。审查施工单位承担该项任务的施工队伍及人员资质与条件是否符合要求，经监理工程师审查认可后可进场施工。

B. 审查施工组织设计或施工方案。专业监理工程师要依据现场地形地貌、水文、工程地质及施工图纸、相应技术规范要求等情况，审查施工组织设计及质量管理保证体系的具体方案。

对重点部位的施工要求，施工单位在开工前报送详细的专项施工方案。监理工程师应着重审查质量保证体系是否健全，主要技术组织措施是否具有针对性、是否安全有效，施工工序是否合理。

C. 参与图纸会审工作。总监理工程师应组织专业监理工程师认真熟悉施工图纸及有关设计说明和技术资料，了解设计意图和各项技术要求，并积极参与建设单位组织图纸会审工作。

D. 审查施工机械、设备情况。审查施工机械选型是否恰当合理，进入施工现场人员是否持证上岗；审查承包单位提供的技术性能的报告中所表明的机械性能是否满足质量要求和适合现场条件，凡不符合要求的不得进入施工现场。

E. 技术交底工作。专项工程开工前，项目监理机构要组织或协助建设单位对设计要求、操作流程、监理工作程序、安全监理措施等做好专项技术交底工作。为保证工程质量要求，施工单位对专项工程的难点、重点逐级做好书面工序技术交底，保证施工按设计要求进行。

F. 桩位放线、定位。监理人员按桩基平面布置图进行桩位复核。水准点、测量复核误差在允许偏差范围内，施工单位方可进入下一道工序的施工。

②事中控制措施。

A. 根据地基土质情况、桩的尺寸、桩机移动方向以及施工现场情况等因素确定合理的打桩顺序。根据设计图纸测放CFG桩施工轴线、控制点及施工桩位，在施工前由专人复核检查桩位，确保桩位准确。

B. 桩机对准桩位，使用经纬仪及水平尺准确调平桩机，保证成桩桩位准确，桩身垂直，桩位偏差不大于5cm，垂直度偏差不大于1°。

C. CFG桩施工严格按照设计图纸要求确定数量及位置，施工单位应详细记录打桩施工过程中每台班混凝土灌注施工情况。

D. 在施工过程中如实做好施工报表记录，认真填写施工日志，发现异常情况应及时汇报，以便采取适当措施解决问题，严禁盲目施工。

E. 施工中技术人员应随时跟班监督施工，确保每一根桩均按设计及施工技术要求进行施工，并及时对每天所施工的桩进行现场核对检查，避免漏桩和重桩现象。

F. 钻孔压灌素混凝土桩完工后，在机械开挖基坑至桩头部位时必须同时用人工开挖配合，清理桩头至基础底面标高，避免机械开挖破坏桩体，造成桩身折断。

G. 施工单位应按设计要求和《建筑地基处理技术规范》(JGJ 79—2012)在施工结束28天后进行水泥粉煤灰碎石桩复合桩承载力检验(复合地基静载试验和单桩静载荷试)、桩身完整性检测及监理见证试验，由勘察、设计单位现场确认。

③事后控制措施。督促施工单位做好专项工程竣工验收的各项工作，收集整理相关技术资料。在自检合格的基础上提交工程验收申请，由项目总监理工程师组织各方进行验收。各专业监理工程师还要做好工作日记，认真做好数据统计和数理分析工作，对不符合质量标准的进行专题检查，由总监理工程师签发送业主及施工单位加以处理。

2.3.4 安全监理实施细则的编写

项目监理部应按照安全监理方案的要求编制《安全监理实施细则》，《安全监理实施细则》应具有可操作性。《安全监理实施细则》应由总监理工程师主持编制，专业监理工程师参加，《安全监理实施细则》由总监理工程师审批后实施。

在危险性较大的分部分项工程施工前，必须编制《安全监理实施细则》。《安全监理实施细则》应针对施工单位编制的专项施工方案和现场实际情况，依据安全监理方案提出的工作目标和管理制度要求，明确监理人员分工和职责、安全监理工作的方法和手段、安全监理检查要点、检查频率和检查记录的要求。

当施工现场发生变化时，监理人员应根据现场实际情况，根据工程的变化，组织相关人员对《安全监理实施细则》予以补充、修改和完善，并按规定程序报批。

2.3.5 监理实施细则的报审程序及审核内容

《建设工程监理规范》(GB/T 50319—2013)规定，《监理实施细则》可随工程进展编制，但必须在相应工程开始施工前完成，并经总监理工程师审批后实施。

1. 监理实施细则的报审程序

(1)在相应专项工程施工前由专业监理工程师负责《监理实施细则》的编制工作。

(2)专业监理工程师编制完成后报总监理工程师批准后实施。

(3)当工程发生变化导致原《监理实施细则》所确定的工作流程、方法和措施需要调整时，专业监理工程师应对《监理实施细则》进行补充、修改。调整后的《监理实施细则》报总监理工程师批准实施。

(4)《监理实施细则》还可根据建设工程实际情况及项目监理机构工作需要增加其他内容。

2. 监理实施细则的审核内容

(1)《监理实施细则》的编制是否符合设计文件及专项工程相关规范、标准的要求。

(2)专项工程具体的监理工作方法、措施是否与监理规划相一致。编写的内容是否包含专业工程施工中的要点、难点。能否与实际工程相结合，从而指导具体监理业务的实施。

(3)《监理实施细则》编制内容是否结合专项工程的特点，便于监理工作的顺利开展。工作流程、组织形式能否保证监理工作的顺利进行。能否与建设单位及施工单位的组织方式相匹配。

(4)人员配备能否满足专业工程对监理工作的需要。分配到岗的人员专业方面是否与专业工程的特点相一致。

(5)监理工作的流程图能否与施工单位的施工流程相衔接。监理工作要点是否明确，控制点的设置是否合理。

(6)用于专项工程的监理检查表格、监理记录文件是否运用得当。用于工程项目的监理工作计划表是否适用于本工程项目。

(7)对工程质量、造价、进度控制的措施、方法是否适用于本项目，能否突出重点、难点，运用的方法是否科学、合理。

基础考核

一、单项选择题(每题的备选项中，只有1个最符合题意)

1. 监理单位为承揽监理业务而编制的是(　　)。

A. 监理大纲　　B. 监理规划　　C. 监理细则　　D. 监理计划

2. 监理规划由(　　)主持编制。

A. 总监理工程师　　B. 专业监理工程　　C. 业主　　D. 监理单位

3. 工程建设监理规划应由(　　)审定批准后执行。

A. 监理单位技术负责人　　B. 监理单位行政负责人

C. 建设行政主管部门　　D. 总监理工程师

4. 监理规划的工作内容是根据(　　)拟定的。

A. 业主要委托的工作内容

B. 工程项目建设全过程的主要内容

C. 工程建设监理合同标准条件中的内容

D. 监理方与业主签署的《建设工程监理合同》的内容

5. 下面表述中错误的是(　　)。

A. 监理单位编制监理大纲的目的是承揽到监理工作

B. 监理单位编制监理大纲的目的是为今后开展监理工作制定基本的方案

C.《监理实施细则》的作用是指导本专业或本子项目具体监理业务的开展

D. 监理大纲、监理规划、《监理实施细则》互相关联，必须齐全，缺一不可

二、多项选择题(每题的备选项中，有2个或2个以上符合题意，至少有1个错项)

1. 监理实施细则(　　)。

A. 主要针对专业监理工作内容制定　　B. 目的在于指导项目监理工作

C. 重点是明确具体监理工作方法　　D. 发挥监理工作“初步设计”作用

E. 是监理的实施性业务文件

2. 为指导项目监理组织开展好合同管理工作，监理规划应当包括(　　)。

A. 合同结构图　　B. 监理合同分析

C. 工程建设合同分析　　D. 制定合同管理工作流程

E. 制定预防索赔的措施

3. 编写监理规划应注意(　　)。

A. 基本内容的构成力求统一

B. 具体内容应有针对性

C. 充分体现业主的要求

D. 与承建商的技术水平相适应

E. 表达方式标准化、格式化

4. 监理大纲、监理规划、监理细则的区别是(　　)。

A. 监理细则是开展监理工作的依据，而其他两项不是开展监理工作的依据

B. 编审时间不同

C. 主持编写人身份不同

D. 内容范围不同

E. 内容粗细程度不同

5. 建设工程监理规划的具体内容应具有针对性，其针对性应反映不同工程在(　　)等方面的不同。

A. 工程项目组织形式

B. 监理规划的审核程序

C. 目标控制措施、方法、手段

D. 监理规划构成内容

E. 监理规划的表达方式

技能实训

某建设工程项目，监理规划的参编人员根据本公司已有的监理规划标准范本，将投标时的监理大纲做适当改动后编成该项目监理规划，该监理规划经公司经理审核签字后，报送给建设单位。

该监理规划包括八项内容：①工程项目概况；②监理工作依据；③监理工作内容；④项目监理机构的组织形式；⑤项目监理机构人员配备计划；⑥监理工作方法及措施；⑦项目监理机构的人员岗位职责；⑧监理设施。在第一次工地会议上，建设单位根据监理中标通知书及监理公司报送的监理规划，宣布了项目总监理工程师的任命及授权范围。项目总监理工程师根据监理规划介绍了监理工作内容、项目监理机构的人员岗位职责和监理设施等内容。

【问题】

1. 指出案例背景材料中的不妥之处，并说明理由。

2. 监理规划中除了上述八项内容还应包括哪些内容？

3. 监理规划中质量、造价、进度目标控制措施有哪些？

链接执考

1. (单项选择题)根据《建设工程监理规范》，不属于《监理实施细则》编写依据的是(　　)。(2018年注册监理工程师考试真题)

A. 已批准的监理规划

B. 施工组织设计、专项施工方案

C. 工程外部环境调查资料

D. 与专业工程相关的资料文件和技术资料

2. (单项选择题)关于监理规划的说法，正确的是(　　)。(2020年注册监理工程师考试真题)

A. 监理规划是监理合同组成文件

B. 监理规划的主要内容不包括安全生产管理方面的监理工作

C. 监理规划应由总监理工程师组织编制编写

D. 监理规划应由监理单位技术负责人组织编写

3.(多项选择题)根据《建设工程监理规范》,《监理实施细则》编写的依据有(　　)。(2019 年注册监理工程师考试真题)

A. 建设工程施工合同文件

B. 已批准的监理规划

C. 与专业工程相关的标准

D. 已批准的施工组织设计、(专项)施工方案

E. 施工单位的特定要求

4.(多项选择题)下列监理规划的审核内容中,属于履行安全生产管理的监理法定职责内容的有(　　)。(2019 年注册监理工程师考试真题)

A. 是否建立了对施工组织设计、专项施工方案的审查制度

B. 是否建立了对现场安全隐患的巡视检查制度

C. 是否结合工程特点建立了与建设单位的沟通协调机制

D. 是否建立了安全生产管理状况的监理报告制度

E. 是否确定了质量、造价、进度三大目标控制的相应措施

5.(多项选择题)监理实施细则的编制依据有(　　)。(2021 年注册监理工程师考试真题)

A. 工程质量评估报告

B. 工程设计文件

C. 建设工程监理规范

D. 监理规划

E. 施工组织设计

项目3　建设工程质量控制

建设工程质量控制

知识目标

1. 了解质量与工程质量的概念。
2. 了解工程质量形成的特点。
3. 熟悉质量控制点设立的方法。
4. 掌握质量控制工作程序、施工阶段质量控制和质量验收的规定。

技能目标

1. 具备根据工程实际正确进行施工质量控制工作的能力。
2. 具备初步判断工程质量问题和质量事故处理的能力。

素养目标

1. 树立“百年大计，质量第一”的工程质量意识。
2. 进行工程伦理教育。
3. 培养工程人“责任担当，造福于民”的意识。

项目流程图

01 建设工程质量控制概述 → 02 工程勘察设计阶段的质量控制 → 03 工程施工的质量控制 → 04 建筑工程施工质量验收 → 05 工程质量问题和质量事故处理

3.1 建设工程质量控制概述

3.1.1 质量和建设工程质量

1. 质量

《质量管理体系—基础和术语》(GB/T 19000—2016)对质量的定义是一组固有特性满足要求的程度。

上述定义有以下几方面的含义。

(1)质量不仅是指产品质量，也可以是某项活动或过程的工作质量，还可以是质量管理体系运行的质量。质量由一组固有特性组成，这些固有特性是指满足用户和其他相关方要求的特性，并由其满足要求的程度加以表征。

(2)特性是指区分的特征。特性可以是固有的或赋予的，可以是定性的或定量的。质量特性是指产品、过程或体系与要求有关的固有属性。固有的意思是指在某事或某物中本来就有的，尤其是那种永久的特性。赋予的特性(如某一产品的价格)并非是产品、过程或体系的固有特性，因此，也不是它们的质量特性。

(3)满足要求就是应满足明示的(如合同、规范、标准、技术、文件、图纸中明确规定的)、通常隐含的(如组织的惯例、一般习惯)或必须履行的(如法律、法规、行业规则)需要和期望。与满足要求相比较，满足要求的程度才是反映质量好坏的标准。

(4)用户和其他相关方对产品、过程或体系的质量要求是动态的、发展的和相对的。质量要求随着时间、地点、环境的变化而变化。

2. 建设工程质量

(1)建设工程质量的特性。建设工程质量简称工程质量。工程质量是指工程满足业主需要的，符合国家法律、法规、技术规范标准、设计文件及合同规定的综合特性。

建设工程作为一种特殊的产品，除具有一般产品共有的质量特性，如性能、寿命、可靠性、安全性、经济性等满足社会需要的使用价值及其属性外，还具有特定的内涵。

建设工程质量的特性主要表现在以下六个方面。

①适用性。适用性是指工程满足使用目的的各种性能。

②耐久性。耐久性是指工程在规定的条件下，满足规定功能要求使用的年限，也就是工程竣工后的合理使用寿命周期。

③安全性。安全性是指工程建成后在使用过程中保证结构安全、保证人身和环境免受危害的程度。

④可靠性。可靠性是指工程在规定的时间和规定的条件下完成规定功能的能力。

⑤经济性。经济性是指工程从规划、勘察、设计、施工到整个产品使用寿命周期内的成本和消耗的费用。

⑥与环境的协调性。与环境的协调性是指工程与其周围生态环境协调，与所在地区经济环境协调以及与周围已建工程相协调，以适应可持续发展的要求。

上述六个方面的质量特性彼此之间是相互依存的。总体而言，适用性、耐久性、安全性、可靠性、经济性、与环境的协调性都是必须达到的基本要求，缺一不可。

(2)建设工程质量的特点。建设工程质量的特点是由建设工程本身和建设生产的特点决定的。建设工程(产品)及其生产的特点：一是产品的固定性，生产的流动性；二是产品多样性，生产的单件性；三是产品形体庞大，高投入，生产周期长，具有风险性；四是产品的社会性，生产的外部约束性。上述建设工程的特点形成了工程质量本身的如下特点。

①影响因素多。

②质量波动大。

③质量隐蔽性。

④终检的局限性。

⑤评价方法的特殊性。

(3)影响工程质量的因素。影响工程质量的因素很多，但归纳起来主要有五个方面，即人(Man)、材料(Material)、机械(Machine)、方法(Method)和环境(Environment)，简称为4M1E因素。

①人员素质。

②工程材料。

③机械设备。

④方法。

⑤环境条件。

技术提示：

此外还要重视施工的环境因素。环境因素对工程质量的影响是复杂且多变的。气象条件变化，如温度、湿度、大风、暴雨、酷暑、严寒都会直接影响工程质量。

3.1.2 质量控制和工程质量控制

1. 质量控制

《质量管理体系—基础和术语》(GB/T 19000—2016)系列标准对质量控制的定义是质量控制是质量管理的一部分，致力于满足质量要求。

上述定义可以从以下几方面理解。

(1)质量控制是质量管理的重要组成部分，其目的是使产品、体系或过程的固有特性达到规定的要求，即满足顾客、法律、法规等方面所提出的质量要求(如适用性、安全性等)。所以，质量控制是通过采取一系列的作业技术和活动对各个过程实施控制的。

(2)质量控制的工作内容包括作业技术和活动，也就是包括专业技术和管理技术两个方面。围绕产品形成全过程每一阶段的工作如何能保证做好，对影响其质量的人、机、料、法、环因素进行控制，并对质量活动的成果进行分阶段验证，以便及时发现问题，查明原因，采取相应纠正措施，防止不合格的发生。因此，质量控制应贯彻预防为主与检验把关相结合的原则。

(3)质量控制应贯穿产品形成和体系运行的全过程。每一过程都有输入、转换和输出等三个环节。对每一个过程三个环节实施有效控制可使对产品质量有影响的各个过程处于受控状态，从而使持续提供符合规定要求的产品的质量得到保障。

2. 工程质量控制

工程质量控制是指致力于满足工程质量要求，也就是为了保证工程质量满足工程合同、规范标准所采取的一系列措施、方法和手段。工程质量要求主要表现为工程合同、设计文件、技术规范标准规定的质量标准。

(1)工程质量控制按其实施主体不同，分为自控主体和监控主体。前者是指直接从事质量职能的活动者，后者是指对他人质量能力和效果的监控者，主要包括以下四个方面：

①政府的工程质量控制。政府属于监控主体，主要是以法律法规为依据，通过抓工程报建、施工图设计文件审查、施工许可、材料和设备准用、工程质量监督、重大工程竣工验收备案等主要环节进行的。

②工程监理单位的质量控制。工程监理单位属于监控主体，主要是受建设单位的委托，代表建设单位对工程实施全过程进行的质量监督和控制，包括勘察设计阶段质量控制、施工阶段质量控制，以满足建设单位对工程质量的要求。

③勘察设计单位的质量控制。勘察设计单位属于自控主体，是以法律、法规及合同为依据，对勘察设计的整个过程进行控制，包括工作程序、工作进度、费用及成果文件所包含的功能和使用价值，以满足建设单位对勘察设计质量的要求。

④施工单位的质量控制。施工单位属于自控主体，是以工程合同、设计图纸和技术规范为依据，对施工准备阶段、施工阶段、竣工验收交付阶段等施工全过程的工作质量和工程质量进行的控制，以达到合同文件规定的质量要求。

(2)工程质量控制包括全过程各阶段的质量控制。

①决策阶段的质量控制，主要是通过项目的可行性研究，选择最佳建设方案，使项目的质量要求符合业主的意图，并与投资目标相协调，与所在地区环境相协调。

②工程勘察设计阶段的质量控制，主要是要选好勘察设计单位，要保证工程设计符合决策阶段确定的质量要求，保证设计符合有关技术规范和标准的规定，保证设计文件、图纸符合现场和施工的实际条件，其深度能满足施工的需要。

③工程施工阶段的质量控制，一是择优选择能保证工程质量的施工单位，二是严格监督承建商按设计图纸进行施工，并形成符合合同文件规定质量要求的最终建筑产品。

3. 工程质量控制的原则

监理工程师在工程质量控制过程中，应遵循以下几条原则。

(1)坚持质量第一的原则。监理工程师在进行投资、进度、质量三大目标控制时，在处理三者关系时，应坚持“百年大计，质量第一”的理念，在工程建设中自始至终把“质量第一”作为对工程质量控制的基本原则。

(2)坚持以人为核心的原则。人是工程建设的决策者、组织者、管理者和操作者。在工程质量控制中，要以人为核心，重点控制人的素质和人的行为，充分发挥人的积极性和创造性，以人的工作质量保证工程质量。

(3)坚持以预防为主的原则。工程质量控制应该是积极主动的，应事先对影响质量的各种因素加以控制，而不能是消极被动的，等出现质量问题再进行处理，否则会造成不必要的损失。所以，要重点做好质量的事先控制和事中控制，以预防为主，加强过程和中间产品的质量检查和控制。

(4)坚持质量标准的原则。质量标准是评价产品质量的尺度，工程质量是否符合合同规定的质量标准要求，应通过质量检验并和质量标准对照，符合质量标准要求的才是合格，不符合质量标准要求的就是不合格，必须返工处理。

(5)坚持科学、公正、守法的职业道德规范。在工程质量控制中，监理人员必须坚持科学、公正、守法的职业道德规范，要尊重科学，尊重事实，以数据资料为依据，客观、公正地处理质量问题。要坚持原则，遵纪守法，秉公监理。

3.1.3 工程质量的监督管理

1. 工程质量监督管理的管理体制和职能

工程质量监督是建设行政主管部门或其委托的工程质量监督机构(统称监督机构)根据国家的法律、法规和工程建设强制性标准，对责任主体和有关机构履行质量责任的行为以及对工程实体质量进行监督检查，维护公众利益的行政执法行为。

(1)监督管理体制。国务院建设行政主管部门对全国的建设工程质量实施统一监督管理。国务院铁路、交通、水利等有关部门按国务院规定的职责分工，负责对全国的有关专业建设工程质量的监督管理。县级以上地方人民政府建设行政主管部门对本行政区域内的建设工程质量实施监督管理。县级以上地方人民政府交通、水利等有关部门在各自职责范围内，负责本行政区域内的专业建设工程质量的监督管理。

(2)管理职能。

①建立和完善工程质量管理法规。这些法规包括行政性法规和工程技术规范标准，前者如《建筑法》《招标投标法》《建筑工程质量管理条例》等，后者如建筑工程设计规范、建筑工程施工质量验收统一标准、工程施工质量验收规范等。

②建立和落实工程质量责任制。这些工程质量责任制包括工程质量行政领导的责任、项目法定代表人的责任、参建单位法定代表人的责任和工程质量终身负责制等。

③建设活动主体资格的管理。国家对从事建设活动的单位实行严格的从业许可证制度，对从事建设活动的专业技术人员实行严格的执业资格制度。建设行政主管部门及有关专业部门按各自分工，负责各类资质标准的审查、从业单位的资质等级的最后认定、专业技术人员资格等级的核查和注册，并对资质等级和从业范围等实施动态管理。

④工程承发包管理。工程承发包管理包括规定工程招投标承发包的范围、类型、条件，对招投标承发包活动的依法监督和工程合同管理。

⑤控制工程建设程序。工程建设程序的管理包括工程报建、施工图设计文件审查、工程施工许可、工程材料和设备准用、工程质量监督、施工验收备案等管理。

2. 工程质量管理制度

近年来，我国建设行政主管部门先后颁发了多项建设工程质量管理制度。

(1)工程质量监督制度。国家实行建设工程质量监督管理制度。但由于工程建设周期长、环节多、点多面广，工程质量监督工作是一项专业技术性强且很繁杂的工作，政府部门不可能亲自进行日常检查工作。因此，工程质量监督管理由建设行政主管部门或其他有关部门委托的工程质量监督机构具体实施。

工程质量监督机构是经省级以上建设行政主管部门或有关专业部门考核认定，具有独立法人资格的单位。它受县级以上地方人民政府建设行政主管部门或有关专业部门的委托，依法对工程质量进行强制性监督，并对委托部门负责。

(2)工程质量检测制度。工程质量检测工作是对工程质量进行监督管理的重要手段之一。工程质量检测机构是对建设工程、建筑构件、制品及现场所用的有关建筑材料、设备质量进行检测的法定单位。

在建设行政主管部门领导和标准化管理部门指导下开展检测工作，其出具的检测报告具有法定效力。法定的国家级检测机构出具的检测报告，在国内为最终裁定，在国外具有代表国家的性质。

(3)工程质量保修制度。建设工程质量保修制度是指建设工程在办理交工验收手续后，在规定的保修期限内，因勘察、设计、施工、材料等造成的质量问题，要由施工单位负责维修、更换，由责任单位负责赔偿损失。质量问题是指工程不符合国家工程建设强制性标准、设计文件以及合同中对质量的要求。

建设工程承包单位在向建设单位提交工程竣工验收报告时，应向建设单位出具工程质量保修书，质量保修书中应明确建设工程保修范围、保修期限和保修责任等。建设工程在保修范围和保修期限内发生质量问题的施工单位应当履行保修义务。

3.2 工程勘察设计阶段的质量控制

3.2.1 勘察设计的概念及控制依据

建设工程勘察是指根据建设工程的要求，查明、分析、评价建设场地的地质、地理环境特征和岩土工程条件，编制建设工程勘察文件的活动。建设工程设计是指根据建设工程的要求，对建设工程所需的技术、经济、资源、环境等条件进行综合分析、论证，编制建设工程设计文件的活动。建设工程勘察、设计的质量对于建设项目的质量起着决定性的作用，因此，勘察设计阶段是工程项目建设过程中的一个重要阶段。

通常将勘察设计招投标与勘察设计阶段简称为勘察设计阶段。国务院以《中华人民共和国建筑法》为依据，于2000年9月25日制订颁布、2015年6月12日修订《建设工程勘察设计管理条例》，该条例是从事建设工程勘察和建设工程设计的工作准则和法律依据。

勘察设计阶段一般是指从项目可行性研究报告经审批并由投资人作出决策后(简称立项后)，直至施工图设计完成并交给建设单位投入使用。在这个过程中对工程勘察和工程设计实施监理工作的叫勘察设计监理。从工程项目管理的角度来讲，勘察设计监理就是对勘察设计阶段的项目管理，是整个工程项目管理的重要组成部分，监理单位主要为建设单位提供勘察设计咨询服务，其核心任务仍是进行项目投资、进度、质量三大目标的控制，以保障工程项目安全、可靠，提高其适用性和经济性。

设计事故使工程无法满足质量要求和使用功能。勘察设计的进度不能按计划完成、设计不便于施工等，都直接影响到整个工程的投资、进度和质量目标的实现。因此，实施勘察设计监理，对勘察、设计的工作质量进行控制，是建设工程监理的重点之一，是实现建设工程项目管理目标的有力保障。

1. 勘察设计质量的概念

工程项目的质量目标与水平，是通过设计使其具体化，据此作为施工的依据，而勘察是设计的重要依据，同时对施工有重要的指导作用。勘察设计质量的优劣，直接影响工程项目的功能、使用价值和投资的经济效益，关系着国家财产和人民生命的安全。

实践证明，不遵守有关法规、技术标准，不但业主所需的功能和使用价值得不到保障，反而有可能使工程存在重大的事故隐患和质量缺陷，给业主造成更大的危害和损失。综上所述，高质量的勘察设计，就是在严格遵守技术标准、法规的基础上，对工程地质条件作出及时、准确的评价，正确处理和协调经济、资源、技术、环境条件的制约，使设计项目能更好地满足业主所需要的功能和使用价值，能充分发挥项目投资的经济效益。

2. 勘察设计质量控制的依据

从上述工作原则可以看出，建设工程勘察、设计的质量控制工作决不单纯是对其报告及成果的质量进行控制，而是要从整个社会发展和环境建设的需要出发，对勘察、设计的整个过程进行控制，包括它的工作程序、工作进度、费用及成果文件所包含的功能和使用价值，其中也涉及法律、法规、合同等必须遵守的规定。建设工程勘察设计质量控制的依据有以下五个方面。

(1)有关工程建设及质量管理方面的法律、法规，城市规划，国家规定的建设工程勘察、设计深度要求。铁路、交通、水利等专业建设工程还应当依据专业规划要求。

(2)有关工程建设的技术标准，如工程建设中勘察和设计的强制性标准规范及规程、设计参数、定额、指标等。

(3)项目批准文件，如项目可行性研究报告、项目评估报告及选址报告。

(4)体现建设单位建设意图的设计规划大纲、纲要和合同文件。

(5)反映项目建设过程中和建成后所需要的有关技术、资源、经济、社会协作等方面的协议、数据和资料。

3.2.2 设计交底与图纸会审

1. 设计交底的目的和内容

设计交底是指在施工图完成并经审查合格后，设计单位在设计文件交付施工时，按法律规定的义务就施工图设计文件向施工单位和监理单位作出详细的说明。其目的是让施工单位和监理单位正确贯彻设计意图，使其加深对设计文件特点、难点、疑点的理解，掌握关键工程部位的质量要求，确保工程质量。

设计交底的主要内容一般包括施工图设计文件总体介绍，设计意图说明，特殊工艺要求，建筑、结构、工艺、设备等各专业在施工中的难点、疑点和容易发生的问题说明，对施工单位、监理单位、建设单位等对设计图纸疑问的解释等。

2. 图纸会审的目的和内容

图纸会审是指工程各参建单位(建设单位、监理单位、施工单位等相关单位)在收到施工图审查机构审查合格的施工图设计文件后，在设计交底前进行全面细致的熟悉和审查施工图纸的活动。其目的有两个方面，一是使施工单位和各参建单位熟悉设计图纸，了解工程特点和设计意图，找出需要解决的技术难题，并制定解决方案；二是解决图纸中存在的问题，减少图纸的差错，将图纸中的质量隐患消灭在萌芽之中。图纸会审一般包括如下内容。

(1)是否无证设计或越级设计，图纸是否经设计单位正式签署。

(2)地质勘探资料是否齐全。

(3)设计图纸与说明是否齐全，有无分期供图的时间表。

(4)设计地震烈度是否符合当地要求。

(5)几个设计单位共同设计的图纸相互间有无矛盾，专业图纸之间、平立剖面图之间有无矛盾，标注有无遗漏。

(6)总平面与施工图的几何尺寸、平面位置、标高等是否一致。

(7)防火、消防是否满足要求。

(8)建筑结构与各专业图纸本身是否有差错及矛盾，结构图与建筑图的平面尺寸及标高是否一致，建筑图与结构图的表示方法是否清楚、是否符合制图标准，预埋件是否表示清楚，有无钢筋明细表，钢筋的构造要求在图中是否表示清楚。

(9)施工单位是否具备施工图中所列的各种标准图册的施工能力。

(10)材料来源有无保证，能否代换；图中所要求的条件能否满足；新材料、新技术的应用有无问题。

(11)地基处理方法是否合理，建筑与结构构造是否存在不能施工、不便于施工的技术问题，或容易导致质量、安全、工程费用增加等方面的问题。

(12)工艺管道、电气线路、设备装置、运输道路与建筑物之间或相互间有无矛盾，布置是否合理。

(13)施工安全、环境卫生有无保证。

(14)图纸是否符合监理大纲所提出的要求。

3. 设计交底与图纸会审的组织

设计交底建设单位负责组织设计单位向施工单位和承担施工阶段监理任务的监理单位等相关参建单位进行交底。图纸会审由建设单位组织参建各方共同参加。设计交底与图纸会审的通常做法是设计文件完成后，设计单位将设计图纸移交建设单位，报经有关部门批准后建设单位发给承担施工监理的监理单位和施工单位。由建设单位组织参建各方进行图纸会审，并整理成会审问题清单，在设计交底前一周交设计单位。建设单位组织设计单位做交底准备，并对会审问题清单拟定解答。设计交底一般以会议形式进行，会上先进行设计交底，后转入图纸会审问题解释，通过设计、监理、施工三方或参建多方研究协商，确定图纸和各种技术问题的解决方案。设计交底应在施工开始前完成。

以上工作如建设单位在监理合同约定设计阶段相关服务内容时，也可委托相关监理单位完成设计交底与图纸会审工作。

3.2.3 设计变更控制

在施工图设计文件交予建设单位投入使用前或使用后，均会出现因建设单位要求，或现场施工条件的变化，或国家政策法规的改变等引起的设计变更。设计变更可能由设计单位自行提出，也可能由建设单位提出，还可能由承包单位提出，不论谁提出都必须征得建设单位同意并且办理书面变更手续，凡涉及施工图审查内容的设计变更还必须报请原审查机构审查后再批准实施。

为了保证建设工程的质量，监理工程师应对设计变更进行严格控制，并注意以下几点。

(1)应随时掌握国家政策法规的变化，特别是有关设计、施工的规范、规程的变化，有关材料或产品的淘汰或禁用，并将信息尽快通知设计单位和建设单位，避免产生设计变更的潜在因素。

(2)加强对设计阶段的质量控制，特别是施工图设计文件的审核，对施工图节点做法的可施工性要根据自己的经验给予评判，对各专业图纸的交叉部分要严格控制会签工作，力争将矛盾和差错解决在出图之前。

(3)对建设单位和承包单位提出的设计变更要求要进行统筹考虑，确定其必要性，同时将设计变更对建设工期和费用的影响分析清楚并通报给建设单位，非改不可的要调整施工计划，以尽可能减少对工程的不利影响。

(4)要严格控制设计变更的签批手续，以明确责任，减少索赔。现列出施工图设计文件投入使用前和使用后两种情况下监理工程师对设计变更的控制程序，如图 3.1、图 3.2 所示。设计阶段设计变更由该阶段监理单位负责控制，施工阶段设计变更由承担施工阶段监理任务的监理单位负责控制。

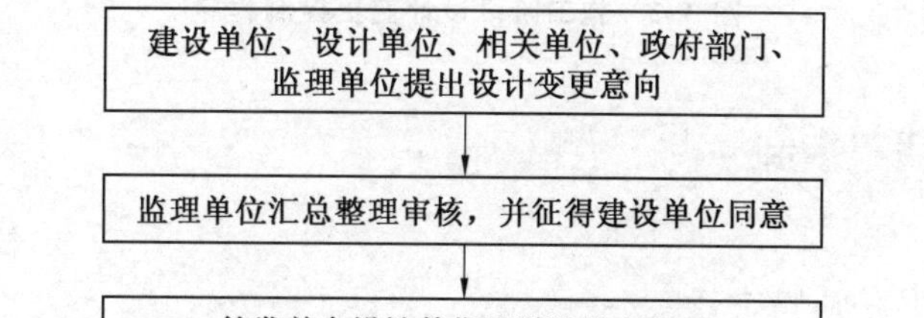

图 3.1　施工图设计文件投入使用前或设计阶段设计变更控制程序

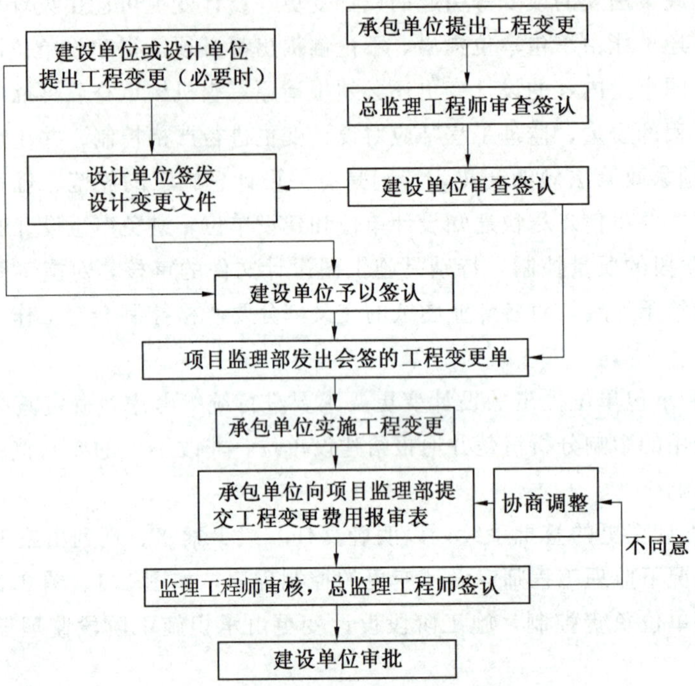

图 3.2　施工阶段设计变更控制程序

3.3　工程施工的质量控制

3.3.1　工程监理单位的质量责任

实行工程监理的建筑工程，监理单位开展具体工作时的质量监督行为应符合国家有关建筑工程质量标准要求。

(1)工程监理单位应在其单位资质等级许可范围内承担监理业务，不得超越本单位资质等级许可范围或以其他单位的名义承担工程监理业务，也不得把工程监理业务转让，更不得个人以单位的名义承担工程监理业务。

(2)建设单位应委托有相应资质的监理单位，并与工程监理单位签订《书面委托监理合同》。工程监理单位应依据法律、法规及相关规范标准、设计文件和建筑工程承包合同等文件，对施工单位在施工质量方面代表建设单位开展监督管理工作。

(3)工程监理单位未按监理合同的约定开展工作或未按规定进行质量检查工作，给建设单位造成损失的，应按监理合同的约定承担相应的赔偿责任。

(4)在工程实施过程中，监理单位有弄虚作假或与施工单位串通降低工程质量标准的行为，造成不良后果的，须承担法律责任。

3.3.2　工程质量控制系统的建立

1. 质量控制系统的组建

施工阶段是使工程设计意图最终实现并形成工程实体的阶段，是最终形成工程实体质量的过程。施工阶段的质量控制是一个从对投入的资源和条件的质量控制，到对生产过程及各环节质量进行控制，再到对所完成的工程产出品的质量检验与控制的全过程的系统控制。

2. 工程质量控制系统的划分方式

(1)按时间阶段划分。施工阶段的质量控制可分为以下三个环节。

①施工准备控制。施工准备控制是指在各工程对象正式施工活动开始前，对各项准备工作及影响质量的各因素进行控制，这是确保施工质量的先决条件。

②施工过程控制。施工过程控制是指在施工过程中对实际投入的生产要素质量及作业技术活动的实施状态和结果进行的控制，包括作业者发挥技术能力过程的自控行为和来自有关管理者的监控行为。

③竣工验收控制。竣工验收控制是指对于通过施工过程所完成的具有独立功能和使用价值的最终产品(单位工程或整个工程项目)及有关方面(如质量文档)的质量进行控制。

上述三个环节的质量控制的系统过程及其所涉及的主要方面如图 3.3 所示。

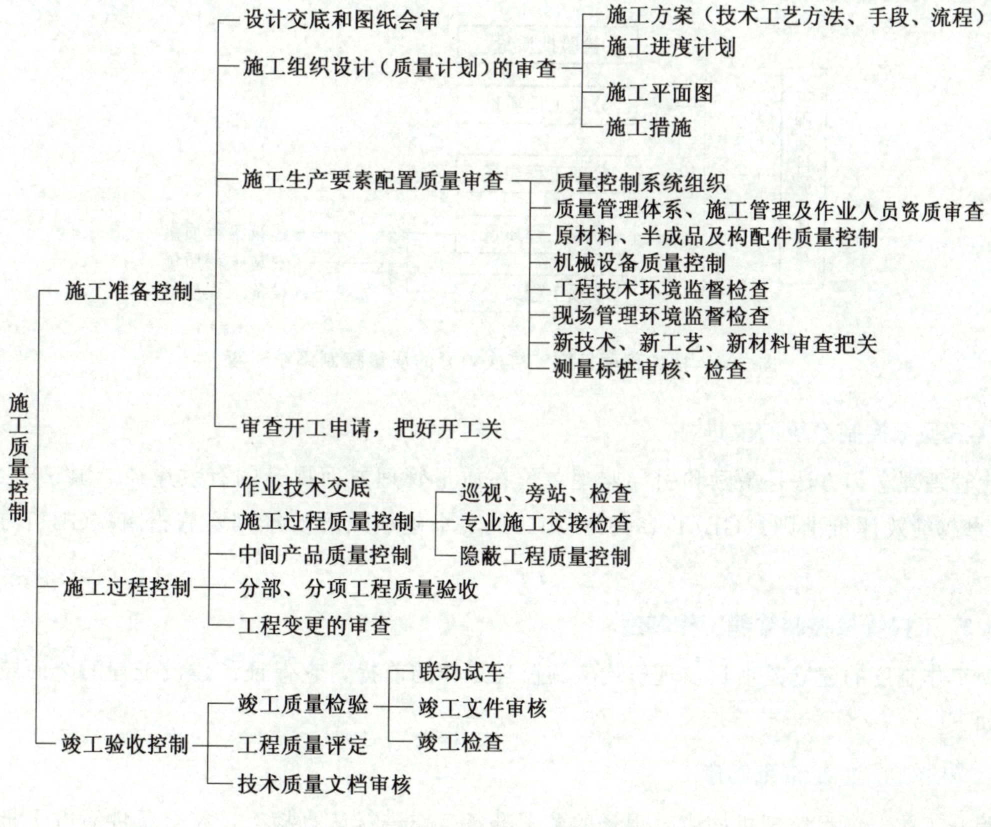

图 3.3 施工阶段质量控制的系统控制过程

(2)按物质形态转化的阶段划分。由于工程对象的施工是一项物质生产活动，因此施工阶段的质量控制系统过程也是一个经由以下三个阶段的系统控制过程。

①对投入的物质资源的质量控制。

②施工过程质量控制，即在使投入的物质资源转化为工程产品的过程中，对影响产品质量的各

因素、各环节及中间产品的质量进行控制。

③对完成的工程产出品质量的控制与验收。

在上述三个阶段的系统过程中，前两个阶段对于最终产品质量的形成具有决定性的作用，而投入的物质资源的质量控制对最终产品质量又具有举足轻重的影响。所以，在质量控制的系统过程中，无论是对投入的物质资源的控制，还是对施工及安装生产过程的控制，都应当对影响工程实体质量的五个重要因素，即施工有关人员因素、材料(包括半成品、构配件)因素、机械设备(生产设备及施工设备)因素、施工方法(施工方案、方法及工艺)因素以及环境因素等进行全面的控制。

(3)按工程项目施工层次划分。通常任何一个大中型工程建设项目可划分为若干层次。例如，对于建筑工程项目按照国家标准可以划分为单位工程、分部工程、分项工程、检验批等层次，而对于水利水电、港口交通等工程项目则可划分为单项工程、单位工程、分部工程、分项工程等层次。各组成部分之间的关系具有一定的施工先后顺序的逻辑关系。显然，施工作业过程的质量控制是最基本的质量控制，它决定了有关检验批的质量；而检验批的质量又决定了分项工程的质量……各层次间的质量控制的系统过程如图 3.4 所示。

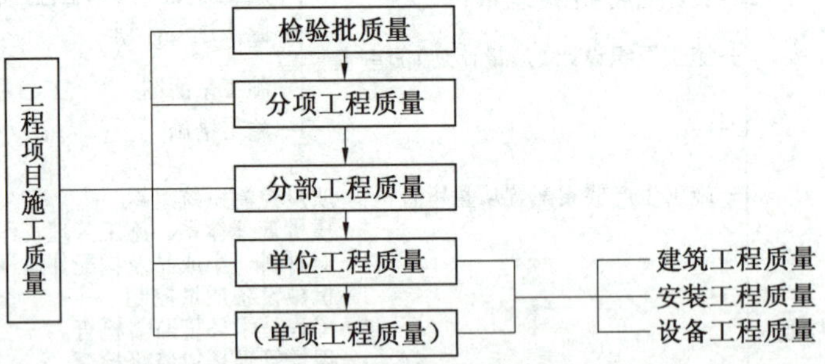

图 3.4　按工程项目施工层次划分的质量控制系统过程

3. 工程质量控制系统的改进

现代管理理念和方法是激励和引导监理单位在质量管理方面提升的有效途径。国家于 2012 年发布了《卓越绩效评价准则》(GB/T 19580—2012)和《卓越绩效评价准则实施指南》(GB/T 19579—2012)。

3.3.3　工程质量控制监理工作制度

监理工作制度的建立是项目监理机构实施监理工作的前提，它保证了建设工程的全面履行，具体内容如下。

1. 工程开工、复工审批制度

工程开工前，项目监理机构应对现场的施工准备工作进行认真核查，符合条件后方可批准其开工。专业监理工程师应审查施工单位报送的“工程开工报审表”及相关资料，具备以下开工条件时，由总监理工程师签发，并报建设单位。

(1)施工许可证已获政府主管部门批准。

(2)征地拆迁工作能满足工程进度的需要。

(3)施工组织设计已获总监理工程师批准。

(4)施工单位现场管理人员已到位，机具、施工人员已进场，主要工程材料已落实。

(5)进场道路及水、电、通信等已满足开工要求。

2. 图纸会审及设计交底制度

项目总监理工程师组织监理人员熟悉施工图是监理预先控制的一项重要工作。施工图是项目施工的依据，当然也是监理的依据。监理人员通过熟悉图纸，了解工程特点，工程关键部位的施工方法、质量要求，以督促施工单位按图施工。

设计交底由建设单位负责组织，设计单位向施工单位和承担施工阶段监理任务的监理单位等相关参建单位进行交底。图纸会审由建设单位组织，施工单位、监理单位、设计单位等相关参建单位参加。

在设计交底和图纸会审会上确认的工程变更应由建设单位、设计单位、施工单位和监理单位会签。

3. 施工组织设计审核制度

工程项目开工前，总监理工程师应组织专业监理工程师审查施工单位报送的“施工组织设计(方案)报审表”，提出审查意见，并经总监理工程师审核、签认后报建设单位。“施工组织设计(方案)报审表”应符合报审流程及满足规范要求的格式。

4. 平行检验、见证取样、巡视检查和旁站制度

项目监理机构在工程实施前应根据工程特点和施工单位报送的施工组织设计来确定施工过程中的关键部位、关键工序。建立质量控制制度，运用平行检验、见证取样、巡视检查和旁站等方法、手段处理施工中可能遇到的问题。施工过程遇到什么样的问题就运用什么样的方法或手段来处理。

5. 工程材料、半成品质量检验制度

用于工程的材料、构配件和设备进场后施工单位应按“工程材料、构配件、设备报审表”相关要求填报，并附材料、构配件和设备生产单位的生产许可证、出厂合格证、质量检测报告和使用说明书等资料。监理机构审查报审内容，按规范、监理合同的相关要求对材料进行见证取样或相应检验工作。

6. 工程质量控制检验制度

质量控制点是指为了保证施工过程质量而确定的重点部位、关键工序或薄弱环节。设置控制点是保证达到施工质量要求的必要前提，因此，监理工程师应要求施工单位报送重点部位、关键工序的施工工艺和确保工程质量的措施，审核同意后予以签认。

7. 工程质量验收制度

施工单位在一个单位工程完工后或整个工程项目完成后，应先进行竣工自检，自验合格后，向项目监理机构提交“单位工程竣工验收报审表”，总监理工程师组织各专业监理工程师进行竣工初验。初验合格后由总监理工程师对施工单位的工程竣工报验单予以签认，并上报建设单位。同时提出《工程质量评估报告》，参加由建设单位组织的正式竣工验收。

8. 工程监理例会制度

工程项目实施过程中项目监理机构要定期或不定期地组织召开监理例会，目的在于解决施工现

场出现的质量、安全、进度等方面的问题；分析现场存在的问题，找出原因，提出解决问题的方案或建议。工程项目由参建各方共同参加。项目监理机构根据会议的内容整理会议纪要，由参建各方签字确认，并经总监理工程师批准签发给各参建单位。

项目监理机构还应根据施工现场的情况需要分别组织监理交底会议、监理专题会、监理工作会议等来推进工作的开展。

3.3.4 施工监理质量控制的手段

1. 审核技术文件、报告和报表

这是对工程质量进行全面监督、检查与控制的重要手段。审核的具体内容包括以下几个方面。

(1)审查进入施工现场的分包单位的资质证明文件，控制分包单位的质量。

(2)审批施工承包单位的开工申请书，检查、核实与控制其施工准备工作的质量。

(3)审批承包单位提交的施工方案、质量计划、施工组织设计或施工计划，控制工程施工质量有可靠的技术措施保障。

(4)审批施工承包单位提交的有关材料、半成品和构配件质量证明文件(出厂合格证、质量检验或试验报告等)，确保工程质量有可靠的物质基础。

(5)审核承包单位提交的反映工序施工质量的动态统计资料或管理图表。

(6)审核承包单位提交的有关工序产品质量的证明文件(检验记录及试验报告)、工序交接检查(自检)、隐蔽工程检查、分部分项工程质量检查报告等文件、资料，以确保和控制施工过程的质量。

(7)审批有关工程变更、修改的设计图纸等，确保设计及施工图纸的质量。

(8)审核有关应用新技术、新工艺、新材料、新结构等的技术鉴定书，审批其应用申请报告，确保新技术应用的质量。

(9)审批有关工程质量事故或质量问题的处理报告，确保质量事故或质量问题处理的质量。

(10)审核与签署现场有关的质量技术签证、文件等。

2. 指令文件与一般管理文书

指令文件是监理工程师运用指令控制权的具体形式。指令文件是表达监理工程师对施工承包单位提出指示或命令的书面文件，属于要求强制性执行的文件。一般情况下是监理工程师从全局利益和目标出发，针对某项施工作业或管理问题，经过充分调研、沟通和决策，要求承包人必须严格按监理工程师的意图和主张实施的工作。对此承包人负有全面正确执行指令的责任，监理工程师负有监督指令实施效果的责任，因此，它是一种慎用而严肃的管理手段。监理工程师的各项指令都应是书面的或有文件记载的，并作为技术文件资料存档。如因时间紧迫，来不及做出正式的书面指令，也可以用口头指令的方式下达给承包单位，但随即应按合同规定，及时补充书面文件对口头指令予以确认。指令文件一般均以监理工程师通知的方式下达，在监理指令中，开工指令、工程暂停指令及工程恢复施工指令也属指令文件，但由于其地位的特殊，在施工过程的质量控制相关章节已做了介绍。

一般管理文书，如监理工程师函、备忘录、会议纪要、相关信息、通报等，主要是对承包商工作状态和行为提出建议、希望和劝阻等，不属于强制性执行的要求，仅供承包人自主决策参考。

3. 现场监督和检查

现场监督检查的内容包括以下几个方面。

①开工前的检查，其主要是检查开工前准备工作的质量能否保证正常施工及工程施工质量。

②工序施工中的跟踪监督、检查与控制，其主要是监督、检查在工序施工过程中人员、施工机械设备、材料、施工方法、工艺或操作以及施工环境条件等是否处于良好的状态，是否符合保证工程质量的要求。若发现问题应及时纠偏并加以控制。

③对于重要的和对工程质量有重大影响的工序和工程部位，还应在现场进行施工过程的旁站监督与控制，确保使用材料及工艺过程质量。

4. 规定质量监控工作程序

规定双方必须遵守质量监控工作程序进行工作，这也是进行质量监控的必要手段。例如，未提交开工申请单并得到监理工程师的审查、批准的不得开工；未经监理工程师签署质量验收单并予以质量确认，不得进入下一道工序；工程材料未经监理工程师批准不得在工程上施工等。此外，还有其他相关程序，通过程序化管理，使监理工程师的质量控制工作进一步落实，做到科学、规范地管理和控制。

5. 现场监理监督检查的工作手段

(1)常用监理工作手段。

①旁站监督。在关键部位或关键工序施工过程中，由监理人员在现场进行的监督活动。监理人员应按监理规范要求填写监理旁站记录。

②见证取样。项目监理机构对施工单位进行的涉及结构安全的试块、试件及工程材料现场取样、封样、送检工作的监督活动。由监理人员现场监督全过程的完成情况。

③平行检验。项目监理机构应依据《建设工程监理合同》约定，对材料、构配件和设备进行“平行检验”，同时要加强对建设工程的工序、检验批、分项工程、隐蔽工程的“平行检验”，在“平行检验”过程中，监理人员应该留下具体的记录(包括填表格、写小结、拍照片等)，形成系统、完整、真实的平行检验资料。

④巡视。监理人员对正在施工的部位或工序在现场进行的定期或不定期的监督活动。

(2)主要辅助手段。

① 指令文件。适用监理合同赋予监理工程师指令控制权对施工提出书面的指示和要求。

②支付控制手段。监理工程师以计量支付控制权为质量保障手段。

③监理工程师通知单。监理工程师在巡视旁站等各种检查时发现的问题，用监理通知单书面通知施工单位，并要求施工单位整改后再报监理工程师复查。

6. 利用支付手段

这是国际上通用的一种重要的控制手段，也是建设单位或合同中赋予监理工程师的支付控制权。从根本上讲，国际上对合同条件支付主要是采取经济手段和法律手段，因此，质量监理是以计量支付控制权为保障手段。所谓支付权就是对施工承包单位支付任何工程款，均需总监理工程师签认支付证明书，没有总监理工程师审核签认支付证明证书，建设单位不得向承包单位支付工程款。

工程款支付的条件之一就是工程质量要达到规定的要求和标准。如果承包单位的工程质量达不到要求的标准，监理工程师有权采取拒绝签署支付证书的手段，停止对承包单位支付部分和全部工程款，由此造成的损失由承包单位负责。

3.3.5 工程施工质量控制的依据及工作流程

技术提示：

工程合同是比较有效的控制和约束手段，也是一种比较常用的手段。

1. 施工质量控制的依据

施工阶段监理工程师进行质量控制的依据大体上有以下四类：

(1)工程合同文件。工程施工承包合同文件和委托监理合同文件中分别规定了参与建设各方在质量控制方面的权利和义务，有关各方必须履行合同中的承诺。

(2)设计文件。“按图施工”是施工阶段质量控制的一项重要原则。因此，经过批准的设计图纸和技术说明书等设计文件，无疑是质量控制的重要依据。但是从严格质量管理和质量控制的角度出发，监理单位在施工前还应参加由建设单位组织的设计单位及承包单位参加的设计交底及图纸会审工作，以达到了解设计意图和质量要求、发现图纸差错和减少质量隐患的目的。

(3)国家及政府有关部门颁布的有关质量管理方面的法律、法规性文件。

①《中华人民共和国建筑法》(1997 年 11 月 1 日中华人民共和国主席令第 91 号发布)；

②《建设工程质量管理条例》(2000 年 1 月 30 日中华人民共和国国务院令第 279 号发布)；

③《建筑业企业资质管理规定》(2015 年 1 月 22 日中华人民共和国住房和城乡建设部令第 22 号发布)。

以上列举的是国家及建设主管部门颁发的有关质量管理方面的法规性文件。这些文件都是建设行业质量管理方面所应遵循的基本法律法规文件。此外，其他各行业如交通、能源、水利、冶金、化工等的政府主管部门和省、市、自治区的有关主管部门，也均根据本行业及地方的特点，制定和颁发了有关的法规性文件。

(4)有关质量检验与控制的专门技术法规性文件。这类文件一般是针对不同行业、不同的质量控制对象而制定的技术法规性的文件，包括各种有关的标准、规范、规程或规定。技术标准有国际标准、国家标准、行业标准、地方标准和企业标准。它们是建立和维护正常的生产和工作秩序应遵守的准则，也是衡量工程、设备和材料质量的尺度。概括说来，这类专门的技术法规性文件的依据主要有以下几类。

①工程项目施工质量验收标准。这类标准主要是由国家或部门统一制定的，用以作为检验和验收工程项目质量水平的技术法规性文件。

②有关工程材料、半成品和构配件质量控制方面的专门的技术法规性依据。

③控制施工作业活动质量的技术规程。如电焊操作规程、砌砖操作规程、混凝土施工操作规程等。它们是为了保证施工作业活动质量在作业过程中应遵照执行的技术规程。

④凡采用新工艺、新技术、新材料的工程，应事先进行试验，并应有权威技术部门的技术鉴定书及有关的质量数据、指标，在此基础上制定有关的质量标准和施工工艺规程，以此作为判断与控制质量的依据。

2. 工程施工质量控制的工作程序

施工阶段的质量控制是一个从对投入的资源和条件进行质量控制，再对生产过程及各环节质量进行控制，最后对所完成的工程产出品的质量进行检验与控制的全过程的系统控制过程，包括施工准备质量控制、施工过程质量控制和施工验收质量控制。因此，监理工程师的质量控制任务就是要对施工的全过程、全方位进行监督、检查与控制。施工阶段的质量控制程序如图 3.5 所示。

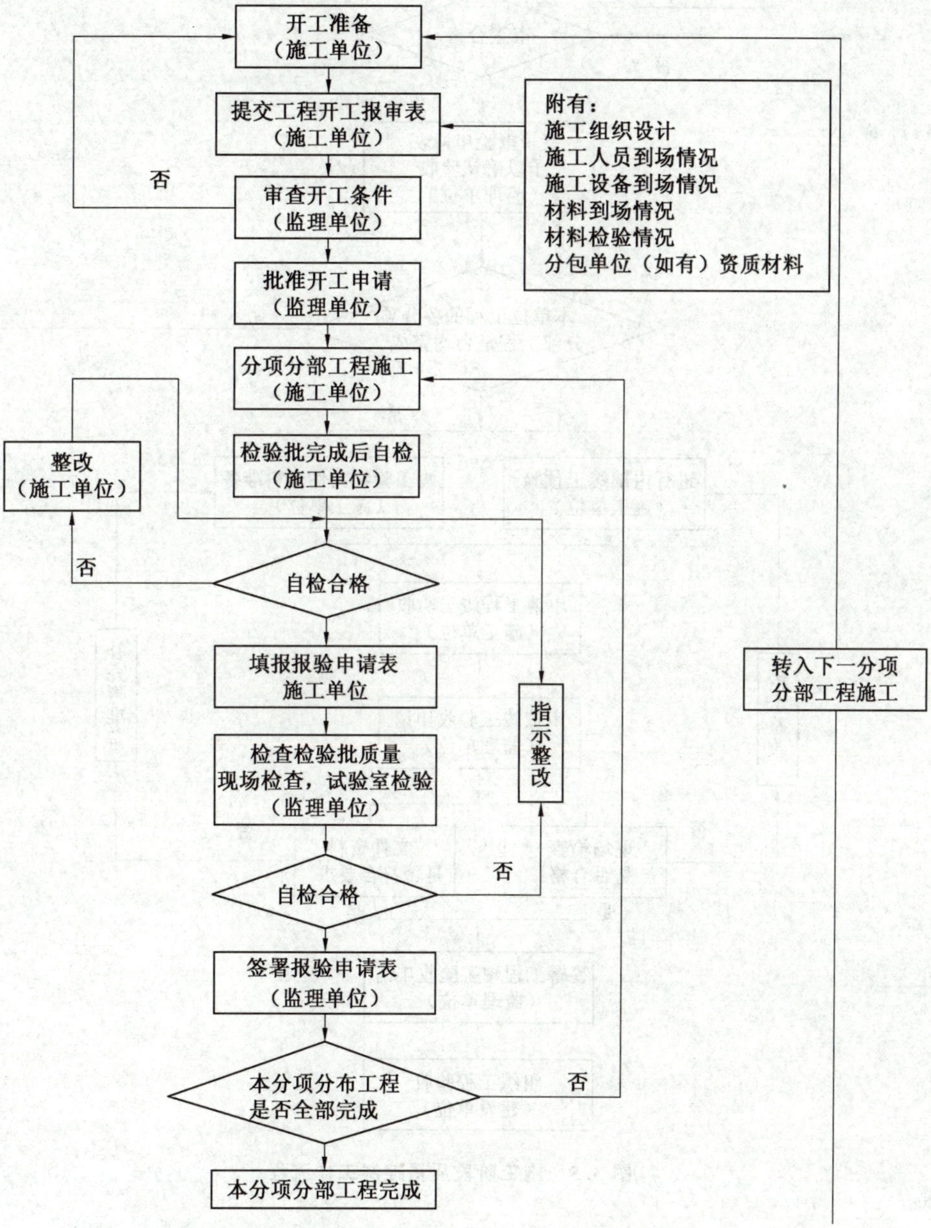

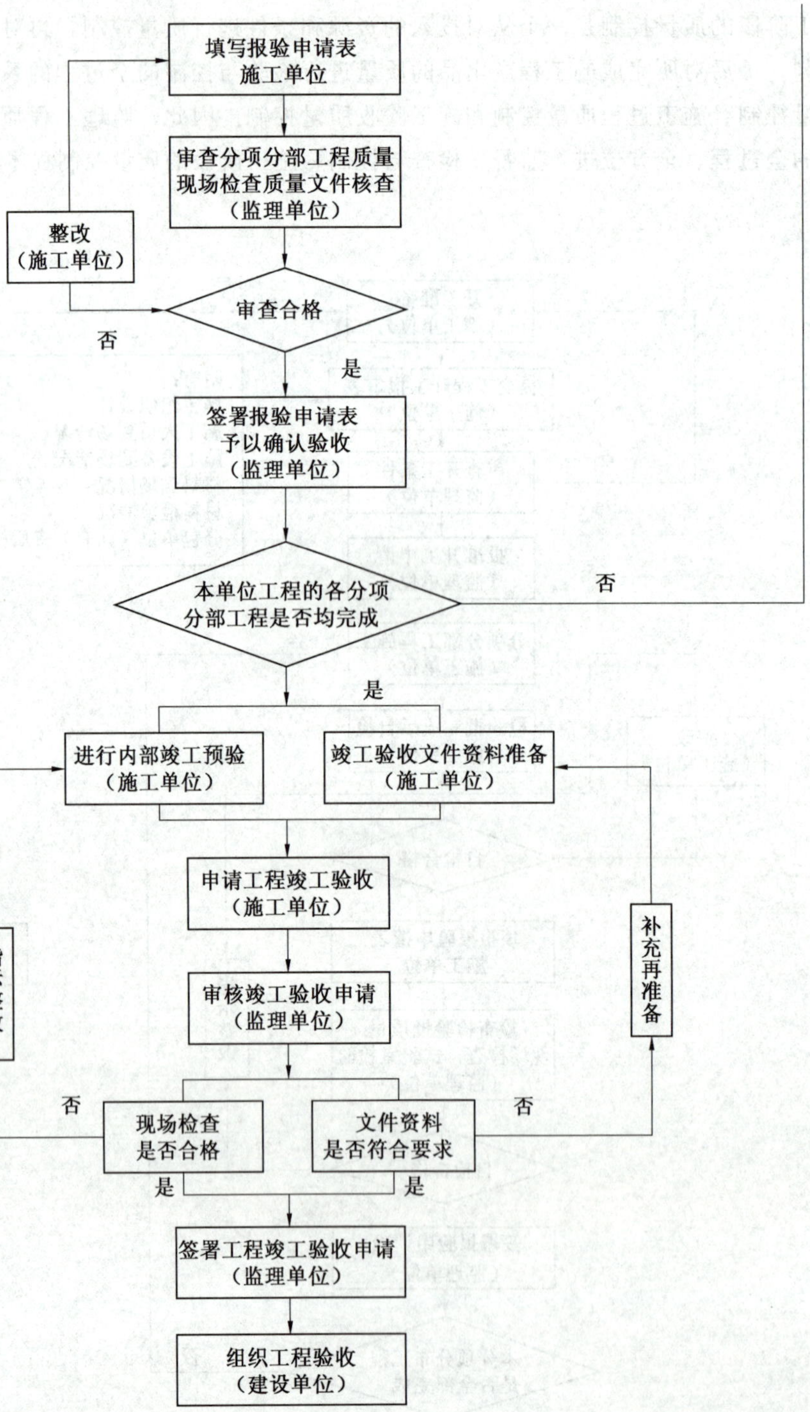

图 3.5　施工阶段质量控制工作流程

3.3.6 建筑工程施工质量控制

1. 建筑施工准备阶段监理质量控制

(1)施工方法的控制。项目监理机构应要求施工单位必须严格按照批准的(或经过修改后重新批准的)施工组织设计(方案)组织施工。在施工过程中，当施工单位对已批准的施工组织设计进行调整、补充或变动时，应经专业监理工程师审查，并由总监理工程师签认。

作业技术交底是对施工组织设计(方案)的具体化，是更细致、更具体的技术实施方案，是分项工程或工序施工的具体指导文件。因此，每一分项工程实施前，施工单位均要做好技术交底，交底中应明确做什么、谁来做、如何做、作业标准和要求、什么时间完成等。对于关键部位或技术难度大、施工复杂的分项工程，施工前，施工单位的技术交底书(作业指导书)要报监理工程师，经审核同意方可实施。

(2)质量控制点的设置。质量控制点是指为了保证施工过程质量而确定的重点部位、关键工序或薄弱环节，设置控制点是保证达到施工质量要求的必要前提。因此，监理工程师应要求施工单位报送重点部位、关键工序的施工工艺和确保工程质量的措施，审核同意后予以签认。

(3)施工现场劳动组织的控制。劳动组织涉及从事作业活动的施工人员以及相应的各种制度。开工前监理工程师应检查与核实施工单位操作人员数量能否满足作业活动的需要，各工种配置能否保证施工的连续性和均衡性，管理人员是否到岗且配备齐全，特殊工种是否按规定持证上岗，相关制度及其配套措施是否健全。

(4)施工组织设计及施工方案审批。审查施工组织设计的工作程序及基本要求。

①施工组织设计审查程序。

A. 施工单位必须完成施工组织设计的编制及自审工作，并填写施工组织设计(方案)报审表，报送项目监理机构。

B. 总监理工程师应在约定时间内，组织专业监理工程师审查，监理工程师提出审查意见后，由总监理工程师审定批准。需要施工单位修改时，由总监理工程师签发书面的意见，退回施工单位修改后再报审，再由总监理工程师重新审定。

C. 已审定的施工组织设计(方案)由项目监理机构报送建设单位。

D. 施工单位应按审定的施工组织设计组织施工。如需对其内容做较大变更，应在实施前将变更内容书面报送项目监理机构重新审定。

E. 对规模大、结构复杂或属于新结构、特种结构的工程，项目监理机构应在审查施工组织设计(方案)后，报送监理单位技术负责人审查，其审查意见由总监理工程师签发。必要时与建设单位协商，组织有关专家会审。

F. 规模大、工艺复杂的工程、群体工程或分期出图的工程，经总监理工程师批准可分阶段报审施工组织设计；技术复杂或采用新工艺的分部、分项工程，施工单位还应编制专项施工方案，报项目监理机构审查。

②审查施工组织设计的基本要求和注意事项。

A. 施工组织设计的编制、审查和批准应符合规定的程序。

B. 施工组织设计应符合国家政策法规、技术标准、设计文件和施工承包合同的规定和要求，贯彻“质量第一，安全第一”的原则。

C. 施工组织设计应具有针对性，必须充分了解并掌握工程的特点、难点和复杂程度，充分分析施工的条件和作业环境。

D. 施工组织设计应具有可操作性，施工方法必须切实可行，施工程序和顺序应合理，施工资源配置应满足需要，以保证施工工期和质量要求。

E. 技术方案应具有先进性，方案采用的技术和措施应先进、适用且成熟可靠。

F. 质量管理、技术管理和质量保证体系应健全且切实可行。

G. 安全、环保和现场文明施工措施应切实可行并符合有关规定。

H. 施工方案在施工的总体部署、施工起点流向及工艺关系等方面，与施工进度计划应保持一致。同时，施工场地、道路、管线等方面的布置也应与施工总平面图协调一致。

I. 重要的分部分项工程，除在施工组织设计中作出主要规定外，施工单位还应在开工前向项目监理机构提交详细的包含施工方法、施工机械设备、人员配备、质量保证措施以及进度计划安排等内容的专项施工方案，报请监理工程师审查认可后方能实施。

J. 在满足上述有关规定和要求的前提下，应尊重施工单位的自主技术决策和管理决策。

(5)质量管理体系审查。工程项目开工前，总监理工程师应审查施工单位现场项目管理机构的质量管理体系、技术管理体系和质量保证体系，确认其是否能够全面履行施工合同并保证工程项目施工质量。对质量管理体系、技术管理体系和质量保证体系应审核以下内容：

①质量管理、技术管理和质量保证的组织机构。

②质量管理、技术管理制度。

③专职管理人员和特种作业人员的资格证、上岗证。

(6)分包单位资质审查。分包工程开工前，专业监理工程师应审查施工单位报送的“分包单位资格报审表”和分包单位有关资质资料，符合有关规定后，由总监理工程师予以签认。分包单位资格报审表应符合相应格式。如在施工合同中未指明分包单位，项目监理机构应对该分包单位的资格进行审查。对分包单位资格应审核以下内容：

①分包单位的营业执照、企业资质等级证书、特殊行业施工许可证、国外（境外）企业在国内承包工程许可证。

②分包单位的业绩。

③拟分包工程的内容和范围。

④专职管理人员和特种作业人员的资格证、上岗证。

(7)测量放线查验。工程测量放线是建设工程产品由设计转化为实物的第一步。施工测量质量的好坏直接影响工程产品的整体质量，并且制约着施工过程中有关工序的质量。监理工程师应认真审核测量成果及现场查验桩、线的准确性及桩点、桩位保护措施的有效性，符合规定时，由专业监理工程师签认。专业监理工程师应要求施工单位报送“施工控制测量成果报验表”，按以下测量放线控制成果及保护措施进行检查。

①检查施工单位专职测量人员的岗位证书及测量设备检定证书。

②复核控制桩的校核成果，复核控制桩的保护措施以及平面控制网、高程控制网和临时水准点的测量成果。

(8)进场材料、构配件、设备检验。监理工程师应对施工单位报送的拟进场工程材料、构配件和设备及其质量证明资料进行审核，并对进场的实物按照委托监理合同约定或有关工程质量管理文件规定的比例采用平行检验或见证取样方式进行抽检。对未经监理人员验收或验收不合格的工程材料、构配件、设备，监理人员应拒绝签认，并及时签发监理工程师通知单，书面通知施工单位限期将不合格的工程材料、构配件、设备撤出现场。

工程材料、构配件、设备报审表应符合相应格式(见表 3.1)；监理通知单应符合相应的格式。对新材料、新产品，施工单位应报送经有关部门鉴定、确认的证明文件；对进口材料、构配件和设备，施工单位还应报送进口商检证明文件，并按照事先约定，由建设单位、施工单位、供货单位、监理机构及其他有关单位进行联合检查。

(9)进场施工设备的控制。施工设备(施工机械设备、工具、测量及计量仪器的统称)进场后，施工单位应立即向项目监理机构报送进场施工设备(仪器)报审表。监理工程师应按批准的施工组织设计中所列的设备清单内容进行现场核对，经审定予以签认。

监理工程师还应经常检查了解施工作业中机械设备、计量仪器和测量设备的性能、精度等工作状况，使其处于良好的状态之中。对于现场使用的塔吊及有特殊安全要求的设备，进入现场后，在使用前，必须经当地劳动安全部门鉴定，符合要求并办好相关手续后方允许施工单位投入使用。

(10)试验室的控制。对施工过程中的材料须进场复验和施工质量试验的，施工单位既可委托具有相应资质的专门试验室承担，也可由施工单位自有的试验室承担。施工单位委托试验前，应将试验室(或外委试验室)的相关证明材料报送项目监理机构，并明确委托试验的范围。试验室的相关证明材料包括以下方面：

①试验室的资质等级以及试验范围。

②法定计量部门对试验设备出具的计量检定证明。

③试验室的管理制度。

④试验人员的资格证书。

⑤本工程的试验项目及其要求。

监理工程师应审查试验室的资质等级与委托试验范围是否相符，试验室具有法定计量部门检定试验设备出具的计量证明是否在有效期内。经监理方确认相符，施工单位方可委托试验。

(11)施工环境的控制。环境因素主要包括地质水文状况、气象条件及其他不可抗力因素，以及施工现场的通风、照明、安全卫生防护设施等劳动作业环境等内容。监理工程师应检查施工单位对未来环境因素可能出现对施工作业质量的不利影响是否事先已有充分的认识，并已做好充足的准备和采取了有效措施与对策。

表 3.1 工程材料、构配件、设备报审表

工程名称： 编码：

<table>
<tr><td>致：__________________（项目监理机构）
于______年______月______日进场的拟用于工程______部位的______，经我方检验合格，现将相关资料报上，请予以审查。

附件：1. 工程材料、构配件或设备清单
2. 质量证明文件
3. 自检结果

施工项目经理部（盖章）
项目经理（签字）
年 月 日</td></tr>
<tr><td>审查意见：

项目监理机构（盖章）
专业监理工程师（签字）
年 月 日</td></tr>
</table>

注：本表一式二份，项目监理机构、施工单位各一份。

(12)建筑工程施工过程的质量控制。

①施工单位自检与专检的监控。施工单位作为施工阶段的质量自控主体，是施工质量的直接实施者和责任者。监理作为质量监控主体，通过实施质量监督控制，使施工单位建立起完善的质量自检体系并运转有效。施工单位的质量自检体系由作业者自检、各工序交接时的互检以及专职质检员的专检组成。监理工程师的质量检查与验收，是对施工单位作业活动质量的复核与确认，必须是在施工单位自检并确认合格的基础上进行的。否则，监理工程师有权拒绝进行检查。

②技术复核。项目监理机构应对施工单位在施工过程中报送的施工测量放线成果进行复验和确认。施工单位测量放线完毕，应进行自检，合格后填写施工测量放线报验申请表，并附上放线的依据材料及放线成果表报送项目监理机构。监理工程师应实地查验放线精度是否符合规范及标准要

求，施工轴线控制桩的位置、轴线和高程的控制标志是否牢靠、明显等，经审核、查验合格，签认施工测量报验申请表。

除对上述施工测量放线成果进行复核外，凡涉及施工作业技术活动基准和依据的技术工作，项目监理机构都要进行复核性检查，以避免基准失误给整个工程质量带来难以补救的局部性或全局性的危害。例如工程的定位、高程、轴线，预留孔洞的位置和尺寸，预埋构件位置，管线的坡度，砂浆配合比，混凝土配合比等。施工单位在自行进行技术复核后，应将复核结果报送项目监理机构，经监理工程师复核确认，方能进行后续的施工。技术复核工作作为监理工程师一项经常性的工作任务，贯穿于整个施工阶段监理活动中。

③现场跟踪监控。在施工过程中，监理工程师应经常地、有目的地对现场采用巡视、旁站监督与检查、平行检验、见证取样等工作方法和手段进行跟踪监控。巡视是一种“面”上的活动，它不限于某一部位或过程，而旁站则是“点”的活动，它针对某一部位或工序。平行检验在技术复核工作中采用。

A. 巡视检查。巡视是指监理人员对正在施工的部位或工序现场进行的定期或不定期的监督活动。巡视检查是项目监理机构对实施建筑工程监理的重要手段之一，通过巡视对施工方案的实施情况、工序质量以及资源配备情况进行检查。

工程项目正常施工状态下，专业监理工程师应根据工程进展情况进行现场巡查工作，对施工现场作业状态、按设计图纸施工情况、现场施工机械设备使用情况、现场安全文明施工情况、施工单位管理人员工作状态等进行巡视或量测。在巡视检查中发现问题，应及时与参建方责任人沟通，及时采取相应处理措施。监理人员自己无法解决或无法判断是否能够解决的问题，应立即向总监理工程师汇报；将观察情况和报告、沟通情况在监理巡视检查记录表中及时、准确、真实地记录；已采取相应处理措施的质量问题、生产安全事故隐患、被检查的施工单位的整改落实情况也应反映在巡视检查记录表中。

监理文件资料管理人员应及时将巡视检查记录表归档，同时，注意巡视检查记录与监理日志、监理通知单等其他监理资料的呼应关系。

B. 旁站。

a. 旁站监督的监理范围。原建设部于 2002 年 7 月 17 日颁布了《房屋建筑工程施工旁站监理管理办法(试行)》(建审〔2002〕189 号)，其规定监理人员在工程施工过程中，对关键部位、关键工序的施工质量实施过程现场旁站监理。

b. 旁站监理内容。

旁站监督是质量控制工程施工质量的重要手段之一，也是确认工程质量的重要依据。其包括以下几点。

· 监督施工单位是否按照技术标准、规范、规程和批准的设计文件、施工组织设计施工。

· 检查是否使用合格的材料、构配件，机械设备是否运行正常。

· 施工单位有关现场管理人员、质检人员是否在岗。

· 检查施工操作人员的技术水平、操作条件是否满足施工工艺要求，特殊操作人员是否持证上岗。

· 检查施工环境是否对工程质量产生不利影响。

• 检查施工过程是否存在质量和安全隐患。对施工过程中出现的较大质量问题或质量隐患，旁站监理人员采用相应手段予以记录并及时汇报。

C. 旁站监理程序。

a. 在编制监理规划时，应制定旁站监理方案。

b. 要求施工单位在需要实施旁站监理的关键部位、关键工序进行施工前，书面通知工程现场项目监理机构。工程项目监理机构安排监理人员实施旁站监理。

c. 监理人员应认真履行职责，对实施旁站监理的关键部位、关键工序在施工现场监督，及时发现和处理旁站监理过程中出现的质量问题，如实、准确地做好旁站监理记录。

d. 旁站监理人员实施旁站监理时，应对施工现场的违章操作和不按设计要求、施工图纸或施工规范及质量标准施工的现象，及时进行纠正和严格控制。对于施工过程中出现的较大质量问题或质量隐患，监理工程师宜采用照相、录像等手段予以记录。

发现施工单位有违反工程建设强制性标准行为的，有权责令其立即整改，发现其施工活动已经或者危及工程质量的，应及时向监理工程师或总监理工程师报告，由总监下达局部暂停施工指令或者采取其他应急措施。

e. 对于需要旁站监理的关键部位、关键工序施工，凡没有实施旁站监理或者没有旁站监理记录的，监理工程师或者总监理工程师不得在相应文件上签字。

D. 旁站监理人员的主要职责。

a. 检查施工单位现场质检人员到岗，特殊工种人员持证上岗以及施工机械、建筑材料准备的情况。

b. 在现场跟班监督关键部位、关键工序施工方案的施工执行情况以及工程建设强制性标准的执行情况。

c. 核查进场建筑与安装材料、建筑构配件、商品混凝土、外加剂、建筑节能材料、防水材料及装饰材料、设备的质量检验报告等，并可在现场监督施工单位进行检验或者委托具有资格的第三方进行复验。

d. 做好监理旁站记录和监理日记，保存旁站监理原始资料。

2. 平行检验

(1)平行检验的组织。平行检验是按照有关规定、建设工程监理合同约定对同一检验项目进行的检测试验活动。由专业监理工程师组织监理人员在施工单位自检报验后，监理填写检验结论前进行。平行检验的内容包括工程实体量测(检查、试验、检测)和材料检验等内容，平行检验是项目监理机构控制建设工程质量的重要手段之一 。

(2)平行检验的要求。

①平行检验有关人员应认真履行职责，在施工单位自检评定后，利用检测手段独立进行检测。

②平行检验时所用检测器具应准确可靠，检测方法可行。

③平行检验记录填写要真实及时，数据完整可靠，检验结论明确。

④表格及时归档。

(3)平行检验的程序。

①项目监理机构首先应依据建设工程监理合同编制符合工程特点的平行检验方案。平行检验的方法包括量测、检测、试验等，在平行检验的同时，记录相关数据，分析平行检验结果、检测报告结论等。

②工程监理实施过程中，应根据平行检验方案的规定和要求，开展平行检验工作。对平行检验不符合规范、标准的检验项目，应分析原因后按照相关规定进行处理。

③负责平行检验的监理人员应根据经审批的平行检验方案，对工程实体、原材料等进行平行检验，并提出相应的建议和措施。

④监理文件资料管理人员应将平行检验方面的文件资料等单独整理、归档。平行检验的资料是竣工验收资料的重要组成部分。

3. 见证取样、送检

见证取样是指项目监理机构对施工单位进行的涉及结构安全的试块、试件及工程材料现场取样、封样、送检工作的监督活动。

见证取样、送检的程序如下。

(1)建设单位应向工程受监质检站和工程检测单位递交《见证单位和见证人员授权书》。

(2)施工企业取样人员在现场进行原材料取样和试块制作时，见证人员在旁见证。

(3)见证人员应对试样进行监护，并和施工企业取样人员一起将试样送至检测单位或采取有效的封样措施送检。

(4)检测单位在接受委托检验任务时，须由送检单位填写委托单，见证人员应在检验委托单上签名。

(5)检测单位应在检验报告单上注明见证单和见证人员姓名，发生试样不合格情况，首先要通知受监质检站和见证单位。

总监理工程师应督促专业监理工程师制定《见证取样实施细则》，细则中应包括材料进场报验、见证取样送检的范围、工作程序、见证人员和取样人员的职责、取样方法等内容。总监理工程师还应检查监理人员见证取样工作的实施情况，包括现场检查和资料检查，同时积极听取监理人员的汇报，发现问题应立即要求施工单位采取相应措施。

4. 工地例会的管理

工地例会是施工过程中参加建设项目各方进行沟通，解决分歧，形成共识，作出决定的主要渠道。通过工地例会，监理工程师可检查分析施工过程的质量状况，指出存在的问题，施工单位提出整改的措施，并做出相应的保证。工地例会由总监理工程师定期主持召开(一般为一周，具体在第一次工地会议上决定，并可根据工程进展调整会议频率)。会议纪要应由项目监理机构负责起草并经与会各方代表会签。工地例会应包括以下主要内容。

(1)检查上次例会议定事项的落实情况。

(2)检查进度情况。

(3)检查质量情况。

(4)计量与支付情况。

(5)协调事宜。

(6)检查施工安全情况。

(7)其他事项。

除了工地例会外，针对某些专门质量问题，监理工程师还应组织专题会议，集中解决较重大的或普遍存在的问题。为开好工地例会及质量专题会议，监理工程师要充分了解情况，判断要准确，决策要正确。此外，要讲究方法，协调处理各种矛盾，不断提高会议质量，使工地例会真正起到解决质量问题的作用。

5. 监理通知单的签发

项目监理机构在施工现场跟踪监控的过程中，如出现未经监理人员验收或验收不合格的工程材料、构配件、设备进入施工现场或施工过程中出现质量缺陷或其他需要签发监理通知单的事件时，应及时签发监理通知单，要求施工单位整改。监理通知单按规范要求可以由专业监理工程师或总监理工程师签发。监理通知单应同时抄送建设单位。

签发监理通知单时应注意，存在问题的部位表述要具体；详细描述问题存在的违规内容(包括监理实测值、设计值、允许偏差值、违反规范名称及条款)等；限时要求施工单位整改应叙述具体，如“收到本通知 48 小时内”；要求施工单位在监理通知回复单中详细说明问题产生的原因，并阐述整改措施、整改经过和整改结果等；施工单位整改后，有没有针对类似的问题采取预防措施及防止类似的问题再次发生的措施等；监理机构签发通知单时要建立收、发文件台账，详细记录签发和签收时间，如“××××年×月××日上午 9：30 监理签发，上午 9：35 施工单位负责人签收”；如果反映的问题需用照片记录，应附上照片。

6. 暂停令及复工令的签发

(1)暂停令的签发。

①为确保工程质量，根据委托监理合同中建设单位对监理工程师的授权，对施工过程中存在质量隐患的，应及时签发监理通知，要求施工单位整改。情况严重的，应签发工程暂停令，并及时报告建设单位。施工单位拒不整改或者不停止施工的，项目监理机构应及时向有关主管部门报送监理报告以使其进行质量控制。

②总监理工程师在签发工程暂停令之前，应事先征得建设单位的同意，如施工现场出现紧急情况，未能事先报告的，应在事情处理后及时向建设单位作出书面报告，对处理情况做出详细说明，从而得到建设单位对监理工作的支持。

③根据《建设工程监理规范》(GB/T 50319—2013)中的规定，项目监理机构在施工现场发现施工单位有下列情形之一的，总监理工程师应针对发现的问题及时签发局部工程暂停令或工程暂停令，要求施工单位停工整改。

A. 施工单位未经批准擅自进行工程施工的。

B. 施工单位未按审查通过的工程设计文件或施工图纸施工的。

C. 施工单位未按批准的施工组织设计(施工方案)施工或违反工程建设强制性标准的。

D. 施工存在质量问题拒不整改的、发现存在重大质量隐患或发生质量事故的。

(2)复工令的签发。施工现场发生暂停事件后，项目监理机构应及时、如实地记录发生的现场情况，当暂停事件处理完成或原因消失，施工单位已具备复工条件时，施工单位应及时提交工程复工报审表，项目监理机构应及时审查施工单位报送的工程复工报审表及相关材料，并对施工现场实际情况进行核验。符合相关要求后，总监理工程师应根据实际检查、验收情况并经建设单位同意，签发工程复工令，指令施工单位恢复施工。

对施工现场出现需要返工处理或加固补强的质量事故，项目监理机构应提出要求，施工单位报送质量事故调查报告和经设计或有相应资料的第三方检测机构等相关单位认可的处理方案，项目监理机构应对质量事故的处理过程进行跟踪检查，并会同相关单位对处理结果进行共同验收。

发现事件终了后，项目监理机构应及时向建设单位提交质量事故情况的书面报告，并应将完整的质量事故处理情况记录整理归档备查。

7. 工程变更的控制

(1)做好工程变更的控制工作是施工过程质量控制的一项重要内容。当施工现场发生工程变更时，无论工程变更是由设计单位提出的还是由建设单位或施工单位提出的，均应经过建设单位、设计单位、施工单位和工程监理单位的签认，由总监理工程师下达工程变更单后，施工单位方可进行工程施工。

(2)如果由项目监理机构处理工程变更，应首先取得建设单位的授权或在监理合同中约定，然后由总监理工程师组织专业监理工程师审查施工单位提出的工程变更申请，并提出审查意见。

(3)如果对涉及工程设计文件修改的工程变更，还应由建设单位转交原设计单位对工程设计文件进行修改。必要时，项目监理机构可以组织建设、设计、施工等相关单位召开专题会议，论证工程设计文件的修改方案。总监理工程师组织建设单位、施工单位等共同协商确定工程变更费用及工期变化，会签工程变更单。

(4)总监理工程师应根据实际情况、工程变更文件和其他有关资料，在专业监理工程师对变更内容进行分析的基础上，对工程变更费用及工期影响作出评估。

(5)项目监理机构及时督促施工单位按照会签后的工程变更单制定施工方案，安排人员组织施工。项目监理机构根据批准的工程变更文件及施工单位上报的施工方案监督施工单位实施工程变更。

3.4 建筑工程施工质量验收

3.4.1 施工质量验收的划分

1. 施工质量验收层次划分的目的

建筑工程施工质量验收涉及建筑工程施工过程控制和竣工验收控制，是工程施工质量控制的重要环节，合理划分建筑工程施工质量验收层次是非常必要的，特别是不同专业工程的验收批如何确定，将直接影响到质量验收工作的科学性、经济性、实用性及可操作性。因此有必要建立统一的工程施工质量验收的层次。通过验收批和中间验收层次及最终验收单位的确定，实施对工程施工质量的过程控制和终端把关，确保工程施工质量达到工程项目决策阶段所确定的目标。

2. 施工质量验收划分的层次

随着社会经济的发展和施工技术的进步，现代工程建设呈现出建设规模不断扩大、技术复杂程度高等特点。近年来，出现了大量建筑规模较大的单体工程和具有综合使用功能的综合性建筑物，几万平方米的建筑比比皆是，十万平方米以上的建筑也不少。由于这些工程的建设周期较长，工程建设中可能会出现建设资金不足、部分工程停缓建、已建成部分提前投入使用或先将其中部分提前建成使用等情况，再加之对规模特别大的工程一次性验收不方便等，因此，标准规定可将此类工程划分为若干子单位工程进行验收。同时为了更加科学地评价工程质量和有利于对其进行验收，考虑到建筑物内部设施也越来越多样化，按建筑物的主要部位和专业来划分分部工程已不适应当前的要求，因此，在分部工程中按相近工作内容和系统划分为若干子分部工程。每个子分部工程包括若干分项工程，每个分项工程包含若干检验批，检验批是工程施工质量验收的最小单位。

3. 单位工程的划分

单位工程的划分应按下列原则确定。

(1)具备独立施工条件并能形成独立使用功能的建筑物及构筑物为一个单位工程，如某学校的一栋教学楼，某城市的广播电视塔等。

(2)规模较大的单位工程，可将其能形成独立使用功能的部分划分为一个子单位工程。子单位工程的划分一般可根据工程的建筑设计分区、使用功能的显著差异、结构缝的设置等实际情况，在施工前由建设、监理、施工单位自行商定，并据此进行施工技术资料的整理和工程的验收。

(3)室外工程可根据专业类别和工程规模划分单位(子单位)工程。

4. 分部工程的划分

分部工程的划分应按下列原则确定。

(1)分部工程的划分应按专业性质、建筑部位确定。如建筑工程划分为地基与基础、主体结构、建筑装饰装修、建筑屋面、建筑给水排水及采暖、建筑电气、智能建筑、通风与空调、电梯、建筑节能工程等十个分部工程。

(2)当分部工程较大或较复杂时，可按施工程序、专业系统及类别等划分为若干子分部工程。如智能建筑分部工程中就包含了火灾及报警消防联动系统、安全防范系统、综合布线系统、智能化集成系统，电源与接地、环境、住宅(小区)智能化系统等子分部工程。

5. 分项工程的划分

分项工程应按主要工种、材料、施工工艺、设备类别等进行划分。如混凝土结构工程中按施工工种主要分为模板工程、钢筋工程、混凝土工程等分项工程，按施工工艺又分为预应力结构、现浇结构、装配式结构等分项工程。建筑工程分部(子分部)工程、分项工程的具体划分见《建筑工程施工质量验收统一标准》(GB 50300—2013)。

6. 检验批的划分

分项工程可由一个或若干检验批组成，检验批可根据施工及质量控制和专业验收需要按楼层、施工段、变形缝等划分。

知识链接：

检验批(inspection lot)：按同一生产条件或按规定的方式汇总起来供检验用的，由一定数量样本组成的检验体。

分项工程(kinds of construction)是指分部工程的组成部分，是施工图预算中最基本的计算单位。它是按照不同的施工方法、不同材料的不同规格等，将分部工程进一步划分的。

分部工程(parts of construction)是单位工程的组成部分，分部工程一般是按单位工程的结构形式、工程部位、构件性质、使用材料、设备种类等的不同而划分的工程项目。

单位工程(unit construction)具有独立的设计文件，具备独立施工条件并能形成独立使用功能，但竣工后不能独立发挥生产能力或工程效益的工程，是构成单项工程的组成部分。

单项工程(single construction)是建设项目的组成部分，具有独立的设计文件，竣工后能单独发挥设计所规定的生产能力或效益。

3.4.2 施工质量验收的术语和基本规定

1. 施工质量验收的有关术语

《建筑工程施工质量验收统一标准》(GB 50300—2013)中共给出17个术语，这些术语对规范有关建筑工程施工质量验收活动中的用语，加深对标准条文的理解，特别是对更好地贯彻执行标准是十分必要的。下面列出几个较重要的质量验收相关术语。

(1)验收。建筑工程在施工单位自行质量检查评定的基础上，参与建设活动的有关单位共同对检验批、分项、分部、单位工程的质量进行抽样复验，根据相关标准以书面形式对工程质量达到合格与否作出确认。

(2)检验批。按同一生产条件或按规定的方式汇总起来供检验用的，由一定数量样本组成的检验体。检验批是施工质量验收的最小单位，是分项工程乃至整个建筑工程质量验收的基础。

(3)主控项目。建筑工程中对安全、卫生、环境保护和公众利益起决定性作用的检验项目。例如混凝土结构工程中的"钢筋安装时，受力钢筋的品种、级别、规格和数量必须符合设计要求""纵向受力钢筋连接方式应符合设计要求""安装现浇结构的上层模板及其支架时，下层模板应具有承受上层荷载的承载能力，或加设支架""上、下层支架的立柱应对准并铺设垫板"等都是主控项目。

(4)一般项目。除主控项目以外的项目都是一般项目。例如混凝土结构工程中，除了主控项目外，"钢筋的接头宜设置在受力较小处。同一纵向受力钢筋不宜设置两个或两个以上接头。接头末端至钢筋弯起点的距离不应小于钢筋直径的10倍""钢筋应平直、无损伤，表面不得有裂纹、油污、颗粒状或片状老锈""施工缝的位置应在混凝土的浇筑前按设计要求和施工技术方案确定"等都是一般项目。

(5)观感质量。通过观察和必要的量测所反映的工程外在质量。

(6)返修。对工程不符合标准规定的部位采取整修等措施。

(7)返工。对不合格的工程部位采取的重新制作、重新施工等措施。

2. 施工质量验收的基本规定

(1)施工现场质量管理应有相应的施工技术标准、健全的质量管理体系、施工质量检验制度和综合施工质量水平评价考核制度，并做好施工现场质量管理检查记录。

施工现场质量管理检查记录应由施工单位按表 3.2 填写，总监理工程师(建设单位项目负责人)进行检查，并做出检查结论。

(2)建筑工程施工质量应按下列要求进行验收。

①建筑工程施工质量应符合建筑工程施工质量验收统一标准和相关专业验收规范的规定。

②建筑工程施工应符合工程勘察、设计文件的要求。

③参加工程施工质量验收的各方人员应具备规定的资格。

④工程质量的验收应在施工单位自行检查评定的基础上进行。

⑤隐蔽工程在隐蔽前应由施工单位通知有关方进行验收，并应形成验收文件。

⑥涉及结构安全的试块、试件以及有关材料，应按规定进行见证取样检测。

⑦检验批的质量应按主控项目和一般项目验收。

⑧应对涉及结构安全和使用功能的分部工程进行抽样检测。

⑨承担见证取样检测及有关结构安全检测的单位应具有相应资质。

⑩工程的观感质量应由验收人员通过现场检查共同确认。

3. 隐蔽工程验收

隐蔽工程验收是指将被其后工程施工所隐蔽的分项、分部工程在隐蔽前进行的检查验收。例如，基础施工前对地基质量的检查，基坑回填前对基础质量的检查，混凝土浇筑前对钢筋、模板、预埋件以及各类安装预埋管的检查，防水层施工前对基层质量的检查，对防雷接地线及基础接地的检查等。施工单位隐蔽工程施工完毕并自检合格后，应填写隐蔽工程报验申请表，报送项目监理机构。经检验合格，监理工程师应签认隐蔽工程报验申请表，施工单位方可进入下一道工序施工。

表 3.2 施工现场质量管理检查记录

<table>
<tr><td colspan="2">工程名称</td><td colspan="2"></td><td>施工许可证</td><td colspan="2"></td></tr>
<tr><td colspan="2">建设单位</td><td colspan="2"></td><td>项目负责人</td><td colspan="2"></td></tr>
<tr><td colspan="2">设计单位</td><td colspan="2"></td><td>项目负责人</td><td colspan="2"></td></tr>
<tr><td colspan="2">监理单位</td><td colspan="2"></td><td>总监理工程师</td><td colspan="2"></td></tr>
<tr><td colspan="2">施工单位</td><td></td><td>项目负责人</td><td></td><td>项目技术负责人</td><td></td></tr>
<tr><td>序号</td><td colspan="3">项目</td><td colspan="3">主要内容</td></tr>
<tr><td>1</td><td colspan="3">项目部质量管理体系</td><td colspan="3"></td></tr>
<tr><td>2</td><td colspan="3">现场质量责任制</td><td colspan="3"></td></tr>
<tr><td>3</td><td colspan="3">主要专业工种操作岗位证书</td><td colspan="3"></td></tr>
<tr><td>4</td><td colspan="3">分包单位管理制度</td><td colspan="3"></td></tr>
<tr><td>5</td><td colspan="3">图纸会审记录</td><td colspan="3"></td></tr>
</table>

续表

6	地质勘察资料	
7	施工技术标准	
8	施工组织设计、施工方案编制及审批	
9	物资采购管理制度	
10	施工设施和机械设备管理制度	
11	计量设备配备	
12	检测试验管理制度	
13	工程质量检查验收制度	
自检结果： 施工单位项目负责人： 年 月 日		检查结论： 总监理工程师： (建设单位项目负责人) 年 月 日

4. 工程质量验收

工程质量验收是建设工程质量控制的一个重要环节，包括施工过程的中间验收和工程的竣工验收两个方面。工程质量验收应划分为检验批、分项工程、分部工程、单位工程等验收环节。

(1)检验批及分项工程的验收。检验批的质量应按主控项目和一般项目验收合格。其中，主控项目必须全部符合相关专业验收规范的规定；一般项目含允许偏差项目，允许20%超出允许偏差值，但不得超过允许偏差值的1.5倍。分项工程所含的检验批均应验收合格，检验批的质量验收记录应完整。检验批及分项工程应由监理工程师组织施工单位项目专业质量(或技术)负责人等进行验收。

(2)分部工程的验收。分部工程所含的分项工程的质量均应验收合格，质量控制资料完整，地基基础、主体结构和设备安装等分部工程有关结构安全和使用功能的抽样检测和检验结果应符合有关规定，观感质量验收应符合要求。

分部工程应由总监理工程师组织施工单位项目负责人和项目技术、质量负责人等进行验收。对于地基基础、主体结构等分部工程，勘察、设计单位的工程项目负责人和施工单位的技术、质量部门负责人也应参加。

(3)单位工程或整个工程项目的竣工验收。单位工程所含的分部工程质量应验收合格，质量控制资料完整，单位工程所含分部工程有关安全和功能的检测资料应完整，主要功能项目的抽查结果应符合相关专业质量验收规范的规定，观感质量验收应符合要求。

工程完工后或整个工程项目完成后，施工单位应先进行竣工自检，自验合格后，向项目监理机构提交工程竣工报验单，总监理工程师组织各专业监理工程师进行竣工初验。初验合格后由总监理工程师对施工单位的工程竣工报验单予以签认，并上报建设单位，同时提出《工程质量评估报告》，参加由建设单位组织的正式竣工验收。

单位工程质量验收合格后，建设单位应在规定时间内将工程竣工验收报告和有关文件报建设行政主管部门备案。

3.5 工程质量问题和质量事故处理

3.5.1 工程质量问题及处理

根据国际标准化组织(ISO)和我国有关质量、质量管理和质量保证标准的定义，凡工程产品质量没有满足某个规定的要求，就称之为质量不合格。

工程质量凡是不合格，必须进行返修、加固或报废处理，由此造成直接经济损失低于5000元的称为质量问题，直接经济损失在5000元(含5000元)以上的称为工程质量事故。

由于影响建筑工程质量的因素众多而且复杂多变，建筑工程在施工和使用过程中往往会出现各种各样不同程度的质量问题，甚至质量事故。

1. 工程质量问题的成因

(1)违反建设程序。建设程序是工程项目建设过程及其客观规律的反映。不按建设程序办事，如未搞清地质情况就仓促开工，边设计、边施工，无图施工，不经竣工验收就交付使用等是工程质量问题的重要原因。

(2)违反法规，如无证设计、无证施工，越级设计、越级施工，工程招、投标中的不公平竞争，超常的低价中标，非法分包、转包、挂靠，擅自修改设计等行为。

(3)地质勘察失真。未认真进行地质勘察或勘探导致钻孔深度、间距、范围不符合规定要求，地质勘察报告不详细、不准确、不能全面反映实际的地基情况等导致对地下情况了解不清，或对基岩起伏、土层分布误判，或未查清地下软土层、墓穴、孔洞等，进而导致采用不恰当或错误的基础方案，从而造成地基不均匀沉降、失稳，致使上部结构或墙体开裂、破坏，或引发建筑物倾斜、倒塌等质量问题。

(4)设计差错，如盲目套用图纸，采用不正确的结构方案，计算简图与实际受力情况不符，荷载取值过小，内力分析有误，沉降缝或变形缝设置不当，悬挑结构未进行抗倾覆验算，以及计算错误等。

(5)施工与管理不到位。不按图施工或未经设计单位同意擅自修改设计。例如，将铰接做成刚接，将简支梁做成连续梁，导致结构破坏；挡土墙不按图设置滤水层、排水孔，导致压力增大，墙体破坏或倾覆；不按有关的施工规范和操作规程施工，浇筑混凝土时振捣不良，造成薄弱部位；砖砌体砌筑上下通缝，灰浆不饱满等均会导致砖墙或砖柱破坏。施工组织管理紊乱，不熟悉图纸，盲目施工；施工方案考虑不周，施工顺序颠倒；图纸未经会审，仓促施工；技术交底不清，违章作业；疏于检查、验收等。

(6)使用不合格的原材料、制品及设备。

①建筑材料及制品不合格。

②建筑设备不合格。

(7)自然环境因素。空气温度、湿度、暴雨、大风、洪水、雷电、日晒和浪潮等均可能成为质量问题的诱因。

(8)使用不当。对建筑物或设施使用不当也易造成质量问题，如未经校核验算就任意对建筑物加层，任意拆除承重结构部位，任意在结构物上开槽、打洞、削弱承重结构截面等。

2. 工程质量问题的处理

工程质量问题是由工程质量不合格或工程质量缺陷引起的，在任何工程施工过程中，由于种种主观和客观因素，不合格项或质量问题往往难以避免。因此，作为监理工程师必须掌握如何防止和处理施工中出现的不合格项和各种质量问题，对已发生的质量问题，应掌握其处理程序。

(1)处理方式。在各项工程的施工过程中或完工以后，现场监理人员如发现工程项目存在不合格项或质量问题，应根据其性质和严重程度按如下方式处理。

①当施工引起的质量问题在萌芽状态时，应及时制止，并要求施工单位立即更换不合格材料、设备或不称职人员，或要求施工单位立即改变不正确的施工方法和操作工艺。

②当施工引起的质量问题已出现时，应立即向施工单位发出监理通知，要求其对质量问题进行补救处理，并在采取足以保证施工质量的有效措施后，填报监理通知回复单至监理单位。

③当某道工序或分项工程完工以后出现不合格项，监理工程师应填写不合格项处置记录，要求施工单位及时采取措施予以整改。监理工程师应对其补救方案进行确认，跟踪处理过程，对处理结果进行验收，否则不允许进行下一道工序或分项的施工。

④在交工使用后的保修期内发现的施工质量问题，监理工程师应及时签发监理通知，指令施工单位进行修补、加固或返工处理。

(2)处理程序。当发现工程质量问题时，监理工程师应按以下程序进行处理，如图 3.6 所示。

①当发生工程质量问题时，监理工程师首先应判断其严重程度，对可以通过返修或返工弥补的质量问题可签发监理通知，责成施工单位写出质量问

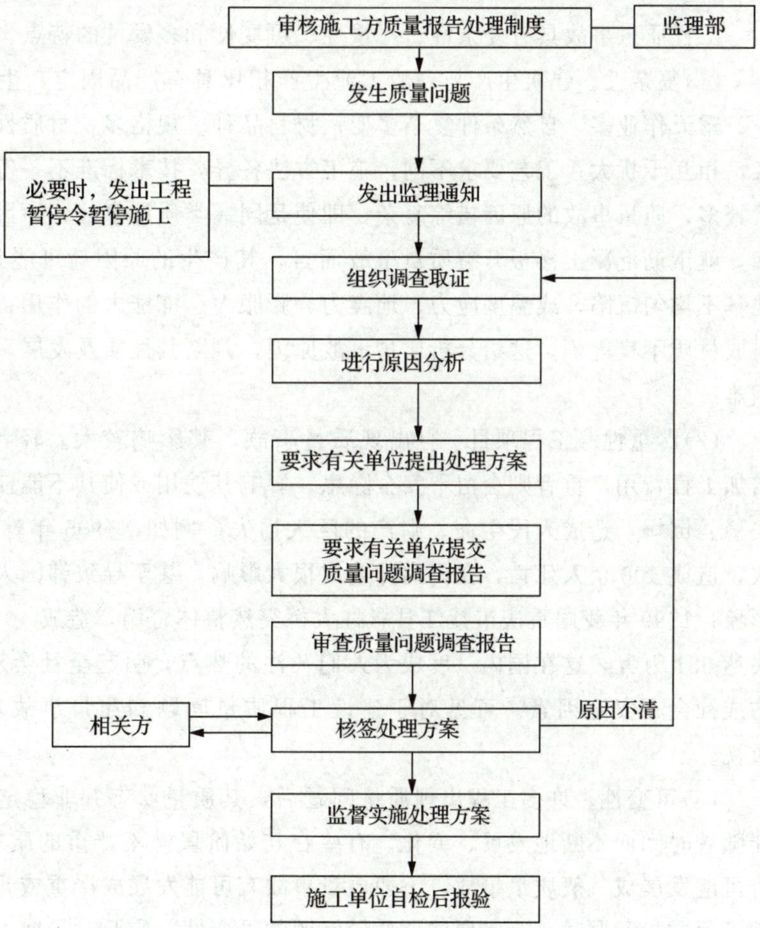

图 3.6 工程质量问题处理程序

题调查报告，提出处理方案，填写监理通知回复单报监理工程师审核后，批复承包单位处理，必要时应经建设单位和设计单位认可，处理结果应重新进行验收。

②对需要加固补强的质量问题，或当质量问题的存在影响下一道工序和分项工程的质量时，应签发工程暂停令，指令施工单位停止有质量问题部位和与其有关联部位及下一道工序的施工，必要时，应要求施工单位采取防护措施，责成施工单位写出质量问题调查报告，由设计单位提出处理方案，并征得建设单位同意，批复承包单位处理，处理结果应重新进行验收。

③施工单位接到监理通知后，在监理工程师的组织参与下，尽快进行质量问题调查并完成报告编写。调查的主要目的是明确质量问题的范围、程度、性质、影响和原因，为问题处理提供依据，调查应力求全面、详细、客观准确。

3.5.2 工程质量事故及处理

工程质量事故是较为严重的工程质量问题，其成因分析方法与工程质量问题基本相同，已在3.1建筑工程质量控制概述中阐述，本节不再赘述。

1. 工程质量事故的特点

工程质量事故具有复杂性、严重性、可变性和多发性的特点。

(1)复杂性。建筑生产与一般工业生产相比具有产品固定，生产流动；产品多样，结构类型不一；露天作业多，自然条件复杂多变；材料品种、规格多，材质性能各异；多工种、多专业交叉施工，相互干扰大；工艺要求不同，施工方法各异，技术标准不一等特点。因此，影响工程质量的因素繁多，质量事故的原因错综复杂，即使是同一类质量事故，原因却可能多种多样，截然不同。例如，就钢筋混凝土楼板开裂质量事故而言，其产生的原因就可能是设计计算有误，结构构造不良，地基不均匀沉陷，或温度应力、地震力、膨胀力、冻涨力的作用；也可能是施工质量低劣、偷工减料或材质不良等等。这给分析质量事故原因，判断其性质及发展，确定处理方案与措施等都增加了困难。

(2)严重性。工程项目一旦出现质量事故，其影响较大。轻者影响施工顺利进行、拖延工期、增加工程费用，重者则会留下安全隐患，影响其使用或使其不能使用，更严重的还会引起建筑物的失稳、倒塌，造成人民生命、财产的巨大损失。例如，1995年韩国汉城三峰百货大楼出现倒塌事故，造成400余人死亡，在国内外造成很大影响，甚至导致韩国人内心恐慌，也影响了韩国的国际形象；1999年我国重庆市綦江县彩虹大桥突然整体垮塌，造成40人死亡，14人受伤，直接经济损失达631万元，这在国内一度成为人们关注的热点，引起全社会对建设工程质量整体水平的怀疑，构成社会不安定因素。可见对于建设工程质量问题和质量事故均不能掉以轻心，必须予以高度重视。

(3)可变性。许多工程出现质量问题后，其质量状态并非稳定处于发现的初始状态，而是有可能随着时间而不断地发展、变化。有些在初始阶段并不严重的质量问题，如不能及时处理和纠正，有可能发展成一般质量事故，一般质量事故有可能发展成严重或重大质量事故。所以，在分析、处理工程质量问题时，一定要注意质量问题的可变性。应及时采取可靠的措施，防止其进一步恶化而发生质量事故，或加强观测与试验，取得数据，预测未来发展的趋势。

(4)多发性。建设工程中的质量事故，往往在一些特定的工程部位经常发生。例如，悬挑梁板断裂、雨篷坍覆、钢屋架失稳等。因此，总结经验，吸取教训，采取有效措施予以预防十分必要。

2. 工程质量事故等级划分

工程质量事故是指建设、勘察、设计、施工、监理等单位违反工程质量有关法律法规和工程建设标准，使工程产生结构安全、重要使用功能等方面的质量缺陷，造成人身伤亡或者重大经济损失的事故。

根据中华人民共和国住房和城乡建设部《关于做好房屋建筑和市政基础设施工程质量事故报告调查和处理工作的通知》(建质〔2010〕111 号)要求，依据工程质量事故造成的人员伤亡或者直接经济损失，工程质量事故分为以下 4 个等级(本等级划分所称的“以上”包括本数，所称的“以下”不包括本数)。

(1)特别重大事故。特别重大事故是指造成 30 人以上死亡，或者 100 人以上重伤，或者 1 亿元以上直接经济损失的事故。

(2)重大事故。重大事故是指造成 10 人以上 30 人以下死亡，或者 50 人以上 100 人以下重伤，或者 5000 万元以上 1 亿元以下直接经济损失的事故。

(3)较大事故。较大事故是指造成 3 人以上 10 人以下死亡，或者 10 人以上 50 人以下重伤，或者 1000 万元以上 5000 万元以下直接经济损失的事故。

(4)一般事故。一般事故是指造成 3 人以下死亡，或者 10 人以下重伤，或者 100 万元以上 1000 万元以下直接经济损失的事故。

3. 工程质量事故处理的依据和程序

(1)工程质量事故处理的依据。进行工程质量事故处理的主要依据有四个方面：质量事故的实况资料；具有法律效力的，得到有关事务方认可的工程承包合同、设计委托合同、材料或设备购销合同以及监理合同或分包合同等合同文件；有关的技术文件、档案和相关的建设法规。

①质量事故的实况资料。要搞清质量事故的原因和确定处理对策，首要的是要掌握质量事故的实际情况。有关质量事故实况的资料主要来自以下几个方面。

A. 单位的质量事故调查报告。质量事故发生后，施工单位有责任对发生的质量事故进行周密的调查、研究，并在此基础上写出调查报告，提交监理工程师和业主。在调查报告中首先就与质量事故有关的实际情况做详尽的说明。

B. 监理单位调查研究所获得的第一手资料。其内容大致与施工单位调查报告中有关内容相似，可用来与施工单位所提供的情况对照、核实。

②有关合同及合同文件。

A. 所涉及的合同文件可以是工程承包合同、设计委托合同、设备与器材购销合同、监理合同等。

B. 有关合同和合同文件在处理质量事故中的作用是确定在施工过程中有关各方是否按照合同有关条款实施其活动，借以探寻产生事故的可能原因。此外，有关合同文件还是界定质量责任的重要依据。

③有关的技术文件和档案。

A. 有关的设计文件，如施工图纸和技术说明等，它是施工的重要依据。在处理质量事故中，其作用一方面是可以对照设计文件，核查施工质量是否完全符合设计的规定和要求；另一方面是可以根据所发生的质量事故情况，核查设计中是否存在问题或缺陷。

B. 与施工有关的技术文件、档案和资料。各类技术资料对于分析质量事故原因，判断其发展变化趋势，推断事故影响及严重程度，考虑处理措施等都是不可缺少的，且起着重要的作用。

④相关的建设法规。

A. 勘察、设计、施工、监理等单位资质管理方面的法规。

B. 从业者资格管理方面的法规。

C. 建筑市场方面的法规。

D. 建筑施工方面的法规。

E. 有关标准化管理方面的法规。

(2)工程质量事故处理的程序。工程质量事故发生后，事故现场有关人员应当立即向工程建设单位负责人报告；工程建设单位负责人接到报告后，应于1小时内向事故发生地县级以上人民政府住房和城乡建设主管部门及有关部门报告。

情况紧急时，事故现场有关人员可直接向事故发生地县级以上人民政府住房和城乡建设主管部门报告。住房和城乡建设主管部门逐级上报事故情况时，每级上报时间不得超过2小时。

工程质量事故发生后，监理工程师可按下列程序进行处理(见图3.7)。

①工程事故发生后，总监理工程师应签发工程暂停令，并要求停止进行质量缺陷部位和与其关联部位及下一道工序施工，并要求施工单位采取必要的措施，防止事态扩大，保护现场。同时要求事故发生单位迅速按类别和等级向相应的主管单位上报，并于24小时内写出书面报告。

事故报告应包括下列内容：

A. 事故发生的单位名称，工程(产品)名称、部位、时间、地点。

B. 事故概括和初步估计的直接损失。

C. 事故发生原因的初步分析。

D. 事故发生后采取的措施。

E. 相关的各种资料(有条件时)。

②监理工程师在事故调查组展开工作后，应积极协助，客观地提供相应证据，若监理方无责任，监理工程师可应邀参加调查组，参与事故调查；若监理方有责任，则应予以回避，但应配合调查组工作。质量事故调查组的职责如下：

A. 查明事故发生的原因、过程，事故的严重程度和经济损失情况。

B. 查明事故的性质、责任单位和主要责任人。

C. 组织技术鉴定。

D. 明确事故主要责任单位和次要责任单位，明确经济损失的划分原则。

E. 提出技术处理意见及防止类似事故再次发生应采取的措施。

F. 提出对事故责任单位和责任人的处理建议。

G. 写出事故调查报告。

③当监理工程师接到质量事故调查组提出的技术处理意见后，可组织相关单位研究，并责成相关单位完成技术处理方案。一般方案的制订，应征求建设单位意见。技术处理方案必须依据充分，应在质量事故的部位、原因全部查清的基础上，委托法定工程质量检测单位进行质量鉴定或请专家

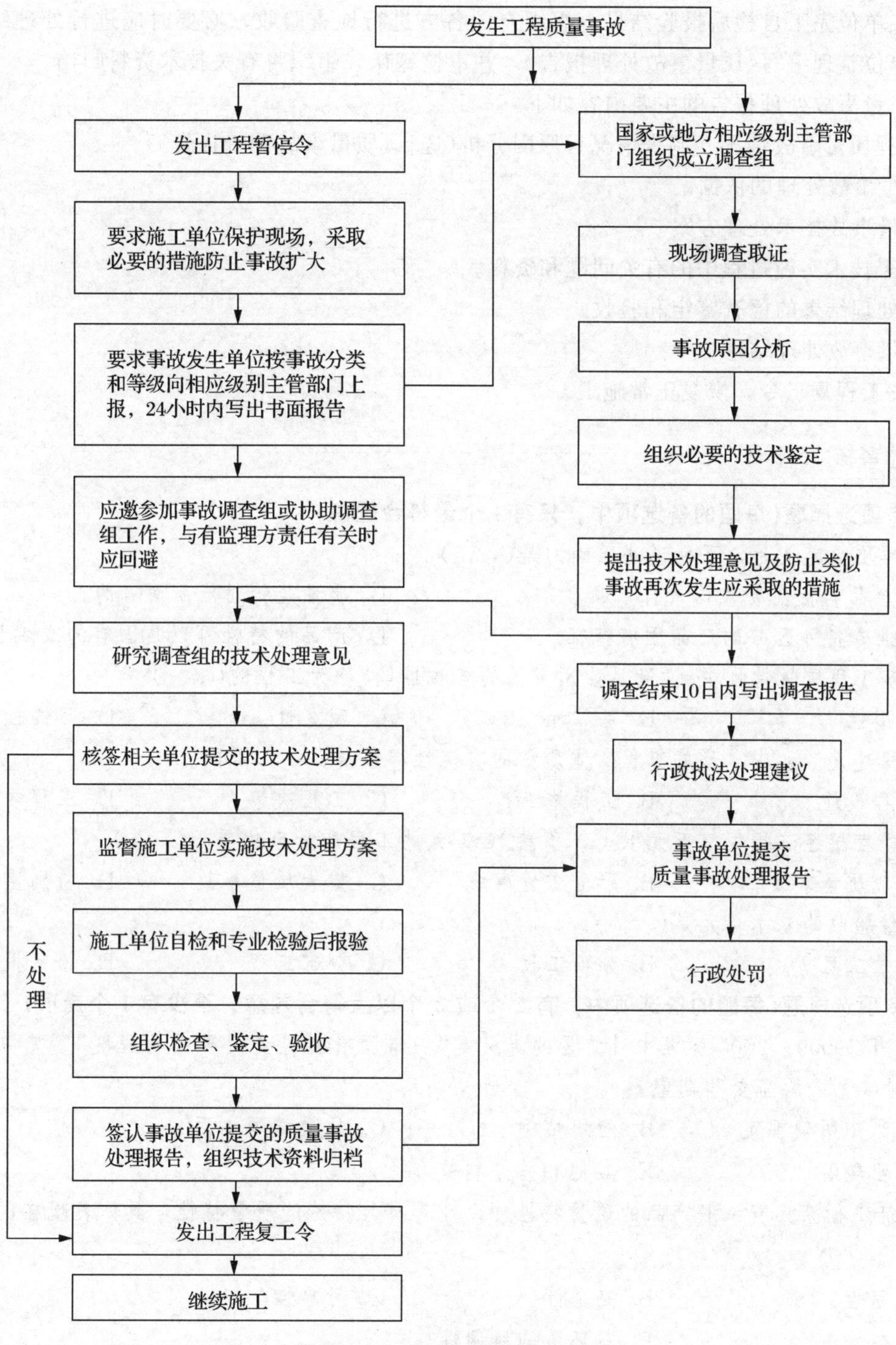

图 3.7　工程质量事故处理程序

论证，以确保技术处理方案可靠、可行，保证结构安全和使用功能。

④技术处理方案核签后，监理工程师应要求施工单位制定详细的施工方案设计，必要时应编制《监理规划实施细则》，对使用工程质量事故技术处理施工质量问题进行监理，技术处理过程中的关键部位和关键工序应进行旁站，并会同设计、建设等有关单位共同检查认可。

⑤施工单位完工自检后报验结果，组织有关各方进行检查验收，必要时应进行处理结果鉴定。要求事故单位整理编写《质量事故处理报告》，并审核签认，组织将有关技术资料归档。

工程质量事故处理报告的主要内容如下：

A. 工程质量事故情况、调查情况、原因分析(选自《质量事故调查报告》)。

B. 质量事故处理的依据。

C. 质量事故技术处理方案。

D. 施工技术实施过程中的有关问题和资料。

E. 对处理结果的检查鉴定和验收。

F. 质量事故处理结论。

⑥签发工程复工令，恢复正常施工。

基础考核

一、单项选择题(每题的备选项中，只有1个最符合题意)

1. 理解质量定义时，下列说法正确的是(　　)。

A. 对产品的特性要求均来自于顾客　　B. 质量是针对产品而言的

C. 特性专指可区分的产品固有特征　　D. 产品的特性可以是固有的或赋予的

2. 建筑工程质量特性中，“满足使用目的的各种性能”称为工程的(　　)。

A. 适用性　　B. 可靠性　　C. 耐久性　　D. 目的性

3. 工程建设活动中，形成工程实体质量的决定性环节是(　　)阶段。

A. 工程设计　　B. 工程施工　　C. 工程决策　　D. 工程竣工验收

4. 造成直接经济损失5万元以上，不满10万元的工程质量事故属于(　　)。

A. 一般质量事故　　B. 严重质量事故　　C. 重大质量事故　　D. 特别重大事故

5. 质量验收的基本单元是(　　)。

A. 单位工程　　B. 分项工程　　C. 分部工程　　D. 检验批

二、多项选择题(每题的备选项中，有2个或2个以上符合题意，至少有1个错项)

1. GB/T 19000—2000标准中对质量的定义是“一组固有特性满足要求的程度”。其中满足的要求应包括对(　　)的需要和期望。

A. 图纸中明确规定　　B. 组织惯例　　C. 质量管理方面

D. 行业规则　　E. 其他相关方利益

2. 建筑工程除具有一般产品的质量特性外，还具有其特殊的质量特性，具体表现在(　　)几个方面。

A. 适用性　　B. 安全性　　C. 可靠性

D. 复杂性　　E. 与环境的协调性

3. 工程质量事故的特点有(　　)。

A. 复杂性　　B. 严重性　　C. 可变性

D. 多发性　　E. 持久性

4. 工程质量事故处理的依据包括(　　)。

A. 现场人员的情况反馈　　B. 质量事故的实况资料

C. 有关合同及合同文件　　D. 有关的技术文件和档案

E. 相关的建设法规

5. 施工控制质量的依据有(　　)。

A. 工程合同文件　　B. 设计文件

C. 有关质量管理方面的法律、法规性文件　　D. 行业规定

E. 地方政府制定的规范

技能实训

某工程，建设单位通过公开招标与甲施工单位签订《施工总承包合同》，依据合同，甲施工单位通过招标将钢结构工程分包给乙施工单位，施工过程中发生了下列事件。

事件1：甲施工单位项目经理安排技术员兼施工现场安全员，并安排其负责编制《深基坑支护与降水工程专项施工方案》，项目经理对该施工方案进行安全验算后，即组织现场施工，并将施工方案及验算结果报送项目监理机构。

事件2：乙施工单位采购的特殊规格钢板，因供应商未能提供出厂合格证明，乙施工单位按规定要求进行了检验，检验合格后向项目监理机构报验。为不影响工程进度，总监理工程师要求甲施工单位在监理人员的见证下取样复检，复检结果合格后，同意该批钢板进场使用。

事件3：为满足钢结构吊装施工的需要，甲施工单位向设备租赁公司租用了一台大型起重塔吊，委托一家有相应资质的安装单位进行塔吊安装，安装完成后，由甲、乙施工单位对该塔吊共同进行验收，验收合格后投入使用，并到有关部门办理登记。

事件4：钢结构工程施工中，专业监理工程师在现场发现乙施工单位使用的高强螺栓未经报验，存在严重的质量隐患，即向乙施工单位签发了工程暂停令并报告了总监理工程师。甲施工单位得知后也要求乙施工单位立刻停止整改。乙施工单位为赶工期，边施工边报验，项目监理机构及时报告了有关主管部门。报告发出的当天，发生了因高强螺栓不符合质量标准导致的钢梁高空坠落事故，造成一人重伤，直接经济损失4.6万元。

【问题】

1. 指出事件1中甲施工单位项目经理做法的不妥之处，写出正确做法。

2. 事件2中，总监理工程师的处理是否妥当？说明理由。

3. 指出事件3中塔吊验收中的不妥之处。

4. 指出事件4中专业监理工程师做法的不妥之处，并说明理由。

5. 事件4中的质量事故，甲施工单位和乙施工单位各承担什么责任？说明理由。监理单位是否有责任？说明理由。该事故属于哪一类工程质量事故？处理此事故的依据是什么？

链接执考

1.(单项选择题)根据《建设工程监理规范》，第一次工地会议纪要由(　　)负责整理。(2019年注册监理工程师考试真题)

A. 建设单位　　B. 设计单位　　C. 施工项目部　　D. 项目监理机构

2.(单项选择题)工程施工过程中发生质量事故造成8人死亡，50人重伤，6000万元直接经济

损失，该事故等级属于（　）。（2019 年注册监理工程师考试真题）

A. 一般事故　　B. 较大事故　　C. 重大事故　　D. 特别重大事故

3.（多项选择题）根据《建设工程监理规范》，总监理工程师签认工程开工报审表应满足的条件有（　）。（2019 年注册监理工程师考试真题）

A. 设计交底和图纸会审已完成

B. 施工组织设计已经编制完成

C. 管理及施工人员已到位

D. 进场道路及水、电、通信等已满足开工要求

E. 施工许可证已经办理

4.（多项选择题）分包工程开工前，项目监理机构应审核施工单位报送的分包单位资格报审表及有关资料，对分包单位资格审核的基本内容包括（　）。（2019 年注册监理工程师考试真题）

A. 分包单位资质及其业绩

B. 分包单位专职管理人员和特种作业人员资格证书

C. 安全生产许可文件

D. 施工单位对分包单位的管理制度

E. 分包单位施工规划

5.（多项选择题）根据《建设工程监理规范》，监理日志应包括的内容有（　）。（2020 年注册监理工程师考试真题）

A. 天气和施工环境情况　　B. 当日监理工作情况

C. 当日施工进展情况　　D. 当日存在的问题及处理情况

E. 次日监理工作任务

6.（多项选择题）根据《建设工程监理规范》，项目监理机构应按有关规定和建设工程监理合同约定，对用于工程的材料进行的工作有（　）。（2021 年注册监理工程师考试真题）

A. 采购订货　　B. 出厂检验

C. 见证取样　　D. 进场复试

E. 平行检验

项目 4 建筑工程造价控制

知识目标

建筑工程造价控制

1. 熟悉建筑工程项目全过程造价控制的内容。
2. 掌握我国现行建筑工程造价构成。
3. 掌握工程量清单计价与计量。
4. 掌握建筑工程设计阶段、招投标阶段和施工阶段的造价控制要点。

技能目标

1. 具备正确处理工程变更价款的能力。
2. 具备正确处理工程费用索赔事件的能力。

素养目标

1. 养成勤俭节约，精打细算，不铺张浪费，珍惜金钱的习惯。
2. 培养严谨细致，科学遵规的工作作风。
3. 培养诚实守信，遵纪守法的良好品格。

项目流程图

01 建筑工程全过程造价控制的概念 → 02 建筑工程造价构成 → 03 工程量清单计价与计量规范 → 04 建筑工程造价的计价依据 → 05 建筑工程设计阶段的造价控制 → 06 建筑工程施工招标阶段的造价控制 → 07 建筑工程施工阶段的造价控制

4.1 建筑工程全过程造价控制的概念

建筑工程项目造价控制，就是在建筑工程项目的投资决策阶段、设计阶段、施工阶段以及竣工阶段，把建筑工程造价控制在批准的投资限额内，随时纠正发生的偏差，以保证项目造价管理目标的实现，以求在建筑工程中合理使用人力、物力、财力，取得较好的投资效益和社会效益。

4.1.1 建筑工程造价的概念及特点

建筑工程总造价一般是指进行某项工程建设花费的全部费用。生产性建筑工程总造价包括建筑投资和铺底流动资金两部分，非生产性建筑工程总造价则只包括建筑投资。

建筑工程造价的特点是由建筑工程的特点决定的，建筑工程的特点具体有：

(1)建筑工程投资数额巨大。建筑工程投资数额巨大，动辄上千万，数十亿。建筑工程投资数额巨大的特点使它关系到国家、行业或地区的重大经济利益，对国计民生也会产生重大的影响。

(2)建筑工程造价差异明显。每个建筑工程都有其特定的用途、功能、规模，每项工程的结构、空间分割、设备配置和内外装饰都有不同的要求，工程内容和实物形态都有其差异性。同样的工程处于不同的地区在人工、材料、机械消耗上也有差异。所以，建筑工程造价的差异十分明显。

(3)建筑工程造价需单独计算。每个建筑工程都有专门的用途，所以其结构、面积、造型和装饰也不尽相同。同时建筑工程的实物形态千差万别，再加上不同地区构成投资费用的各种要素的差异，最终导致建筑工程造价的千差万别。因此，建筑工程只能通过特殊的程序(编制估算、概算、预算、合同价、结算价及最后确定竣工决算等)，就每个项目单独计算其造价。

(4)建筑工程造价确定依据复杂。建筑工程造价的确定依据繁多，关系复杂。在不同的建设阶段有不同的确定依据，且互为基础、互相影响。

(5)建筑工程造价确定层次繁多。凡是按照一个总体设计进行建设的各个单项工程汇集的总体为一个建筑项目。在建筑项目中凡是具有独立的设计文件、竣工后可以独立发挥生产能力或工程效益的工程为单项工程。各单项工程又可分解为各个能独立施工的单位工程。单位工程又可以进一步分解为分部工程，分部工程可以更细致地分解为分项工程。需分别计算分部分项工程造价、单位工程造价、单项工程造价，最后才能形成建筑工程造价。可见建筑工程造价的确定层次繁多。

(6)建筑工程造价需动态跟踪调整。每个建筑工程从立项到竣工都有一个较长的建设期，在这个期间会出现一些不可预料的变化因素对建筑工程造价产生影响，这必然要引起建筑工程造价的变动。所以，建筑工程造价在整个建筑期内都是不确定的，需随时进行跟踪、调整，直至竣工决算后才能真正形成建筑工程造价。

4.1.2 建筑工程造价控制原理

造价控制是项目控制的主要内容之一。造价控制原理如图 4.1 所示，这种控制是动态的，并贯穿项目建设的始终。

这个流程应每两周或一个月循环进行一次，其表达的含义如下。

(1)项目投入，即把人力、物力、财力投入到项目实施中。

(2)在工程进展过程中，必定存在各种各样的干扰，如恶劣天气、设计交图不及时等。

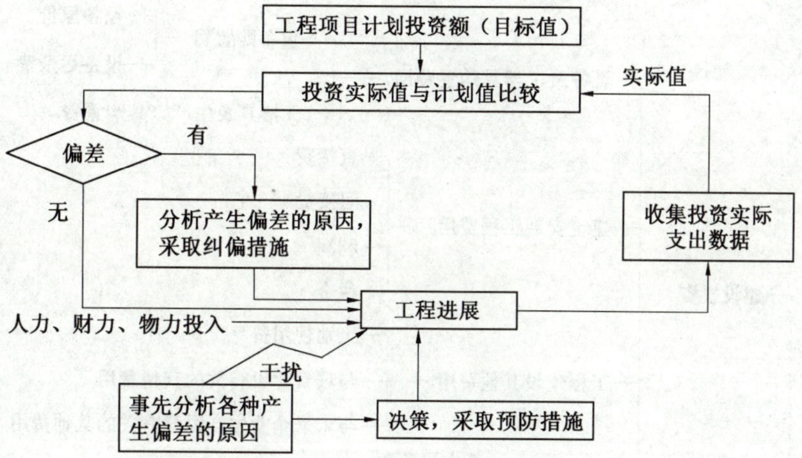

图 4.1 造价动态控制原理图

(3)收集实际数据，即对项目进展情况进行评估。

(4)把控制造价的目标计划值与实际值进行比较。

(5)检查实际值与计划值有无偏差，如果没有偏差，则项目继续进展，继续投入人力、物力和财力等。如果有偏差，则需要分析产生偏差的原因，采取控制措施。

4.1.3 全过程造价控制的内容

全过程造价控制的内容包括前期立项的必要性研究，可行性研究及报告编写，设计方案经济比较及概算编制，施工图审核及预算编制，招投标及合同签订，施工过程造价确定及控制，各个阶段的索赔处理，竣工结算。结合投资理论和实际情况灵活运用专业的科学方法，在达到建筑物最佳使用功能的前提下，取得最佳投资效益，使造价控制在最佳范围，避免各种因素所造成的隐性的无谓的浪费。变事后控制为事中控制和事前控制，造价控制越早，介入效果越好。对工程造价实施全过程、全方位的动态管理，抛弃仅在施工阶段进行审查施工图预算、最终结算建筑工程款的被动方法来控制造价，可以扭转工程造价失控的局面，减少和杜绝“低价劣质，以次充好”“低价投标，高价索赔”“高估冒算”等现象。

全过程造价控制是一项繁杂、具体、技术性强的工作，需要有专业团队的操作。

4.2 建筑工程造价构成

我国现行建设工程总投资构成由建设投资(工程造价)和流动资产投资(仅在生产性建设项目中包括)两部分组成。其中建设投资由设备及工器具购置费用、建筑安装工程费用、工程建设其他费用、预备费、建设期利息构成。具体构成内容如图 4.2 所示。

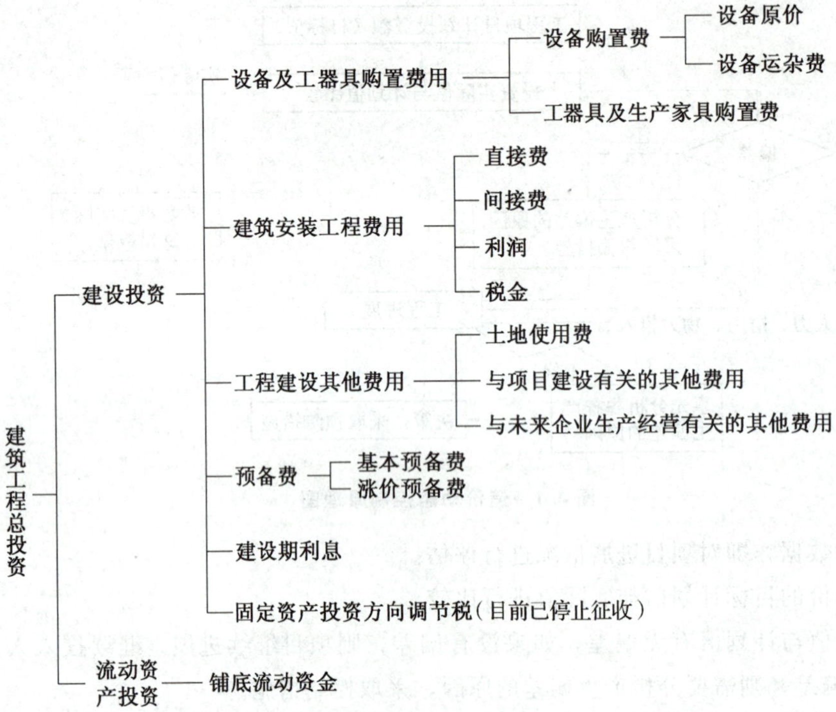

图 4.2　我国现行建设工程总投资构成

4.2.1　设备、工器具购置费用的组成

设备、工器具购置费用由设备购置费用和工具、器具及生产家具购置费用组成。

设备购置费是指为建筑工程购置或自制的达到固定资产标准的设备、工具器具的费用。所谓固定资产标准，是指使用年限在一年以上，单位价值在国家或各主管部门规定的限额以上。设备购置费包括设备原价和设备运杂费，即：

设备购置费＝设备原价或进口设备抵岸价＋设备运杂费

上式中，设备原价是指国产标准设备、非标准设备的原价。设备运杂费是指设备原价中未包括的包装和包装材料费、运输费、装卸费、采购费及仓库保管费、供销部门手续费等。如果设备是由设备公司成套供应的，成套的服务费也应计入设备运杂费之中。

(1)国产标准设备原价。国产标准设备是指按照主管部门颁布的标准图纸和技术要求，同设备生产厂家批量生产的，符合国家质量检验标准的设备。在计算设备原价时，一般按带有备件的出厂价计算。

(2)国产非标准设备原价。非标准设备是指根据具体设备图纸制造的，国家无定型标准，设备生产厂家不能在工艺过程中采用批量生产，只能按一次订货，根据具体的设计图纸制造的设备。

(3)进口设备原价的构成。进口设备原价是指进口设备的抵岸价，是指设备抵达买方边境港口、车站交纳完各种税费后的价格。

在国际贸易中，使用较广泛的交货方式有：

①装运港船上交货(FOB)，是指卖方负责在合同规定的日期或期间内，在指定的装运港把货物装到买方指定的船上，承担货物越过船舷以前的费用和风险，也称为离岸价。

②运费在内价(CFB)，是指以货物装上运载工具并支付运费为条件的价格。卖方必须支付将货物运到目的地的所需运费。

③到岸价(CIF)，是指在货价的基础上增加运费及运输保险费。

到岸价＝离岸价＋国际运费＋国际运输保险费

当进口设备采用装运港船上交货的方式时，其抵岸价可为：

抵岸价＝离岸价＋国际运费＋国际运输保险费＋银行财务费＋外贸手续费＋进口关税＋增值税＋消费税

工器具及生产家具购置费是指新建项目或扩建项目初步设计规定所必须购置的不够固定资产标准的设备、仪器、工卡模具、器具、生产家具和备品备件的费用。

4.2.2 建筑安装工程费用的构成

建筑安装工程费用是指为完成工程项目建造、生产性设备及配套工程安装所需的费用。

根据我国住房和城乡建设部、财政部颁布的《建筑安装工程费用项目组成》(建标〔2013〕44 号)，建筑安装工程费按两种不同的方式划分，一种按费用构成要素划分，另一种按造价形成划分。其构成如图 4.3 所示。

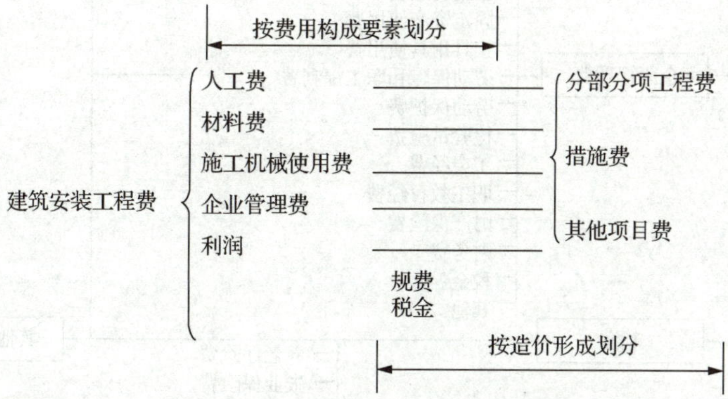

图 4.3 建筑安装工程费用项目组成

1. 建筑安装工程费用项目组成(按费用构成要素划分)

建筑安装工程费按照费用构成要素划分为人工费、材料(包含工程设备，下同)费、施工机械使用费、企业管理费、利润、规费和税金(见图 4.4)。

(1)人工费。人工费是指支付给从事建筑安装工程施工的生产工人和附属生产单位工人的各项费用，内容如下。

①计时工资或计件工资。计时工资或计件工资是指按计时工资标准和工作时间或对已做工作按计件单价支付给个人的劳动报酬。

②奖金。奖金是指对超额劳动和增收节支支付给个人的劳动报酬，如节约奖、劳动竞赛奖等。

③津贴补贴。津贴补贴是指为了补偿职工特殊或额外的劳动消耗和因其他特殊情况支付给个人的津贴，以及为了保证职工工资水平不受物价影响支付给个人的物价补贴，如流动施工津贴、特殊地区施工津贴、高温(寒)作业临时津贴、高空津贴等。

④加班加点工资。加班加点工资是指按规定支付的在法定节假日工作的加班工资和在法定日工作时间外延时工作的加点工资。

⑤特殊情况下支付的工资。特殊情况下支付的工资是指根据国家法律、法规和政策规定，因病、工伤、产假、计划生育假、婚丧假、事假、探亲假、定期休假、停工学习、执行国家或社会义务等原因按计时工资标准或计时工资标准的一定比例支付的工资。

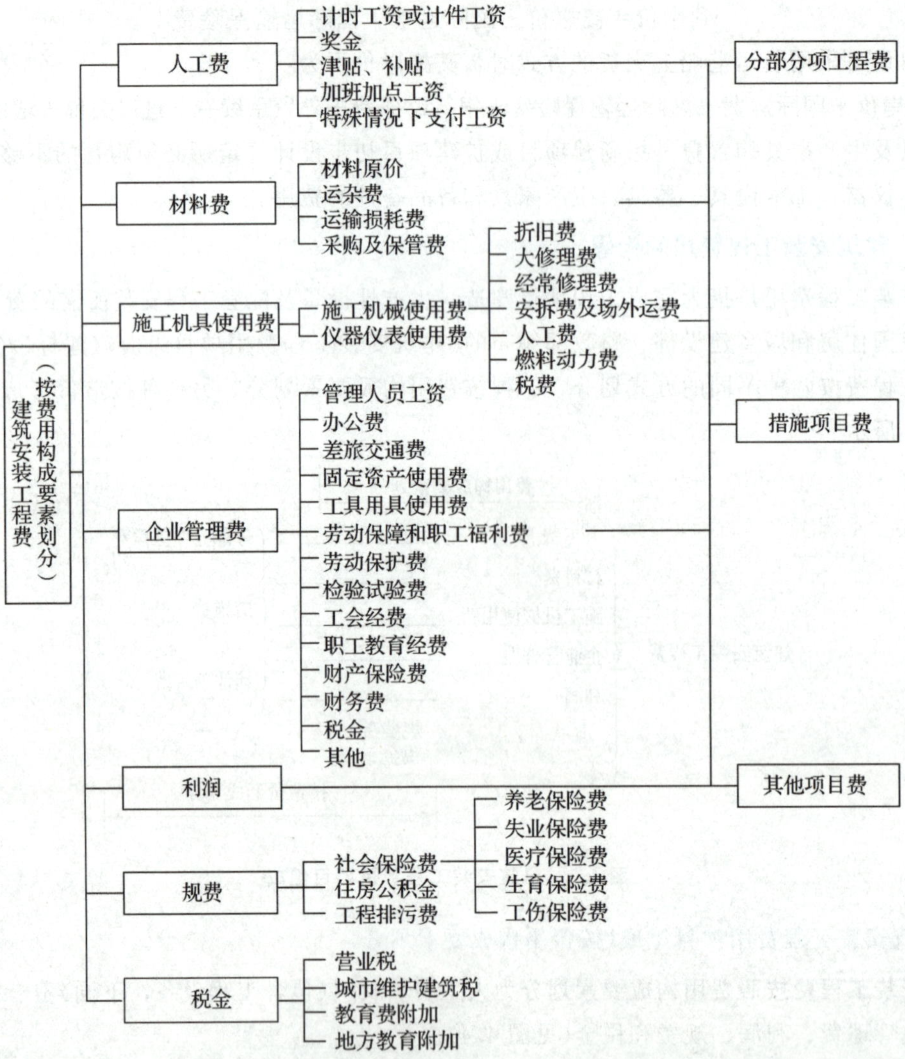

图 4.4　建筑安装工程费用项目组成按费用构成要素划分

(2)材料费。材料费是指施工过程中耗费的构成工程实体的原材料、辅助材料、构配件、零件、半成品的费用、工程设备的费用，具体内容如下。

①材料原价(或供应价格)。

②材料运杂费，即材料自来源地运至工地仓库或指定堆放地点所发生的全部费用。

③运输损耗费，即材料在运输装卸过程中因不可避免的损耗产生的费用。

④采购及保管费，即在采购、供应和保管材料过程中所需要的各项费用。内容包括采购费、仓储费、工地保管费、仓储损耗。

⑤工程设备费，即构成或计划构成永久工程一部分的机电设备、金属结构设备、仪器装置及其

他类似的设备和装置的费用。

材料费公式：材料费＝∑(材料消耗量×材料单价)

材料单价＝[(材料原价＋运杂费)×〔1＋运输损耗率(%)〕]×[1＋采购保管费率(%)]

工程设备费公式：工程设备费＝∑(工程设备量×工程设备单价)

工程设备单价＝(设备原价＋运杂费)×[1＋采购保管费率(%)]

(3)施工机械使用费。施工机械使用费是指施工机械作业所发生的机械使用费以及机械安拆费和场外运费。

施工机械台班单价应由下列七项费用组成。

①折旧费。折旧费是指施工机械在规定的使用年限内，陆续收回其原值及购置资金的时间价值。

②大修理费。大修理费是指施工机械按规定的大修理间隔台班进行必要的大修理，以恢复其正常功能所需的费用。

③经常修理费。经常修理费是指施工机械除大修理以外的各级保养和临时故障排除所需的费用。

④安拆费及场外运费。安拆费是指施工机械在现场进行安装与拆卸所需的人工、材料、机械和试运转费用以及机械辅助设施的折旧、搭设、拆除等费用；场外运费是指施工机械整体或分体自停放地点运至施工现场或由一施工地点运至另一施工地点的运输、装卸、辅助材料及架线等费用。

⑤人工费。人工费是指机上司机(司炉)和其他操作人员的工作日人工费及上述人员在施工机械规定的年工作台班以外的人工费。

⑥燃料动力费。燃料动力费是指施工机械在运转作业中所消耗的固体燃料(煤、木柴)、液体燃料(汽油、柴油)及水、电等。

⑦养路费及车船使用税。养路费及车船使用税是指施工机械按照国家规定和有关部门规定应缴纳的养路费、车船使用税、保险费及年检费等。

施工机械使用费公式：施工机械使用费＝∑(施工机械台班消耗量×机械台班单价)

机械台班单价＝台班折旧费＋台班大修费＋台班经常修理费＋台班安拆费及场外运费＋台班人工费＋台班燃料动力费＋台班车船税费

(4)企业管理费。企业管理费是指建筑安装企业组织施工生产和经营管理所需费用。其内容包括：

①管理人员工资。管理人员工资是指管理人员的基本工资、工资性补贴、职工福利费、劳动保护费等。

②办公费。办公费是指企业管理办公用的文具、纸张、账表、印刷、邮电、书报、会议、水电、烧水和集体取暖(包括现场临时宿舍取暖)用煤等费用。

③差旅交通费。差旅交通费是指职工因公出差、调动工作的差旅费、住勤补助费，市内交通费和误餐补助费，职工探亲路费，劳动力招募费，职工离退休、退职一次性路费，工伤人员就医路费，工地转移费以及管理部门使用的交通工具的油料、燃料、养路费及牌照费。

④固定资产使用费。固定资产使用费是指管理和试验部门及附属生产单位使用的属于固定资产

的房屋、设备仪器等的折旧、大修、维修或租赁费。

⑤工具用具使用费。工具用具使用费是指管理使用的不属于固定资产的生产工具、器具、家具、交通工具和检验、试验、测绘、消防用具等的购置、维修和摊销费。

⑥劳动保险和职工福利费。劳动保险和职工福利费是指由企业支付的职工退职金，按规定支付给离休干部的经费、集体福利费、夏季防暑降温、冬季取暖补贴、上下班交通补贴等。

⑦劳动保护费。劳动保护费是指企业按规定发放的劳动保护用品的支出，如工作服、手套、防暑降温饮料以及在有碍身体健康的环境中施工的保健费用等。

⑧检验试验费。检验试验费是指施工企业按照有关标准规定，对建筑以及材料、构件和建筑安装物进行一般鉴定、检查所发生的费用。检验试验费包括自设试验室进行试验所耗用的材料等费用，不包括新结构、新材料的试验费，对构件做破坏性试验及其他特殊要求检验试验的费用和建设单位委托检测机构进行检测的费用。此类检测发生的费用，由建设单位在工程建设其他费用中列支。但对施工企业提供的具有合格证明的材料进行检测发现不合格的，该检测费用由施工企业支付。

⑨工会经费。工会经费是指企业按《中华人民共和国工会法》规定的全部职工工资总额比例计提的工会经费。

⑩职工教育经费。职工教育经费是指按职工工资总额的规定比例计提，企业为职工进行专业技术和职业技能培训、专业技术人员继续教育、职工职业技能鉴定、职业资格认定以及根据需要对职工进行各类文化教育所发生的费用。

⑪财产保险费。财产保险费是指施工管理使用财产、车辆等的保险费用。

⑫财务费。财务费是指企业为施工生产筹集资金或提供预付款担保、履约担保、职工工资支付担保等所发生的各种费用。

⑬税金。税金是指企业按规定缴纳的房产税、车船使用税、土地使用税、印花税等。

⑭其他。其他包括技术转让费、技术开发费、投标费、业务招待费、绿化费、广告费、公证费、法律顾问费、审计费、咨询费、保险费等。

企业管理费的计算方法。企业管理费采用基数乘以费率的方法计算，取费基数分别为以分部分项工程费为计算基础，以人工费和机械费合计为计算基础，以人工费为计算基础进行计算。

①以分部分项工程费为计算基础：

$$\text{企业管理费费率}(\%)=\frac{\text{生产工人年平均管理费}}{\text{年有效施工天数}\times\text{人工单价}}\times\text{人工费占分部分项工程费比例}(\%)$$

②以人工费和机械费合计为计算基础：

$$\text{企业管理费费率}(\%)=\frac{\text{生产工人年平均管理费}}{\text{年有效施工天数}\times(\text{人工单价}+\text{每一工日机械使用费})}\times 100\%$$

③以人工费为计算基础：

$$\text{企业管理费费率}(\%)=\frac{\text{生产工人年平均管理费}}{\text{年有效施工天数}\times\text{人工单价}}\times 100\%$$

工程造价管理机构在确定计价定额中的企业管理费时，应以定额人工费或定额人工费与定额机械费之和作为计算基数，其费率根据历年工程造价积累的资料，辅以调查数据确定，列入分部分项工程和措施项目中。

(5)利润。利润是指施工企业完成所承包工程获得的盈利。这部分由施工企业根据建筑市场的变化结合自己企业的特点和需要来确定利润的高低。

工程造价管理机构在确定计价定额中的利润时，应以定额人工费或定额人工费与定额机械费之和作为计算基数，其费率根据历年工程造价积累的资料，并结合建筑市场实际确定，以单位(单项)工程测算，利润在税前建筑安装工程费的比重可按不低于5%且不高于7%的费率计算。利润应列入分部分项工程和措施项目中。

(6)规费。规费是指政府和有关权力部门规定必须缴纳的费用(简称规费)。规费主要包括社会保险费、住房公积金、工程排污费。

①社会保险费。其包括养老保险费、失业保险费、医疗保险费、生育保险费、工伤保险费。

②住房公积金。住房公积金是指企业按规定标准为职工缴纳的住房公积金。

③工程排污费。工程排污费是指按规定缴纳的施工现场工程排污费。

社会保险费和住房公积金应以定额人工费为计算基础，根据工程所在地省、自治区、直辖市或行业建设主管部门规定费率计算。其公式如下。

社会保险费和住房公积金＝∑(工程定额人工费×社会保险费和住房公积金费率)

社会保险费和住房公积金费率可以按每万元发承包价的生产工人人工费和管理人员工资含量与工程所在地规定的缴纳标准综合分析取定。

工程排污费等其他应列而未列入的规费应按工程所在地环境保护等部门规定的标准缴纳，按其实计取列入。

(7)税金。税金是指国家税法规定的应计入建筑安装工程造价内的营业税、城市维护建设税、教育费附加以及地方教育附加。

税金计算公式：税金＝税前造价×综合税率(%)

综合税率：

①纳税地点在市区的企业：

$$综合税率(\%)=\frac{1}{1-3\%-(3\%\times7\%)-(3\%\times3\%)-(3\%\times2\%)}-1$$

②纳税地点在县城、镇的企业：

$$综合税率(\%)=\frac{1}{1-3\%-(3\%\times5\%)-(3\%\times3\%)-(3\%\times2\%)}-1$$

③纳税地点不在市区、县城、镇的企业：

$$综合税率(\%)=\frac{1}{1-3\%-(3\%\times1\%)-(3\%\times3\%)-(3\%\times2\%)}-1$$

④实行营业税改增值税的，按纳税地点现行税率计算。

增值税是以商品(含应税劳务)在流转过程中产生的增值额作为计税依据而征收的一种流转税。从计税原理上说，增值税是对商品生产、流通、劳务服务中多个环节的新增价值或商品的附加值征收的一种流转税，实行价外税。

增值税公式：增值税应纳税额＝当期销项税额－当期进项税额

当期销项税额＝销售额×税率(其中，销售额中未含增值税)

如果销售额中包括增值税，则当期销项税额＝销售额×税率/(1＋税率)。当期进项税额为纳税人当期购进货物或者接受应税劳务支付或负担的增值税额。

当期销项税额小于当期进项税额不足抵扣时，其不足部分可以转结下期抵扣。

工程造价可按以下公式计算：工程造价＝税前工程造价×(1＋9%)。

其中，9%为建筑业拟征增值税税率，税前工程造价为人工费、材料费、施工机械使用费、企业管理费、利润和规费之和(各费用项目均以不包含增值税可抵扣进项税额的价格计算，相应计价依据按上述方法调整)。

2. 建筑安装工程费用项目组成(按造价形成划分)

建筑安装工程费按照工程造价形成由分部分项工程费、措施项目费、其他项目费、规费、税金组成(见图4.5)。

(1)分部分项工程费。分部分项工程费是指各专业工程的分部分项工程应予列支的各项费用。

①专业工程。专业工程是指按现行国家计量规范划分的房屋建筑与装饰工程、仿古建筑工程、通用安装工程、市政工程、园林绿化工程、矿山工程、构筑物工程、城市轨道交通工程、爆破工程等各类工程。

②分部分项工程。分部分项工程是指按现行国家计量规范对各专业工程划分的项目，如房屋建筑与装饰工程划分的土石方工程、地基处理与桩基工程、砌筑工程、钢筋及钢筋混凝土工程等。

各类专业工程的分部分项工程划分见现行国家或行业计量规范。

分部分项工程费＝∑(分部分项工程量×综合单价)

此式中综合单价包括人工费、材料费、施工机械使用费、企业管理费和利润以及一定范围的风险费用。

(2)措施项目费。措施项目费是指为完成建设工程施工，发生于该工程施工前和施工过程中的技术、生活、安全、环境保护等方面的费用。

国家计量规范规定应予计量的措施项目，其计算公式为：

措施项目费＝∑(措施项目工程量×综合单价)

①安全文明施工费。安全文明施工费主要包括：

A. 环境保护费。环境保护费是指施工现场为达到环保部门要求所需要的各项费用。

B. 文明施工费。文明施工费是指施工现场文明施工所需要的各项费用。

C. 安全施工费。安全施工费是指施工现场安全施工所需要的各项费用。

D. 临时设施费。临时设施费是指施工企业为进行建设工程施工所必须搭设的生活和生产用的临时建筑物、构筑物和其他临时设施费用。其包括临时设施的搭设、维修、拆除、清理费或摊销费等。

安全文明施工费＝计算基数×安全文明施工费费率(%)

计算基数应为定额基价(定额分部分项工程费和定额中可以计量的措施项目费)、定额人工费或定额人工费和定额机械费之和，其费率由工程造价管理机构根据各专业工程的特点综合确定。

②夜间施工增加费。夜间施工增加费是指因夜间施工所发生的夜班补助费、夜间施工降效、夜

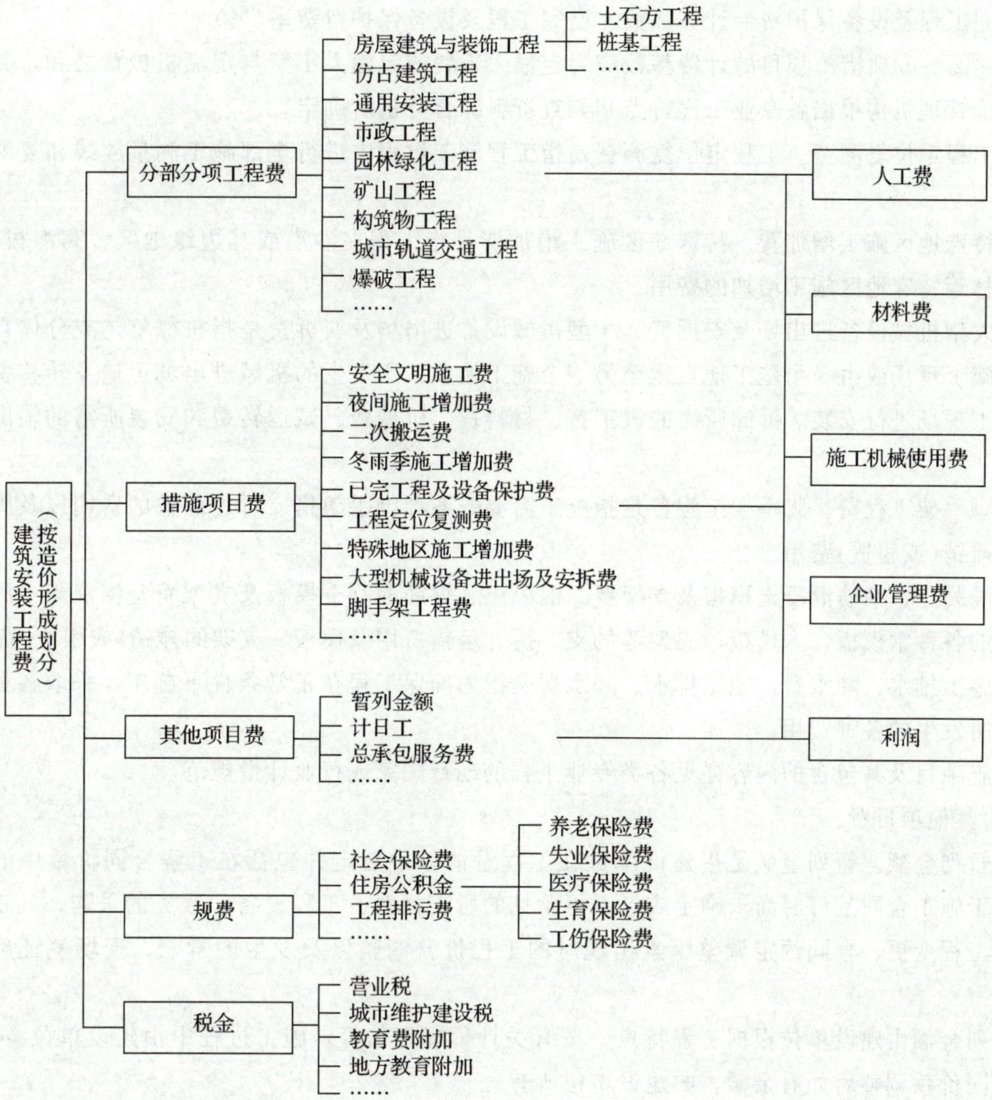

图 4.5 建筑安装工程费用项目组成按造价形成划分

间施工照明设备摊销及照明用电等费用。

夜间施工增加费＝计算基数×夜间施工增加费费率(%)

③二次搬运费。二次搬运费是指因施工场地条件限制而发生的材料、构配件、半成品等一次运输不能到达堆放地点，必须进行二次或多次搬运所发生的费用。

二次搬运费＝计算基数×二次搬运费费率(%)

④冬雨季施工增加费。冬雨季施工增加费是指为了保证冬雨季施工工程质量所采取保温、防雨、防滑、排除雨雪所增加的材料、人工、设施费及产生工效差所增加的费用。

冬雨季施工增加费＝计算基数×冬雨季施工增加费费率(%)

⑤已完工程及设备保护费。已完工程及设备保护费是指竣工验收前，对已完工程及设备采取的必要保护措施所发生的费用。

已完工程及设备保护费=计算基数×已完工程及设备保护费费率(%)

上述②～⑤项措施项目的计费基数应为定额人工费或定额人工费与定额机械费之和，其费率由工程造价管理机构根据各专业工程特点和调查资料综合分析后确定。

⑥工程定位复测费。工程定位复测费是指工程施工过程中进行全部施工测量放线和复测工作的费用。

⑦特殊地区施工增加费。特殊地区施工增加费是指工程在沙漠或其边缘地区、高海拔、高寒、原始森林等特殊地区施工增加的费用。

⑧大型机械设备进出场及安拆费。大型机械设备进出场及安拆费是指机械整体或分体自停放场地运至施工现场或由一个施工地点运至另一个施工地点，所发生的机械进出场运输及转移费用及机械在施工现场进行安装、拆卸所需的人工费、材料费、机械费、试运转费和安装所需的辅助设施的费用。

⑨脚手架工程费。脚手架工程费是指施工需要的各种脚手架搭、拆、运输的费用以及脚手架购置费的摊销(或租赁)费用。

⑩混凝土、钢筋混凝土模板及支架费。混凝土、钢筋混凝土模板及支架费是指混凝土施工过程中需要的各种钢模板、木模板、支架等的支、拆、运输费用及模板、支架的摊销(或租赁)费用。

⑪施工排水、降水费。施工排水、降水费是指为确保工程在正常条件下施工，采取各种排水降水措施所发生的各种费用。

措施项目及其包含的内容详见各类专业工程的现行国家或行业计量规范。

(3)其他项目费。

①暂列金额。暂列金额是指建设单位在工程量清单中暂定并包括在工程合同价款中的一笔款项。用于施工合同签订时尚未确定或者不可预见的所需材料、工程设备、服务的采购，施工中可能发生的工程变更、合同约定调整因素出现时的工程价款调整以及发生的索赔、现场签证确认等的花费。

暂列金额由建设单位根据工程特点，按有关计价规定估算，施工过程中由建设单位掌握使用。扣除合同价款调整后如有余额，归建设单位所有。

②计日工。计日工是指在施工过程中，施工企业完成建设单位提出的施工图纸以外的零星项目或工作所需的费用。

计日工由建设单位和施工企业按施工过程中的签证计价。

③总承包服务费。总承包服务费是指总承包人为配合、协调建设单位进行的专业工程发包，对建设单位自行采购的材料、工程设备等进行保管以及管理施工现场、汇总整理竣工资料等事项所需的费用。

总承包服务费由建设单位在招标控制价中根据总包服务范围和有关计价规定编制，施工企业投标时自主报价，施工过程中按签约合同价执行。

(4)规费。规费是指政府机关在为特定人履行了一定行为或者在特定人要求使用公有物时，依法向其征收的行政手续费。规费包括工程排污费、工程定额测定费、社会保险费、住房公积金、危险作业意外伤害保险。

(5)税金。税金是指企业发生的除企业所得税和允许抵扣的增值税以外的各项税金及其附加。

税金通常包括纳税人按规定缴纳的消费税、营业税、城市维护建设税、资源税、教育费附加等，以及发生的土地使用税、车船税、房产税、印花税等。

4.2.3 工程建设其他费用的构成

工程建设其他费用是指从工程筹建到工程竣工验收交付使用为止的整个建设期间，除建筑安装工程费用和设备、工器具购置费以外的，为保证工程建设顺利完成和交付使用后能够正常发挥效用而发生的一些费用。

工程建设其他费用，按其内容大体可分为三类。

第一类为土地使用费，包括农用土地征用费和取得国有土地使用费。农用土地征用费由土地补偿费、安置补助费、土地投资补偿费、土地管理费、耕地占用税等组成，并按被征用土地的原用途给予补偿。取得国有土地使用费由土地使用权出让金、城市建设配套费、拆迁补偿与临时安置补助费等组成。

第二类是与项目建设有关的费用，包括建设单位管理费、勘察设计费、研究试验费、临时设施费、工程监理费、工程保险费、供电贴费、施工机构迁移费、引进技术和进口设备其他费。

第三类是与未来企业生产和经营活动有关的费用，包括联合试运转费、生产准备费、办公和生活家具购置费。

4.2.4 预备费、建设期利息、铺底流动资金

1. 预备费分为基本预备费和涨价预备费

(1)基本预备费。基本预备费是指在项目实施中可能发生难以预料的支出，需要预先预留的费用，又称不可预见费。其主要指设计变更及施工过程中可能增加工程量的费用。计算公式为：

基本预备费＝(设备及工器具购置费＋建筑安装工程费＋工程建设其他费)×基本预备费率

(2)涨价预备费。涨价预备费是指建设工程在建设期内由于价格等变化引起投资增加，需要事先预留的费用。涨价预备费以建筑安装工程费、设备工器具购置费之和为计算基数。

2. 建设期利息

建设期利息是指项目借款在建设期内发生并计入固定资产的利息。为了简化计算，在编制投资估算时通常假定借款均在每年的年中支用，借款第一年按半年计息，其余各年份按全年计息。计算公式为：

各年应计利息＝(年初借款本息累计＋本年借款额÷2)×年利率

3. 固定资产投资方向调节税

固定资产投资方向调节税是根据国家产业政策而征收的。目前，此项税已暂停征收。

4. 铺底流动资金

铺底流动资金是指生产性建设工程为保证生产和经营正常进行，按规定应列入建设工程总投资的资金。一般按流动资金的30%计算。

技术提示：

建设投资可分为静态投资部分和动态投资部分		
建设投资	静态投资	静态投资部分由建筑安装工程费、设备工器具购置费、工程建设其他费和基本预备费组成
	动态投资	动态投资部分是指在建设期内，建设期利息、建设工程需缴纳的固定资产投资方向调节税(已暂停征收)和国家新批准的税费、汇率、利率变动以及建设期价格变动引起的建设投资增加额。其包括涨价预备费、建设期利息和固定资产方向调节税

4.3 工程量清单计价与计量规范

工程量清单计价是建设工程招投标中招标人按照《建设工程工程量清单计价规范》(GB 50500—2013)统一的工程量计算规则提供工程数量，投标人依据工程量清单计算所需的全部费用。招标工程量清单必须作为招标文件的组成部分，其准确性和完整性由招标人负责，投标人依据工程量清单自主报价。工程量清单一般以单位(项)工程作为编制单位，由分部分项工程量清单、措施项目清单、其他项目清单、规费和税金项目清单组成。

4.3.1 工程量清单计价概述

1. 工程量清单计价的意义

我国现行《建设工程工程量清单计价规范》(GB 50500—2013)为国家标准，自 2013 年 7 月 1 日起实施。

(1)工程量清单计价是工程造价改革的产物。我国工程造价的确定，长期以来实行的是以预算定额为主要依据，消耗量、人材机单价、费用相对固定的静态模式，而工程量清单报价为投标者提供公平竞争的条件，企业要根据自身特点和管理能力填报不同的价格。企业的这种自主报价，充分体现了市场公平竞争的规律，有利于建筑市场的持续发展，有利于保证工程质量。

(2)工程量清单计价是规范建设市场秩序、适应社会主义市场经济的需要。工程造价是工程建设的核心内容，也是建设市场运行的核心内容。工程量清单计价是市场形成工程造价的主要形式，工程量清单计价有利于发挥企业自主报价的能力，实现政府定价到市场定价的转变；有利于规范业主在招标中的行为，有效改变招标单位在招标中盲目压价的行为，从而真正地体现公平、公正、公开的市场经济规律。

(3)工程量清单计价是促进建设市场有序竞争和企业健康发展的需要。工程量清单计价有利于规范建筑市场计价行为；有利于控制建设项目投资，节约资源；有利于提高社会生产力，促进技术进步；有利于提高造价从业人员的素质，使其成为懂技术、懂经济、懂法律、懂管理的全面发展的复合型人才。

2. 工程量清单的适用范围

(1)工程量清单适用于建设工程承包及实施阶段的计价活动。根据现行计价规范要求，使用国有资金投资的工程建设工程发承包项目，必须采用工程量清单计价。

(2)对于非国有资金投资的工程建设项目，是否采用工程量清单方式计价由项目业主自主确定。当确定采用工程量清单计价时，则按现行计价规范规定执行；对于不采用工程量清单计价的建设工程，除不执行工程量清单计价的专门性规定外，仍应执行现行计价规范规定的工程价款调整、工程计量和价款支付、索赔与现场签证、竣工结算以及工程造价争议处理等条文。

4.3.2 工程量清单计价的过程与费用构成

1. 工程量清单计价的全过程

(1)熟悉施工图纸及相关资料，了解施工现场情况。在编制工程量清单前，要先熟悉施工图纸、图纸答疑、地质勘探报告，到建设地点了解施工现场情况，以便确定分部分项工程项目名称和措施项目名称，正确编制工程量清单。

(2)编制工程量清单。工程量清单包括总说明、分部分项工程量清单、措施项目清单、其他项目清单、规范清单和税金清单。

工程量清单由招标人或其委托人根据施工图纸、招标文件、《建设工程工程量清单计价规范》及施工现场的实际情况，按照规定的要求与格式编制。其中，工程量的计算是核心内容。

(3)组合综合单价。综合单价是指完成工程量清单中一个规定计量单位项目所需的总费用。综合单价的费用内容包括人工费、材料费、机械费、管理费、利润等，并适当考虑风险因素。组价是标底编制人（招标人或其委托人）或标价编制人（投标人）根据工程量清单招标文件、地区（或企业）消耗量定额、施工图纸、施工组织设计、人材机单价等资料，计算组合的分项工程单价（简称综合单价）。

(4)计算分部分项工程费。分部分项工程组价完成后，根据分部分项工程量清单及综合单价，以单位工程为对象计算分部分项工程费用。

分部分项工程费=(分部分项工程×综合单价)

(5)计算措施项目费。根据工程量清单中的措施项目的名称结合现场实际情况、施工组织设计等进行计算。

措施项目费= 措施项目工程量×措施项目综合单价+单项措施费

(6)计算其他项目费。

(7)计算规费、税金，汇总形成单位工程费。

单位工程造价=分部分项工程费+措施项目费+其他项目费+规费+税金

(8)计算单项工程费。将单项工程中各单位工程费汇总即形成单项工程费。

单项工程造价=$\sum$单位工程造价

(9)计算工程项目总价。将工程项目中各单项工程费汇总即形成工程项目总价。

建设项目造价=$\sum$单项工程造价

2. 工程量清单计价的费用组成

根据《建设工程工程量清单计价规范》(GB 50500—2013)的规定，工程量清单计价的费用由分部分项工程费、措施项目费、其他项目费、规费和税金组成。

(1)分部分项工程量清单费用。分部分项工程量清单费用是指完成形成工程实体的各分部分项工程所需要的人工费、材料费、施工机械使用费、管理费和利润，并考虑风险因素的费用。

分部分项工程费用中，还应考虑风险因素，计算风险费用。风险费用是指投标企业在确定工程费用时，客观上可能产生的不可避免的误差，以及在施工过程中遇到施工现场复杂、恶劣的自然条件，施工意外事故，物价暴涨以及其他风险因素时所发生的费用。

(2)措施项目费用。措施项目费用是指施工企业为完成工程项目的施工，应发生于该工程施工前和施工过程中的生产、生活、安全等方面的非工程实体费用。

措施项目费包括环境保护费、文明施工费、安全施工费、临时设施费、夜间施工费、二次搬运费、大型机械设备进出场及安拆费、模板费、脚手架费、已完工程及设备保护费、施工排水、降水费、垂直运输机械费等。

(3)其他项目费用。

①暂列金额。招标人在工程量清单中暂定并包括在合同价款中的一笔款项。用于施工合同签订时尚未确定或者不可预见的所需材料、设备、服务的采购，施工中可能发生的工程变更，合同约定调整因素出现时的工程价款调整以及发生索赔、现场签证确认等的费用。

②暂估价。招标人在工程量清单中提供的用于支付必然发生但暂时不能确定价格的材料的单价以及专业工程的金额。

③计日工。在施工过程中，完成发包人提出的施工图纸以外的零星项目或工作的费用，包括人工部分、材料部分和施工机械部分三部分费用。

④总承包服务费。总承包人为配合协调发包人进行的工程分包自行采购设备、材料等进行管理、服务的费用以及施工现场管理、竣工资料汇总整理等服务所需的费用。

(4)规费。规费是指政府和有关部门规定必须缴纳的费用，其内容主要包括社会保险费、住房公积金、工程排污费。

(5)税金。税金是指国家税法规定的应计入建筑工程造价内的营业税、城市维护建设税及教育费附加等各种税金。

4.3.3 工程量清单的编制

1. 工程量清单概述

工程量清单是表现拟建工程的分部分项工程项目、措施项目、其他项目、规费项目和税金项目名称和相应数量的明细清单。工程量清单应由具有编制能力的招标人或委托具有相应资质的工程造价咨询人编制。采用工程量清单方式招标，工程量清单必须作为招标文件的组成部分，其准确性和完整性由招标人负责。

工程量清单是工程量清单计价的基础，应作为编制招标控制价、投标报价、计算工程量、支付工程款、调整合同价款、办理竣工结算以及工程索赔等的依据之一。

2. 工程量清单的构成

现行的《建设工程工程量清单计价规范》(GB 50500—2013)包括规范条文和附录两部分。

《建设工程工程量清单计价规范》(GB 50500—2013)包括总则、术语、一般规定、工程量清单编制、招标控制价、投标报价、合同价款约定、工程计量、合同价款调整、合同价款期中支付、竣工结算与支付、合同解除的价款结算与支付、合同价款争议的解决、工程造价鉴定、工程计价资料与档案、工程计价表格。

附录分为 A、B、C、D、E、F、G、H、I、J、K，共计 11 个。除附录 A 外，其余为工程计价表格。附录分别对招标控制价、投标报价、竣工结算的编制等使用的表格作出了明确规定。

工程量清单包括分部分项工程量清单、措施项目清单、其他项目清单、规费项目清单和税金项目清单五部分。

(1)分部分项工程量清单。分部分项工程量清单是指构成拟建工程实体的全部分项实体的项目名称和相应数量的明细清单。该清单应包括项目编码、项目名称、项目特征、计量单位和工程数量(见表 4.1)。

表 4.1　分部分项工程和单价措施项目清单与计价表

工程名称：　　　　　　　　　　　　标段：　　　　　　　　　　　　第　页，共　页

序号	项目编码	项目名称	项目特征描述	计算单位	工程量	金额(元)		
						综合单价	合价	其中暂估价

①项目编码。项目编码，按计价规范规定采用五级编码，由 12 位阿拉伯数字组成。其中 1～9 位按计价规范规定统一设置不得擅自改动，10～12 位根据拟建工程的工程量清单项目名称由清单编制人自行设置且应从 001 开始。同一招标工程的项目编码不得有重码。

在十二位数字中，一至二位为专业工程码，如建筑工程与装饰工程为 01、仿古建筑工程为 02、通用安装工程为 03、市政工程为 04、园林绿化工程为 05、矿山工程为 06、构筑物工程为 07、城市轨道交通工程为 08、爆破工程为 09，三至四位为附录分类顺序码，五至六位为分部工程顺序码，七、八、九位为分项工程项目名称顺序码，十至十二位为清单项目名称顺序码。

例如：

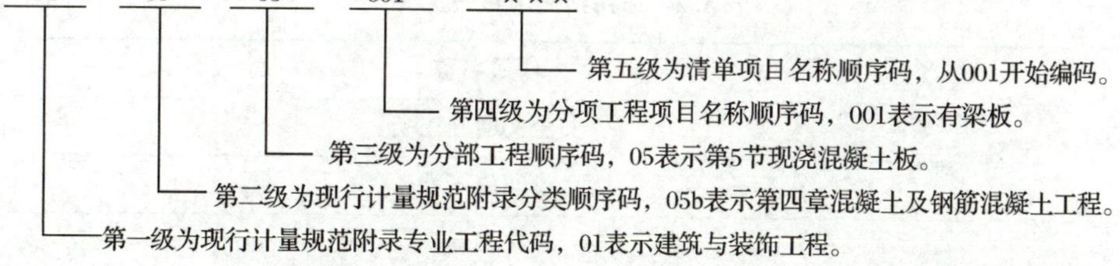

②项目名称。项目名称应按现行计量规范的项目名称结合拟建工程的实际确定，实际工作中一

般以工程实体命名。项目实施过程中编制工程量清单时，出现附录中未包括的项目，编制人应作补充，并报省级或行业工程造价管理机构备案，省级或行业工程造价管理机构应汇总报住房和城乡建设部标准定额研究所。

补充项目的编码由本规范的代码 01 与 B 和三位阿拉伯数字组成，并应从 01B001 起顺序编制，同一招标工程的项目不得重码。分部分项工程项目清单中应附补充项目名称、项目特征、计量单位、工程量计算规则、工作内容。

③项目特征。项目特征是构成分部分项工程量清单项目、措施项目自身价值的本质特征。项目特征应按附录中规定的项目特征结合拟建工程项目的实际予以描述。

④计量单位。计量单位应按附录中规定的计量单位确定，如果其专业有特殊的计量单位时，要在备注中说明。当计量单位有两个或多个时，要根据所编工程量清单项目特点，选择较适宜说明该项目特点且方便计量的单位。

工程计量时每一项目汇总的有效位数应遵守下列规定。

A. 以“t”为单位，应保留小数点后三位数字，第四位小数四舍五入。例如，钢筋工程计量单位为“t”。

B. 以“m、m^2、m^3、kg”为单位，应保留小数点后两位数字，第三位小数四舍五入。例如，挖基础土方计量单位为“m^3”，墙面一般抹灰计量单位为“m^2”。

C. 以“个、件、根、组、系统”为单位，应取整数。例如，门窗工程的计量单位为“樘”。

⑤工程数量。工程数量主要通过对清单项目工程量计算规则计算得到。清单计价的项目主要是以实体工程量且全部完成后的净值计算。投标人报价时，应在综合单价中考虑施工中的各种损耗和增加的工程量及部分风险问题等。

(2)措施项目清单。措施项目是指为完成工程项目施工，发生于该工程施工准备和施工过程中的技术、生活、安全、环境保护等方面的非工程实体项目。

措施项目清单为可调清单，投标人对招标文件中所列项目，可根据企业自身特点做适当的增减。投标人要对拟建工程可能发生的措施项目费用作全面的考虑。在措施项目清单列项时要全面，防止出现漏项的情况。作为可调清单一经报出，即被认为是包括了所有应该发生的措施项目的全部费用。如果报出的清单中没有列项，且施工中又必须发生的项目，业主有权认为，其已经综合在分部分项工程量清单的综合单价中，将来措施项目发生时投标人不得以任何借口提出索赔与调整。

《建设工程工程量清单计价规范》(GB 50500—2013，以下简称《计价规范》）规定措施项目清单应根据拟建工程的实际情况列项。通用措施项目可按表 4.2 选择列项；专业工程的措施项目可按附录中规定的项目选择列项。若出现《计价规范》未列的项目可根据工程实际情况补充。

表 4.2　通用措施项目一览表

序号	项目名称
1	安全文明施工费
2	夜间施工费
3	二次搬运费
4	冬雨季施工

续表

序号	项目名称
5	大型机械设备进出场及安拆费
6	施工排水
7	施工降水
8	地上、地下设施及周围建筑物的临时保护设施
9	已完成工程及设备保护

现行计价规范中，将措施项目分为能计量的和不能计量的两类。

对能计量的措施项目(即单价措施项目)，同分部分项工程一样，编制措施项目清单时应列出项目编码、项目名称、项目特征、计量单位，并按现行计量规范规定，采用对应的工程量计算规则计算其工程量。

对不能计量的措施项目(即总价措施项目，见表 4.3)，以“项”为计量单位。措施项目清单中仅列出了项目编码、项目名称，但未列出项目特征、计量单位的项目，编制措施项目清单时，应按现行计量规范附录(措施项目)的规定执行。

表 4.3 总价措施项目清单与计价表

工程名称： 标段： 第 页，共 页

序号	项目编号	项目名称	计算基础	费率(%)	金额(元)	调整费率(%)	调整后金额(元)	备注
		安全文明施工费						
		夜间施工增加费						
		二次搬运费						
		冬雨季施工增加费						
		已完工程及设备保护费						
		合计						

(3)其他项目清单。其他项目清单应根据拟建工程的具体情况、工期长短、工程特点列项。《计价规范》规定，其他项目清单宜按照下列内容列项：①暂列金额；②暂估价；③计日工；④总承包服务费(见表 4.4)。

表 4.4 其他项目清单与计价汇总表

工程名称： 标段： 第 页，共 页

序号	项目名称	金额(元)	结算金额(元)	备注
1	暂列金额			明细详见《建设工程工程量清单计价规范》(GB 50500—2013)表 12-1
2	暂估价			

续表

序号	项目名称	金额（元）	结算金额（元）	备注
2.1	材料暂估价			明细详见《建设工程工程量清单计价规范》(GB 50500—2013)表 12－2
2.2	专业工程暂估价			明细详见《建设工程工程量清单计价规范》(GB 50500—2013)表 12－3
3	计日工			明细详见《建设工程工程量清单计价规范》(GB 50500—2013)表 12－4
4	总承包服务费			明细详见《建设工程工程量清单计价规范》(GB 50500—2013)表 12－5
5	索赔与现场签证			明细详见《建设工程工程量清单计价规范》(GB 50500—2013)表 12－6
合计				

注：材料(工程设备)暂估单价进入清单项目综合单价，此处不汇总。

①暂列金额。暂列金额是招标人在清单中暂定的并包括在合同中的一笔款项。

②暂估价。暂估价是指招标人在清单中提供的，用于支付项目施工过程中必然会发生的但是现阶段不能确定价格的材料、工程设备的单价及专业工程的金额。暂估价包括材料暂估价、工程设备暂估价和专业工程暂估价。

③计日工。计日工是为了解决现场发生的，工程合同以外零星工作而设立的，按工程合同中约定的单价来计价。计日工对实际完成零星工作所消耗的人工工时、材料数量、施工机械台班进行计价，并按照计日工表中填报的适用项目的单价进行计价支付。

④总承包服务费。总承包服务费是解决招标人在法律、法规允许的条件下，进行专业工程发包以及自行采购供应材料、设备，要求总承包人对发包的专业工程提供协调和配合服务时，所支付的费用。

(4)规费项目清单。规费是指根据省级政府或省级有关权力部门规定必须缴纳的，应计入建筑安装工程造价的费用。规费项目清单应按照社会保险费、住房公积金、工程排污费等列项。

(5)税金项目清单。税金指国家税法规定的，应计入建筑安装工程造价内的营业税、城市维护建设税及教育费附加等。出现规范未列的项目，应根据税务部门的规定列项(见表 4.5)。

表 4.5　规费、税金项目计价表

工程名称：　　　　　　　　　标段：　　　　　　　　　　　第　页，共　页

序号	项目名称	计算基础	计算基数	计算费率(%)	金额(元)
1	规费	定额人工费			
1.1	社会保险费	定额人工费			
(1)	养老保险费	定额人工费			
(2)	失业保险费	定额人工费			

续表

序号	项目名称	计算基础	计算基数	计算费率(%)	金额(元)
(3)	医疗保险费	定额人工费			
(4)	工伤保险费	定额人工费			
(5)	生育保险费	定额人工费			
1.2	住房公积金	定额人工费			
1.3	工程排污费	按工程所在地环保部门收取标准，按实计入			
2	税金	分部分项工程费＋措施项目费＋其他项目费＋规费－按规定不计税的工程设备金额			
合计					

编制人(造价人员)：　　　　　　　　　　　　　　复核人(造价工程师)：

4.4 建筑工程造价的计价依据

如欲在工程建设各阶段合理地确定工程造价，则必须有科学适用的计价依据。这些计价依据主要包括造价定额、造价指标、取费定额、工期定额、基础单价和工程造价指数等。

4.4.1 工程造价计价依据的分类

1. 造价定额

造价定额一般是指完成指定的单项施工内容在人力、物力、财力消耗方面所需的社会必要劳动量，在我国属于推荐性经济标准。其中最重要的有预算定额和概算定额。

(1)预算定额。预算定额是在编制施工图预算时，计算工程造价和计算人工、材料、机械台班需要量的一种定额。同时，预算定额是在招标承包情况下，计算标底和确定报价的主要依据。预算定额是按分部分项工程进行项目划分的。

(2)概算定额。概算定额是编制初步设计概算和修正概算时，确定工程概算造价，计算劳动、机械台班、材料需要量所使用的定额。

2. 造价指标

造价指标是反映特定的单位工程、单项工程或建设项目所需人力、物力和财力的综合需要量。在我国，它属于参考性经济标准，如概算指标、投资估算指标。

(1)概算指标。概算指标是按一定计量单位规定的，比概算定额更综合扩大的分部工程或单位工程的劳动、材料和机械台班的消耗量标准和造价指标。在建筑工程中，它往往以完整的建筑物、构筑物为对象，以每平方米或每立方米，或每幢建筑物，或每座构筑物等为计量单位，在概算定额和预算定额基础上进行编制。

(2)投资估算指标。投资估算指标是在项目建议书可行性研究阶段编制投资估算的基础和依据。投资估算指标与概预算定额相比，具有较强的综合性和概括性。它往往以独立的建设项目、单项工程或单位工程为对象，综合项目全过程投资和建设中的各类成本和费用，反映其扩大的技术经济指标。投资估算指标一般根据历史的预决算资料和价格变动等资料编制，但其编制基础仍离不开预算定额、概算定额和概算指标。

3. 取费定额

取费定额是以某些费用项目为计算基础，反映专项费用的社会必要劳动量的百分率或标准，它是定额的一种特殊形式。

4. 工期定额

工期定额是为各类工程规定的施工期限的定额天数，包括建设工期定额和施工工期定额两个层次。

建设工期是指建设项目或独立的单项工程在建设过程中所耗用的时间总量，一般以月数或天数表示。施工工期一般是指单项工程或单位工程从开工到完工所经历的时间，它是建设工期中的一部分。

5. 基础单价

基础单价是指工程建设中消耗的劳动力、材料、机械台班及设备工器具价格的总称。

6. 工程造价指数

工程造价指数是说明不同时期工程造价的相对变化趋势和程度的指标，即说明某一时间的工程造价比另一时期工程造价上升或下降的百分比。

4.4.2 人工、材料和机械台班定额消耗量

1. 人工定额消耗量的确定

预算定额中人工工日消耗量是指在正常施工生产条件下，生产单位假定建筑安装产品(分部分项工程或结构件)必须消耗的某种技术等级的人工工日数量，它由分项工程所综合的各个工序施工劳动定额包括的基本用工、其他用工以及施工劳动定额同预算定额工日消耗量的幅度差三部分组成。

(1)基本用工。基本用工是指完成假定建筑安装产品的基本用工工日。计算公式如下：

基本用工＝∑(综合取定的工程量×施工劳动定额)

(2)其他用工。其他用工通常包括：

①超运距用工。超运距用工是指预算定额的平均水平运距超过劳动定额规定的水平运距部分消耗的用工。

②辅助用工。辅助用工是指技术工种劳动定额内未包括而在预算定额内又必须考虑的工时消耗。

(3)人工幅度差。人工幅度差即预算定额与施工劳动定额的差额，主要是指在施工劳动定额中未包括而在正常施工情况下不可避免但又很难准确计量的用工。

2. 材料定额消耗量的确定

预算定额中的材料消耗量是指在合理和节约使用材料的条件下，生产单位假定建筑安装产品(分部分项工程或结构构件)必须消耗的一定品种规格的材料、半成品、构配件等的数量标准。它包括材料净耗量、材料不可避免损耗量、周转性材料摊销额的测定。

(1)材料净耗量。材料的净耗量是指直接用到工程中去，构成工程实体的材料消耗量。它可以采用计算法、换算法和试验室试验法进行测定。

(2)材料不可避免损耗量。材料不可避免损耗量包括以下几种。

①施工操作中的材料损耗量，包括操作过程中不可避免的废料和损耗量。

②领料时材料从工地仓库、现场堆放地点或施工现场内的加工地点运至施工操作地点的不可避免的场内运输损耗量、装卸损耗量。

③材料在施工操作地点的不可避免的堆放损耗量。

④材料预算价格中没有考虑的场外运输损耗量。

各分部分项工程材料净耗量(又称材料净耗定额)与材料不可避免损耗量(又称材料损耗定额)之和构成材料必需消耗量(材料预算定额量)。材料不可避免损耗量与材料必需消耗量之比，称为材料损耗率，其计算公式为：

$$材料损耗率=\frac{材料不可避免损耗量}{材料必需消耗量}\times 100\%$$

$$材料必需消耗量=\frac{材料净耗量}{1-材料损耗率}$$

(3)周转性材料摊销额的测定。周转性材料是指在施工过程中多次使用的工具性材料，如脚手架、钢木模板、跳板、挡木板等。纳入定额的周转性材料消耗指标应当有两个：一个是一次使用量，供申请备料和编制施工作业计划使用，一般是根据施工图纸进行计算；另一个是摊销量，即周转材料使用一次摊在单位产品上的消耗量。

$$摊销量=\frac{一次使用量\times(1+损耗率)}{周转次数}$$

概算定额中的材料消耗量是指在合理和节约使用材料的条件下，生产单位建筑安装产品(扩大的分部分项工程)必须消耗的一定品种规格的材料、半成品、构配件等的数量标准。它是由该扩大分部分项工程包含的各分部分项工程预算定额材料消耗量综合而成的。

3. 机械台班定额消耗量的确定

预算定额中的机械台班消耗量是指在正常施工条件下，生产单位假定建筑安装产品(分部分项工程或结构构件)必须消耗的某类或某种型号施工机械的台班数量。它是根据合理的施工组织设计中确定的施工机械的规格、型号计算的，包括以下两种。

(1)综合各工序机械台班定额之和。

$$机械台班定额消耗量=\sum(各工序实物工程量\times相应的施工机械台班定额)$$

(2)预算定额和施工定额的机械台班幅度差。概算定额中机械台班消耗量是指在正常施工条件下，生产单位建筑安装产品必须消耗的某类、某种型号施工机械台班数量。这是在预算定额机械台班消耗量基础上适当综合得出的，两者之间允许有一定的幅度差，这个幅度差约在5%。

4.4.3 基础单价

1. 人工工资单价

人工工资单价是指一个建筑安装工人一个工作日在预算中应计入的全部人工费用。基本工资一般包括如下几项。

(1)基本工资。按照岗位技能工资制度，基本工资一般包括岗位工资、技能工资和年工资等。

(2)工资性补贴。工资性补贴是指为了补偿工人额外或特殊的劳动消耗及为了保证工人的工资水平不受特殊条件的影响，而以补贴形式支付给工人的劳动报酬。其包括交通补贴、流动施工津贴、住房补贴、地区津贴、物价补贴和工资附加等。

(3)辅助工资。辅助工资是指工人在年有效施工天数以外非作业天数的工资，包括职工学习、培训期间的工资，调动工作、探亲、休假期间的工资，因气候影响的停工工资，女工哺乳时间的工资，病假在6个月以内的工资，以及产、婚、丧假的工资。

(4)职工福利费。

(5)劳动保护费。

2. 材料的预算价格

材料的预算价格是指材料(包括构件、成品及半成品等)从其来源地(或交货地点)到达施工工地仓库(施工地点内存放材料的地点)后的出库价格。

材料预算价格一般由材料原价，供销部门经营费、包装费、运输费、采购及保管费组成。其中材料原价与供销部门经营费之和被称为供应价，它是材料预算价格中最重要的构成因素。材料预算价格的计算公式为：

$$\text{材料预算价格}=(\text{材料原价}+\text{供销部门经营费}+\text{包装费}+\text{运输费})\times(1+\text{采购及保管费率})-\text{包装品回收价值}$$

3. 机械台班单价

机械台班单价是指一台施工机械在正常运转条件下，一个工作班中所发生的全部费用。它由以下各项组成。

(1)折旧费。折旧费是指机械设备在规定的使用期限(耐用总台班)内陆续收回其原值时，每一台班所摊的费用。其计算公式如下：

$$\text{台班折旧费}=\frac{\text{机械预算价格}\times(1-\text{残值率})}{\text{耐用总台班数}}$$

①机械预算价格(机械原值)。机械预算价格(机械原值)由机械出厂价格(或到岸完税价格)和由生产厂(销售单位交货地点或口岸)运至使用单位机械管理部门验收入库的全部费用组成。

②残值率。残值率是指施工机械报废时回收的残余价值占原值的比率。

③耐用总台班数。耐用总台班数是指机械设备从开始投入使用至报废前所使用的总台班数。

(2)大修理费。大修理费是指机械设备按规定的大修间隔台班进行必要的大修理以恢复机械的正常功能时每台班所摊的费用。其计算公式如下：

$$\text{台班大修理费}=\frac{\text{一次大修理费}\times(\text{大修周期费}-1)}{\text{耐用总台班数}}$$

(3)经常修理费。

(4)安拆费和场外运输费。安拆费是指机械在施工现场进行安装、拆卸所需人工、材料、机械和试运转费用。场外运输费是指机械整体或分体自停置地点运至现场或自一工地运至另一工地的运费、装卸、辅助材料以及架线等费用。

(5)燃料动力费。燃料动力费是指机械在运转或施工作业中所消耗的固体燃料、液体燃料、电力、水和风力等费用。

(6)人工费。人工费是指机上司机或副司机、司炉的基本工资和其他工资性津贴。

(7)运输机械养路费及车船使用税。

4.4.4 费用定额

1. 建筑安装工程取费定额

建筑工程取费定额主要包括其他直接费定额、现场经费定额和间接费定额。

(1)其他直接费定额。其他直接费定额是指直接费以外，在施工过程中发生的并与施工生产直接有关的费用标准。其他直接费属于直接工程费的一部分，但它又难以用消耗量的形式列入概预算定额分项之内。

其他直接费的取费基础：建筑工程一般以直接费为取费基础，安装工程以人工费为取费基础。

(2)现场经费定额和间接费定额。现场经费定额和间接费定额是确定现场经费和企业经营费的开支标准。现行的各地区、各部门制定的现场经费和间接费定额基本上依据建筑安装生产工人平均年费用开支额，按现场经费和间接费的费用项目、内容等分别核定，再按所核定的各项费用开支额之和，与建筑安装生产工人数比较后加以确定。其基本计算公式如下。

①当以直接费(或直接工程费)为计算基础时：

$$\text{某项费用取费定额}=\frac{\text{建筑安装生产工人平均该费用开支额}}{\text{全年有效施工天数}\times\text{平均每一工日人工费}}\times\text{人工费占直接费(占直接工程费)}\%$$

②当以人工费为计算基础时：

$$\text{某项费用取费定额}=\frac{\text{建筑安装生产工人平均年均该费用开支额}}{\text{全年有效施工天数}\times\text{平均每一工日人工费}}\times 100\%$$

现场经费的取费基础与其他直接费相同。间接费的取费基础：建筑工程一般以直接费为基础，安装工程以人工费为基础。

2. 工程建设其他费用定额

工程建设其他费用属于建设项目或单项工程从筹建至竣工验收交付使用过程中应在固定资产投资中列支，又不能列入建筑安装工程费、设备工器具购置费的费用项目。长期以来，一直采用定性与定量相结合的方式，由主管部门判定工程建设其他费用的编制办法，一方面对适于定量的费用规定开支标准；另一方面，对难于定量的费用项目则规定其计算办法(见表4.6)。

表4.6 工程建设其他费用编制办法

组成内容	编制方法
一、土地、青苗等补偿费和安置补助费	1. 根据有权单位批准的建设用地、临时用地面积和各省、自治区、直辖市人民政府制定颁发的各项补偿费、安置补助费标准计算；大中型水利水电工程建设移民安置办法，按有关专业部规定执行 2. 此项费用除预备费外，不作其他费用计取的基础

续表

组成内容	编制方法
二、建设单位管理费	以“单项工程费用”总和为基础，按照工程项目的不同规模分别制定的建设单位管理费率计算；或以管理费用金额总数表示。对于改、扩建项目应适当降低费率
三、研究试验费	按照设计提出的研究试验内容和要求进行编制
四、生产职工培训费	根据初步设计规定的培训人员数，提前进厂人数，培训方法、时间和职工培训定额计算。有的工程不发生提前进厂费，不得包括此项内容
五、办公和生活家具购置费	新建项目及改、扩建项目按照设计定员新增人数乘以综合指标计算
六、联合运转费	以“单项工程费用”总和为基础，按照工程项目的不同规模分别规定试运转费率或以试运转费的总金额包干使用
七、勘察设计费	按国家有关部门颁发的工程勘察设计收费标准和有关规定进行编制
八、供电贴费	按国家规定执行
九、施工机构迁移费	在编制初步设计概算时，应由建设项目的主管部门同意，按建筑安装工程费用的百分比或类似工程预算计算。施工图预算根据主管部门批准的施工队伍调迁计划计算
十、矿山巷道维修费	按照国务院主管部门规定执行
十一、引进技术和进口设备项目的其他项目	生活费、差旅费、技术资料费等按照合同和国家有关规定计算，保险费按照中国人民银行、国家发改委等单位规定的保险费率计算

4.4.5 工程单价

工程单价是指单位假定建筑安装产品的不完全价格。

1. 基本直接费单价

概预算定额中的主要指标是以实物量形式表现的人工、材料、机械台班消耗量，但在编制概预算时，普遍采用的方法是单价法和扩大单价法，为了方便使用，定额中也普遍设有价值指标，这就是由人工费、材料费、机械使用费构成的工程单价，被称为基本直接费单价，其计算公式为：

概算定额基价＝概预算定额单位材料费＋概预算定额单位人工费＋概预算定额单位施工机械使用费
＝∑(材料概预算定额消耗量×材料预算价格)＋∑(人工概预算定额消耗量×人工工资单价)＋∑(施工机械概预算额消耗量×机械台班费用单价)

2. 全费用单价

综合单价是指完成一个规定清单项目所需的人工费、材料和工程设备费、施工机械使用费和企业管理费、利润，以及一定范围内的风险的费用。这种单价不仅包括人工费、材料费和机械使用费，还包括其他直接费、现场经费和间接费等，因此又被称为全费用单价。全费用单价的计算公式为：

全费用单价＝单位分部分项工程基本直接费＋其他直接费＋现场经费＋间接费

上式中单位分部分项工程基本直接费是指单位分部分项工程人工费、材料费和机械使用费之和。

3. 完全单价

基本直接费单价和全费用单价均未包括价格的全部构成要素，都属于不完全单价。完全单价是指单价中既包括全部成本，也含利润和税金。完全单价在国外工程承发包报价中较为流行。

4. 清单计价

工程量清单是建设工程的分部分项工程项目、措施项目、其他项目、规费项目和税金项目的名称和相应数量等的明细清单。

工程量清单计价法，是在建设工程招投标中，招标人或委托具有工程造价咨询资质的中介机构，按照工程量清单计价办法和招标文件的有关规定，根据施工设计图纸及施工现场实际情况，编制反映工程实体消耗和措施性消耗的工程量清单。工程量清单作为招标文件的一部分提供给投标人，由投标人依据工程量清单自主报价的计价方式。

在工程招投标中采用工程量清单计价是国际上较为通行的做法。

4.4.6 工程造价指数

在市场价格水平发生经常波动的情况下，建筑工程造价及其各组成部分也处于不断变化之中。这不仅使不同时期的工程在"量"与"价"上都失去了可比性，而且给合理确定和有效控制造价造成了困难。根据工程建设的特点，编制工程造价指数是解决这些问题的最佳途径。

建设工程造价指数主要包括建筑安装工程造价指数、设备工器具价格指数和工程建设其他费用指数。其中建筑安装工程造价指数的应用最为广泛。

1. 建筑安装工程造价指数的编制

(1)建筑安装工程造价指数的编制特点。建筑安装工程作为一种特殊商品，其价格指数的编制也较一般商品具有独特之处。首先，由于建筑产品采用的是分部组合计价方法，其价格指数也必定要按照一定的层次结构计算，即先要编制投入品价格指数(包括各类材料、人工和机械台班价格指数)，接着在投入品价格指数的基础上计算工料机费用指数(包括人工费指数、材料费指数、机械使用费指数)，并进一步汇总出成本指数(包括直接工程费指数、间接费指数等)，最后在上述指数基础上，编制建筑安装工程造价指数。其次，建筑安装工程单件性计价的特点决定了工程造价指数应是对造价发展趋势的综合反映，而不仅仅是对某一特定工程的造价分析，即指数计算有很强的综合性。指数的准确性和实用性在很大程度上受到指数结构的合理性和指数综合技巧的制约。

(2)建筑安装工程造价指数的基本计算公式。各层次的工程造价指数均可采用拉氏指数公式或派氏指数公式计算。在拉氏指数公式中，权重固定不变，可表示为：

$$K_L=\frac{\sum p_1 q_0}{\sum p_0 q_0} \tag{4.1}$$

$$K_P=\frac{\sum p_1 q_1}{\sum p_0 q_1} \tag{4.2}$$

上式中，K_L、K_P——各层指数；

P_1、P_0——分别表示报告期和基期的要素价格或费用；

q_1、q_0——分别表示报告期和基期的消耗量或销售量。

(3)投入品价格指数的编制。建筑安装工程的投入品包括材料、人工、机械三大类及几百个品种、上千种规格，只能从中选出一定的代表投入品编制价格指数。代表投入品的选择一般基于以下原则：一是实际消耗量较大，二是市场价格变动趋势有代表性，三是价格变动有独立的发展趋势，四是市场价格信息准确、及时，五是生产供应稳定。

代表投入品确定后，还要对投入品市场进行调查。市场的广泛性和不确定性造成同时期的投入品市场价格在有形市场中存在差异，因此要按投入产品的耗用量或成交量对投入品价格进行加权，计算公式见(4.2)。

(4)工料机费用指数和成本指数的编制。工料机费用指数和成本指数一般按工程性质分类后，代入拉氏指数公式计算，这时公式(4.1)中的 q_0 表示基期的消耗量。消耗量数据可按下面方法确定：先在同类工程中选择有代表特征的一个或若干个范例工程，严格审查或复核其工料机消耗水平、建设标准或施工方法，作为测算工料机费用指数和成本指数的权重基础；将基期和报告期的工料机单价以及工料机消耗量代入公式(4.2)，便可得到相应的工料机费用指数；最后将工料机三种费用指数进行综合，并将不同时期的取费率代入公式还可得到直接工程费指数、间接费指数和建造成本指数等。

(5)建筑安装工程造价指数的编制。建筑安装工程造价指数编制通常采用如下方法：根据工料机费用指数和成本指数的计算结果，分别考虑基期和报告期的利税水平，可得到范例工程报告期和基期造价的比值，即建筑安装工程造价指数。我国各地区、部门大多采用这种编制方法。

建筑安装工程指数的编制过程详见图 4.6。

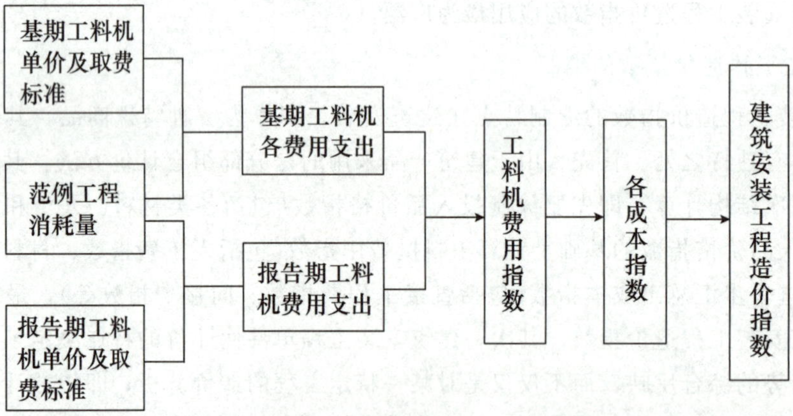

图 4.6　建筑安装工程造价指数计算工程

2. 工程造价指数的应用

工程造价指数反映了报告期与基期相比的价格变动趋势，可以利用它来研究实际工作中的以下问题。

(1)可以利用工程造价指数分析价格上涨或下跌的原因。

(2)利用工程造价指数来估计工程造价变化对宏观经济的影响。

(3)工程造价指数是工程承发包双方进行工程估价和结算的重要依据。

4.5 建筑工程设计阶段的造价控制

工程项目的投资控制与管理，应当贯穿工程建设的全过程。我国的工程建设长期以来单凭概预算人员，单纯地从财务角度审核费用开支，实践证明，这难以有效地控制造价。工程投资的控制关键在于施工前的投资决策和设计阶段，而在项目作出投资决策后，控制工程总投资的关键在于设计阶段。

4.5.1 设计阶段工程造价失控的原因

1. 初步设计阶段造成的工程造价失控

初步设计阶段造成的工程造价失控主要表现在前期可行性研究不够深入，没有做好建设项目前期工作就仓促上马，使实施的某些技术方案缺乏科学论证，设计变更多，漏项严重，使项目开工前工程造价就失控，造价超支严重。

2. 技术设计阶段造成的工程造价失控

对于技术设计，我国现阶段缺乏相应的法律监管制度及相关的职能监督部门，这造成设计过程中的投资浪费，使设计人员只承担技术责任，不承担经济责任，设计概算严重超过了投资限额；工艺的设计延用旧的工艺，没有新突破，造成改造维修费用增加；建设单位对设计阶段工程造价控制不利，只追求高标准、造型美观、占地面积等，而对工程造价控制很少涉及，使很多工程附加了不必要的功能，造成工程造价失控。

3. 工程造价失控的其他原因

工程造价管理工作涉及面广、工作量大、项目繁杂、标准不一、经费和人员缺乏等导致工作效果不理想，工程造价资料积累相关体系不完善，编制设计概算时缺乏有利的参考依据，报价严重失真。

4.5.2 工程建设设计阶段造价控制的措施

1. 树立科学合理的造价控制理念

操作职员是工程建设整体工作中最主要的影响因素，因此帮助职员树立科学合理的造价控制理念是获得理想管理效果的有效途径。在工程建设设计阶段所采用的造价控制方法必须具备很强的可行性。如果企业没有树立正确的造价控制理念，忽视了对项目初步设计深度的把握，就无法获得令人满意的概算精度。工程相关人员要时刻保持谨慎的态度，在审批过程中严格按照标准要求进行核查，禁止出现“三超”情况，即概算超估算、预算超概算、结算超预算。监理部门应该帮助企业积极引导所有参与工程施工的职员树立科学合理的造价控制理念，将造价控制重点放在设计阶段环节上，从而促进工程造价获得更为理想的控制效果。

2. 明确工程设计阶段造价控制目标

工程建设企业在开展设计工作之前必须明确自身造价控制目标，在具备清晰明了的目标的前提下，相关工作才能有条不紊地进行。在对工程项目设计阶段进行造价管理的时候，只要具备明确的控制目标，并且能够严格按照控制目标要求来开展建设工作，确保各项控制措施得到落实，履行目标中退阶式的控制流程，就一定能够实现企业预期战略控制目标。

3. 提升设计参与职员综合技能及素质

在工程建设设计工作的实际操作环节中，部分设计职员并没有具备较强的理论知识，而且各方面技能及素质水平偏低，无法对设计阶段中的费用定额、概预算定额、材料价格进行正确设定。还有一些设计职员甚至没有全面了解自身所处岗位所需要承担的责任及义务，在开展设计工作时，经常会出现一些遗漏，对工程最终造价控制效果产生严重负面影响。企业可以定期组织开展设计技能培训，引导设计职员树立科学合理的经济核算意识，避免出现重技术轻经济的错误思想，提高设计职员造价控制能力，同时还要注重不断扩展设计职员的专业知识面，使其在进行设计的时候能够自觉将经济与技术有效结合起来，为工程建设项目提供科学合理、经济先进的设计依据，有效管理并控制工程造价。

4. 方案优化及设计变更管理

经济上运用价值工程进行设计方案优化。同一建设项目可以有不同的设计方案，因而有不同的造价。因此积极运用价值工程，进行方案优化，对控制造价有着十分重要的意义。一个大型的建设项目，设计变更是不可避免的，但要加强对设计变更的管理。设计变更包含设计工作本身的漏项、错误或其他原因的修改和补充原设计的技术资料以及建设单位提出的变更要求。变更和现场签证两者性质截然不同，凡属设计变更范畴，必须按设计变更处理，不能用现场签证代替。设计变更是工程变更的一部分，因而关系到进度、质量和造价控制。设计变更应尽量提前，变更发生得越早，损失越小，反之则越大。

5. 推行限额设计，严格控制投资规模

按照批准的设计任务书及投资估算控制初步设计，按批准的初步设计总概算控制施工图设计。而且各专业在保证达到使用功能的前提下，按分配的投资限额控制技术设计和施工设计的不合理变更，保证总投资限额不被突破。限额设计也不是一味地考虑节约投资，而是以科学发展观、尊重实际的态度，加强经济观念，时刻想着“笔下一条线，投资千千万万”。现在的工程监理工作中仍存在着重视施工监理而忽视设计监理的现象，实际上设计监理在工程项目的造价、进度、质量控制中起着重要的作用，特别是对控制工程投资起着至关重要的作用。

工程建设项目造价控制的关键环节在于设计阶段，只有充分结合经济与技术两个重要因素，才能迅速提升设计阶段的造价控制水平及质量，为获得理想工程建设项目经济效益奠定坚实基础。设计职员不仅要掌握设计技能，还要正确理解经济在设计工作中产生的重要作用，有效化解经济合理与先进技术之间的对立关系或矛盾，使两者处于统一状态，这样才能促进工程建设设计阶段中的造价控制获得良性循环，使有限资金得到充分合理的使用。

4.6 建筑工程施工招标阶段的造价控制

招投标阶段是业主确定工程造价的一个重要的阶段，它对今后的施工以至于工程竣工结算都有着直接的影响，因此，招投标阶段的造价控制对整个工程造价控制非常必要。

4.6.1 建筑工程施工招投标阶段造价控制的重要性

施工招投标阶段也是签订《建设工程合同》的阶段。招标、投标、定标实际是承发包双方合同的签订过程。业主发出的招标文件是要约邀请，投标人提交投标文件是要约，评标、定标是一个承诺的过程，最后签订施工合同，成为以该工程质量、工期、价格为主要内容的法律文件。施工招标文件是由招标单位或受其委托的招投标代理机构编制，并向投标单位提供的为进行招标工作所必需的重要文件。它的基本内容包括投标须知、合同条件、合同协议条款、合同格式、技术、投标书及投标书附录、工程量清单与报价表、辅助资料表、资格审查表、施工图纸等。施工招投标文件中的主要条款，如材料供应的方式、计价依据、付款方式等都是造价控制的直接影响因素。招标文件规定的合同条件和协议条款是投标单位中标后与甲方签订合同的依据，签订的合同内容与招标文件的实质性内容不得违背。合同中的定价，就是该工程的承发包价格，一旦甲乙双方在工程造价上出现争议，合同条款就是索赔的依据，所以招标文件的编制直接影响最终的工程造价。

4.6.2 加强施工招投标阶段造价控制的措施

1. 大力推行工程量清单招标

国际通用的工程量清单计价的模式，是依据施工图纸、统一的工程量计算规则，由招标人或招标代理机构计算出分部分项的工程量表及其汇总表，然后通过招标询价和答疑，以公平竞争形成合理的低价的模式。

实行工程量清单招标以后，招标人按照国家统一的《工程量计算规则》提供准确的工程量清单，并承担相应的风险，投标人则必须对单位工程成本、利润进行分析，统筹考虑、精心选择施工方案，并根据企业的施工定额合理确定人工、材料、施工机械等要素的投入与配置，优化组合，合理控制现场费用和施工技术措施费用，确定投标报价。因此，投标人必须承担投标报价的风险，由于成本是价格的最低界限，当投标人减少了投标报价的偶然性技术误差时，就有足够的余地选择合理标价的下浮幅度，掌握一个合理的临界点，即使报价最低，还能有一定利润空间。通过风险的合理分担促进各方面管理水平的提高。

实行工程量清单招标，避免了工程招标中的弄虚作假、暗箱操作等违规行为，有利于廉政建设和净化建筑市场环境，规范招标行为，同时消除工程量不统一引起的标价上的误差，可以从细节上衡量投标企业的报价水平及其合理性，有利于正确评标。工程量清单招标和评标实质上是市场确定价格的过程，通过淡化标底的作用，使标底不再成为中标的直接因素，并取消标底审核这一环节，将标底定为控制价，在招标时公开。控制价的作用只作为投标单位编制投标报价时参考的上限标准，只要投标价高于控制价就不能成为中标单位，这样就消除了编制标底给招标活动带来的负面影响，彻底避免了标底的跑、漏、靠现象。工程量清单和控制价的公开，提高了招投标工作的透明度，为承包商竞争提供了一个共同的起点，使招投标过程真正做到了符合公开、公平、公正和诚实信用的原则。

2. 改进建筑工程的评标方法

根据《招标投标法》《评标委员会和评标方法暂行规定》[国家发展计划委员会、国家经济贸易委员会、建设部、铁道部、交通部、信息产业部、水利部令(2001 年第 12 号)]等法律法规的规定，我国目前的评标办法主要包括经评审的最低投标价法、综合评估法或者法律、行政法规允许的其他评标方法。同时，我国各地方政府根据国家法律法规及当地的实际情况，也制定了相应的评标定标办法。经评审的最低投标价法一般适用于具有通用技术、性能标准或者招标人对其技术、性能没有特殊要求的招标项目。采用该方法确定的中标人的投标应当能够满足招标文件的实质性要求，并且经评审的投标价格最低，但是投标价格低于其成本的除外。采用综合评估法评标的，中标人的投标应当能够最大限度地满足招标文件中规定的各项综合评价标准。法律、行政法规允许的其他评标方法有抽签法、合理低价评标法、平均报价评标法等。建筑工程评标方法应在以下几个方面进行改进。

(1)在评标过程中剔除不合理价，不应简单地剔除所报的最高价和最低价，而应剔除低于个别成本的低价和超过标底的高价。

(2)招标的标底一般套用全国统一概预算定额和地区单位估价表，参照概预算取费标准，反映的是本行业本地区企业的平均先进水平，所以标底价格稍偏高。因为招标就是择优，如果投标单位的报价高于标底，则说明该企业的技术水平和经营管理水平达不到本地区的平均先进水平，所以该企业不能算优秀，不能成为中标企业。因此，标底可以用来作为限制报价最高价的依据，而不应作为确定评分标准的依据。

(3)如果某企业的报价最低，也不能简单认为它是不合理价格。按照《招标投标法》的规定，投标价不能低于其成本。但这里所指的成本，应该理解为投标人自己的个别成本，而不是社会平均成本。由于投标人技术和管理等方面的因素，其个别成本有可能低于社会平均成本，投标人以低于社会平均成本但不低于其个别成本的价格投标，是应该受到保护和鼓励的。如果投标人的价格低于自己的个别成本，则意味着投标人取得合同后，可能为了节省开支而想方设法偷工减料、降低工程质量或通过施工阶段的索赔获得利润，给招标人造成不可挽回的损失。如果投标人以排挤其他竞争对手为目的，而以低于其个别成本的价格报价，则构成低价倾销的不正当竞争行为，违反了《中华人民共和国价格法》和《中华人民共和国反不正当竞争法》的有关规定。

由此可见，各种评标办法各有优劣。当工程技术、性能没有特殊要求，且工程管理水平较高，工程设计图纸深度足够，招标文件及工程量清单详尽、准确，投标单位具有独立的估价信息，且建设工程招投标市场化程度较高时，宜采用经评审的最低投标价法。

当工程技术、性能有特殊要求，或建设工程管理水平不高，工程设计图纸深度不够，招标文件及工程量清单粗放，投标单位仍然未建立独立的估价信息，且建设工程招投标担保制度不完善时，宜采用综合评估法。当建设工程规模较小，技术、工艺简单或出现其他情况时，可采用法律、行政法规允许的其他评标方法，如抽签法等。

3. 重视投标文件评审工作

招标人必须重视评标工作。根据工程特点，区分不同专业，从专家库选择相应的专家。在时间安排上，以保证评标质量为原则，同时合理支付报酬。同时，评标委员会应严格按照招标文件规定的评标方法、标准，对所有符合要求的投标文件进行详细评审，对标书中存在的遗漏进行必要的补正，以减少合同履行过程中无谓的推诿扯皮，保证工程建设的顺利实施。

我国目前评标一般采用两种办法：经评审的最低投标价法及综合评估法。综合评估法是按照招标文件设定的不同分值权重分别对投标人的技术标和商务标进行评分，按照得分或评标价高低推荐中标候选人。经评审的最低投标价法则先进行第一阶段技术标的评审，确定符合招标文件的投标，再进行第二阶段的商务标评审，选择符合条件的最低报价的投标单位作为中标单位。因此，技术标评审和商务标评审是招标评审的两个不可缺少的环节。

4.7 建筑工程施工阶段的造价控制

建筑工程项目的施工阶段是建筑物实体形成阶段，是人力、物力、财力消耗的主要阶段。要想控制工程造价，发挥投资效益，监理方要在工程施工阶段加强工程建设的管理和监督职能，科学合理地实施质量、进度、造价三大控制。这三大控制缺一不可，不能偏废，必须全面抓紧、抓好，从而达到高效、经济施工的目的。工程造价控制是工程监理中的一项重要组成部分，其控制得好坏直接影响着工程工期目标和质量目标的实现。

4.7.1 工程造价控制的依据及原则

1. 工程造价控制的依据

(1)工程施工合同及其变更协议书。

(2)本工程设计图纸、说明及设计变更文件、洽商记录。

(3)国家相关法律、法规、规范及政策文件。

(4)工程项目相关材料的市场信息价格。

(5)现行的强制性标准及定额。

(6)其他与造价相关的文件、标准等。

2. 工程造价控制的原则

(1)工程款的支付应按工程施工合同中确定的合同价和约定的方法来进行。

(2)合同执行过程中，如发生报验资料不全、完成内容与合同文件的约定不符、未经质量签认合格或有违约的情况，监理人员应对承包方报审的工程量不予审核和计量。

(3)工程量的计量与审核应符合有关的计算规则。

(4)监理人员在处理工程变更和索赔引起的费用增减时，应坚持公平、公正、合理的原则。

(5)当出现有争议的工程量计量和工程款支付时，首先采取协商的方法确定。当协商无效时，由总监理工程师作出临时决定，事后承包人与业主方协商达成最终协议。若仍有争议，可按合同中约定的争议条款的解决方式处理。

(6)对工程量及工程款的审核在建设工程施工合同所约定的时限内完成。

4.7.2 施工阶段造价控制的方法及工作流程

1. 施工阶段监理造价控制的方法

工程监理在施工阶段的工程造价控制可从事前控制、事中控制、事后控制三个方面进行。

(1)施工阶段工程监理造价工作的事前控制。

①熟悉工程合同条款及投标的工程量清单。

②审核施工组织设计。

③熟悉工程设计图纸。

(2)施工阶段工程监理造价工作的事中控制。

①控制工程进度款的支付。

②严格控制工程变更程序。

③严格现场签证管理，及时掌握工程造价变化。

④深入现场及时了解、收集相关信息资料。

(3)施工阶段工程监理造价工作的事后控制。

①要加强工程造价的动态跟踪控制。

②工程价款、合同争议的合理处理。

2. 施工阶段监理造价控制的工作流程

项目监理机构应根据监理委托合同中确定的造价控制的范围来制订目标计划，采取相应的措施编制造价控制的具体工作流程及工作内容实施细则(见图 4.7)。

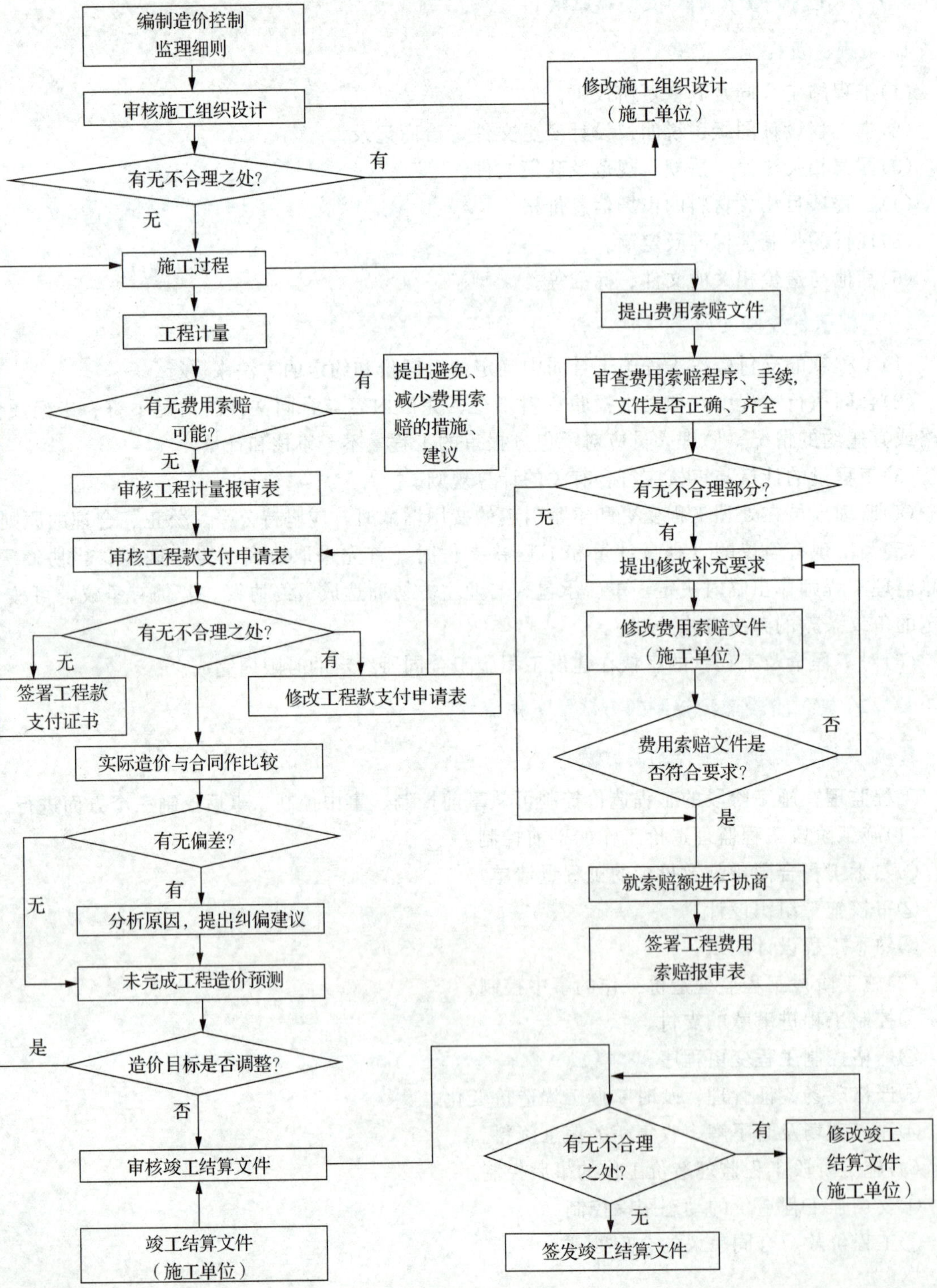

图 4.7　监理造价控制流程图

4.7.3 施工阶段监理造价控制的工作要点

造价控制在施工过程中是一个动态的系统过程，涉及环节较多且控制难度大，是业主和承包商的成本管理中心，也是参建各方发生工作矛盾的核心节点。因此，施工阶段全过程造价控制是动态的、复杂的管理过程。项目监理机构作为公正的第三方，要在工程实施过程中对工程计量、设计变更、工程索赔、现场签证管理等方面严格把控，按监理投资控制程序认真执行，从而在维护质量、安全的前提下，做好工程投资控制，防止工程项目出现“三超”的现象。

1. 工程计量

工程计量工作应针对工程质量达到合同标准的已完工程，对其予以计量。工程质量是工程计量的基础，计量工作是工程质量的保障。控制工程计量支付，提升承包人的质量意识有利于达到控制工程质量的目的。

施工阶段监理人员要对项目工程中的工程量清单内容、合同文件中规定的内容、工程变更内容进行工程计量。但对超出设计图纸范围、施工单位自身原因造成的质量问题或不合格工程，未经监理机构或建设单位认可的工程变更等监理机构不予计量。

工程施工过程中的计量属于中间支付计量，按施工合同中的约定进行，施工合同中未约定的通常情况下按月进行。

(1)工程计量的程序。

①承包单位按施工合同约定进度款支付时间向项目监理机构提交工程款支付报审表，提交该表时应提交相关证明文件，如已完工程量报表、工程款计算书及相应的支持性文件。

②监理机构收到工程款支付报审表后，专业监理工程师应对其中的工程量和支付金额进行现场与实际完成工程量复核，核查工作必要时可要求承包单位人员参加，核算工程量应按合同约定和定额的相关规定进行。监理人员应在收到工程款支付报审表后 7 天内完成审核工作。

③专业监理工程师审查完成签署意见报总监理工程师审核签认。

④总监理工程师报建设单位审批，总监理工程师根据建设单位的审批意见，向施工单位签发工程款支付证书。

⑤监理人员未在收到承包人提交的工程量报表后的 7 天内完成审核的，承包人报送的工程量报告中的工程量视为承包人实际完成的工程量，据此计算工程价款。

(2)工程计量在《建设工程工程量清单计价规范》(GB 50500—2013) 中的一般规定如下。

①发包人认为需要进行现场计量核实时，应在计量前 24 小时通知承包人，承包人应为计量提供便利条件并派人参加。双方均同意核实结果时，则双方应在上述记录上签字确认。承包人收到通知后不派人参加计量，视为认可发包人的计量核实结果。发包人不按照约定时间通知承包人，致使承包人未能派人参加计量，计量核实结果无效。

②当承包人认为发包人核实后的计量结果有误时，应在收到计量结果通知后的 7 天内向发包人提出书面意见，并附上其认为正确的计量结果和详细的计算资料。发包人收到书面意见后，应在 7 天内对承包人的计量结果进行复核后通知承包人。承包人对复核计量结果仍有异议的，按照合同约定的争议解决办法处理。

③承包人完成已标价工程量清单中每个项目的工程量并经发包人核实无误后，发承包人应对每

个项目的历次计量报表进行汇总，以核实最终结算工程量，并应在汇总表上签字确认。

2. 设计变更管理

在工程项目实施过程中，受多方面因素影响，施工情况会出现很多变化，如施工条件的变化，工程量的变化，图纸问题，采用新材料、新工艺、新技术，自然或社会因素引起的停工或工期拖延等，这都有可能使项目投资超出预算。工程变更常常会对项目的工程造价产生很大的影响，作为监理机构在处理工程变更时就要明确各方的责任，从而维护参建各方的经济利益。项目监理机构在工程变更方面的工作应在得到建设单位的授权后进行。

(1)监理机构工程变更处理程序如图 4.8 所示。在工程实施过程中，建设单位有时也会因使用功能的调整或方案的变化等出现工程变更。项目监理机构应依据现场实际情况对工程变更可能造成的费用、工期等进行评估，为建设单位人员正确决策提供依据，避免反复和不必要的浪费。

(2)工程变更价款的确定方法。

①变更估价参照《建设工程施工合同(示范文本)》(GF—2017—0201)中的规定，除专用合同条款另有约定外，依据以下条款执行。

A. 已标价工程量清单或预算书有相同项目的，按照相同项目单价认定。

B. 已标价工程量清单或预算书中无相同项目，但有类似项目的，参照类似项目的单价认定。

C. 变更导致实际完成的变更工程量与已标价工程量清单或预算书中列明的该项目工程量的变化幅度超过 15%的，或已标价工程量清单或预算书中无相同项目及类似项目单价的，按照合理的成本与利润构成的原则，由合同当事人按照约定原则确定变更工作的单价。合同当事人进行商定或确定时，总监理工程师应当会同合同当事人尽量通过协商达成一致，确定变更工作的单价。不能达成一致的，可由总监理工程师提出一个临时价格，作为支付依据。结算时以合同双方的最终协议进行。

②因工程变更引起已标价工程量清单项目或其工程数量发生变化，参照《建设工程工程量清单计价规范》(GB 50500—2013)中的规定，应按照下列规定调整。

A. 已标价工程量清单中有适用于变更工程项目的，采用该项目的单价；当工程变更导致该清单项目的工程数量偏差超过 15%时，调整的原则为：当工程量增加 15% 以上时，其增加部分的工程量的综合单价应予调低；当工程量减少 15%以上时，减少后剩余部分的工程量的综合单价应予调高。

B. 已标价工程量清单中没有适用，但有类似工程项目变更的，可在合理范围内参照类似项目的单价。

C. 已标价工程量清单中没有适用也没有类似于变更工程项目的，由承包人根据变更工程资料、计量规则和计价办法、工程造价管理机构发布的信息价格和承包人报价浮动率提出变更工程项目的单价，报发包人确认后调整。承包人报价浮动率可按下列公式计算：

招标工程：承包人报价浮动率 $L=(1-中标价/招标控制价)\times 100\%$

非招标工程：承包人报价浮动率 $L=(1-报价值/施工图预算)\times 100\%$

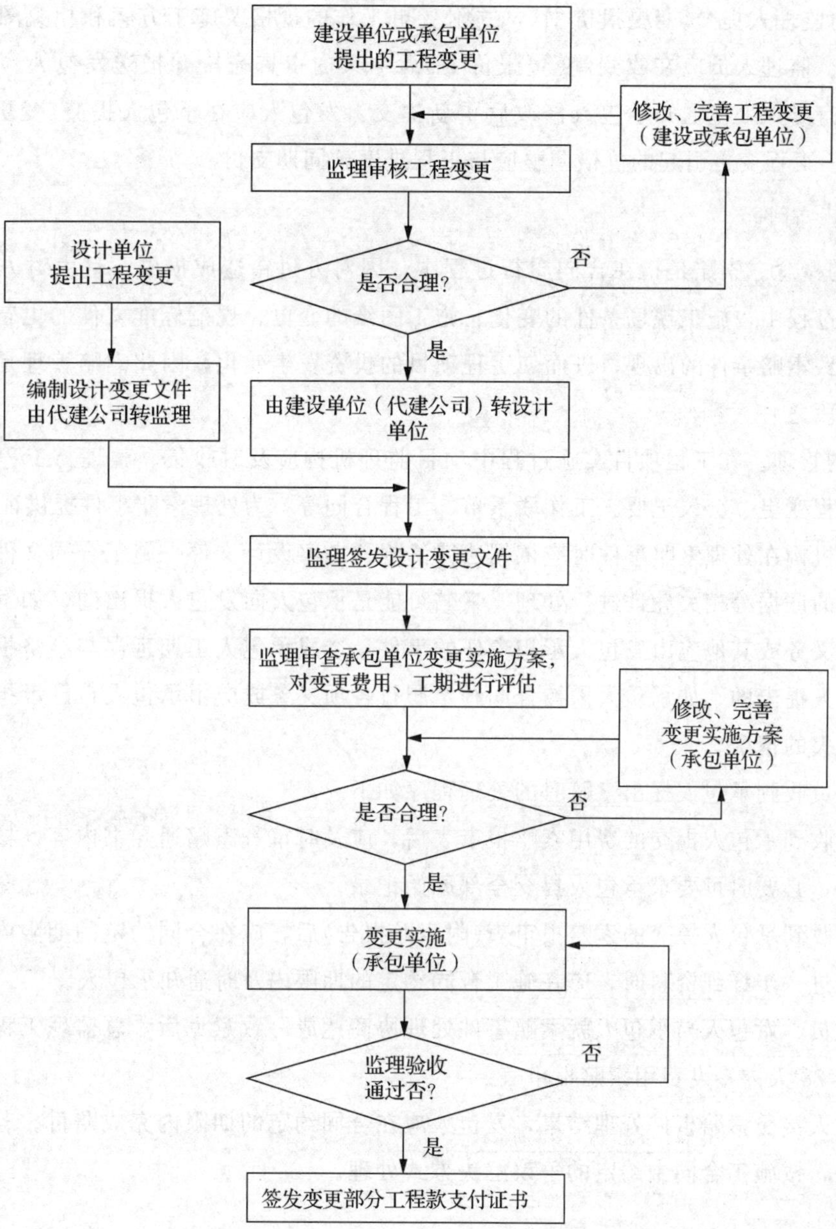

图 4.8 监理机构工程变更处理流程图

D. 已标价工程量清单中没有适用也没有类似于变更工程项目，且工程造价管理机构发布的信息价格缺价的，由承包人根据变更工程资料、计量规则、计价办法和通过市场调查等取得有合法依据的市场价格提出变更工程项目的单价，报发包人确认后调整。

E. 当项目工程变更引起施工方案改变，并使措施项目发生变化的，承包人提出调整措施项目费的，承包人应事先将拟实施的方案提交发包人确认，并详细说明与原方案措施项目相比的变化情况，经发承包双方确认后执行，承包人按方案实施。

③依据《建设工程施工合同(示范文本)》(GF—2017—0201)，承包人应在收到工程变更通知单

后14天内，向监理人提交《变更报价书》，并附变更工作的价格及施工方案和相关图纸等与变更工作相关的资料。监理人员应在收到《变更报价书》后7天内审查完毕并报送发包人。如监理人员对《变更报价书》有异议，应通知承包人修改后重新提交。发包人应在承包人提交《变更报价书》后14天内审批完毕。工程变更引起的价格调整应与工程进度款同期支付。

3. 工程索赔管理

(1)索赔的概念。索赔是指在合同履行过程中，因对方过错造成损失，且由对方承担责任的情况。项目施工过程中，施工现场条件的变化、施工图纸的变更、规范标准文件的更新、施工进度的变化等都会导致索赔事件的出现，进而使工程项目的投资发生变化，因此索赔管理是施工阶段造价控制的重要手段之一。

(2)索赔的管理。在工程项目实施过程中项目监理机构应及时收集、整理与工程索赔相关的原始资料，如工程变更、会议纪要、工作联系单、工程合同等，为处理索赔事件提供证据。

项目监理机构在处理索赔事件时应依据法律法规、勘察设计文件、施工合同文件，工程建设标准、索赔事件的证据等相关凭证进行处理。索赔可能是承包人向发包人提出的，如发包人未按合同约定履行各项义务或其他应由发包人承担责任的事件，造成承包人工期延误与经济损失；也可能是发包人向承包人提出的，如承包人未按合同约定履行各项义务或应由承包人自己承担的责任事件给发包人造成损失的情况。

当监理人员收到承包人提出索赔时的处理程序如下。

①监理人收到承包人提交的费用索赔报审表后，应及时审查索赔通知书内容，核对承包人的记录和证明材料，必要时可要求承包人提交全部原始记录。

②监理人收到承包人提交的索赔报审表(附索赔报告)后，应在合同约定的期限内完成审查，如需承包人提交进一步详细资料时，应在施工合同约定的期限内及时通知承包人。

③监理人员、发包人与承包人就索赔事件处理协商达成一致意见后，总监理工程师在收到索赔申请表后，要28天内签发费用索赔报审表。

④如承包人接受索赔事件处理结果，发包人应在合同约定的期限内完成赔付。若承包人不接受索赔处理结果，按施工合同中约定的争议解决方式处理。

4. 现场签证管理

(1)现场签证的目的。现场签证是指施工管理过程中发生的合同以外零星事件的确认，如因设计变更引用的工程量的增减、地下障碍物的清除及其他零星用工等。为确保工程质量、工程进度，有效的控制工程造价，监理人员应及时进行签认证明工作。

(2)现场签证的范围。现场签证的范围一般包括以下内容。

①施工合同范围以外零星用工的工程量。

②在工程施工过程中设计变更引起的需要现场确认的工程量的增减。

③非承包人因素造成的人工、材料、设备等有关损失。

④在施工过程中，现场施工条件、地下状况发生变化导致工程量增减或产生其他变更的事项。

⑤发包人调整建设方案引起的工程量或费用增减。

(3)现场签证的程序。

①承包人按发包人的要求完成相应工作后，应及时向发包人提出现场签证要求。

②承包人应在收到发包人指令后的7天内，向发包人提交现场签证报告，现场签证中应列明完成工作项目所需的人工、材料、工程设备和施工机械台班的数量等资料文件。

③当发生工程签证事件时，未经发包人签证确认，承包人便擅自施工的，发包人不予计量，征得发包人书面同意的除外。

④现场签证工作完成后的7天内，承包人应按照现场签证内容计算价款，报送发包人确认后，作为增加的合同价款，与进度款同期支付。

(4)现场签证的要点。

①发生签证事件后，监理工程师应及时按流程处理，并关注签证的时效性，避免事件发生多日后进行补签的情况。

②现场签证单要内容详细、责任明确，签证单应列明工程名称、发生的时间、部位或范围、变更签证的内容做法及原因说明、工程量的增减、相关图纸说明、与签证事件有关的内容等。

③现场签证单应签章证齐全。

④承发包双方都应设置现场签证事件记录，审批完成后建立台账并整理归档、妥善保存。

4.7.4 工程款的支付

1. 工程预付款的支付

(1)工程预付款的支付要求。工程预付款是建设工程施工合同订立后由发包人按照合同约定，在正式开工前预先支付给承包人的工程款。它是施工购置所需材料、结构件等的主要来源。发包人根据工程的特点，工期的长短等因素在合同条件中约定工程预付款的比例。工程预付款拨付的时间和金额应按照发承包双方的合同约定执行。

当合同中无约定的宜执行《建设工程价款结算办法》(财建〔2004〕369号)中的相关规定，即“包工包料工程的预付款按合同约定拨付，原则上预付比例不低于合同金额的10%，不高于合同金额的30%，对重大工程项目，按年度工程计划逐年预付”。执行《建设工程工程量清单计价规范》(GB 50500—2013)的工程，实体性消耗和非实体性消耗部分应在合同中分别约定预付款比例。

在施工现场具备条件的前提下，发包人应在双方签订合同后的一个月内或不迟于约定的开工日期前的7天内支付工程预付款，预付的工程款应按合同中约定的抵扣方式，在工程进度款中抵扣。为让工程预付款全部用于工程中，防止承包人收到工程预付款后不能按时进场施工，发包人可以在合同中约定，对工程预付款的使用情况进行监督。

(2)工程预付款的扣回时间和方式。工程预付款应在工程开工后完成工程量达一定比例时在支付工程进度款时扣回。折回方式与比例应在合同中明确约定。

发包单位拨付给承包单位的备料款属于预支性质，工程实施后，随着工程所需主要材料储备的逐步减少，应以抵充工程价款的方式陆续扣回。扣款的方法如下。

①可以从未施工工程尚需的主要材料及构件的价值相当于备料款数额时起扣，从每次中期结算工程价款中，按材料或构配件比重扣抵工程价款，竣工前全部扣清。其基本表达公式为：

$$T=P-M/N \tag{4.3}$$

T——起扣点，即工程预付款开始扣回时的累计完成工程量金额。

M——工程预付款数额。

N——主要材料、构配件所占比重。

P——承包工程合同总额。

②扣款的方法也可以在承包方完成金额累计达到合同总价的一定比例后，由承包方开始向发包方还款，发包方从每次应付给承包方的金额中扣回工程预付款，发包方至少在合同规定的完工期前将工程预付款的总计金额逐次扣回。

2. 安全文明施工费

措施费中的安全文明施工费是指按照国家现行的建筑施工安全、施工现场环境与卫生标准和有关规定，购置和更新施工防护用具及设施、改善安全生产条件和作业环境所需要的费用，应按国家和工程所在地省级建设行政主管部门的规定进行。安全文明施工费按照实际发生变化的措施项目调整，不得上浮或下调。

监理机构应监督安全文明施工费的责任落实到位的情况，安全文明施工费计取方面是否存在违反国家强制性标准规定参与总价让利的现象。措施项目中的安全文明施工费应按照国家或省级、行业建设主管部门的规定计算，不作为竞争性费用。

依据《建设工程工程量清单计价规范》(GB 50500—2013)，安全文明施工费有如下规定。

(1)发包人应在工程项目开工后的 28 天内预付不低于当年的安全文明施工费总额的 50%，其余部分与进度款同期支付。因发包人没有按时支付安全文明施工费，承包人可催告发包人支付，发包人在付款期满后的 7 天内仍未支付，如因此发生安全事故的，发包人应承担连带责任。

(2)承包人应对安全文明施工费按规定进行，应专款专用并在财务账目中单独列项以备查，不得挪作他用，否则发包人有权要求其限期改正；逾期未改正的，造成的损失和(或)延误的工期由承包人承担。

3. 工程进度款

(1)工程进度款的结算方式。工程进度款可以根据情况不同采取多种方式结算，合同双方根据项目的特点在合同中约定结算方式。现阶段工程进度款的结算方式主要有以下两种。

①按月结算：施工单位按月申报工作量及价款，业主进行审核并按月支付，竣工后结算。

②分段结算：按形象进度付款，即当年开工后当年不能竣工的项目，按照工程形象进度，划分不同阶段支付工程进度款。当采用分段结算方式时，应按合同中约定的具体工程分段划分方法支付，计量周期应与付款周期一致。

(2)工程进度款的支付流程。项目监理机构在审批前要由业主、监理、施工单位三方对上报进度款的对应工程量与形象进度共同复核。确认此部分工程质量验收合格后，方可进入支付流程(见图 4.9)。

(3)工程进度款的支付要求及时间。施工单位在上报工程进度款支付申请时，应如实反映现场实际完成情况，如扣除未施工完成的项目、工程预付款、甲方提供材料、工程质量保修金及其他相关费用。项目监理机构应按规定对进度付款申请进行审核，其主要内容包括已完成工程的合同价款、增加或扣减的变更金额及索赔金额、预付款的支付和返还、根据合同应增减的其他金额、应扣减的质量保证金等。工程质量保证金按专用合同条款的约定保留，直到扣留的总额达到约定的金额或比例为止。

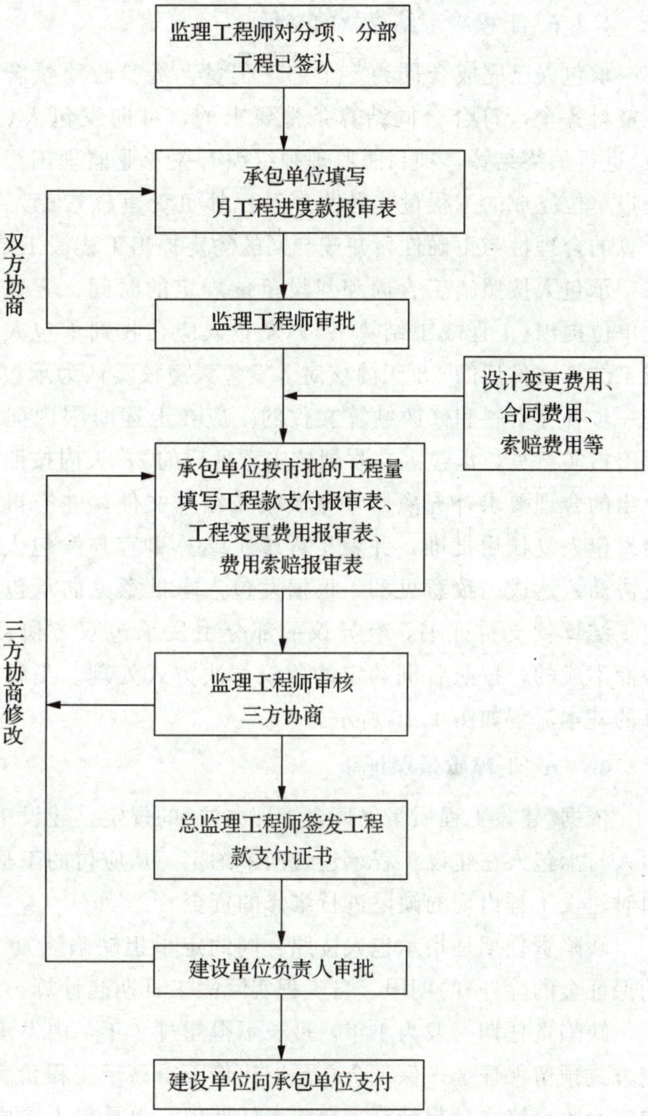

图 4.9　工程进度款支付流程图

在《建设工程施工合同(示范文本)》(GF—2013—0201)中有关工程进度款支付的规定："监理人应在收到承包人进度付款申请单以及相关资料后7天内完成审查并报送发包人，发包人应在收到后7天内完成审批并签发进度款支付证书。发包人逾期未完成审批且未提出异议的，视为已签发进度款支付证书。"

发包人在收到承包人进度款支付申请后的14天内对申请内容予以核实，确认无意见后向承包人出具进度款支付证书。如发现已签发的任何支付证书有错、漏或重复的数额，发包人有权予以修正，同时承包人发现支付有误时也有权提出修正申请。经发承包双方复核同意修改，应与到期进度款同期支付或扣除。

《建设工程工程量清单计价规范》(GB 50500—2013)规定：已标价工程量清单中的单价项目，承包人应按工程计量确认的工程量与综合单价计算；如综合单价发生调整的，以发承包双方确认调整的综合单价计算进度款。已标价工程量清单中的总价项目，承包人应按合同中约定的进度款支付分解，分别列入进度款支付申请中的安全文明施工费和本周期应支付的总价项目的金额中。发包人提供的甲供材料金额，应按照发包人签约提供的单价和数量从进度款支付中扣出，列入本周期应扣减的金额中。进度款的支付比例按照合同约定，按期中结算价款总额计，不低于60%，不高于90%。

4.7.5 工程竣工结算款的支付

承包人已完成合同约定全部工程量，经验收质量合格，竣工资料齐全，符合合同结算条件要求的，可向发包人(建设单位)进行最终结算，项目总监理师组织有关专业监理工程师审核呈报单位完成的工程量，经监理工程师负责审核竣工工程费用计算的合理性与正确性，并按合同的约定提出工程竣工结算额。

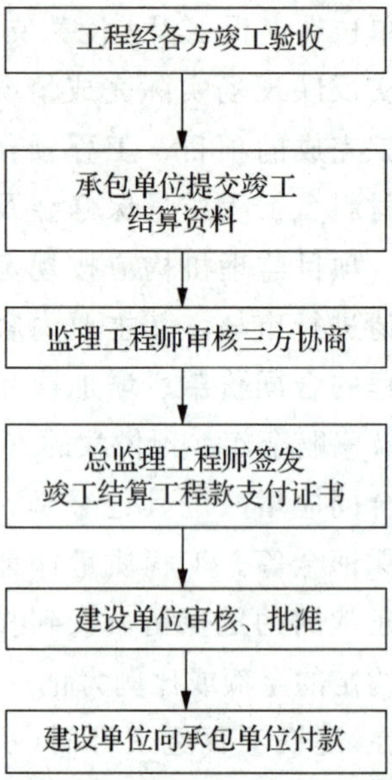

图 4.10 工程竣工结算的基本流程

承包人按照施工合同和建设单位规定的时间、方式，向建设单位提出《工程竣工结算书》。发包人应在收到承包人提交的竣工结算文件后的 28 天内核对。发包人经核实认为承包人还应进一步补充资料和修改结算文件的，应在上述时限内向承包人提出核实意见，承包人在收到核实意见后的 28 天内按照发包人提出的合理要求补充资料，修改竣工结算文件，并应再次提交给发包人复核后批准，并就工程竣工结算事宜与发包人、承包人协商。达成一致意见的，根据发包人审批意见向承包人签发竣工结算款支付证书，有异议的部分由发承包双方协商解决；协商不成的，按照合同约定的争议解决方式处理。工程竣工结算的基本流程如图 4.10 所示。

4.7.6 工程质量保证金

依据《建设工程质量保证金管理办法》的规定，建设工程质量保证金(以下简称“保证金”)是指发包人与承包人在建设工程承包合同中约定，从应付的工程款中预留，用以保证承包人在缺陷责任期内对建设工程出现的缺陷进行维修的资金。

缺陷责任期是指承包人按照合同约定承担缺陷修复义务，且发包人预留质量保证金(已缴纳履约保证金的除外)的期限，自工程实际竣工日期起计算。

缺陷责任期一般为 1 年，最长不得超过 2 年，由发承包双方在合同中约定。发包人按照合同约定方式预留保证金，保证金总预留比例不得高于工程价款结算总额的 5%。缺陷责任期从工程通过竣工验收合格之日起计算。缺陷责任期内，由承包人造成的质量缺陷，承包人负责维修，并承担鉴定及维修费用。如承包人不维修也不承担费用，发包人可按合同约定从保证金中扣除，费用超出保证金额的，发包人可按合同约定向承包人进行索赔。承包人维修并承担相应费用后，也不能免除对工程损失的赔偿责任。

缺陷责任期内，承包人认真履行合同约定的，缺陷责任期满后由承包人向发包人申请返还保证金。发包人申请后，应于 14 天内会同承包人按照合同约定的内容进行核实。如无异议，发包人应当按照约定将保证金返还给承包人。如就返还及工程维修等有争议时，可按承包合同约定的争议和纠纷解决程序处理。

总之，工程造价的控制要贯穿可行性研究阶段的投资估算的编制与审查—项目设计阶段设计概算的编制与审查—招投标阶段承发包阶段合同价款的确定—施工阶段工程进度款的确定—竣工验收阶段的竣工结算的审查的全过程造价控制。造价控制既要从宏观上进行，也要在微观上和具体细节上把握，改变过去以定额为主导的静态管理模式，开拓新的管理模式。

基础考核

一、单项选择题(每题的备选项中，只有1个最符合题意)

1. 下列费用中，属于建筑工程静态投资的是(　　)。

A. 基本预备费　　B. 涨价预备费　　C. 建设期利息　　D. 运营期利息

2. 建筑工程定额反映了(　　)水平。

A. 企业管理　　B. 消耗量的价值

C. 社会平均消耗　　D. 社会平均先进消耗

3. 生产性建设工程总投资包括(　　)两部分。

A. 建设投资和流动资金　　B. 建设投资和铺底流动资金

C. 静态投资和动态投资　　D. 固定资产投资和无形资产投资

4. 设备运杂费的构成包含(　　)。

A. 进口设备由设备制造厂交货地点起至工地仓库所发生的运费和装卸费

B. 国产标准设备由我国到岸港、边境车站起至工地仓库所发生的运费和装卸费

C. 在设备出厂价格中包含的设备包装和包装材料器具费，应重复计算

D. 建设单位的采购与仓库保管费

5. 不属于国际工程项目建筑安装工程费用中的直接费的是(　　)。

A. 人工费　　B. 现场管理费

C. 材料设备费　　D. 施工机械使用费

二、多项选择题(每题的备选项中，有2个或2个以上符合题意，至少有1个错项)

1. 按《建筑安装工程费用项目组成》(建标〔2003〕206号)规定，措施费包括(　　)。

A. 环境保护费　　B. 文明施工费

C. 混凝土添加剂费用　　D. 安全施工费

E. 脚手架摊销费

2. 下列费用中，属于工程建设其他费用的有(　　)。

A. 土地使用费　　B. 与项目建设有关的其他费用

C. 与未来企业生产经营有关的其他费用　　D. 工程监理费

E. 工程保险费

3. 规费是指政府和有关权力部门规定必须缴纳的费用，其包括的内容有(　　)。

A. 工程排污费　　B. 管理人员工资

C. 工程定额测定费　　D. 劳动保险费

E. 危险作业意外伤害保险

4. 施工机械使用费的内容包括(　　)。

A. 折旧费　　B. 检验试验费

C. 职工福利费　　D. 燃料动力费

E. 养路费及车船使用税

5. 与未来企业生产经营有关的其他费用不包括(　　)。

A. 联合试运转费　　B. 城市建设配套费

C. 办公和生活家具购置费　　D. 建设单位管理费

E. 引进技术和进口设备其他费

技能实训

在某项目施工过程中，由于业主要求变更设计图纸，使工作B停工10天(其他持续时间不变)，监理工程师及时向承包方发出通知，要求承包方调整进度计划，以保证该工程按合同工期完成。承包方提出的调整方案及附加要求(以下各项费用数据均符合实际)如下。

1. 调整方案：将工作J的持续时间压缩5天。

2. 费用补偿要求：

(1)工作J压缩5天，增加赶工费25000元；

(2)塔吊闲置15天补偿：600×15=9000(元)(600元/天为塔吊租赁费)；

(3)由于工作B停工10天造成其他有关机械闲置、人员窝工等综合损失45000元。

承包方提出的各项费用补偿要求是否合理？为什么？监理工程师应批准补偿多少元？

链接执考

1.(单项选择题)下列费用中，属于建筑安装工程规费的是(　　)。(2019年注册监理工程师考试真题)

A. 教育费附加　　B. 地方教育附加　　C. 职工教育经费　　D. 住房公积金

2.(单项选择题)按照有关标准规定，对建筑以及材料、构件和建筑安装物进行一般鉴定、检验所发生的费用在(　　)中列支。(2019年注册监理工程师考试真题)

A. 建筑安装工程材料费　　B. 建筑安装工程企业管理费

C. 建筑安装工程规费　　D. 工程建设其他费用

3.(多项选择题)下列费用中，属于建筑安装工程人工费的有(　　)。(2019年注册监理工程师考试真题)

A. 特殊地区施工津贴　　B. 劳动保护费　　C. 社会保险费　　D. 职工福利费

E. 支付给个人的物价补贴

4.(多项选择题)下列费用中，属于建筑安装工程施工机械使用费的有(　　)。(2019年注册监理工程师考试真题)

A. 施工机械临时故障排除所需的费用　　B. 机上司机的人工费

C. 财产保险费　　D. 仪器仪表使用费

E. 施工机械的修理费

5.(多项选择题)下列费用中，属于工程建设其他费的有(　　)。(2020年注册监理工程师考试真题)

A. 建设单位临时设施费　　B. 研究试验费

D. 特殊设备安全监督检验费　　C. 进口设备检验鉴定费

E. 建筑材料的一般检验试验费

6.(多项选择题)下列费用中，属于建筑安装工程措施项目费的有(　　)。(2021年注册监理工程师考试真题)

A. 建筑工人实名制管理费　　B. 大型机械进出场及安拆费

D. 工程定位复测费　　C. 建筑材料鉴定、检查费

E. 施工单位临时设施费

项目5 工程建设进度控制

知识目标

1. 了解影响进度的因素。
2. 熟悉进度计划审核的内容。
3. 掌握进度计划编制的方法。
4. 理解进度计划调整的原理。
5. 掌握前锋线比较法的应用。

技能目标

1. 具备审核项目进度计划的能力。
2. 具备对项目进度计划调整的能力。
3. 具备正确处理工期索赔的能力。
4. 具备利用网络计划技术的方法对进度计划调整的能力。

素养目标

1. 树立善于管理时间，节约时间的意识。
2. 树立“时间就是金钱，时间就是财富”的意识。
3. 引导学生树立不负青春韶华，为民族复兴而努力奋斗的远大理想。

项目流程图

01 建筑工程进度控制概述 → 02 建筑工程设计阶段的进度控制 → 03 建筑工程施工阶段的进度控制 → 04 建筑工程进度计划实施中的监测与调整方法

5.1 建筑工程进度控制概述

建筑工程施工阶段的进度计划

5.1.1 进度控制的概念

工程建设的进度控制是指在工程项目各建设阶段编制进度计划，并将该计划付诸实施的过程。在实施过程中应经常检查实际进度是否按计划要求进行，如有偏差，则分析产生偏差的原因，采取补救措施或调整、修改原计划，直至工程竣工，交付使用。进度控制的最终目的是确保项目进度目标的实现，建设项目进度控制的总目标是建设工期。

> **技术提示：**
>
> 进度控制、质量控制和投资控制三者之间既相互对立又相互统一。

进度、质量、投资并列为工程项目建设的三大目标，它们之间有着相互依赖和相互制约的关系。监理工程师在工作中要对这三个目标全面系统地加以考虑，正确处理好进度、质量和投资的关系，提高工程建设的综合效益。特别是对一些投资较大的工程，对进度目标进行有效控制，确保进度目标的实现，往往会产生很大的经济效益。

5.1.2 影响进度控制的因素

工程项目的进度受诸多因素的影响，包括人的因素、技术的因素、物资供应的因素、机具设备的因素、资金的因素、工程地质的因素、社会政治的因素、气候的因素以及其他潜在的、难以预料的因素等。建设者需事先对影响进度的各种因素进行调查，预测它们对进度可能产生的影响，并在编制进度计划时予以充分反映，使建设项目按计划进行。然而计划毕竟是主观的东西，在执行过程中，必然会遇到各种客观情况，使计划难以执行。这就要求人们在执行计划的过程中，掌握动态控制原理，不断进行检查，将工作的实际执行情况与计划安排进行对比，判断是否偏离，并找出偏离计划的原因，特别是找出主要原因，然后采取相应的措施。措施的确定有如下两个前提。

> **知识链接：**
>
> 施工项目进度控制采取的主要措施有组织措施、技术措施、合同措施、经济措施和信息管理措施等。
>
> 1. 组织措施主要是指落实各层次的进度控制的人员、具体任务和工作责任；建立进度控制的组织系统；按着施工项目的结构、进展阶段或合同结构等进行项目分解，确定其进度目标，建立控制目标体系；确定进度控制工作制度，如检查时间、方法、协调会议时间、参加人等，对影响进度的因素进行分析和预测。
>
> 2. 技术措施主要是采取加快施工进度的技术方法。
>
> 3. 合同措施是指将分包单位签订施工合同的合同工期与有关进度计划目标相协调。
>
> 4. 经济措施是指实现进度计划的资金保证措施。
>
> 5. 信息管理措施是指对不断收集的施工实际进度有关的资料进行整理统计，与计划进度比较，定期地向建设单位提供比较报告。

(1)通过采取措施，维持原计划，使之正常实施。

(2)采取措施后不能维持原计划的，要对进度调整或修正，再按新的计划实施。这种不断地计划、执行、检查、分析、调整计划的动态循环过程，就是进度控制。

5.1.3 建设工程进度计划的表示方法

1. 横道图

用横道图表示的建设工程进度计划，包括两个基本部分，即左侧的工作名称及工作的持续时间等基本数据部分和右侧的横道线部分。该计划明确地表示出各项工作的划分、工作的开始时间和完成时间、工作的持续时间、工作之间的相互搭接关系，以及整个工程项目的开工时间、完工时间和总工期。利用横道图表示工程进度计划，存在下列缺点：

(1)不能明确地反映出各项工作之间错综复杂的相互关系，因而在计划执行过程中，当某些工作的进度由于某种因素提前或拖延时，不便于分析其对其他工作及总工期的影响程度，不利于建设工程进度的动态控制。

(2)不能明确地反映出影响工期的关键工作和关键线路，也就无法反映出整个工程项目的关键所在，因而不便于进度控制人员抓住主要矛盾。

(3)不能反映出工作所具有的机动时间，看不到计划的潜力所在，无法进行最合理的组织和指挥。

(4)不能反映工程费用与工期之间的关系，因而不便于缩短工期和降低工程成本。在横道计划的执行过程中，对其进行调整也是十分烦琐和费时的。

2. 网络图

无论是设计阶段，还是施工阶段的进度控制，均可使用网络计划技术。建设工程进度控制主要应该用确定型网络计划。

与横道计划相比，网络计划具有以下主要特点：

(1)逻辑关系是指各项工作之间的先后顺序关系。网络计划能够明确地表达各项工作之间的逻辑关系，这对于分析各项工作之间的相互影响及处理它们之间的协作关系具有非常重要的意义，同时也是网络计划比横道计划先进的主要特征。

(2)通过时间参数的计算，能够明确网络计划中的关键线路和关键工作，也就明确了工程进度控制中的工作重点。

(3)通过网络计划时间参数的计算，可以明确各项工作的机动时间。工作的机动时间是指在执行进度计划时除完成任务所必需的时间外尚剩余的、可供利用的富余时间，亦称“时差”。在一般情况下，除关键工作外，其他各项工作(非关键工作)均有富余时间。这种富余时间可视为一种“潜力”，既可以用来支援关键工作，也可以用来优化网络计划，降低单位时间资源需求量。

(4)网络计划可以利用电子计算机计算、优化和调整。网络计划的不足之处在于不像横道计划那么直观明了，但这可以通过绘制时标网络计划得到弥补。

5.2 建筑工程设计阶段的进度控制

建设工程设计阶段是工程项目建设程序中的一个重要阶段，同时也是影响工程项目建设工期的关键阶段之一。监理工程师必须采取有效措施对建设工程设计进度进行控制，以确保建设工程总进度目标的实现。

5.2.1 设计阶段进度控制的程序

建设工程设计阶段进度控制的主要任务是出图控制，也就是通过采取有效措施使工程设计者如期完成初步设计、技术设计、施工图设计等各阶段的设计工作，并提交相应的设计图纸及说明。因此，监理工程师要审核设计单位的进度计划和各专业的出图计划，并在设计实施过程中，跟踪检查这些计划的执行情况，定期将实际进度与计划进度比较，进而纠正或修改进度计划。若发现进度拖后，监理工程师应督促设计单位采取有效措施加快进度。图 5.1 是考虑三阶段设计的进度控制工作流程图。

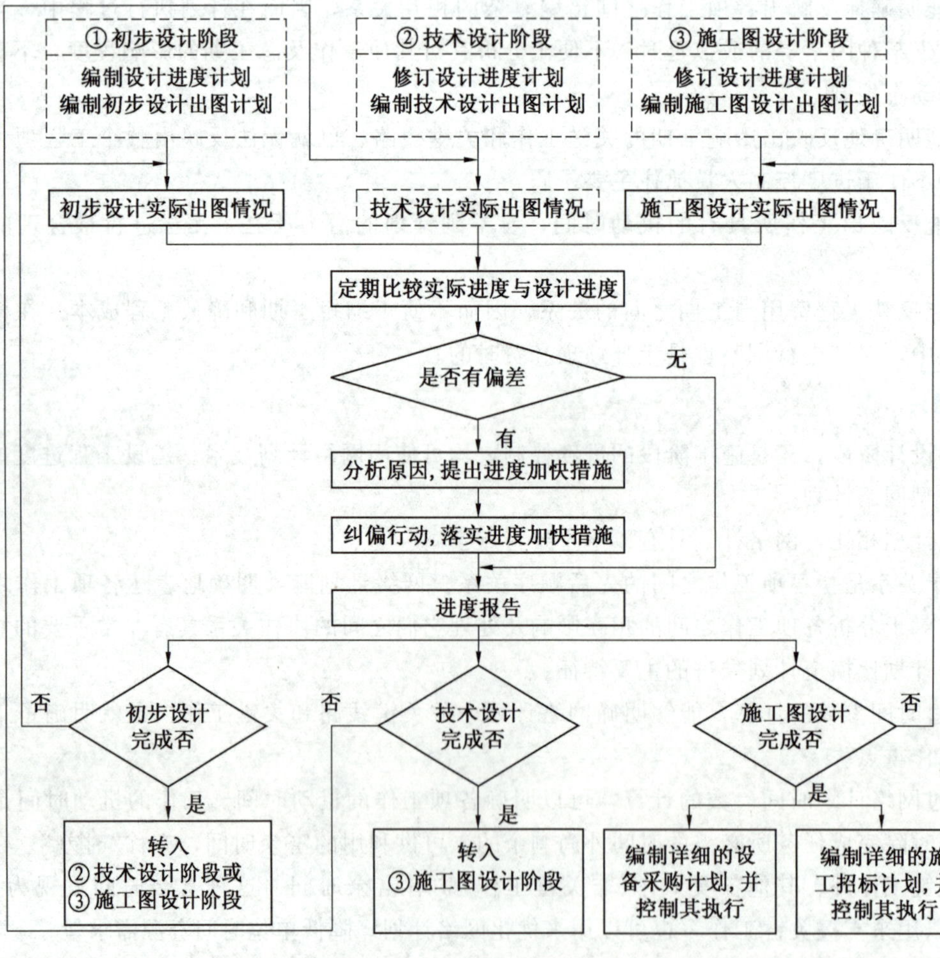

图 5.1　建筑工程设计阶段进度控制工作流程

5.2.2 设计阶段进度控制目标体系

建设工程设计阶段进度控制的最终目标是按质、按量、按时间要求提供施工图设计文件。确定建设工程设计进度控制总目标时，其主要依据有建设工程总进度目标对设计周期的要求、设计周期定额、类似工程项目的设计进度、工程项目的技术先进程度等。

为了有效地控制设计进度，还需要将建设工程设计进度控制总目标按设计进展阶段和专业分解，从而形成设计阶段进度控制目标体系。

1. 设计进度控制分阶段目标

建设工程设计主要包括设计准备、初步设计、技术设计、施工图设计等阶段，为了确保设计进度控制总目标的实现，应明确每一阶段的进度控制目标。

(1)设计准备工作时间目标。设计准备工作阶段的任务主要包括规划设计条件的确定、设计基础资料的提供以及委托设计等工作等。

①确定规划设计条件。规划设计条件是指在城市建设中，由城市规划管理部门根据国家有关规定，从城市总体规划的角度出发，对拟建项目在规划设计方面所提出的要求。

②提供设计基础资料。建设单位必须向设计单位提供完整、可靠的设计基础资料，它是设计单位进行工程设计的主要依据。

③选定设计单位、商签设计合同。设计单位的选定可以采用直接指定、设计招标及设计方案竞赛等方式。为了优选设计单位，保证工程设计质量，降低设计费用，缩短设计周期，应当通过设计招标选定设计单位。而设计方案竞赛的主要目的是获得理想的设计方案，同时也有助于选择理想的设计单位，从而为以后的工程设计打下良好的基础。

当选定设计单位之后，建设单位和设计单位应就设计费用及委托设计合同中的一些细节进行谈判、磋商，双方取得一致意见后即可签订建设工程设计合同。在该合同中，要明确设计进度及设计图纸的提交时间。

(2)初步设计、技术设计工作时间目标。初步设计应根据建设单位所提供的设计基础资料编制。初步设计和总概算经批准，便可作为确定建设项目投资额、编制固定资产投资计划、签订总包合同及贷款合同、实行投资包干、控制建设工程拨款、组织主要设备订货、进行施工准备及编制技术设计(或施工图设计)文件等的主要依据。技术设计应根据初步设计文件编制，技术设计和修正总概算经批准，便成为建设工程拨款和编制施工图设计文件的依据。

为了确保工程建设进度总目标的实现，并保证工程设计质量，应根据建设工程的具体情况，确定出合理的初步设计和技术设计周期。该时间目标中，除了要考虑设计工作本身及设计分析和评审所花的时间，还应考虑设计文件的报批时间。

> **技术提示：**
>
> 参加工程方案竞赛的所有设计单位，一般来说，业主方都会给一定的方案设计费用。如果采用了设计单位的成果，又没有和这家单位签订设计合同，业主方会支付比较多的报酬。

(3)施工图设计工作时间目标。施工图设计应根据批准的初步设计文件(或技术设计文件)和主要设备订货情况编制，它是工程施工的主要依据。

施工图设计是工程设计的最后一个阶段，其工作进度将直接影响建设工程的施工进度，进而影响建设工程进度总目标的实现。因此，必须确定合理的施工图设计交付时间，确保建设工程设计进度总目标的实现，从而为工程施工的正常进行创造良好的条件。

2. 设计进度控制分专业目标

以上是设计进度控制分阶段目标。为了有效地控制建设工程设计进度，还可以将各阶段设计进度目标具体化，进行进一步分解。例如，可以将初步设计工作时间目标分解为方案设计时间目标和初步设计时间目标，将施工图设计时间目标分解为基础设计时间目标、结构设计时间目标、装饰设计时间目标及安装图设计时间目标等。这样，设计进度控制目标便构成了一个从总目标到分目标的完整的目标体系。

5.2.3 设计阶段控制措施

1. 影响设计进度的因素

建设工程设计工作属于多专业协作配合的智力劳动，在工程设计过程中，影响其进度的因素有很多，归纳起来，主要有以下几个方面。

(1)建设意图及要求改变的影响。建设工程设计是本着业主的建设意图和要求而进行的，所有的工程设计必然是业主意图的体现。因此，在设计过程中，如果业主改变其建设意图和要求，就会引起设计单位的设计变更，必然会对设计进度造成影响。

(2)设计审批时间的影响。建设工程设计是分阶段进行的，如果前一阶段(如初步设计)的设计文件不能顺利得到批准，必然会影响到下一阶段(如施工图设计)的设计进度。因此，设计审批时间的长短，在一定条件下将影响到设计进度。

(3)设计各专业之间协调配合的影响。如前所述，建设工程设计是一个多专业、多方面协调合作的复杂过程，如果业主、设计单位、监理单位等各单位之间，以及土建、电气、通信等各专业之间没有良好的协作关系，必然会影响建设工程设计工作的顺利实施。

(4)工程变更的影响。当建设工程采用 CM 法实行分段设计、分段施工时，如果在已施工的部分发现一些问题而必须进行工程变更的情况下，也会影响设计工作进度。

(5)材料代用、设备选用失误的影响。材料代用、设备选用的失误将会导致原有工程设计失效而需重新进行设计，这也会影响设计工作进度。

2. 设计单位的进度控制

为了履行设计合同，按期提交施工图设计文件，设计单位应采取有效措施，控制建设工程设计进度。

(1)建立计划部门，负责设计单位年度计划的编制和工程项目设计进度计划的编制。

(2)建立健全设计技术经济定额，并按定额要求进行计划的编制与考核。

(3)实行设计工作技术经济责任制，将职工的经济利益与其完成任务的数量和质量挂钩。

(4)编制切实可行的设计总进度计划、阶段性设计进度计划和设计进度作业计划。在编制计划时，加强与业主、监理单位、科研单位及承包商的协作与配合，使设计进度计划积极可靠。

(5)认真实施设计进度计划，力争设计工作有节奏、有秩序地进行并合理搭接。在执行计划时，要定期检查计划的执行情况，并及时对设计进度调整，使设计工作始终处于可控状态。

(6)坚持按基本建设程序办事，尽量避免“边设计、边准备、边施工”的“三边”设计。

(7)不断分析总结设计进度控制工作经验，逐步提高设计进度控制工作水平。

3. 监理单位的进度监控

监理单位受业主的委托进行工程设计监理时，应落实项目监理班子中专门负责设计进度控制的人员，按合同要求对设计工作进度严格监控。

对于设计进度的监控应实施动态控制。在设计工作开始之前，首先应由监理工程师审查设计单位所编制的进度计划的合理性和可行性。在进度计划实施过程中，监理工程师应定期检查设计工作的实际完成情况，并与计划进度比较分析。一旦发现偏差，就应在分析原因的基础上提出纠偏措施，以加快设计工作进度。必要时，应对原进度计划调整或修订。

在设计进度控制中，监理工程师要对设计单位填写的设计图纸进度表(见表 5.1)进行核查分析，并提出自己的见解，从而将各设计阶段的每一张图纸(包括其相应的设计文件)的进度都纳入监控中。

表 5.1　设计图纸进度表

<table>
<tr><td>工程项目名称</td><td colspan="3"></td><td>项 目 编 号</td><td></td></tr>
<tr><td>监 理 单 位</td><td colspan="3"></td><td>设 计 阶 段</td><td></td></tr>
<tr><td>图 纸 编 号</td><td></td><td>图纸名称</td><td></td><td>图 纸 版 次</td><td></td></tr>
<tr><td>图纸设计负责人</td><td colspan="3"></td><td>制 表 日 期</td><td></td></tr>
<tr><td>设 计 步 骤</td><td colspan="3">监理工程师批准的设计完成时间</td><td colspan="2">实际完成日期</td></tr>
<tr><td>草　　图</td><td colspan="3"></td><td colspan="2"></td></tr>
<tr><td>制　　图</td><td colspan="3"></td><td colspan="2"></td></tr>
<tr><td>设计单位自审</td><td colspan="3"></td><td colspan="2"></td></tr>
<tr><td>监理工程师审核</td><td colspan="3"></td><td colspan="2"></td></tr>
<tr><td>发出</td><td colspan="3"></td><td colspan="2"></td></tr>
<tr><td colspan="6">偏差原因分析：</td></tr>
<tr><td colspan="6">措施及对策：</td></tr>
</table>

4. 建筑工程管理方法

建筑工程管理(CM, Construction Management)方法是近年来在国外推行的一种系统工程管理方法，其特点是将工程设计分阶段进行，每阶段设计好之后，就进行招标施工，并在全部工程竣工前，将已完部分工程交付使用。这样不仅可以缩短工程项目的建设工期，还可以使部分工程分批投产，以提前获得利益。建筑工程管理方法与传统的项目实施程序的比较如图 5.2 所示。

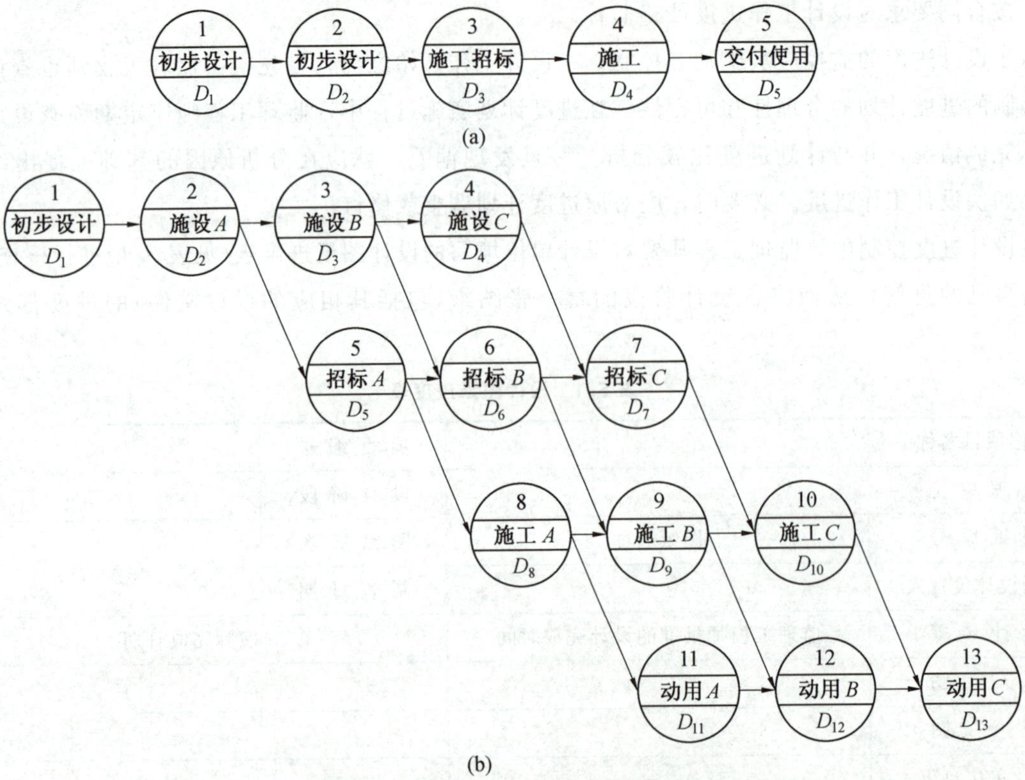

图 5.2　建筑工程管理方法与传统的项目实施程序的比较

(a)传统的项目实施程序；(b)建设工程管理方法

CM 的基本指导思想是缩短工程项目的建设周期，它采用快速路径(Fast - Track)的生产组织方式，特别适用于那些实施周期长、工期要求紧迫的大型复杂建设工程。建设工程采用 CM 承发包模式，在进度控制方面的优势主要体现在以下几个方面：

(1)采取分阶段发包，集中管理，实现了有条件的“边设计、边施工”，使设计与施工能够充分地搭接，有利于缩短建设工期。

(2)监理工程师在建设工程设计早期即可参与项目的实施，并对工程设计提出合理化建议，使设计方案施工的可行性和合理性在设计阶段就得到考虑和证实，从而可以减少施工阶段修改设计造成的实际进度拖后。

(3)为了实现设计与施工以及施工与施工的合理搭接，建筑工程管理方法将项目的进度安排看作一个完整的系统工程，一般在项目实施早期即编制供货期长的设备采购计划，并提前安排设备招标、提前组织设备采购，从而可以避免设备供应工作的组织和管理不当造成的工程延期。

当采用建筑工程管理方法时，监理工程师不仅要负责设计方面的管理与协调工作，同时还有施工方面的监理职能。因此，监理工程师必须采取有效措施，使工程设计与施工能协调地进行，避免出现设计进度拖延而导致施工进度受影响的不正常情况，最终确保建设工程进度总目标的实现。

5.3 建筑工程施工阶段的进度控制

施工阶段是建设工程实体的形成阶段，对其进度实施控制是建设工程进度控制的重点。做好施工进度计划与项目建设总进度计划的衔接，并跟踪检查施工进度计划的执行情况，在必要时对施工进度计划进行调整，对于建设工程进度控制总目标的实现具有十分重要的意义。

监理工程师受业主的委托在建设工程施工阶段实施监理时，其进度控制的总任务就是在满足工程项目建设总进度计划要求的基础上，编制或审核施工进度计划，并对其执行情况加以动态控制，以保证工程项目按期竣工交付使用。

5.3.1 施工进度控制目标的确定

1. 施工进度控制目标体系

保证工程项目按期建成交付使用是建设工程施工阶段控制的最终目的。为了有效地控制施工进度，首先要将施工进度总目标从不同角度层层分解，形成施工进度控制目标体系，作为实施进度控制的依据。

建设工程施工进度控制目标体系如图 5.3 所示。

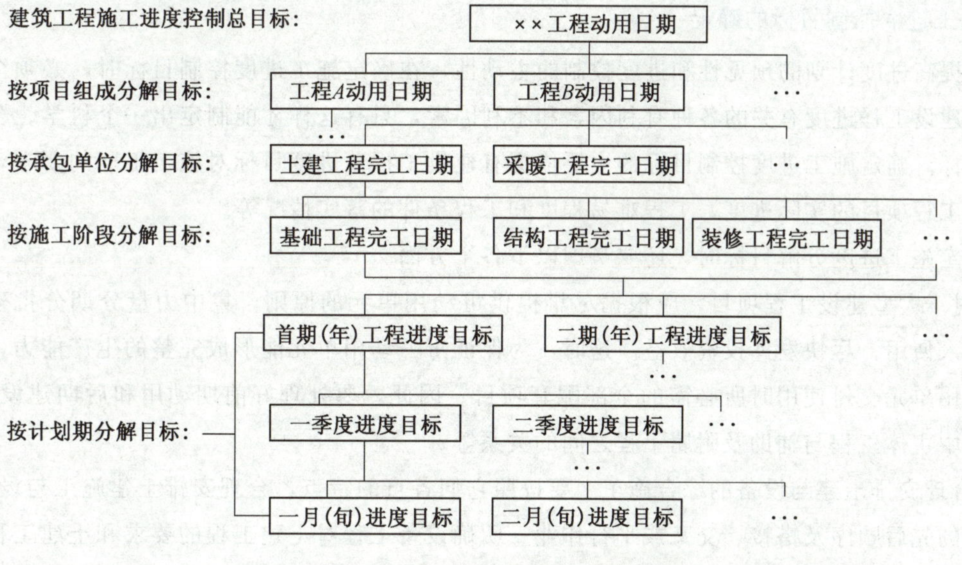

图 5.3 建设工程施工进度目标分解

从图 5.3 可以看出，建设工程不但要有项目建成交付使用的确切日期这个总目标，还要有各单位工程交工动用的分目标以及按承包单位、施工阶段和不同计划期划分的分目标。各目标之间相互联系，共同构成建设工程施工进度控制目标体系。其中，下级目标受上级目标的制约，下级目标保证上级目标的实现，最终保证施工进度总目标的实现。建筑工程施工进度目标可按以下四个方面进行分解。

(1)按项目组成分解，确定各单位工程开工及动用日期。各单位工程的进度目标在工程项目建设总进度计划及建设工程年度计划中都有体现。在施工阶段应进一步明确各单位工程的开工和交工动用日期，以确保施工总进度目标的实现。

(2)按承包单位分解，明确分工条件和承包责任。在一个单位工程中有多个承包单位参加施工时，应按承包单位将单位工程的进度目标分解，确定出各分包单位的进度目标，列入分包合同，以便落实分包责任，并根据各专业工程交叉施工方案和前后衔接条件，明确不同承包单位工作面交接的条件和时间。

(3)按施工阶段分解，划定进度控制分界点。根据工程项目的特点，应将其施工分成几个阶段，如土建工程可分为基础、结构和内外装修阶段。每一阶段的起止时间都要有明确的标志。特别是不同单位承包的不同施工段之间，更要明确划定的时间分界点，以此作为形象进度的控制标志，从而使单位工程动用目标具体化。

(4)按计划期分解，组织综合施工。将工程项目的施工进度控制目标按年度、季度、月(或旬)分解，并用实物工程量、货币工作量及形象进度表示，将更有利于监理工程师明确对各承包单位的进度要求。同时，还可以据此监督其实施，检查其完成情况。计划期愈短，进度目标愈细，进度跟踪就愈及时，发生进度偏差时也就更能有效地采取措施予以纠正。这样就形成一个有计划、有步骤协调施工，长期目标对短期目标自上而下逐级控制，短期目标对长期目标自下而上逐级保证，逐步趋近进度总目标的局面，最终达到工程项目按期竣工交付使用的目的。

2. 施工进度控制目标的确定

为了提高进度计划的预见性和进度控制的主动性，在确定施工进度控制目标时，必须全面细致地分析与建设工程进度有关的各种有利因素和不利因素，只有这样才能制定出一个科学、合理的进度控制目标。确定施工进度控制目标的主要依据有建设工程总进度目标对施工工期的要求，工期定额、类似工程项目的实际进度，工程难易程度和工程条件的落实情况等。

在确定施工进度分解目标时，还要考虑以下各个方面。

(1)对于大型建设工程项目，应根据尽早提供可动用单元的原则，集中力量分期分批建设，以便尽早投入使用，尽快发挥投资效益。这时，为保证每一动用单元能形成完整的生产能力，就要考虑这些动用单元交付使用时所必需的全部配套项目。因此，要处理好前期动用和后期建设的关系、每期工程中主体工程与辅助及附属工程之间的关系等。

(2)合理安排土建与设备的综合施工。要按照它们各自的特点，合理安排土建施工与设备基础、设备安装的先后顺序及搭接、交叉或平行作业，明确设备工程对土建工程的要求和土建工程为设备工程提供施工条件的内容及时间。

(3)结合本工程的特点，参考同类建设工程的经验来确定施工进度目标。避免只按主观愿望盲目确定进度目标，从而在实施过程中造成进度失控。

(4)做好资金供应能力、施工力量配备、物资(材料、构配件、设备)供应能力与施工进度的平衡工作，确保工程进度目标的要求而不使其落空。

(5)考虑外部协作条件的配合情况，包括施工过程中及项目竣工动用所需的水、电、气、通信、道路及其他社会服务项目的满足程序和满足时间。它们必须与有关项目的进度目标相协调。

(6)考虑工程项目所在地区地形、地质、水文、气象等方面的限制条件。

总之，要想对工程项目的施工进度实施控制，就必须有明确、合理的进度目标(进度总目标和进度分目标)；否则，控制便失去了意义。

5.3.2 施工阶段进度控制的内容

1. 建设工程施工进度控制工作流程

建设工程施工进度控制工作流程如图 5.4 所示。

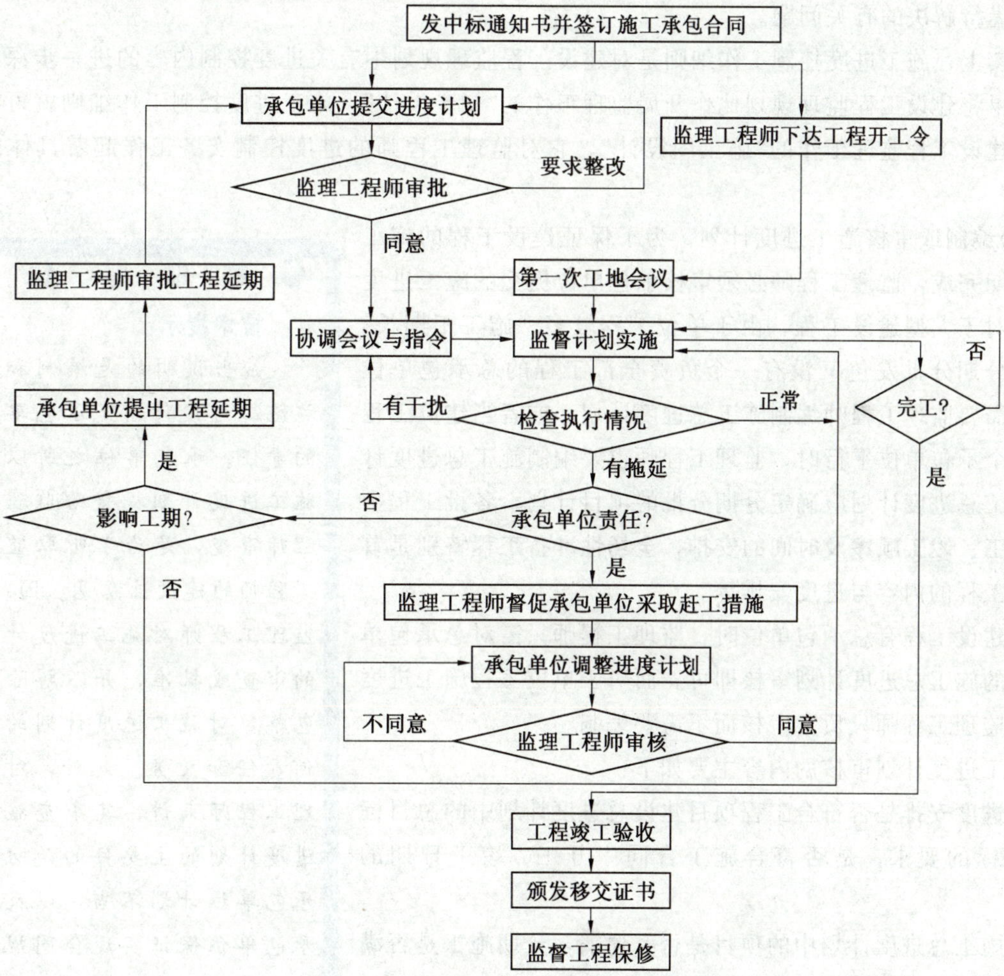

图 5.4 建设工程施工进度控制工作流程

2. 建设工程施工进度控制工作内容

建设工程施工进度控制工作从审核承包单位提交的施工进度计划开始，直至建设工程保修期满，其工作内容主要有以下几个方面。

(1)编制施工进度控制工作细则。施工进度控制工作细则是在建设工程监理规划的指导下，由项目监理班子中进度控制部门的监理工程师负责编制的更具有实施性和操作性的监理业务文件。其主要内容如下：

①施工进度控制目标分解图。

②施工进度控制的主要工作内容和深度。

③进度控制人员的职责分工。

④与进度控制有关的各项工作时间安排及工作流程。

⑤进度控制的方法(包括进度检查周期、数据采集方式、进度报表格式、统计分析方法等)。

⑥进度控制的具体措施(包括组织措施、技术措施、经济措施及合同措施等)。

⑦施工进度控制目标实现的风险分析。

⑧尚待解决的有关问题。

事实上，施工进度控制工作细则是对建设工程监理规划中有关进度控制内容的进一步深化和补充。如果将建设工程监理规划比作开展监理工作的“初步设计”，施工进度控制工作细则就可以看成是开展建设工程监理工作的“施工图设计”，它对监理工程师的进度控制实务工作起着具体的指导作用。

(2)编制或审核施工进度计划。为了保证建设工程的施工任务按期完成，监理工程师必须审核承包单位提交的施工进度计划。对于大型建设工程，由于单位工程较多、施工工期长，且采取分期分批发包又没有一个负责全部工程的总承包单位时，就需要监理工程师编制施工总进度计划；或者当建设工程由若干个承包单位平行时，监理工程师也要编制施工总进度计划；施工总进度计划应确定分期分批的项目计划，各批工程项目的开工、竣工顺序及时间的安排，全场性准备工程特别是首批准备工程的内容与进度安排等。

当建设工程有总承包单位时，监理工程师只需对总承包单位提交的施工总进度计划审核即可。而对于单位工程施工进度计划，监理工程师只负责审核而不需要编制。

施工进度计划审核的内容主要如下：

①进度安排是否符合工程项目建设总进度计划中的总目标和分目标的要求，是否符合施工合同中开工、竣工日期的规定。

②施工总进度计划中的项目是否有遗漏，分期施工是否满足分批动用的需要和配套动用的要求。

③施工顺序的安排是否符合施工工艺的要求。

④劳动力、材料、构配件、设备及施工机械、水、电等生产要素的供应计划是否能保证施工进度计划的实现，供应是否均衡、需求高峰期是否有足够能力实现计划供应。

⑤总包、分包单位分别编制的各项单位工程施工进度计划之间是否协调，专业分工与计划衔接是否明确合理。

技术提示：

应当说明的是编制和实施施工进度计划是承包单位的责任。承包单位之所以将施工进度计划提交给监理工程师审查，是为了听取监理工程师的建设性意见。因此，监理工程师对施工进度计划的审查或批准，并不解除承包单位对施工进度计划的任何责任和义务。此外，对监理工程师来讲，其审查施工进度计划的主要目的是防止承包单位计划不当，以及为承包单位保证实现合同规定的进度目标提供帮助。强制地干预承包单位的进度安排，或支配施工中所需要的劳动力、设备和材料，是一种错误行为。

⑥对于业主负责提供的施工条件(包括资金、施工图纸、施工场地、采供的物资等)，在施工进度计划中安排的是否明确、合理，是否有造成业主违约而导致工程延期和费用索赔的可能存在。

如果监理工程师在审查施工进度计划的过程中发现问题，应及时向承包单位提出书面修改意见(也称整改通知书)，并协助承包单位修改。其中重大问题应及时向业主汇报。

尽管承包单位向监理工程师提交施工进度计划是为了听取建设性的意见，但施工进度计划一经监理工程师确认，即应当视为合同文件的一部分，它是以后处理承包单位提出的工程延期或费用索赔的一个重要依据。

(3)按年、季、月编制工程综合计划。在按计划期编制的进度计划中，监理工程师应着重解决各承包单位施工进度计划之间、施工进度计划与资源(包括资金、设备、机具、材料及劳动力)保障计划之间及外部协作条件的延伸性计划之间的综合平衡与相互衔接问题。并根据上期计划的完成情况对本期计划作必要的调整，以作为承包单位近期执行的指令性计划。

(4)签发工程开工令。根据承包单位和业主双方关于工程开工的准备情况，当现场实际情况满足开工条件时，总监理工程师应及时签发工程开工令。工程开工令的发布，要尽可能及时，因为从发布工程开工令之日算起，加上合同工期后即为工程竣工日期。如果开工令发布拖延，就等于推迟了竣工时间，甚至可能引起承包单位的索赔。

为了检查双方的准备情况，监理工程师应参加由业主主持召开的第一次工地会议。业主应按照合同规定，做好征地拆迁工作，及时提供施工用地。同时，还应当完成法律及财务方面的手续，以便能及时向承包单位支付工程预付款。承包单位应当将开工所需要的人力、材料及设备准备好，同时还要按合同规定为监理工程师提供各种条件。

(5)协助承包单位实施进度计划。监理工程师要随时了解施工进度计划执行过程中存在的问题，并帮助承包单位予以解决，特别是承包单位无力解决的内外关系协调问题。

(6)监督施工进度计划的实施。这是建设工程施工进度控制的经常性工作。监理工程师不仅要及时检查承包单位报送的实施进度报表和分析资料，同时还要进行必要的现场实地检查，核实所报送的已完项目的时间及工程量，杜绝虚报现象。

(7)组织现场协调会。监理工程师应每月、每周定期组织召开不同层级的现场协调会议，以解决工程施工过程中的相互协调配合的问题。在每月召开的高级协调会上通报工程项目建设的重大变更事项，协商其后果处理，解决各个承包单位之间以及业主与承包单位之间的重大协调配合问题，在每周召开的管理层协调会上，通报各自进度状况、存在的问题及下周的安排，解决施工中的相互协调配合问题，通常包括各承包单位之间的进度协调问题，工作面交接和阶段成品保护责任问题，场地与公用设施利用中的矛盾问题，某一方面断水、断电、断路、开挖要求对其他方面影响的协调问题以及资源保障、外协条件配合问题等。

技术提示：

在对工程实际进度资料进行整理的基础上，监理工程师应将其与计划进度相比较，以判定实际进度是否出现偏差。如果出现进度偏差，监理工程师应进一步分析此偏差对进度控制目标的影响程度及其产生的原因，以便研究对策，提出纠偏措施。必要时还应对后期工程进度计划作适当的调整。

在平行、交叉施工单位多工序交接频繁且工期紧迫的情况下，现场协调会甚至需要每日召开。

在会上通报和检查当天的工程进度，确定薄弱环节，部署当天的赶工任务，以便为次日正常施工创造条件。

对于某些突发变故或问题，监理工程师还可以通过发布紧急协调指令，督促有关单位采取应急措施维护施工的正常秩序。

(8)签发工程进度款支付凭证。监理工程师应对承包单位申报的已完项工程量核实，在质量监理人员检查验收后，签发工程进度款支付凭证。

(9)审批工程延期。工程进度拖延的原因有两个方面：一是承包单位自身的原因，二是承包单位以外的原因。前者所造成的进度拖延称为工程延误，而后者所造成的进度拖延称为工程延期。

①工程延误。当出现工程延误时，监理工程师有权要求承包单位采取有效措施加快施工进度。如果经过一段时间后，实际进度没有明显改进，仍然拖后于计划进度，而且显然影响工程按期竣工时，监理工程师应要求承包单位修改进度计划，并提交给监理工程师重新确认。

监理工程师对修改后的施工进度计划的确认，并不是对工程延期的批准，而只是要求承包单位在合理的状态下施工。因此，监理工程师对进度计划的确认，并不能解除承包单位应负的一切责任，承包单位需要承担赶工的全部额外开支和误期损失赔偿。

②工程延期。如果是承包单位以外的原因造成工期拖延，承包单位有权提出延长工期的申请。监理工程师应根据合同规定，审批工程延期时间。经监理工程师核实批准的工程延期时间，应纳入合同工期，作为合同工期的一部分，即新的合同工期应等于原定的合同工期加上监理工程师批准的工程延期时间。

监理工程师对于施工进度的拖延，是否批准为工程延期，对承包单位和业主都十分重要。如果承包单位得到监理工程师批准的工程延期，不仅可以不赔偿由于工期延长而支付的误期损失费，而且还要由业主承担由于工期延长所增加的费用。因此，监理工程师应按照合同的有关规定，公正地区分工程延误和工程延期，并合理地批准工程延期时间。

(10)向业主提供进度报告。监理工程师应随时整理进度资料，并做好工程记录，定期向业主提交工程进度报告。

(11)督促承包单位整理技术资料。监理工程师要根据工程进展情况，督促承包单位及时整理有关技术资料。

(12)签署工程竣工报验单、提交质量评估报告。当单位工程达到竣工验收条件后，承包单位在自行预验的基础上提交工程竣工报验单，申请竣工验收。监理工程师在对竣工资料及工程实体进行全面检查、验收合格后，签署工程竣工报验单，并向业主提出质量评估报告。

(13)整理工程进度资料。在工程完工以后，监理工程师应将工程进度资料收集起来，进行归类、编目和建档，以便为今后其他类似工程项目的进度控制提供参考。

(14)工程移交。监理工程师应督促承包单位办理工程移交手续，颁发工程移交证书。在工程移交后的保修期内，还要处理验收后质量问题的原因及责任等争议问题，并督促责任单位及时修理。当保修期结束且再无争议时，建设工程进度控制的任务即告完成。

【例 5.1】某高架输水管道建设工程中有 20 组钢筋混凝土支架，每组支架的结构形式及工程量相同，均由基础、柱和托梁三部分组成(见图 5.5)。业主通过招标将 20 组钢筋混凝土支架的施工任务发包给某施工单位，并与其签订了施工合同，合同工期为 190 天。

在工程开工前，该承包单位向项目监理机构提交了施工方案及施工进度计划。

①施工方案。

施工流向：从第 1 组支架依次流向第 20 组支架；

劳动组织：基础、柱和托梁分别组织混合工种专业工作队；

技术间歇：柱混凝土浇筑后需养护 20 天方能进行托梁施工；

物资供应：手脚架、模板、机具及商品混凝土等均按施工进度要求调度配合。

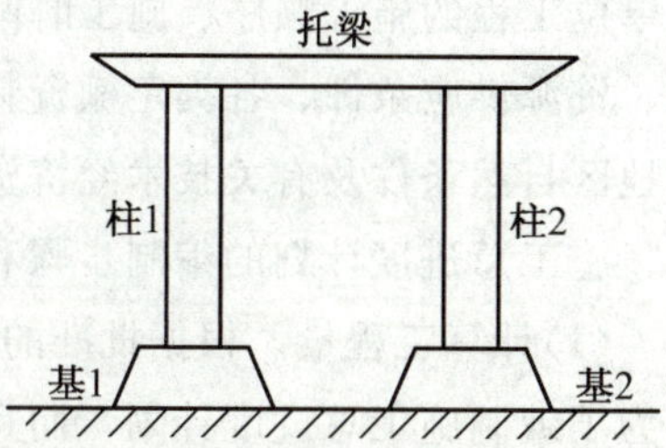

图 5.5 托梁示意图

②施工进度计划。如图 5.6 所示，时间单位为天。试分析该施工进度计划，并判断监理工程师是否应批准该施工进度计划。

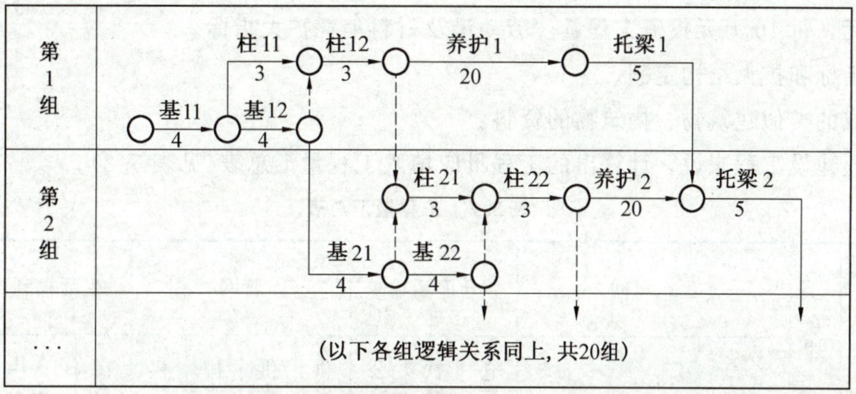

图 5.6 钢筋混凝土支架施工进度计划

【解】由施工方案及图 5.6 所示施工进度计划可以看出，为了缩短工期，承包单位将 20 组支架的施工按流水作业组织。

①任意相邻两组支架开工时间的差值等于两个基础的持续时间，即 4＋4＝8 天；

②每一组支架的计划施工时间为：4＋4＋3＋20＋5＝36 天；

③20 组钢筋混凝土支架的计划总工期为：(20－1)×8＋36＝188 天；

④20 组钢筋混凝土支架施工进度计划中的关键工作是所有支架的基础工程及第 20 组支架的柱 2、养护和托梁；

⑤由于施工进度计划中各项工作逻辑关系合理，符合施工工艺及施工组织要求，较好地采用了流水作业方式，且计划总工期未超过合同工期，故监理工程师应批准该施工进度计划。

5.3.3 施工进度计划的编制

施工进度计划是表示各项工程(单位工程、分部工程或分项工程)的施工顺序、开始和结束时间以及相互衔接关系的计划。它既是承包单位进行现场施工管理的核心指导文件，也是监理工程师实施进度控制的依据。施工进度计划通常是按工程对象编制的。

1. 施工总进度计划的编制

施工总进度计划一般是建设工程项目的施工进度计划。它是用来确定建设工程项目中所包含的各单位工程的施工顺序、施工时间及相互衔接关系的计划。编制施工总进度计划的依据有施工总方案、资源供应条件、各类定额资料、合同文件、工程项目建设总进度计划、工程时间节点目标、建设地区自然条件及有关技术经济资料等。

施工总进度计划的编制步骤和方法如下。

(1)计算工程量。根据批准的工程项目一览表，按单位工程分别计算其主要实物工程量，不仅是为了编制施工总进度计划，而且还为了编制施工方案和选择施工、运输机械，初步规划主要施工过程的流水施工，以及计算人工、施工机械及建筑材料的需要量。因此，工程量只需粗略地计算即可。

工程量的计算可按初步设计(或扩大初步设计)图纸和有关额定手册或资料进行。常用的定额资料有以下几个方面。

①每万元、每 10 万元投资工程量、劳动量及材料消耗扩大指标。

②概算指标和扩大结构定额。

③已建成的类似建筑物、构筑物的资料。

对于工业建设工程来说，计算出的工程量应填入工程量汇总表(见表 5.2)。

表 5.2 工程量汇总表

序号	工程量名称	单位	合计	生产车间			仓库运输			管网				生活福利		大型临设		备注
				××车间	……	……	仓库	铁路	公路	供电	供水	排水	供热	宿舍	文化福利	生产	生活	

(2)确定各单位工程的施工期限。各单位工程的施工期限应根据合同工期确定，同时还要考虑建筑类型、结构特征、施工方法、施工管理水平、施工机械化程度及施工现场条件等因素。如果在编制施工总进度计划时没有合同工期，则应保证计划工期不超过工期定额。

(3)确定各单位工程的开竣工时间和相互搭接关系。主要应考虑以下几点：

①同一时期施工的项目不宜过多，以避免人力、物力过于分散。

②尽量做到均衡施工，以使劳动力、施工机械和主要材料的供应在整个工期范围内达到均衡。

③尽量提前建设可供工程施工使用的永久性工程，以节省临时工程费用。

④急需和关键的工程先施工，以保证工程项目如期交工。对于某些技术复杂、施工周期较长、施工困难较多的工程，应安排提前施工，以利于整个工程项目按期交付使用。

⑤施工顺序必须与主要生产系统投入生产的先后次序相吻合。同时还要安排好配套工程的施工时间，以保证建成的工程能迅速投入生产或交付使用。

⑥应注意季节对施工顺序的影响，使施工季节不导致工期拖延，不影响工程质量。

⑦安排一部分附属工程或零星项目作为后备项目，用以调整主要项目的施工进度。

⑧注意主要工种和主要施工机械能连续施工。

(4)编制初步施工总进度计划。施工总进度计划应安排全工地性的流水作业。全工地性的流水作业安排应以工程量大、工期长的单位工程为主导，组织若干条流水线，并以此带动其他工程。

施工总进度计划既可以用横道图表示，也可以用网络图表示。如果用横道图表示，则常用的格式见表5.3。由于采用网络计划技术控制工程进度更加有效，因此人们更多地开始采用网络图来表示施工进度计划。特别是电子计算机的广泛应用，为网络计划技术的推广和普及创造了更加有利的条件。

表5.3　施工总进度计划表

序　号	单位工程名称	建筑面积(m^2)	结构类型	工程造价(万元)	施工时间(月)	施工进度计划										
						第一年				第二年				第三年		
						Ⅰ	Ⅱ	Ⅲ	Ⅳ	Ⅰ	Ⅱ	Ⅲ	Ⅳ	Ⅰ	Ⅱ	……

(5)编制正式施工总进度计划。初步施工总进度计划编制完成后，要对其进行检查。主要是检查总工期是否符合要求，资源使用是否均衡且其供应是否能得到保证。如果出现问题，则应进行调整。调整的主要方法是改变某些工程的起止时间或调整主导工程的工期。如果是网络计划，则可以利用电子计算机分别进行工期优化、费用优化及资源优化。当初步施工总进度计划经过调整符合要求后，即可编制正式的施工总进度计划。

正式的施工总进度计划确定后，应据以编制劳动力、材料、大型施工机械等资源的需用量计划，以便组织供应，保证施工总进度计划的实现。

2. 单位工程施工进度计划的编制

单位工程施工进度计划是在既定施工方案的基础上，根据规定的工期和各种资源供应条件，对单位工程中的分部分项工程的施工顺序、施工起止时间及衔接关系进行合理安排的计划。其编制的主要依据有施工总进度计划、单位工程施工方案、合同工期或定额工期、施工定额、施工图和施工预算、施工现场条件、资源供应条件、气象资料等。

(1)单位工程施工进度计划的编制程序。单位工程施工进度计划的编制程序如图5.7所示。

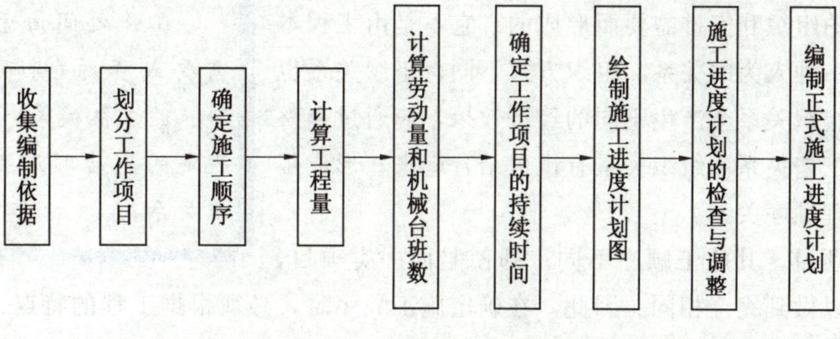

图5.7　单位工程施工进度计划编制程序

(2)单位工程施工进度计划的编制方法。

①划分工作项目。工作项目是包括一定工作内容的施工过程，它是施工进度计划的基本组成单

元。工作项目内容的多少，划分的粗细程度，应该根据计划的需要来决定。对于大型建设工程，经常需要编制控制性施工进度计划，此时工作项目可以划分得粗一些，一般只明确到分部工程即可。例如在装配式单层厂房控制性施工进度计划中，只列出土方工程、基础工程、预制工程、安装工程等各部分工程项目。如果编制实施性施工进度计划，工作项目就应划分得细一些。在一般情况下，单位工程施工进度计划中的工作项目应明确到分项工程或更具体，以满足指导施工作业、控制施工进度的要求。例如在装配式单层厂房实施性施工进度计划中，应将基础工程进一步划分为挖基础、做垫层、砌基础、回填土等分项工程。

由于单位工程中的工作项目较多，应在熟悉施工图纸的基础上，根据建筑结构特点及已确定的施工方案，按施工顺序逐项列出，以防止漏项或重项。凡是与工程对象施工直接有关系的内容均应列入计划，而不属于直接施工的辅助性项目和服务性项目则不必列入。例如在多层混合结构住宅建筑工程施工进度计划中，应将主体工程中的搭脚手架、砌砖墙、现浇圈梁、大梁及板混凝土、安装预制楼板和灌缝等施工过程列入。而完成主体工程中的运转、砂浆机混凝土、搅拌混凝土和砂浆，以及楼板的预制和运输等项目，既不是在建筑物上直接完成，也不占用工期，则不必列入计划之中。

另外，有些分项工程在施工顺序上和时间安排上是相互穿插进行的，或者是由同一专业施工队完成的，为了简化进度计划的内容，应尽量将这些项目合并，以突出重点。例如防潮层施工可以合并在砌筑基础项目内，安装门窗框可以并入砌墙工程。

②确定施工顺序。确定施工顺序是为了按照施工的技术规律和合理的组织关系，解决各工作项目之间在时间上的先后和搭接问题，以达到保证质量、安全施工、充分利用空间、争取时间、实现合理安排工期的目的。

一般来说，施工顺序受施工工艺和施工组织两方面的制约。当施工方案确定之后，工作项目之间的工艺关系也就随之确定。如果违背这种关系，可能导致工程质量事故和安全事故的出现，或者造成返工浪费。

工作项目之间的组织关系是由于劳动力、施工机械、材料和构配件等资源的组织和安排需要而形成的。它不是由工程本身决定的，而是一种人为的关系。组织方式不同，组织关系也就不同。不同的组织关系会产生不同的经济效果，应通过调整组织关系，并将工艺关系和组织关系有机地结合起来，形成工作项目之间的合理顺序关系。

> **知识链接：**
>
> (一)工艺关系
>
> 生产性工作之间由工艺过程决定的，非生产性工作之间由工作程序决定的先后顺序关系称为工艺关系。
>
> (二)组织关系
>
> 工作之间由于组织安排需要或资源(劳动力、原材料、施工机械等)调配需要而规定的先后顺序关系称为组织关系。

不同的工程项目，其施工顺序不同。即使是同一类项目，其施工顺序也难以做到完全相同。因此，在确定施工顺序时，必须根据工程的特点、技术组织要求以及施工方案等进行研究，不能拘泥于某种固定的顺序。

③计算工程量。工程量的计算应根据施工图和工程量计算规则，针对所划分的每一个工作项目进行。当编制施工进度计划时已有预算文件，且工作项目的划分与施工进度计划一致时，可以直接套用预算的工程量，不必重新计算。若某些项目有出入，但出入不大时，应结合工程的实际情况进

行某些必要的调整。

④计算劳动量和机械台班数。当某工作项目是由若干个分项工程合并而成时，则应分别根据各分项工程的时间定额(或产量定额)及工程量，按公式(5.1)计算出合并后的综合时间定额(或综合产量定额)。

$$H=\frac{Q_1H_1+Q_2H_2+\cdots+Q_iH_i+\cdots+Q_nH_n}{Q_1+Q_2+\cdots+Q_i+\cdots+Q_n} \tag{5.1}$$

式中：H—— 综合时间定额，工日/m^3、工日/m^2、工日/t、…；

Q_i—— 工作项目中第 i 个分项工程的工程量；

H_i—— 工作项目中第 i 个分项工程的时间定额。

根据工作项目的工程量和所采用的定额，即可按式(5.2)或式(5.3)计算出各工作项目所需要的劳动量和机械台班数。

$$P=Q\cdot H \tag{5.2}$$

$$P=\frac{Q}{S} \tag{5.3}$$

式中：P—— 工作项目所需要的劳动量(工日)或机械台班数(台班)；

Q—— 工作项目的工程量，m^3、m^2、t、…；

S—— 工作项目所采用的人工产量定额，m^3/工日、m^2/工日、t/工日、…或机械台班产量定额，m^3/台班、m^2/台班、t/台班、…。

零星项目所需要的劳动量可结合实际情况，根据承包单位的经验估算。

由于水、暖、电、卫等工程通常由专业施工单位施工，因此，在编制施工进度计划时，不计算其劳动量和机械台数，仅安排其与土建施工相配合的进度。

⑤ 确定工作项目的持续时间。根据工作项目所需要的劳动量或机械台班数，以及该工作项目每天安排的工人数或配备的机械台数，即可按式(5.4) 计算出各工作项目的持续时间。

$$D=\frac{P}{R\cdot B} \tag{5.4}$$

式中：D—— 完成工作项目所需要的时间，即持续时间；

R—— 每班安排的工人数或施工机械台数；

B—— 每天工作班数。

在安排每班工人数和机械台数时，应综合考虑以下问题：

A. 要保证各个工作项目上工人班组中每一个工人拥有足够的工作面(不能少于最小工作面)，以发挥高效率并保证施工安全。

B. 要使各个工作项目上的工人数量不低于正常施工时所必需的最低限度(不能小于最小劳动组合)，以达到最高的劳动生产率。

由此可见，最小工作面限定了每班安排人数的上限，而最小劳动组合限定了每班安排人数的下限，对于施工机械台数的确定也是如此。

每天的工作班数应根据工作项目施工的技术要求和组织要求来确定。例如浇筑大体积混凝土，要求不留施工缝连续浇筑时，就必须根据混凝土工程量决定采用双班制或三班制。

以上是根据安排的工人数和配备的机械台班数来确定工作项目的持续时间。但有时根据组织要求(如组织流水施工时)，需要采用倒排的方式来安排进度，即先确定各工作项目的持续时间，然后以此来确定所需要的工人数和机械台数。此时，需要把式(5.4) 变换成式(5.5)。利用式(5.5) 即可确定各工作项目所需要的工人数和机械台班数。

$$R=\frac{P}{D\cdot B} \tag{5.5}$$

如果根据上式求得的工人数或机械台班数已超过承包单位现有的人力、物力，除了寻求其他途径增加人力、物力外，承包单位应从技术上和施工组织上采取积极措施加以解决。

⑥绘制施工进度计划图。绘制施工进度计划图，首先应选择施工进度计划的表达形式。目前，常用来表达建设工程施工进度计划的方法有横道图和网络图两种形式。横道图比较简单，而且非常直观，多年来被人们广泛地用于表达施工进度计划，并以此作为控制工程进度的主要依据。

但是，采用横道图控制工程进度具有一定的局限性。随着计算机的广泛应用，网络计划技术日益受到人们的青睐。

技术提示：

横道图

优点：形象、直观，且易于编制和理解。

缺点：①不能明确地反映出各项工作之间错综复杂的相互关系，因而在计划执行过程中，当某些工作的进度由于某种因素提前或拖延时，不便于分析其对其他工作及总工期的影响程度，不利于建设工程进度的动态控制。②不能明确地反映出影响工期的关键工作和关键线路，也就无法反映出整个工程项目的关键所在，因而不便于进度控制人员抓住主要矛盾。③不能反映出工作所具有的机动时间，看不到计划的潜力所在，无法进行最合理的组织和指挥。④不能反映工程费用与工期之间的关系，因而不便于缩短工期和降低工程成本。

双代网络图

优点：①能够明确表达各项工作之间的逻辑关系。②通过时间参数的计算，可以找出关键线路和关键工作。③通过计算，可以明确各项工作的机动时间。④可以利用电子计算机计算、优化和调整。

缺点：不像横道图那么直观明了。

图 5.8 为现浇框架结构标准层施工网络计划。标准层有柱、抗震墙、电梯井、楼梯、梁、楼板及暗管铺设等工作项目，其中柱和抗震墙是先绑扎钢筋，再支模板；电梯井是先支内模板，再绑扎钢筋，然后再支外模板；楼梯、梁和楼板则是先支模板，再绑扎钢筋。

⑦施工进度计划的检查与调整。当施工进度计划初始方案编制好后，需要对其检查与调整，以便使进度计划更加合理。进度计划检查的主要内容如下。

A. 各工作项目的施工顺序、平行搭接和技术间歇是否合理。

B. 总工期是否满足合同规定。

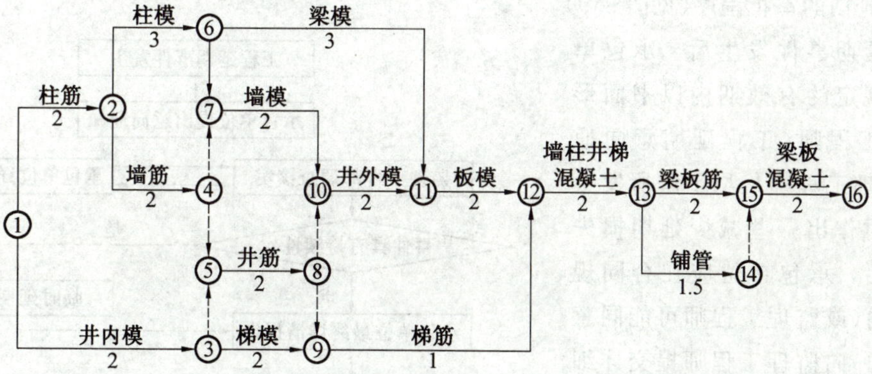

图 5.8 现浇框架结构标准层施工网络计划

C. 主要工种的工人是否能满足连续、均衡施工的要求。

D. 主要机具、材料等的利用是否均衡和充分。

在上述四个方面中，首要的是前两个方面的检查，如果不满足要求，必须进行调整。只有在前两个方面均达到要求的前提下，才能进行后两个方面的检查与调整。前者是解决可行与否的问题，而后者则是优化的问题。

进度计划的初始方案若是网络计划，则可以分别进行工期优化、费用优化及资源优化。待优化结束后，还可将优化后的方案用时标网络计划表达出来，以便有关人员更直观地了解进度计划。

5.3.4 工程延期

如前所述，在建设工程施工过程中，其工期的延长分为工程延误和工程延期两种。虽然它们都会使工程拖期，但由于性质不同，业主与承包单位所承担的责任也就不同。如果属于工程延误，则由此造成的一切损失由承包单位承担。同时，业主还有权对承包单位施行误期违约罚款。而如果属于工程延期，则承包单位不仅有权要求延长工期，而且还有权向业主提出赔偿费用的要求以弥补由此造成的额外损失。因此，监理工程师是否将施工过程中工期的延长批准为工程延期，对业主和承包单位都十分重要。

1. 工程延期的申报与审批

(1)申报工程延期的条件。对于以下因素导致的工程拖期，承包单位有权提出延长工期的申请，监理工程师应按合同规定，批准工程延期时间。

①监理工程师发出工程变更指令而导致工程量增加。

②合同所涉及的任何可能造成工程延期的原因，如延期交图、工程暂停、对合格工程的剥离检查及不利的外界条件等。

③异常恶劣的气候条件。

④由业主造成的任何延误、干扰或障碍，如未及时提供施工场地、未及时付款等。

⑤除承包单位自身原因以外的其他任何原因。

(2)工程延期的审批程序(见图 5.9)。

当工程延期事件发生后，承包单位应在合同规定的有效期内以书面形式通知监理工程师(工程延期意向通知)，以便监理工程师尽早了解所发生的事件，及时作出一些减少延期损失的决定。随后，承包单位应在合同规定的有效期内(或监理工程师可能同意的合理期限内)向监理工程师提交详细的申请(延期理由及依据)。监理工程师收到该报告后应及时进行调查核实，准确地确定出工程延期的时间。

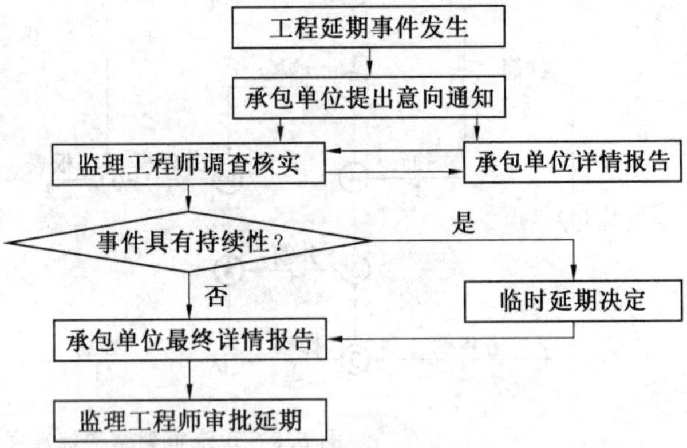

图 5.9　工程延期的审批程序

当延期事件具有持续性，承包单位在合同规定的有效期内不能提交最终详细的申述报告时，应先向监理工程师提交阶段性的详情报告。监理工程师应在调查核实阶段性报告的基础上，尽快作出延长工期的临时决定。临时决定的延期时间不宜太长，一般不超过最终批准的延期时间。

待延期事件结束后，承包单位应在合同规定的期限内向监理工程师提交最终的详情报告。监理工程师应复查详情报告的全部内容，然后确定该延期事件所需要的延期时间。

如果遇到比较复杂的延期事件，监理工程师可以成立专门小组进行处理。对于一时难以作出结论的延期事件，即使不属于持续性的事件，也可以采用先作出临时延期的决定，然后再作出最后决定的办法。这样既可以保证有充足的时间处理延期事件，又可以避免处理不及时而造成的损失。

监理工程师在作出临时工程延期批准或最终工程延期批准之前，均应与业主和承包单位协商。

(3)工程延期的审批原则。监理工程师在审批工程延期时应遵循下列原则。

①合同条件。监理工程师批准的工程延期必须符合合同条件。也就是说，导致工期拖延的原因确实属于承包单位自身以外的，否则不能批准为工程延期。这是监理工程师审批工程延期的一条根本原则。

②影响工期。发生延期事件的工程部位，只有当所延长的时间超过其相应的总时差而影响到工期时，才能批准工程延期。如果延期事件发生在非关键线路上，且延长的时间并未超过总时差时，即使符合批准为工程延期的合同条件，也不能批准工程延期。

应当说明，建设工程施工进度计划中的关键线路并非固定不变，它会随着工程的进展和情况的变化而转移。监理工程师应以承包单位提交的、经自己审核的施工进度计划(不断调整后)为依据来决定是否批准工程延期。

③实际情况。批准的工程延期必须符合实际情况。因此，承包单位对延期事件发生后的各类有关细节应详细记载，并及时向监理工程师提交详细报告。同时，监理工程师也应对施工现场考察和分析，并做好有关记录，以便为合理确定工程延期时间提供可靠依据。

【例 5.2】某建设工程业主与监理单位、施工单位分别签订了《监理委托合同》和《施工合同》，合同工期为 18 个月。在工程开工前，施工承包单位在合同约定的时间内向监理工程师提交了施工总进度计划(见图 5.10)。

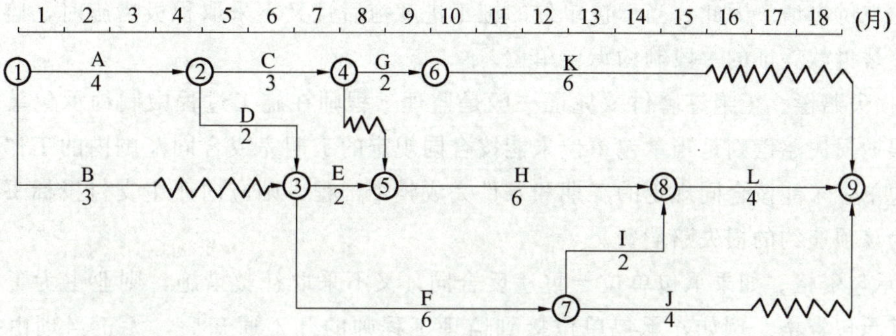

图 5.10 某工程施工总进度计划

该计划经监理工程师批准开始实施，在施工过程中发生以下事件：

①因业主要求需要修改设计，致使工作 K 停工等待图纸 3.5 个月；

②部分施工机械由于运输问题未能按时进场，致使工作 H 的实际进度拖后 1 个月；

③由于施工工艺不符合施工规范要求，发生质量事故而返工，致使工作 F 的实际进度拖后 2 个月。

承包单位在合同规定的有效期内提出工期延长 3.5 个月的要求，监理工程师应批准工程延期多少时间？为什么？

【解】工作 H 和工作 F 的实际进度拖后均属于承包单位自身原因，只有工作 K 的拖后可以考虑给予工程延期。从图 5.10 可知，工作 K 原有总时差为 3 个月，该工作停工 3.5 个月，只影响工期 0.5 个月，故监理工程师应批准工程延期 0.5 个月。

2. 工程延期的控制

发生工程延期事件，不仅影响工程的进展，而且会给业主带来损失。因此，监理工程师应做好以下工作，以减少或避免工程延期事件的发生。

(1)满足开工条件时，签发开工令。监理工程师在签发工程开工令之前，应充分考虑业主的前期准备工作是否充分。特别是征地、拆迁问题是否已解决，设计图纸能否及时提供，以及付款方面有无问题等，以避免上述问题缺乏准备造成的工程延期。

(2)提醒业主履行施工承包合同中所规定的职责。在施工过程中，监理工程师应经常提醒业主履行自己的职责，提前做好施工场地及设计图纸的提供工作，并能及时支付工程进度款，以减少或避免由此而造成的工程延期。

(3)妥善处理工程延期事件。当延期事件发生以后，监理工程师应根据合同规定妥善处理。既要尽量减少工程延期时间及其损失，又要在详细调查研究的基础上合理批准工程延期时间。

此外，业主在施工过程中应尽量减少干预、多协调，以避免业主的干扰和阻碍而导致延期事件的发生。

3. 工程延误的处理

如果承包单位因自身因素造成工期拖延，而又未按照监理工程师的指令改变延期状态时，通常可以采用下列手段处理。

(1)拒绝签署付款凭证。当承包单位的施工活动不能使监理工程师满意时，监理工程师有权拒绝承包单位的支付申请。因此，当承包单位的施工进度拖后且又不采取积极措施时，监理工程师可以采取拒绝签署付款凭证的手段制约承包单位。

(2)误期损失赔偿。拒绝签署付款凭证一般是监理工程师在施工过程中制约承包单位延误工期的手段，而误期损失赔偿则是当承包单位未能按合同规定的工期完成合同范围内的工作时对其的处罚。如果承包单位未能按合同规定的工期和条件完成整个工程，则应向业主支付投标书附件中规定的金额，作为该项违约的损失赔偿费。

(3)取消承包资格。如果承包单位严重违反合同，又不采取补救措施，则业主为了保证合同工期有权取消其承包资格。例如，承包单位接到监理工程师的开工通知后，无正当理由推迟开工时间，或在施工过程中无任何理由要求延长工期，施工进度缓慢，又无视监理工程师的书面警告等，都有可能受到取消承包资格的处罚。

取消承包资格是对承包单位违约的严厉制裁。因为业主一旦取消了承包单位的承包资格，承包单位不但要被驱逐出施工现场，而且还要承担由此而造成的业主损失费用。这种惩罚措施一般不轻易采用，而且在作出这项决定前，业主必须事先通知承包单位，并要求其在规定的期限内做好辩护准备。

5.4 建筑工程进度计划实施中的监测与调整方法

确定建设工程进度目标，编制一个科学、合理的进度计划是监理工程师实现进度控制的首要前提。但是在工程项目实施过程中，由于外部环境和条件的变化，进度计划的编制者很难事先对项目在实施过程中可能出现的问题进行全面的估计。气候的变化、不可预见事件的发生以及其他条件的变化均会对工程进度计划的实施产生影响，从而造成实际进度偏离计划进度，如果实际进度与计划进度的偏差得不到及时纠正，势必影响进度总目标的实现。因此，在进度计划的执行过程中，必须采取有效的监测手段对进度计划的实施过程进行监控，以便及时发现问题，并运用行之有效的进度调整方法来解决问题。

5.4.1 进度监测的系统过程

在建设工程实施过程中，监理工程师应经常地、定期地对进度计划的执行情况跟踪检查，发现问题后，及时采取措施加以解决。进度监测系统过程如图 5.11 所示。

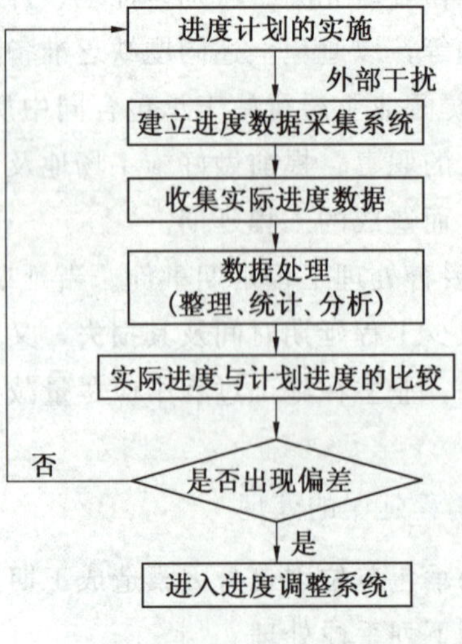

图 5.11 建设工程进度监测系统过程

1. 进度计划执行中的跟踪检查

对进度计划的执行情况跟踪检查是计划执行信息的主要来源，是进度分析和调整的依据，也是进度控制的关键步骤。跟踪检查的主要工作是定期收集反映工程实际进度的有关数据，收集的数据应当全面、真实、可靠，不完整或不正确的进度数据将导致判断不正确或决策失误。为了全面、准确地掌握进度计划的执行情况，监理工程师应认真做好以下三方面的工作。

(1)定期收集进度报表资料。进度报表是反映工程实际进度的主要方式之一。进度计划执行单位应按照进度监理制度规定的时间和报表内容，定期填写进度报表。监理工程师通过收集进度报表资料掌握工程实际进度情况。

(2)现场实地检查工程进展情况。派监理人员常驻现场，随时检查进度计划的实际执行情况，这样可以加强进度监测工作，掌握工程实际进度的第一手资料，使获取的数据更加及时、准确。

(3)定期召开现场会议。定期召开现场会议，监理工程师通过与进度计划执行单位的有关人员面对面地交谈，既可以了解工程实际进度状况，又可以协调有关方面的进度关系。

一般来说，进度控制的效果与收集数据资料的时间间隔有关。究竟多长时间进行一次进度检查，这是监理工程师应当确定的问题。如果不经常地、定期地收集实际进度数据，就难以有效地控制实际进度。进行检查的时间间隔与工程项目类型、规模、监理对象及有关条件等多方面因素有关，可视工程的具体情况，每月、每半月或每周进行一次检查。在特殊情况下，甚至需要每日进行一次进度检查。

2. 实际进度数据的加工处理

为了进行实际进度与计划进度的比较，必须对收集到的实际进度数据加工处理，形成与计划进度具有可比性的数据。例如，对检查时段实际完成工作量的进度数据整理、统计和分析，确定本期累计完成的工作量、本期已完成的工作量占计划总工作量的百分比等。

3. 实际进度与计划进度的对比分析

将实际进度数据与计划进度数据比较，可以确定建设工程实际执行状况与计划目标之间的差距。为了直观地反映实际进度偏差，通常采用表格或图形进行实际进度与计划进度的对比分析，从而得出实际进度比计划进度超前、滞后还是一致的结论。

5.4.2 进度调整的系统过程

在建设工程实施进度检测过程中，一旦发现实际进度偏离计划进度，即出现进度偏差时，必须认真分析产生偏差的原因及其对后续工作和总工期的影响，必要时采取合理、有效的进度计划调整措施，确保进度总目标的实现。进度调整的系统过程如图 5.12 所示。

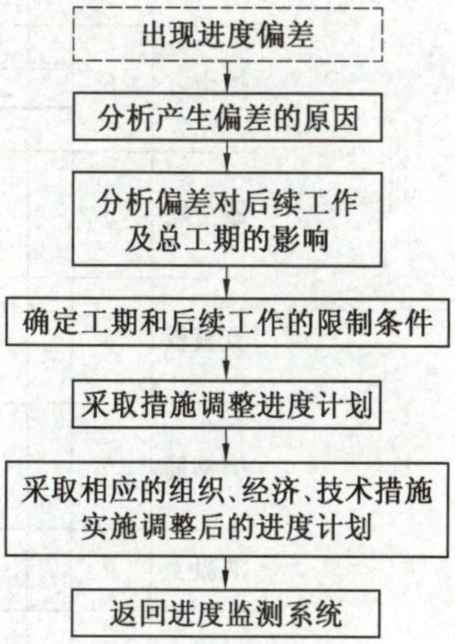

图 5.12 建设工程进度调整系统过程

1. 分析进度偏差产生的原因

通过实际进度与计划进度比较，发现进度偏差时，为了采取有效措施调整进度计划，必须深入现场进行调查，分析产生进度偏差的原因。

2. 分析进度偏差对后续工作和总工期的影响

当查明进度偏差产生的原因之后，要分析进度偏差对后续工作和总工期的影响程度，以确定是否应采取措施调整进度计划。

3. 确定后续工作和总工期的限制条件

当出现的进度偏差影响到后续工作或总工期而需要采取进度调整措施时，应当首先确定可调整进度的范围，主要指关键节点、后续工作的限制条件以及总工期允许变化范围。这些限制条件往往与合同条件有关，需要认真分析后确定。

4. 采取措施调整进度计划

采取进度调整措施，应以后续工作和总工期的限制条件为依据，确保要求进度目标得到实现。

5. 实施调整后的进度计划

进度计划调整之后，应采取相应的组织、经济、技术措施予以执行，并继续监测其执行情况。

5.4.3 实际与计划进度的比较方法

实际进度与计划进度的比较是建设工程进度监测的主要环节。常用的进度比较方法有横道图、S曲线、香蕉曲线、前锋线和列表比较法。

1. 横道图比较法

横道图比较法是指将项目实施过程中检查实际进度收集到的数据，经加工整理直接用横道线平行绘于原计划的横道线处，进行实际进度与计划进度的比较方法。采用横道图比较法，可以形象、直观地反映实际进度与计划进度的比较情况。

例如，某工程项目基础工程的计划进度和截至第9周末的实际进度如图5.13所示，其中双线条表示该工程计划进度，粗实线表示实际进度。从图中实际进度与计划进度的比较可以看出，到第9周末进行实际进度检查时，挖土方和做垫层两项工作已经完成；支模板按计划也应该完成，但实际只完成75%，任务量拖欠25%；绑扎钢筋按计划应该完成60%，而实际只完成20%，任务量拖欠40%。

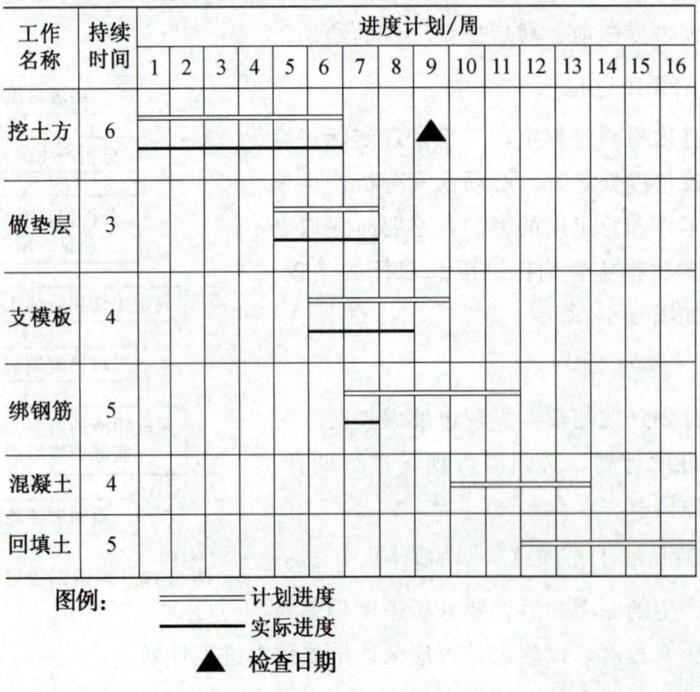

图5.13 某基础工程实际进度与计划进度比较图

根据各项工作的进度偏差，进度控制者可以采取相应的纠偏措施对进度计划调整，以确保该工程按期完成。

图5.13所表达的比较方法仅适用于工程项目中的各项工作都是均匀进展的情况，即每项工作在单位时间内完成的任务量都相等的情况。事实上，工程项目中各项工作的进展不一定是匀速的。根据工程项目中各项工作的进展是否匀速，可分别采用以下两种方法进行实际进度与计划进度的比较。

(1)匀速进展横道图比较法。匀速进展是指在工程项目中，每项工作在单位时间内完成的任务量都是相等的，即工作的进展速度是均匀的。此时，每项工作累计完成的任务量与时间成线性关系，如图5.14所示。完成的任务量可以用实物工程量、劳动消耗量或费用支出表示。为了便于比较，通常用上述物理量的百分比表示。

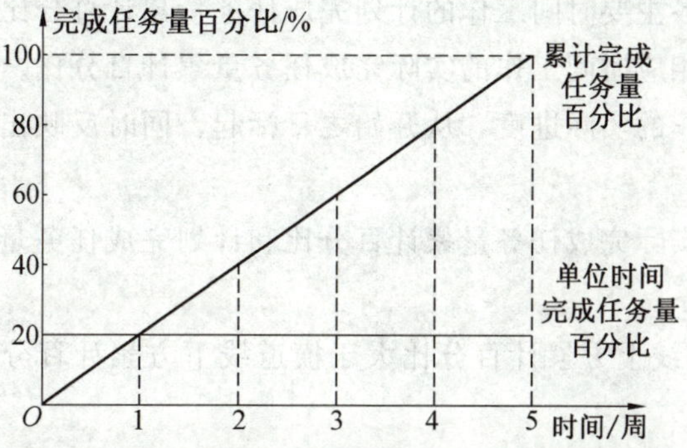

图5.14　工作匀速进展时任务量与时间关系的曲线

采用匀速进展横道图比较法时，其步骤如下：

①编制横道图进度计划。

②在进度计划上标出检查日期。

③将检查收集的实际进度数据经加工整理按比例用涂黑的粗线标于计划进度的下方，如图5.15所示。

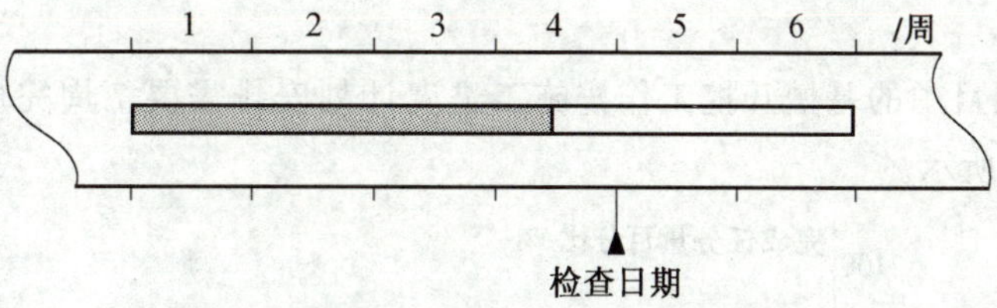

图5.15　匀速进展横道图比较图

④对比分析实际进度与计划进度。

A. 如果涂黑的粗线右端落在检查日期左侧，表明实际进度拖后。

B. 如果涂黑的粗线右端落在检查日期的右侧，表明实际进度超前。

C. 如果涂黑的粗线右端与检查日期重合，表明实际进度与计划进度一致。

必须指出，该方法仅适用于工作从开始到结束的整个过程中，其进展速度均为固定不变的情况。如果工作的进展速度是变化的，则不能采用这种方法进行实际进度与计划进度的比较；否则，会得出错误的结论。

(2)非匀速进展横道图比较法。当工作在不同单位时间里进展速度不相等时，累计完成的任务量与时间的关系就不可能是线性关系。此时，应采用非匀速进展横道图比较法进行工作实际进度与计划进度的比较。

非匀速进展横道图比较法在用涂黑粗线表示工作实际进度的同时，还要标出其对应时刻完成任务量的累计百分比，并将该百分比与其同时刻计划完成任务量的累计百分比相比较，判断工作实际进度与计划进度之间的关系。

采用非匀速进展横道图比较法时，其步骤如下：

①编制横道图进度计划。

②在横道线上方标出各主要时间工作的计划完成任务量累计百分比。

③在横道线下方标出相应时间工作的实际完成任务量累计百分比。

④用涂黑粗线标出工作的实际进度，从开始之日标起，同时反映出该工作在实施过程中的连续与间断情况。

⑤通过比较同一时刻实际完成任务量累计百分比和计划完成任务量累计百分比，判断工作实际进度与计划进度之间的关系。

A. 如果同一时刻横道线上方累计百分比大于横道线下方累计百分比，表示实际进度拖后，拖欠的任务量为二者之差。

B. 如果同一时刻横道线上方累计百分比小于横道线下方累计百分比，表示实际进度超前，超前的任务量为二者之差。

C. 如果同一时刻横道线上下方两个累计百分比相等，表明实际进度与计划进度一致。

可以看出，由于工作进展速度是变化的，因此，在图中的横道线，无论是计划的还是实际的，只能表示工作的开始时间、完成时间和持续时间，并不表示计划完成的任务量和实际完成任务量。此外，采用非匀速进展横道图比较法，不仅可以进行某一时刻(如检查日期)实际进度与计划进度的比较，还能进行某一时间段实际进度与计划进度的比较。当然，这需要实施部门按规定的时间记录当时的任务完成情况。

【例 5.3】某工程项目中的基槽开挖工作按施工进度计划安排需要 7 周完成，每周计划完成的任务量百分比如图 5.16 所示。

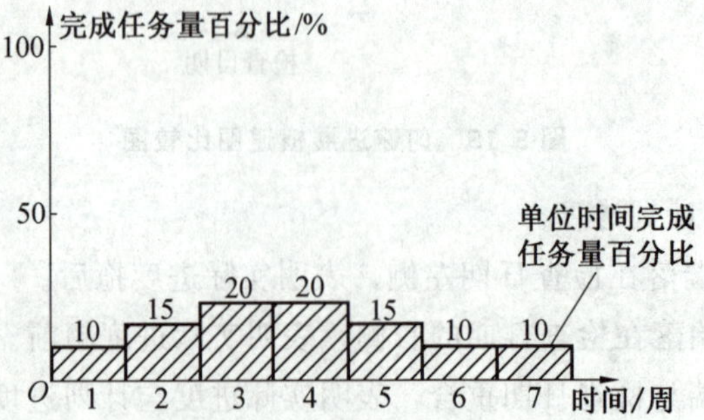

图 5.16　基槽开挖工作进展时间与完成任务量关系图

【解】(1)编制横道图进度计划，如图 5.17 所示。

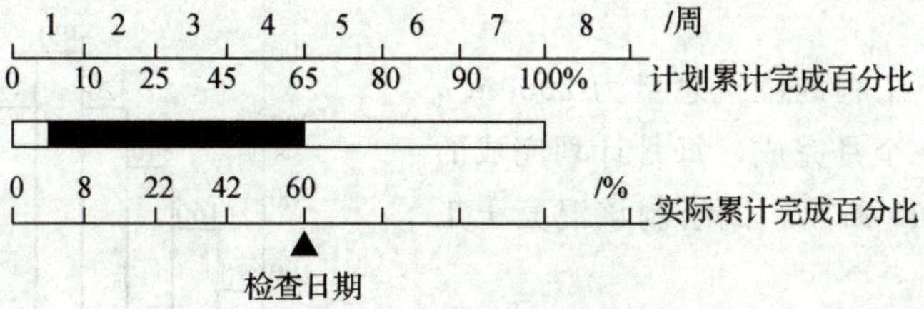

图 5.17 横道图进度计划

(2)在横道线上方标出基槽开挖工作每周计划累计完成任务量的百分比，分别为 10%、25%、45%、65%、80%、90%和 100%。

(3)在横道线下方标出第 1 周至检查日期(第 4 周)每周实际累计完成任务量的百分比，分别为 8%、22%、42%、60%。

(4)用涂黑粗线标出实际投入的时间。图 5.17 表明，该工作实际开始时间晚于计划开始时间，在开始后连续工作，没有中断。

(5)比较实际进度计划进度。从图 5.17 可以看出，该工作在第一周实际进度比计划进度拖后 2%，以后各周末累计拖后分别为 3%、3%和 5%。

2. S 曲线比较法

S 曲线比较法是以横坐标表示时间，纵坐标表示累计完成任务量，绘制一条按计划时间累计完成任务量的 S 曲线；然后将工程项目实施过程中各检查时间实际累计完成任务量的 S 曲线也绘制在同一坐标系中，进行实际进度与计划进度比较的一种方法。

从整个工程项目实际进展全过程看，单位时间投入的资源量一般是开始和结束时较少，中间阶段较多。与其相对应，单位时间完成的任务量也呈同样的变化规律，如图 5.18(a)所示。而随工程进展累计完成的任务量则应呈 S 形变化，如图 5.18(b)所示。由于其形似英文字母“S”，S 曲线因此而得名。

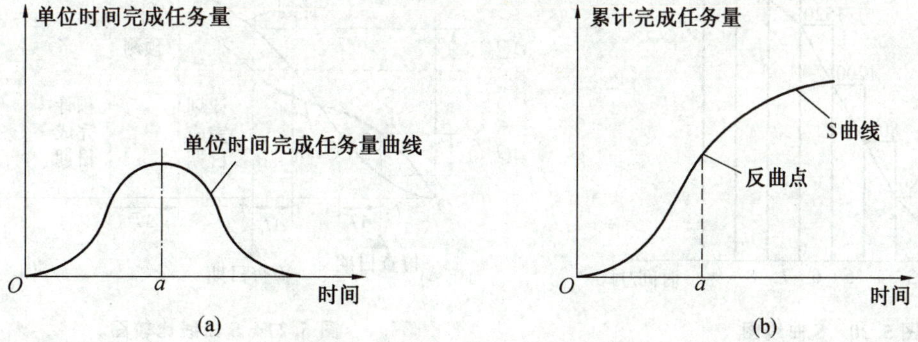

图 5.18 时间与完成任务量关系曲线

(1)S 曲线的绘制方法。下面以一简例说明 S 曲线的绘制方法。

【例 5.4】某混凝土工程的浇筑总量为 2000m^3，按照施工方案，计划 9 个月完成，每月计划完成的混凝土浇筑量如图 5.19 所示，试绘制该混凝土工程的计划 S 曲线。

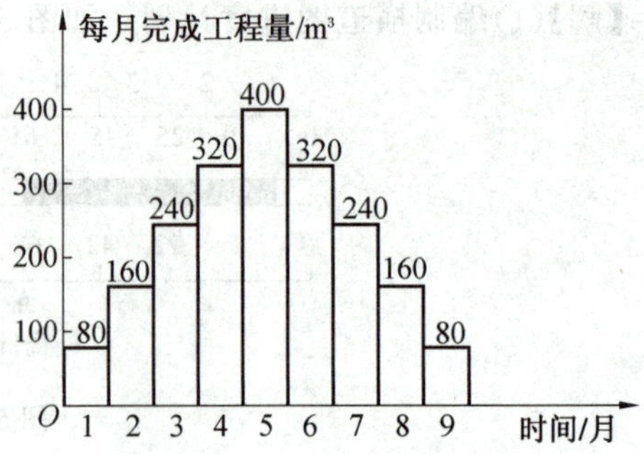

图 5.19　每月完成工程量图

【解】根据已知条件：

①确定单位时间计划完成任务量。在本例中，将每月计划完成混凝土浇筑量列于表 5.4 中。

②计算不同时间累计完成任务量。在本例中，依次计算每月计划累计完成的混凝土浇筑量，结果列于表 5.4 中。

表 5.4　完成工程量汇总表

时　间(月)	1	2	3	4	5	6	7	8	9
每月完成量(m^3)	80	160	240	320	400	320	240	160	80
累计完成量(m^3)	80	240	480	800	1200	1520	1760	1920	2000

③根据累计完成任务量绘制 S 曲线。在本例中，根据每月计划累计完成混凝土浇筑量而绘制的 S 曲线如图 5.20 所示。

(2)实际进度与计划进度的比较。同横道图比较法一样，S 曲线比较法也是在图上进行工程项目实际进度与计划进度的直观比较。在工程项目实施过程中，按照规定时间将检查收集到的实际累计完成任务量绘制在原计划 S 曲线图上，即可得到实际进度 S 曲线，如图 5.21 所示。通过比较实际 S 曲线和计划进度 S 曲线，可以获得如下信息。

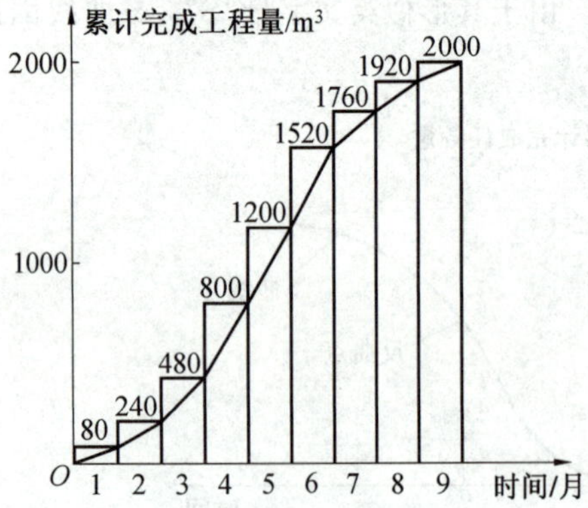

图 5.20　S 曲线图

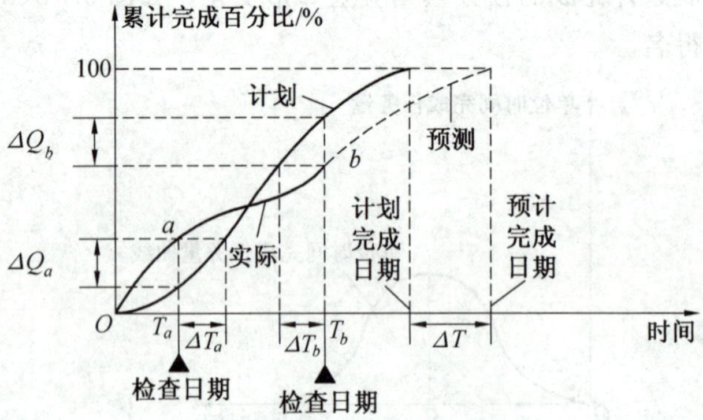

图 5.21　S 曲线比较图

①工程项目实际进展状况。如果工程实际进展点落在计划 S 曲线左侧，表明此时实际进度计划比计划进度超前，如图 5.21 中的 a 点。

如果工程实际进展点落在 S 计划曲线右侧，表明此时实际进度拖后，如图 5.21 中的 b 点。

如果工程实际进展点正好落在计划 S 曲线上，则表示此时实际进度与计划进度一致。

②工程项目实际进度超前或拖后的时间。在S曲线比较图中可以直接读出实际进度比计划进度超前或拖后的时间。如图5.21所示，ΔT_a 表示 T_a 时刻实际进度超前的时间，ΔT_b 表示 T_b 时刻实际进度拖后的时间。

③工程项目实际超额或拖欠的任务量。在S曲线比较图中也可以直接读出实际进度比计划进度超额或拖欠的任务量。如图5.21所示，ΔQ_a 表示 T_a 时刻超额完成的任务量，ΔQ_b 表示 T_b 时刻拖欠的任务量。

④后期工程进度预测。如果后期工程按原计划速度进行，则可做出后期工程计划S曲线，如图5.21中的虚线所示，从而可以确定工期拖延预测值 ΔT。

3. 香蕉曲线比较法

香蕉曲线是由两条S曲线组合而成的闭合曲线。由S曲线比较法可知，工程项目累计完成的任务量与计划时间的关系，可以用一条S曲线表示。对于一个工程项目网络计划来说，以其中各项工作的最早开始时间安排进度而绘制的S曲线，称为ES曲线；以其中各项工作的最迟开始时间安排进度而绘制的S曲线，称为LS曲线。两条S曲线具有相同的起点和终点，因此，两条曲线是闭合的。在一般情况下，ES曲线上其余各点均落在LS曲线的相应点的左侧。由于该闭合线形似“香蕉”，故称为香蕉曲线，如图5.22所示。

(1)香蕉曲线比较法的作用。香蕉曲线比较法能直观地反映工程项目的实际进展情况，并可以获得比S曲线更多的信息。其主要作用有以下几点：

①合理安排工程项目进度计划。如果工程项目中的各项工作均按其最早开始时间安排进度，将导致项目的投资加大；而如果各项工作都按其最迟开始时间安排进度，则一旦受到进度影响因素的干扰，又将导致工期拖延，使工程进度风险加大。因此，一个科学合理的进度计划优化曲线应处于香蕉曲线所包络的区域之内，如图5.23中的点划线所示。

②定期比较工程项目的实际进度与计划进度。在工程项目的实施过程中，根据每次检查收集到的实际完成任务量，绘制出实际进度S曲线，便可以与计划进度比较。工程项目实施进度的理想状态是任意时刻工程实际进展点应落在香蕉曲线图的范围之内。如果工程实际进展点落在ES曲线的左侧，表明此刻实际进展比各项工作按其最早开始时间安排的计划进度超前；如果工程实际进展点落在LS曲线右侧，则表明此刻实际进度比各项工作按其最迟开始时间安排的计划进度拖后。

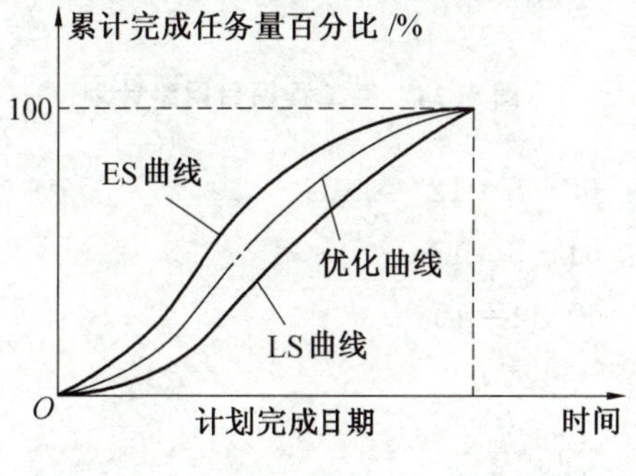

图5.22 香蕉曲线比较图

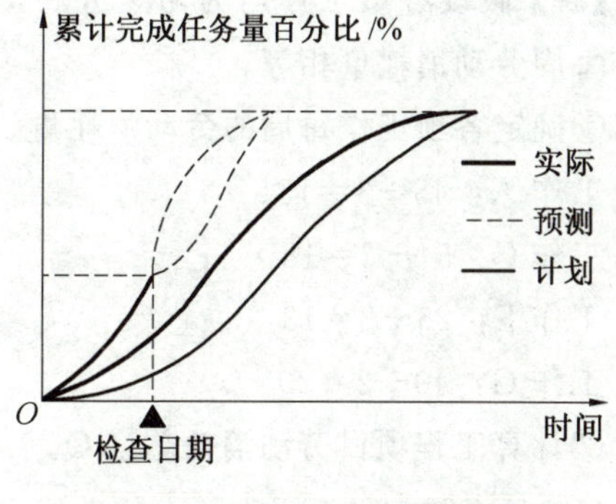

图5.23 工程进展趋势预测图

③预测后期工程进展趋势。利用香蕉曲线可以对后期工程的进展情况预测。例如在图 5.23 中，该工程项目在检查日期实际进度超前。检查日期之后的后期工程进度安排如图中虚线所示，预计工程项目将提前完成。

(2)香蕉曲线绘制方法。香蕉曲线的绘制方法与 S 曲线的绘制方法基本相同，不同之处在于香蕉曲线是以工作按最早开始时间安排进度和按最迟开始时间安排进度分别绘出的两条 S 曲线组合而成的。其绘制步骤如下：

①以工程项目的网络计划为基础，计算各项工作的最早开始时间和最迟开始时间。

②确定各项工作在各单位时间的计划完成任务量。分别按以下两种情况考虑：

A. 根据各项工作按最早开始时间安排的进度计划，确定各项工作在各单位时间的计划完成任务量。

B. 根据各项工作按最迟开始时间安排的进度计划，确定各项工作在各单位时间的计划完成任务量。

③计算工程项目总任务量，即对所有工作在各单位时间计划完成的任务量累加求和。

④分别根据各项工作按最早开始时间、最迟开始时间安排进度计划，确定工程项目在各单位时间计划完成的任务量，即将各项工作在某一单位时间内计划完成的任务量求和。

⑤分别根据各项工作按最早开始时间、最迟开始时间安排进度计划，确定不同时间累计完成的任务量或任务量的百分比。

⑥绘制香蕉曲线。分别根据各项工作按最早开始时间、最迟开始时间安排的进度计划而确定的累计完成任务量或任务量的百分比描绘各点，并连接各点得到 ES 曲线和 LS 曲线，由 ES 曲线和 LS 曲线组成香蕉曲线。

在工程项目实施过程中，根据检查得到的实际累计完成任务量，按同样的方法在原计划香蕉曲线上绘出实际进度曲线，便可以进行实际进度与计划进度的比较。

【例 5.5】某工程项目网络计划如图 5.24 所示，图中箭线上方括号内数字表示各项工作计划完成的任务量，以劳动消耗量表示；箭线下方数字表示各项工作的持续时间(周)。试绘制香蕉曲线。

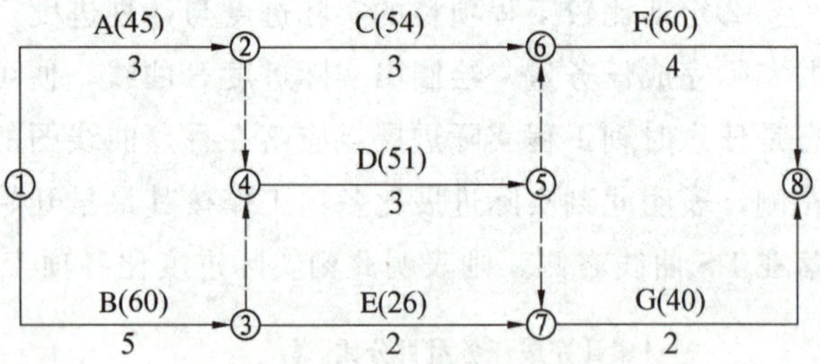

图 5.24　某工程项目网络计划

【解】假设各项工作均为匀速进展，即各项工作每周劳动消耗量相等。

①确定各项工作每周的劳动消耗量。

工作 A：45÷3=15　　工作 B：60÷5=12

工作 C：54÷3=18　　工作 D：51÷3=17

工作 E：26÷2=13　　工作 F：60÷4=15

工作 G：40÷2=20

②计算工程项目劳动消耗总量 Q。

Q=45+60+54+51+26+60+40=336

③根据各项工作按最早开始时间安排的进度计划，确定工程项目每周计划劳动消耗量及各周累

计劳动消耗量，如图 5.25 所示。

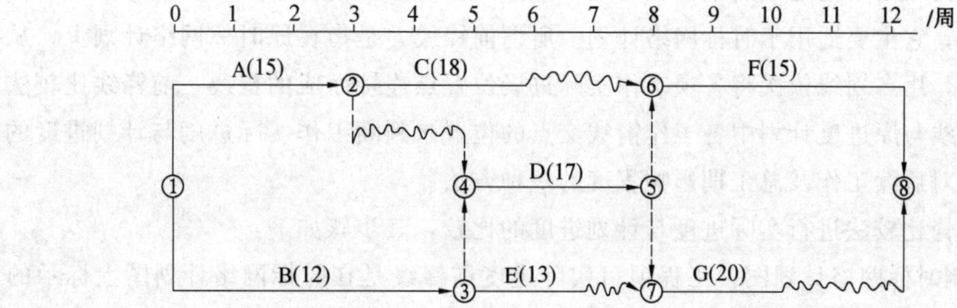

每周劳动消耗量	27	27	27	30	30	48	30	17	35	35	15	15
累计劳动消耗量	27	54	81	111	141	189	219	236	271	306	321	336

图 5.25　按工作最早开始时间安排的进度计划及劳动消耗量

④根据各项工作按最迟开始时间安排的进度计划，确定工程项目每周计划劳动消耗量及各周累计劳动消耗量，如图 5.26 所示。

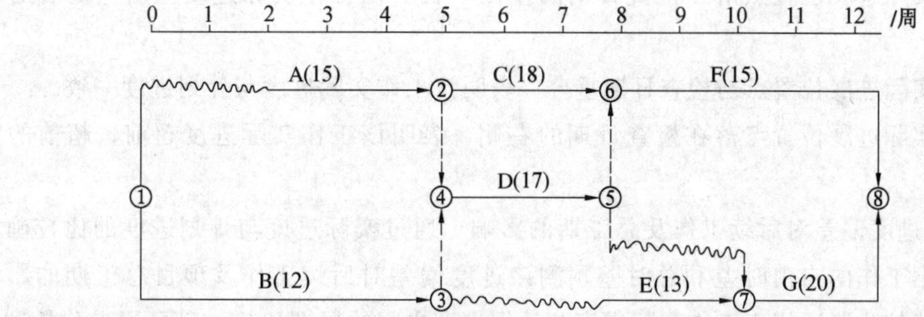

每周劳动消耗量	12	12	27	27	27	35	35	35	28	28	35	35
累计劳动消耗量	12	24	51	78	105	140	175	210	238	266	301	336

图 5.26　按工作最迟开始时间安排的进度计划及劳动消耗量

⑤根据不同的累计劳动消耗量分别绘制 ES 曲线和 LS 曲线，便得到香蕉曲线，如图 5.27 所示。

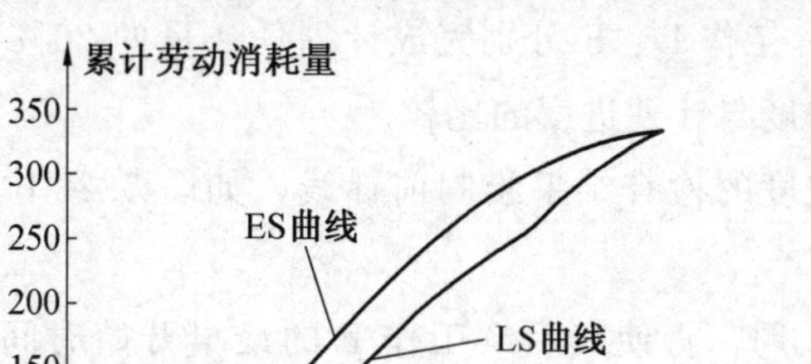

图 5.27　香蕉曲线图

4. 前锋线比较法

前锋线比较法是通过绘制某检查时刻工程项目实际进度前锋线，进行工程实际进度与计划进度比较的方法，它主要适用于时标网络计划。所谓前锋线，是指在原时标网络计划上，从检查时刻的时标点出发，用点划线依次将各项工作实际进展位置点连接而成的折线。前锋线比较法就是通过实际进度前锋线与原进度计划中各工作箭线交点的位置来判断工作实际进度与计划进度的偏差，进而判定该偏差对后续工作及总工期影响程度的一种方法。

采用前锋比较法进行实际进度与计划进度的比较，其步骤如下：

(1)绘制时标网络计划图。工程项目实际进度前锋线是在时标网络计划图上标示的，为清楚起见，可在时标网络计划图的上方和下方各设一时间坐标。

(2)绘制实际进度前锋线。一般从时标网络计划图上方时间坐标的检查日期开始绘制，依次连接相邻工作的实际进展位置点，最后与时标网络计划图下方坐标的检查日期相连接。

(3)进行实际进度与计划进度的比较。前锋线可以直观地反映出检查日期有关工作实际进度与计划进度之间的关系。对某项工作来说，其实际进度与计划进度之间的关系可能存在以下三种情况：

①工作实际进展位置点落在检查日期的左侧，表明该工作实际进度拖后，拖后的时间为二者之差。

②工作实际进展位置点与检查日期重合，表明该工作实际进度与计划进度一致。

③工作实际进展位置点落在检查日期的右侧，表明该工作实际进度超前，超前的时间为二者之差。

(4)预测进度偏差对后续工作及总工期的影响。通过实际进度与计划进度的比较确定进度偏差后，还可根据工作的自由时差和总时差预测该进度偏差对后续工作及项目总工期的影响。由此可见，前锋线比较法既适用于工作实际进度与计划进度之间的局部比较，又可用来分析和预测工程项目整体进度状况。

值得注意的是，以上比较是针对匀速进展工作。对于非匀速进展的工作，比较方法较复杂，此处不赘述。

【例 5.6】某工程项目时标网络计划如图 5.28 所示。该计划执行到第 6 周末检查实际进度时，发现工作 A 和 B 已经全部完成，工作 D、E 分别完成计划任务量的 20%和 50%，工作 C 尚需 3 周完成，试用前锋线法进行实际进度与计划进度的比较。

【解】根据第 6 周末实际进度的检查结果绘制前锋线，如图 5.28 中的点划线所示。通过比较可以看出：

①工作 D 实际进度拖后 2 周，将使其后续工作 F 的最早开始时间推迟 2 周，并使总工期延长 1 周。

②工作 E 实际进度拖后 1 周，既不影响总工期，也不影响其后续工作的正常进行。

③工作 C 实际进度拖后 2 周，将使其后续工作 G、H、I 的最早开始推迟 2 周。由于工作 G、H、I 开始时间的推迟，从而使总工期延长 2 周。

综上所述，如果不采取措施加快进度，该工程项目的总工期将延长 2 周。

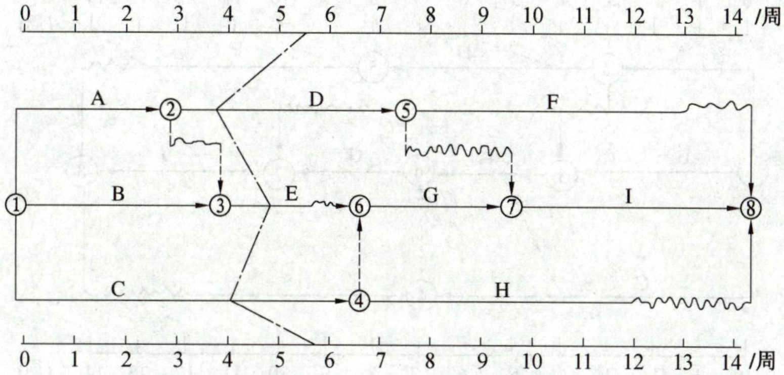

图 5.28 某工程前锋线比较图

5. 列表比较法

当工程进度计划用非时标网络图表示时，可以采用列表比较法进行实际进度与计划进度的比较。这种方法是记录检查日期应该进行的工作名称及其已经作业的时间，然后列表计算有关时间参数，并根据工作总时差进行实际进度与计划进度比较的方法。

采用列表比较法进行实际进度与计划进度的比较，其步骤如下：

①对于实际进度检查日期应该进行的工作，根据已经作业的时间，确定其尚需作业时间。

②根据原进度计划计算检查日期应该进行的工作从检查日期到原计划最迟完成时间尚余时间。

③计算工作尚有总时差，其值等于工作从检查日期到原计划最迟完成时间尚余时间与该工作尚需要作业时间之差。

④比较实际进度与计划进度，可能有以下几种情况。

A. 如果工作尚有总时差与原有总时差相等，说明该工作实际进度与计划进度一致。

B. 如果工作尚有总时差大于原有总时差，说明该工作实际进度超前，超前的时间为二者之差。

C. 如果工作尚有总时差小于原有总时差，且仍为非负值，说明该工作实际进度拖后，拖后的时间为二者之差，但不影响总工期。

D. 如果工作上尚有总时差小于原有总时差，且为负值，说明该工作实际进度拖后，拖后的时间为二者之差，此时工作实际进度偏差将影响总工期。

【例 5.7】某工程项目进度计划如图 5.29 所示。该计划执行到第 10 周末检查实际进度时，发现工作 A、B、C、D、E 已经全部完成，工作 F 已经进行 1 周，工作 G 和工作 H 均已进行 2 周，使用列表比较法进行实际进度与计划进度的比较。

【解】根据工程项目进度计划及实际进度检查结果，可以计算出检查日期应进行工作的尚需作业时间、原有总时差及尚有总时差等，计算结果见表 5.5。通过比较尚有总时差和原有总时差，即可判断目前工程实际进展状况。

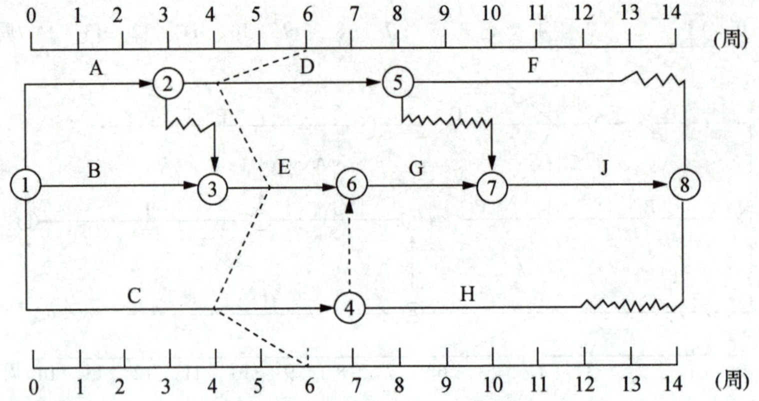

图 5.29　某工程项目进度计划图

表 5.5　工程进度检查比较表

工作代号	工作名称	检查计划时尚需作业周数	到计划最迟完成时尚余周数	原有总时差	尚有总时差	情况判断
5-8	F	4	4	1	0	拖后 1 周，但不影响工期
6-7	G	1	0	0	−1	拖后 1 周，影响工期 1 周
4-8	H	3	4	2	1	拖后 1 周，但不影响工期

5.4.4　进度计划实施中的调整方法

1. 分析进度偏差对后续工作及总工期的影响

在工程项目实施过程中，当通过实际进度与计划进度的比较，发现有进度偏差时，则需要分析该偏差对后续工作及总工期的影响，从而采取相应的调整措施对原进度计划调整，以确保工期目标的顺利实现。进度偏差的大小及其所处的位置不同，对后续工作和总工期的影响程度是不同的，分析时需要利用网络计划中工作总时差和自由时差的概念进行判断。分析步骤如下。

(1)分析出现进度偏差的工程是否为关键工作。如果出现进度偏差的工作位于关键线路上，即该工作为关键工作，则无论其偏差有多大，都将对后续工作和总工期产生影响，必须采取相应的调整措施；如果出现偏差的工作是非关键工作，则需要根据进度偏差值与总时差和自由时差的关系做进一步分析。

(2)分析进度偏差是否超过总时差。如果工作的进度偏差大于该工作的总时差，则此进度偏差必将影响其后续工作和总工期，必须采取相应的调整措施；如果工作的进度偏差未超过该工作的总时差，则此进度偏差不影响总工期。至于对后续工作的影响程度，还需要根据偏差值与其自由时差的关系做进一步分析。

(3)分析进度偏差是否超过自由时差。如果工作的进度偏差大于该工作的自由时差，则此进度偏差将对其后续工作产生影响，此时应根据后续工作的限制条件确定调整方法。如果工作的进度偏差未超过该工作的自由时差，则此进度偏差不影响后续工作，原进度计划可以不做调整。

进度偏差的分析判断过程如图 5.30 所示。通过分析，进度控制人员可以根据进度偏差的影响程度，制定相应的纠偏措施进行调整，以获得符合实际进度情况和计划目标的新进度计划。

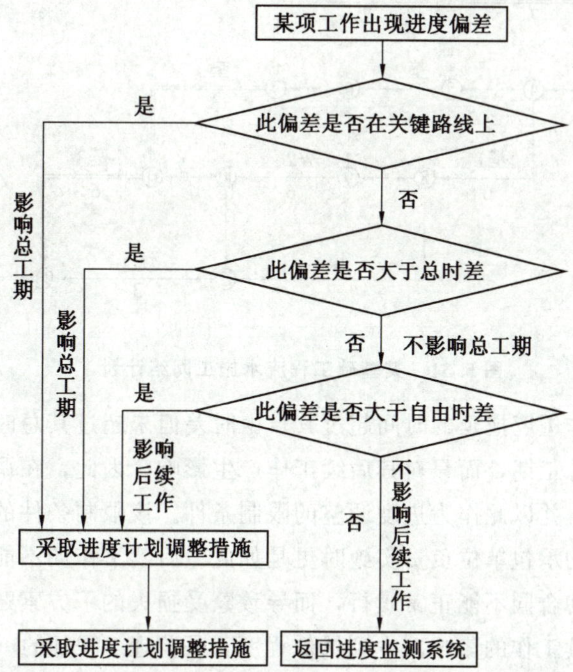

图 5.30 进度偏差对后续工作和总工期影响的分析过程图

2. 进度计划的调整方法

当实际进度偏差影响到后续工作、总工期而需要调整进度计划时，其调整方法主要有两种。

(1)改变某些工作时间的逻辑关系。当工程项目实施中产生的进度偏差影响到总工期，且有关工作的逻辑关系允许改变时，可以改变关键线路和超过计划工期的非关键线路上的有关工作之间的逻辑关系，达到缩短工期的目的。例如，将顺序进行的工作改为平行作业、搭接作业以及分段组织流水作业等，都可以有效地缩短工期。

【例 5.8】某工程项目基础工程包括挖基槽、做垫层、砌基础、回填土 4 个施工过程，各施工过程的持续时间分别为 21 天、15 天、18 天和 9 天，如果采取顺序作业方式施工，则其总工期为 63 天。为缩短该基础工程总工期，如果在工作面及资源供应允许的条件下，将基础工程划分为工程量大致相等的 3 个施工段组织流水作业，试绘制该基础工程流水作业网络计划，并确定其计算工期。

【解】该基础工程流水作业网络计划如图 5.31 所示。通过组织流水作业，该基础工程的计算工期由 63 天缩短为 35 天。

(2)缩短某些工作的持续时间。这种方法是不改变工程项目中的各项工作之间的逻辑关系，而通过增加资源投入、提高劳动效率等措施来缩短某些工作的持续时间，使工程进度加快，以保证按计划工期完成该工程项目。这些被压缩持续时间的工作是位于关键线路和超过计划工期的非关键线路上的工作。同时，这些工作又是其持续时间可被压缩的工作。这种调整方法通常可以在网络图上直接进行。其调整方法视限制条件及对其后续工作的影响程度的不同而有所区别，一般可分为以下三种情况：

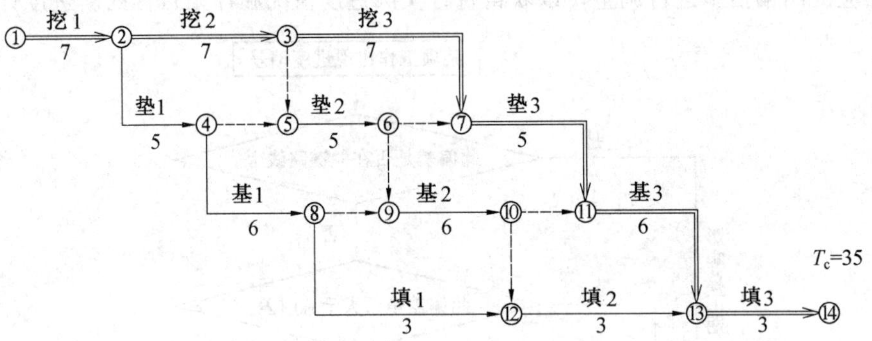

图 5.31　某基础工程流水施工网络计划

①网络计划中某项工作进度拖延的时间超过其自由时差但未超过其总时差。如前所述，此时该工作的实际进度不会影响总工期，而只对其后续工作产生影响。因此，在调整前，需要确定其后续工作允许拖延的时间限制，并以此作为进度调整的限制条件。该限制条件的确定常常较复杂，尤其是当后续工作由多个平行的承包单位负责实施时更是如此。后续工作如不能按原计划进行，在时间上产生的任何变化都可能使合同不能正常履行，而导致蒙受损失的一方索赔。因此，寻求合理的调整方案，把进度拖延对后续工作的影响减少到最低程度，是监理工程师的一项重要工作。

【例 5.9】某项工程项目双代号时标网络计划如图 5.32 所示，该计划执行到第 35 天下班时刻检查时，其实际进度如图中前锋线所示。试分析目前实际进度对其后续工作和总工期的影响，并提出相应的进度调整措施。

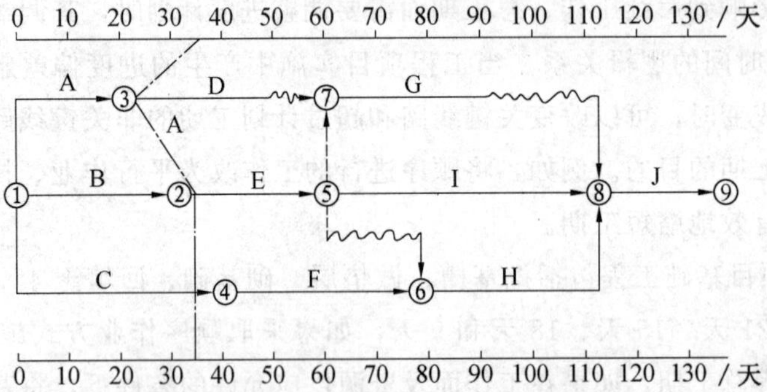

图 5.32　某工程项目时标网络计划

【解】从图 5.32 可以看出，目前只有工作 D 的开始时间拖后 15 天，而影响其后续工作 G 的最早开始时间，其他工作的实际进度均正常。由于工作 D 的总时差为 30 天，故此时工作 D 的实际进度不影响总工期。

该进度计划是否需要调整，取决于工作 D 和 G 的限制条件。

若后续工作拖延的时间无限制，可将拖延后的时间参数代入原计划，并简化网络图(去掉已执行部分，以进度检查日期为起点，将实际数据代入，绘制出未实施部分的进度计划)，即可得调整方案。例如在本例中，以检查时刻第 35 天为起点，将工作 D 的实际进度数据及 G 被拖延后的时间参数带入原计划(此时工作 D、G 的开始时间分别为 35 天和 65 天)，可得如图 5.33 所示的调整方案。

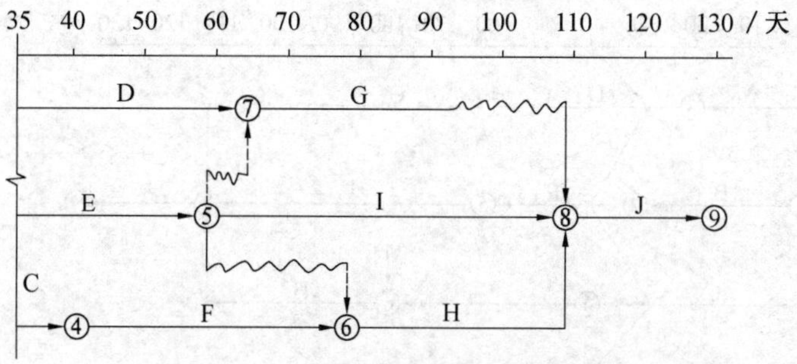

图 5.33 后续工作拖延时间无限制时的网络计划

若后续工作拖延的时间有限制，即后续工作不允许拖延或拖延的时间有限制时，需要根据限制条件对网络计划调整，寻求最优方案。例如在本例中，如果工作 G 的开始时间不允许超过第 60 天，则只能将其紧前工作 D 的持续时间压缩为 25 天，调整后的网络计划如图 5.34 所示。如果在工作 D、G 之间还有多项工作，则可以利用工期优化的原理确定应压缩的工作，得到满足 G 工作限制条件的最优调整方案。

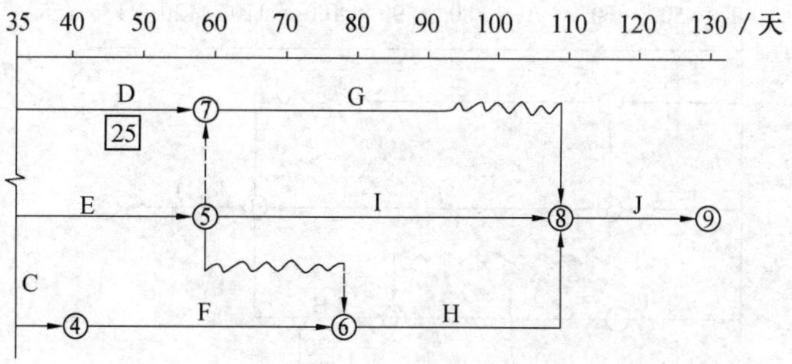

图 5.34 后续工作拖延时间有限制时的网络计划

②网络计划中某项工作进度拖延的时间超过其总时差。如果网络计划中某项工作进度拖延的时间超过其总时差，则无论该工作是否为关键工作，其实际进度都将对后续工作和总工期产生影响。此时，进度计划的调整方法又可分为以下三种情况。

A. 项目总工期不允许拖延。如果工程项目必须按照原计划工期完成，则只能采取缩短关键线路上后续工作持续时间的方法来达到调整计划的目的。

【例 5.10】仍以图 5.32 所示的网络计划为例，如果在计划执行到第 40 天下班时刻检查时，其实际进度如图 5.35 中前锋线所示，试分析目前实际进度对后续工作和总工期的影响，并提出相应的进度调整措施。

【解】从图 5.35 可看出：

工作 D 实际进度拖后 10 天，但不影响其后续工作，也不影响总工期；

工作 E 实际进度正常，既不影响后续工作，也不影响总工期；

工作 C 实际进度拖后 10 天，由于其为关键工作，故其实际进度将使总工期延长 10 天，并使其后续工作 F、H 和 J 的开始时间推迟 10 天。

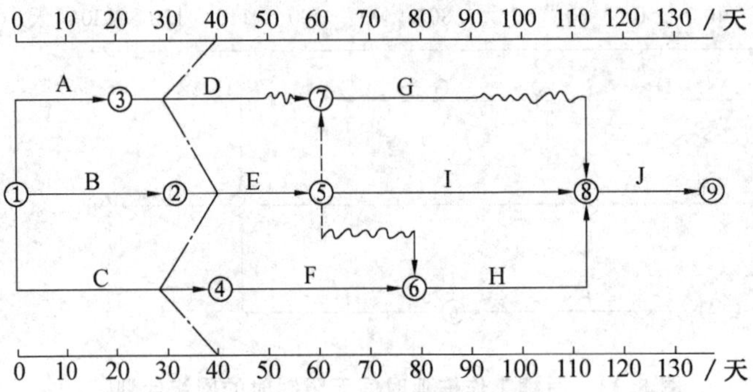

图 5.35　某工程实际进度前锋线

如果该工程项目总工期不允许拖延，则为了保证其按原计划工期 130 天完成，必须采用工期优化的方法，缩短关键线路上后续工作的持续时间。现假设工作 C 的后续工作 F、H 和 J 均可以压缩 10 天，通过比较，压缩工作 H 的持续时间所需付出的代价最小，故将工作 H 的持续时间由 30 天缩短为 20 天。调整后的网络计划如图 5.36 所示。

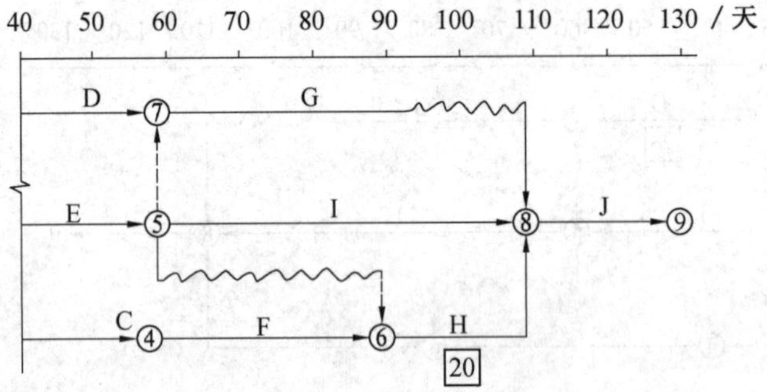

图 5.36　调整后工期不拖延的网络计划

B. 项目总工期允许拖延。

如果项目总工期允许拖延，则此时只需以实际数据取代原计划数据，并重新绘制实际进度检查日期之后的简化网络计划即可。

【例 5.11】以图 5.35 所示的前锋线为例，如果项目总工期允许拖延，此时只需以检查日期第 40 天为起点，用其后各项工作尚需作业时间取代相应的原计划数据，绘制出网络计划如图 5.37 所示。方案调整后，项目总工期为 140 天。

C. 项目总工期允许拖延的时间有限。

如果项目总工期允许拖延，但允许拖延的时间有限。则当实际进度拖延的时间超过此限制时，也需要对网络计划进度调整，以便满足要求。

具体的调整方法是以总工期的限制时间作为规定工期，对检查日期之后尚未实施的网络计划进行工期优化，即通过缩短关键线路上后续工作持续时间的方法来使总工期满足规定工期的要求。

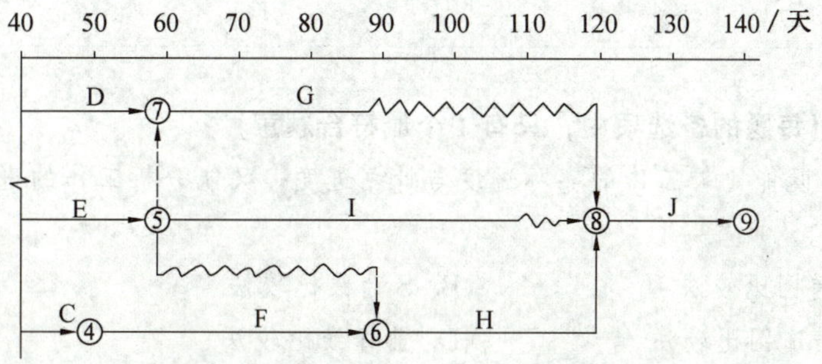

图 5.37 调整后拖延工期的网络计划

【例 5.12】仍以图 5.35 所示的前锋线为例，如果项目总工期只允许拖延至 135 天，则可按以下步骤进行调整：

第一步，绘制简化的网络计划，如图 5.37 所示。

第二步，确定需要压缩的时间。从图 5.37 可以看出，在第 40 天检查实际进度时发现总工期延长 10 天，该项目至少需要 140 天才能完成。而总工期只允许延长至 135 天，故需将总工期压缩 5 天。

第三步，对网络计划进行工期优化。从图 5.37 可以看出，此时关键线路上的工作为 C、F、H 和 J。现假设通过比较，压缩关键工作 H 的持续时间所需付出的代价最小，故将其持续时间由原来的 30 天压缩为 25 天，调整后的网络计划如图 5.38 所示。

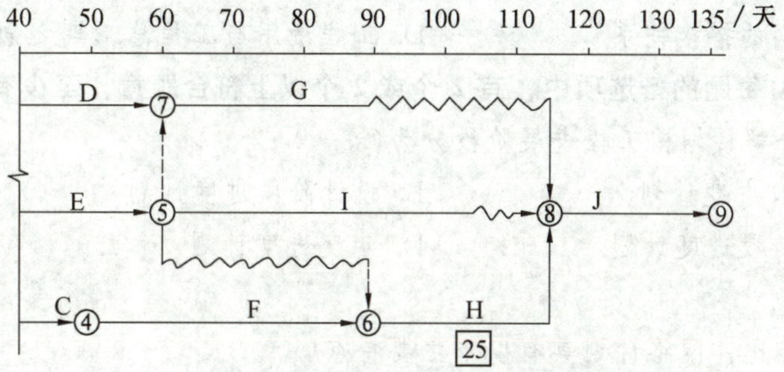

图 5.38 总工期拖延时间有限时的网络计划

以上三种情况均是以总工期为限制条件调整进度计划的。值得注意的是，当某项工作实际进度拖延的时间超过其总时差而需要对进度计划进行调整时，除需考虑总工期的限制条件外，还应考虑网络计划中后续工作的限制条件，特别是对总进度计划的控制更应注意这一点。因为在这类网络计划中，后续工作也许就是一些独立的合同段。时间上的任何变化，都会带来协调上的麻烦或者引起索赔。因此，当网络计划中某些后续工作对时间的拖延有限制时，同样需要以此为条件，按前述方法进行调整。

③网络计划中某项工作进度超前。监理工程师对建设工程实施进度控制的任务就是在工程进度计划的执行过程中，采取必要的组织协调和控制措施，以保证建设工程完成。在建设工程计划阶段所确定的工期目标，往往是综合考虑了各方面因素而确定的合理工期。因此，时间上的任何变化，无论是进度拖延还是超前，都可能造成其他目标的失控。

基础考核

一、单项选择题(每题的备选项中，只有1个最符合题意)

1. 下列方法中，既能比较工作的实际进度与计划进度，又能分析工作的进度偏差对工程总工期影响程度的是(　　)。

A. 匀速进度横道图比较法　　B. S曲线比较法

C. 非匀速进度横道图比较法　　D. 前锋线比较法

2. 工程进度控制是监理工程师的主要任务之一，其最终目的是确保建设项目(　　)。

A. 在实施过程中应用动态控制原理　　B. 按预定的时间动用或提前交付使用

C. 进度控制计划免受风险因素的干扰　　D. 各方参建单位的进度关系得到协调

3. 为了有效地控制建设工程进度，必须事先对影响进度的各种因素进行全面分析和预测。其主要目的是实现建筑工程进度的(　　)。

A. 动态控制　　B. 主动控制　　C. 事中控制　　D. 纠偏控制

4. 下列任务中，属于建筑工程实施阶段监理工程师进度控制任务的是(　　)。

A. 审查施工总进度计划　　B. 编制单位工程施工进度计划

C. 编制详细的出图计划　　D. 确定建设工期总目标

5. 利用横道图表示工程进度计划，其不足是不能明确反映(　　)。

A. 整个工程单位时间内的资源需求量　　B. 各项工作的开始时间和完成时间

C. 各项工作之间的搭接关系　　D. 工程费用与工程总工期之间的关系

二、多项选择题(每题的备选项中，有2个或2个以上符合题意，至少有1个错项)

1. 监理总进度分解计划按工程进展阶段分为(　　)。

A. 设计准备阶段进度计划　　B. 设计阶段进度计划

C. 动用前准备阶段进度计划　　D. 年度进度计划

E. 月度进度计划

2. 与横道计划相比，网络计划具有以下主要特点(　　)。

A. 网络计划能够明确表达各项工作之间的逻辑关系

B. 通过网络计划时间参数的计算，可以找出关键线路和关键工作

C. 通过网络计划时间参数的计算，可以明确各项工作的机动时间

D. 确定型网络计划只有普通双代号网络计划和单代号网络计划

E. 比横道计划直观明了

3. 下列对工程进度造成影响的因素中，属于业主因素的有(　　)。

A. 不能及时向施工承包单位付款　　B. 不明的水文气象条件

C. 施工安全措施不当　　D. 不能及时提供施工场地条件

E. 临时停水、停电、断路

4. 下列关于双代号时标网络计划的表述中，正确的有(　　)。

A. 工作箭线左端节点中心所对应的时标值为该工作的最早开始时间

B. 工作箭线中波形线的水平投影长度表示该工作与其紧后工作之间的时距

C. 工作箭线中实线部分的水平投影长度表示该工作的持续时间

D. 工作箭线中不存在波形线时，表明该工作的总时差为零

E. 工作箭线中不存在波形线时，表明该工作与其紧后工作之间的时间间隔为零

5. 下列导致工期拖延的情况，可以由承包商索赔的有(　　)。

A. 30 年一遇的洪水　　B. 施工现场支架垮塌

C. 业主晚提供施工图纸　　D. 地下管线位置不明

E. 监理工程师发出错误指令

技能实训

某实行监理的工程，施工合同采用《建设工程施工合同(示范文本)》(GF—2017—0201)，合同约定，吊装机械闲置补偿费 600 元/台班，单独计算，不进入直接费。经项目监理机构审核批准的施工总进度计划如图所示(时间单位：月)。

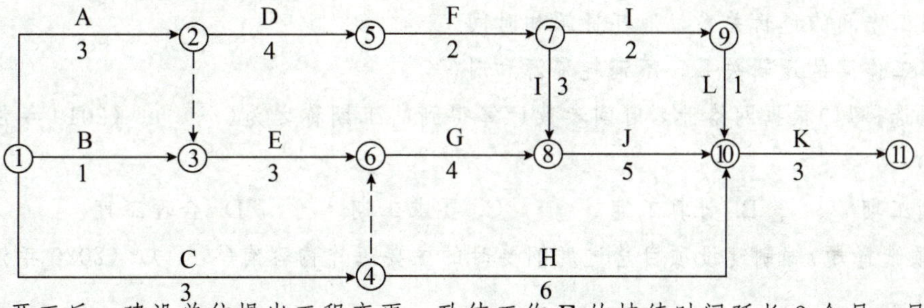

事件 1：开工后，建设单位提出工程变更，致使工作 E 的持续时间延长 2 个月，吊装机械闲置 30 台班。

事件 2：工作 G 开始后，受当地百年一遇的洪水影响，该工作停工 1 个月，吊装机械闲置 15 台班，其他机械设备损坏及停工损失合计 25 万元。

事件 3：工作 I 所安装的设备由建设单位采购。建设单位在没有通知施工单位共同清点的情况下，就将该设备存放在施工现场。施工单位安装前，发现该设备的部分部件损坏，调换损坏的部件使工作 I 的持续时间延长 1 个月，发生费用 1.6 万元。对此，建设单位要求施工单位承担部件损坏的责任。

事件 4：工作 K 开始之前，建设单位又提出工程变更，致使该工作提前 2 个月完成，因此，建设单位提出要将原合同工期缩短 2 个月，项目监理机构认为不妥。

【问题】

1. 确定初始计划的总工期，并确定关键线路及工作 E 的总时差。

2. 事件 1 发生后，吊装机械闲置补偿费为多少？工程延期为多少？说明理由。

3. 事件 2 发生后，项目监理机构应批准的费用补偿为多少？应批准的工程延期为多少？说明理由。

4. 指出事件 3 中建设单位的不妥之处，说明理由。项目监理机构应如何批复所发生的费用和工程延期问题？说明理由。

5. 事件 4 发生后，预计工程实际工期为多少？项目监理机构认为建设单位要求缩短合同工期不妥是否正确？说明理由。

链接执考

1.(单项选择题)某分部工程有3个施工过程，分为4个施工段组织加快的成倍节拍流水施工，各施工过程流水节拍分别是6天、6天、9天，则该分部工程的流水施工工期是(　　)天。(2019年注册监理工程师考试真题)

A. 24　　B. 30　　C. 36　　D. 54

2.(单项选择题)在有足够工作面和资源的前提下，施工工期最短的施工组织方式是(　　)。(2019年注册监理工程师考试真题)

A. 依次施工　　B. 搭接施工　　C. 平行施工　　D. 流水施工

3.(单项选择题)双代号网络计划中虚工作的含义是指(　　)。(2019年注册监理工程师考试真题)

A. 相邻工作间的逻辑关系，只消耗时间

B. 相邻工作间的逻辑关系，只消耗资源

C. 相邻工作间的逻辑关系，消耗资源和时间

D. 相邻工作间的逻辑关系，不消耗资源和时间

4.(单项选择题)根据网络计划时间参数计算得到的工期称之为(　　)。(2019年注册监理工程师考试真题)

A. 计划工期　　B. 计算工期　　C. 要求工期　　D. 合理工期

5.(多项选择题)编制建设项目总进度纲要时的主要工作内容有(　　)。(2020年注册监理工程师考试真题)

A. 编制有关工程施工组织和技术方案

B. 确定里程碑事件的计划进度目标

C. 分析进度计划系统的结构体系

D. 研究总进度目标实现的条件和应采取的措施

E. 预测各个阶段工程投资规模

6.(多项选择题)双代号时标网络计划如下图所示，关于时间参数及关键线路的说法，正确的有(　　)。(2020年注册监理工程师考试真题)

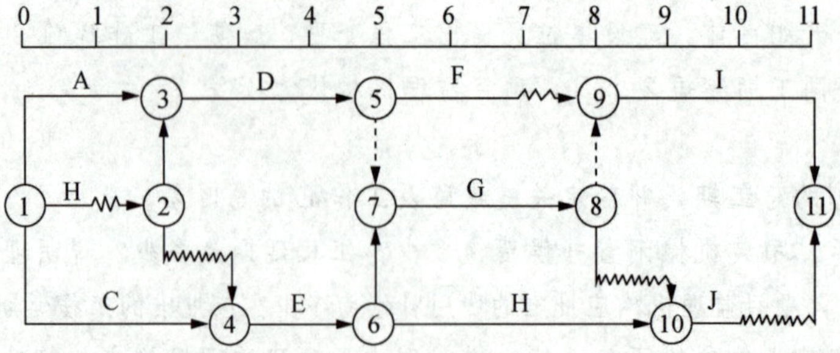

A. A工作的总时差为1，自由时差为0

B. C工作的总时差为0，自由时差为0

C. B工作的总时差为1，自由时差为1

D. H工作的最早完成时间为9，最迟完成时间为9

E. ①→②→④→⑥→⑦→⑧→⑨→⑪是关键线路

7.（多项选择题）与横道计划相比，工程网络计划的优点有（ ）。（2021年注册监理工程师考试真题）

A. 能够直观表示各项工作的进度安排

B. 能够明确表达各项工作之间的逻辑关系

C. 可以明确各项工作的机动时间

D. 可以找出关键线路和关键工作

E. 可以直观表达各项工作之间的搭接关系

8.（多项选择题）建设工程组织流水施工时，划分施工段的原则有（ ）。（2021年注册监理工程师考试真题）

A. 每个施工段需要有足够工作面

B. 施工段数要满足合理组织流水施工要求

C. 施工段界限要尽可能与结构界限相吻合

D. 同一专业工作队在不同施工段上的劳动量应大致相等

E. 施工段必须在同一平面内划分

项目6 建筑工程安全控制

知识目标

1. 熟悉安全监理的法律、法规。
2. 熟悉安全监理的责任目标。
3. 熟悉安全监理的工作内容。
4. 掌握现场安全管理检查的内容。

技能目标

1. 具备编写《安全监理方案》和《安全监理实施细则》的能力。
2. 具备对施工单位施工组织设计中的安全技术措施和专项安全施工方案审核的能力。

素养目标

1. 引导学生树立"安全重于泰山"的工程安全意识。
2. 进行生命健康教育，培养学生珍爱生命、尊重生命的意识。
3. 培养学生良好的劳动保护意识。
4. 培养学生遵守操作规程、规范操作的职业操守。

项目流程图

01 安全监理的定义 → 02 安全监理的方针与原则 → 03 安全监理的工作内容

6.1 安全监理的定义

安全监理是指社会化、专业化的监理单位接受建设单位的委托和授权，依据国家现行有关法律、法规、标准规范、经批准的工程建设文件、委托监理合同及有关建设工程合同等，对工程建设实施阶段承建单位的安全生产进行监督管理。

安全监理主要依据《中华人民共和国刑法》、《中华人民共和国安全生产法》、《建设工程安全生产管理条例》、《建筑工程安全生产监督管理工作导则》、《关于落实建设工程安全生产监理责任的若干意见》、《关于贯彻落实〈建设工程安全生产管理条例〉中监理安全责任的通知》、《建设工程施工现场管理规定》、《建筑施工安全检查标准》(JGJ 59—2011)、《施工现场临时用电安全技术规范》(JGJ 46—2005)、《建筑施工扣件式钢管脚手架安全技术规范》(JGJ 130—2011)、《建筑起重机械安全监督管理规定》、《建筑施工高处作业安全技术规范》(JGJ 80—2016)、《建设工程监理规范》(GB/T 50319—2013)等法律、法规、规范和标准。

安全监理包括对工程建设中的人、机、物、环境及施工全过程的安全生产进行监督管理，并采取组织、技术、经济和合同措施，保证建设行为符合国家安全生产，劳动保护法律、法规和有关政策，将建设工程安全风险有效地控制在允许的范围内，以确保施工安全的过程。

6.2 安全监理的方针与原则

6.2.1 安全监理的方针

党的二十大报告指出，应“以人民安全为宗旨”。建设工程安全生产管理，要坚持“以人为本”理念，贯彻安全第一、预防为主的方针。

安全第一就是树立没有安全就没有质量、进度、效益的观念。例如工人在进行高空等危险作业时，如果安全措施不到位，安全就得不到保障，工人作业时也就无法专心，容易出现偷工的现象；再如为了抢进度，安全措施不到位就组织施工，如果出现安全事故，必然导致停工，这样反而造成进度拖延，带来损失。因此，任何施工作业在施工前必须确保安全技术措施到位。

6.2.2 安全监理的原则

在建设工程施工生产时要遵循三结合的原则，即监督安全保证体系运行与监督工程实体防护相结合，全面要求与重点监管相结合，监管与服务指导相结合的原则。

(1)监督安全保证体系运行与监督工程实体防护相结合。施工单位的安全保证体系的建立是现场施工安全的首要条件，不仅要有专项的安全方案，而且现场的安全措施的落实，安全检查、隐患整改等具体工作必须有专职人员去做。

安全保证体系的正常运行是现场施工安全的主观保障，安全措施费用的投入和按照相关要求进行的实体防护是现场施工安全的客观保障。监理人员必须掌握一定的实体防护知识，才能更好地检查督促施工单位严格按照相关要求进行实体防护。

(2)全面要求与重点监管相结合。根据《建筑施工安全检查标准》(JGJ 59—2011)，监理安全监督管理的范围主要包括施工现场的安全管理、文明工地、脚手架、基坑支护与模板工程、“三宝”(安全帽、安全带和安全网)、“四口”(通道口、预留洞口、楼梯口、电梯井口)、防护、施工用电、物料提升机与外用电梯、塔吊、起重吊装和施工机械等。检查的评价分为优良、合格、不合格三个等级。保证项目中有一项不得分或保证项目小计得分不足40分时，此项评分表不应得分。根据《建筑施工安全检查标准》(JGJ 59—2011)的要求，施工现场安全生产情况的评价等级必须达到合格以上，即保证项目均得分，保证项目小计得分超过40分，汇总得分值应在70分及其以上；有一分表未得分，但汇总得分值必须在75分及其以上；当起重吊装或施工机械项未得分时，汇总得分值在80分及其以上。安全管理检查评分表如表6.1所示。

表6.1　安全管理检查评分表(JGJ 59—2011)

序号	检查项目		扣分标准	应得分数	扣减分数	实得分数
1	保证项目	安全生产责任制	未建立安全生产责任制，扣10分 安全生产责任制未经责任人签字确认，扣3分 未备有各工种安全技术操作规程，扣2～10分 未按规定配备专职安全员，扣2～10分 工程项目部承包合同中未明确安全生产考核指标，扣5分 未制定安全生产资金保障制度，扣5分 未编制安全资金使用计划或未按计划实施，扣2～5分 未制定安全生产管理目标(伤亡控制、安全达标、文明施工)，扣5分 未进行安全责任目标分解的，扣5分 未建立安全生产责任制、责任目标考核制度，扣5分 未按考核制度对管理人员定期考核，扣2～5分	10		
2		施工组织设计	施工组织设计中未制定安全技术措施，扣10分 危险性较大的分部分项工程未编制安全专项施工方案，扣10分 未按规定对(超过一定规模的危险性较大的分部分项工程)专项方案进行专家论证，扣10分 施工组织设计、专项施工方案未经审批，扣10分 安全措施、专项施工方案无针对性或缺少设计计算，扣2～8分 未按施工组织设计、专项施工方案组织实施，扣2～10分	10		
3		安全技术交底	未进行书面安全技术交底，扣10分 未按分部分项进行交底，扣5分 交底内容不全或针对性不强，扣2～5分 交底未履行签字手续，扣2～4分	10		
4		安全检查	未建立(定期、季节性)安全检查制度，扣10分 未留有(定期、季节性)安全检查记录，扣5分 事故隐患的整改未做到定人、定时间、定措施，扣2～6分 对重大事故隐患改通知书所列项目未按期整改和复查，扣5～10分	10		
5		安全教育	未建立安全教育培训制度，扣10分 新入场工人未进行三级安全教育培训和考核，扣5分 未明确具体安全教育培训内容，扣2～8分 变换工种或采用新技术、新工艺、新设备、新材料施工时未进行安全教育，扣5分 施工管理人员、专职安全员未按规定进行年度教育培训和考核，每人扣2分	10		
6		应急预案	未制定安全生产应急救援预案，扣10分 未建立应急救援组织或未按规定配备救援人员，扣2～6分 未配置应急救援器材和设备，扣5分 未定期进行应急救援演练，扣5分	10		
		小计		60		

续表

序号	检查项目		扣分标准	应得分数	扣减分数	实得分数
7	一般项目	分包单位安全管理	分包单位资质、资格、分包手续不全或失效，扣10分 未签订安全生产协议书，扣5分 分包合同、安全协议书签字盖章手续不全，扣2~6分 分包单位未按规定建立安全机构或未配备专职安全员，扣2~6分	10		
8		（特种作业）持证上岗	未经培训从事施工、安全管理和特种作业，每人扣5分 项目经理、专职安全员和特种作业人员未持证上岗，每人扣2分	10		
9		生产安全事故处理	生产安全事故未按规定报告，扣10分 生产安全事故未按规定进行调查分析、制定防范措施，扣10分 未依法为施工作业人员办理保险，扣5分	10		
10		安全标志	主要施工区域、危险部位未按规定悬挂安全标志，扣2~6分 未绘制现场安全标志布置图，扣3分 未按部位和现场设施的变化调整安全标志设置，扣2~6分 未设置重大危险源公示牌，扣5分	10		
		小　计		40		
检查项目合计				100		

施工现场监理必须重点做好安全管理与文明施工以及防触电，防高空坠落，防物体打击，防基坑及模板支撑、脚手架和钢结构等垮塌，防机械伤害，防火灾、爆炸、爆燃，防食物中毒等监管工作。

(3)监管与服务指导相结合。监理进入现场后，要及时书面联系施工单位，向施工单位提出需要报审的资料和要求。

无监理审批通过的施工组织设计或专项施工方案，施工单位不得擅自组织施工。在实际操作过程中，施工单位编制专项施工方案的时间往往滞后，监理人员应根据计划进度，提前督促施工单位进行编制、报审。施工单位进入现场后，要督促其尽快报审塔吊安装安拆装专项施工方案及有关塔吊技术资料，及时进行安装、验收和办理使用登记，尽可能达到使用塔吊前已通过检验检测机构的验收。基础工程施工开始时，要督促施工单位编制一层结构的模板支撑方案和需要专家论证的高大模板方案，监理在熟悉图纸时，要及时提醒施工单位，提前留出论证的组织和修改完善时间，确保工程能如期进行；有的工程脚手架可能要等到一层的模板支撑拆除后才能搭设，但由于交叉施工，此时工程进度可能已施工到三层结构，在这个过程中，要及时将脚手架的连墙件根据方案要求预埋进柱梁内，因而，脚手架的方案必须在一层结构施工前就要报审通过，以避免一、二层脚手架搭设时采用钢管包柱的方法来进行连接，这样就可以避免包柱钢管拆除时留有脚手眼，同时也确保了外墙粉刷、脚手架拆除时架体的稳定。

施工组织设计中的安全技术措施或专项施工方案要符合工程建设强制性标准。为防止施工单位由于技术水平较低，编制施工组织设计或专项施工方案时东抄西挪，甚至直接套用其他工程的施工组织设计或专项施工方案，造成报审的施工组织设计或专项施工方案与本工程设计图纸要求的针对性较差；安全技术措施与强制性标准符合性较差，而且常常只有安全文明方面的内容，主要施工方案仅有施工工艺、施工流程等技术方面的内容，缺少各分部工程中分项工程的安全施工措施的内容出现，监理人员除进行正常审核、审查并提出意见外，还可以提供一些较好的施工组织设计或专项施工方案，以及安全技术措施，以帮助施工单位修改、完善。

专项施工方案实施时，监理要在第一时间介入，检查是否符合专项施工方案，必要时可以亲自与实际施工的班组人员进行安全技术交底，及时纠正错误，消除安全隐患，尽可能避免返工造成的工期损失。

监理人员要定期巡视检查危险性较大的工程作业。主要检查的内容如下。

①有无未按施工安全操作规程施工或违章作业，交叉作业有无有效的防护措施等。

②有无出现安全事故的先兆，如基坑漏水量加大，边坡塌方，脚手架晃动，配电箱、电缆电线漏电，龙门架、支撑架、脚手架变形过大，吊装过程中出现异常响声等。

③有无出现不该发生的施工操作或其他状况和隐患。如脚手架拉结点是否被擅自拆除，支撑架是否支撑在软弱地基上，塔吊未经验收合格即投入使用，基坑边堆载超过规定等。

6.2.3 安全监理的责任目标

所有监理人员都应重视监理安全责任，人人认识监理安全责任，事事落实监理安全责任，在项目中形成避免失职而承担监理责任的安全管理氛围。

(1)人人重视监理安全责任。在监理企业要想人人重视监理安全责任，应做到以下七个方面：

①完善监理单位安全生产管理制度。

②健全监理单位安全监理责任制。监理单位法定代表人应对本企业监理工程项目的安全监理全面负责。总监理工程师要对工程项目的安全监理负责，专业监理工程师(员)要对本专业范围内的工程项目安全监理负责，兼职安全监理工程师要对整个施工现场的工程项目安全监理负责。明确各级监理人员的监理安全职责是保证安全监理的前提。监理人员安全监理职责如表 6.2 所示。

表 6.2　监理人员安全监理职责

监理人员名称	安全监理职责
总监理工程师	1. 按授权要求组建项目监理机构，配备安全监理人员，明确监理部监理人员安全监理工作职责，监理人员在总监的领导下，对工程项目安全生产进行监理 2. 主持编写安全监理方案，明确安全监理内容、工作程序和制度措施；审批安全监理实施细则，安全监理实施细则应有针对性和可操作性 3. 督促施工总承包单位建立、健全施工现场安全生产保证体系 4. 协助安全事故的调查分析，并督促、检查有关事故后的整改情况 5. 审核并签发有关安全监理的监理通知、安全监理专题报告、工程暂停令、复工报审表 6. 定期巡视并组织对施工现场进行安全生产检查，对存在问题发出整改通知或暂时停工的整改通知，如责任方拒不执行整改的，及时报告建设单位、安全监督部门或建设行政主管部门处理 7. 组织审查施工单位施工组织设计中的安全文明技术措施、各种专项施工方案和应急救援预案并签署审查意见，审批施工现场起重机械拆装报审表和施工现场起重机械验收核查表，签署安全防护、文明施工措施费用支付证书 8. 负责处理所监理项目中的突发事件，并及时报告公司

续表

监理人员名称	安全监理职责
总监理工程师代表	1. 根据总监理工程师的授权，行使总监理工程师的部分职责和权力 2. 总监理工程师不得将下列工作委托给总监理工程师代表 (1)对所监理工程项目的安全监理工作全面负责 (2)主持编写安全监理方案，审批安全监理实施细则 (3)签署安全防护、文明施工措施费用支付证书 (4)签发安全监理专题报告 (5)签发工程暂停令，必要时向有关部门报告
安全监理人员	1. 编写安全监理方案和安全监理实施细则 2. 审查施工单位的营业执照、企业资质和安全生产许可证 3. 审查施工单位安全生产管理的组织机构，查验安全生产管理人员的安全生产考核合格证书、各级管理人员和特种作业人员上岗资格证书 4. 审核施工组织设计中的安全技术措施和专项施工方案 5. 核查施工单位安全培训教育记录和安全技术措施的交底情况 6. 检查施工单位制定的安全生产责任制度、安全检查制度和事故报告制度的执行情况 7. 核查施工起重机械拆卸、安装和验收手续，签署相应表格；检查定期检测情况 8. 核查中小型机械设备的进场验收手续，签署相应表格 9. 参加施工现场模板支撑体系的验收并签署意见，对工具式脚手架、落地式脚手架、临时用电、基坑支护等安全设施的验收资料及实物进行检查并签署意见 10. 起草并经总监授权签发有关安全监理的监理通知 11. 编写监理月报中的安全监理工作内容 12. 对施工现场进行安全巡视检查，填写监理日记，发现问题及时向专业监理工程师通报，并向总监理工程师或总监代表报告
专业监理工程师	1. 参与编写安全监理实施细则 2. 审核施工组织设计或施工方案中本专业的安全技术措施 3. 审核本专业的危险性较大的分部分项工程的专项施工方案 4. 检查本专业施工安全状况，对发现的安全事故隐患及时向安全监理人员通报或向总监理工程师报告 5. 参加本专业安全防护设施检查验收并在相应表格上签署意见
监理员	1. 在施工现场巡视、旁站监理过程中，除对工程质量、工程材料质量实施动态监督外，还应对安全生产进行监督 2. 当发现有安全生产违规操作时，有责任及时制止；当发现存在安全隐患时，应及时报告安全监理人员和总监理工程师(总监代表) 3. 接受总监(总监代表)安排，临时代替安全监理人员工作 4. 负责项目安全监理资料的管理工作

③建立监理人员安全生产教育培训制度。监理单位的总监理工程师和安全监理人员需经安全生产教育培训后方可上岗，其教育培训情况应记入个人继续教育档案。监理人员平时要自觉了解、学习安全生产知识，特别要学习危险性较大的工程中涉及的规范、强制性条文、安全操作规程。

④健全审查核验制度、检查验收制度和督促整改制度，建立安全技术措施审查制度、专项施工方案审查制度、安全隐患处理制度、严重安全隐患报告制度、执行法律法规与标准监理制度。

⑤完善工地例会制度及资料归档制度。定期召开工地例会，针对薄弱环节，提出整改意见，并督促落实；工程例会中有关安全工作的内容要全部完整地记录。指定专人负责监理业内资料的整理、分类及立卷归档工作。工程竣工后，应将有关安全生产的技术文件、验收记录、监理规划、监理实施细则、监理月报、监理会议纪要及相关书面通知等按规定立卷归档。

⑥施工现场项目监理部要根据工程项目特点，明确现场监理人员的安全监理职责；根据工程实际及人员配备、工作量等情况指定专职或兼职安全监理工程师，并对监理人员落实监理安全责任履行职责的情况进行考核奖惩。

⑦编制安全监理规划和细则。安全监理规划应包括安全监理的范围、内容、工作程序和制度措施，以及人员配备计划和职责等。安全监理细则应包括安全监理的方法、措施和控制要点，以及对施工单位安全技术措施的检查方案。

(2)人人认识监理安全责任。《建设工程安全生产管理条例》(2003 年 11 月 12 日国务院第 28 次常务会议通过，2004 年 2 月 1 日起施行)第十四条规定：工程监理单位应当审查施工组织设计中的安全技术措施或者专项施工方案是否符合工程建设强制性标准。

工程监理单位在实施监理过程中，发现存在安全事故隐患的，应当要求施工单位整改；情况严重的，应当要求施工单位暂时停止施工，并及时报告建设单位。施工单位拒不整改或者不停止施工的，工程监理单位有权向有关主管部门报告。

工程监理单位和监理工程师应当按照法律、法规和工程建设强制性标准实施监理，并对建设工程安全生产承担监理责任。

《建设工程安全生产管理条例》第五十七条规定：违反本条例的规定，工程监理单位有下列行为之一的，责令限期改正；逾期未改正的，责令停业整顿，并处10 万元以上 30 万元以下的罚款；情节严重的，降低资质等级，直至吊销资质证书；造成重大安全事故，构成犯罪的，对直接责任人员，依照刑法有关规定追究刑事责任；造成损失的，依法承担赔偿责任。

①未对施工组织设计中的安全技术措施或者专项施工方案进行审查的。

②发现安全事故隐患未及时要求施工单位整改或者暂时停止施工的。

③施工单位拒不整改或者不停止施工，未及时向有关主管部门报告的。

④未依照法律、法规和工程建设强制性标准实施监理的。

在《关于落实建设工程安全生产监理责任的若干意见》(建市〔2006〕248 号)中将监理单位和监理人员承担的安全生产监理责任进行了界定，具体内容如下：

①施工组织设计中的安全技术措施或专项施工方案未经监理单位审查签字认可，施工单位擅自施工的，监理单位应及时下达工程暂停令，并将情况及时书面报告建设单位。监理单位未及时下达工程暂停令并报告的，应承担《建设工程安全生产管理条例》第五十七条规定的法律责任。

②监理单位在监理巡视检查过程中，发现存在安全事故隐患的，应按照有关规定及时下达书面指令要求施工单位进行整改或停止施工。监理单位发现安全事故隐患没有及时下达书面指令要求施

工单位进行整改或停止施工的，应承担《建设工程安全生产管理条例》第五十七条规定的法律责任。

③施工单位拒绝按照监理单位的要求进行整改或者停止施工的，监理单位应及时将情况向当地建设主管部门或工程项目的行业主管部门报告。监理单位没有及时报告，应承担《建设工程安全生产管理条例》第五十七条规定的法律责任。

④监理单位未依照法律、法规和工程建设强制性标准实施监理的，应当承担《建设工程安全生产管理条例》第五十七条规定的法律责任。

因此监理单位该审查的内容一定要审查，该检查的项目一定要检查，该停工的情况一定要停工，该报告的事项一定要报告。监理单位履行了上述规定的职责，施工单位未执行监理指令继续施工或发生安全事故的，应依法追究监理单位以外的其他相关单位和人员的法律责任。

(3)事事落实监理安全责任。《关于落实建设工程安全生产监理责任的若干意见》要求监理单位要按照有关要求编制包括安全监理内容的项目监理规划，明确安全监理的范围、内容、工作程序和制度措施，以及人员配备计划和职责等；对危险性较大的分部分项工程，监理单位还应当编制监理实施细则。

监理人员要重点做好以下监督管理工作：审查施工企业资质和安全生产许可证、三类人员及特种作业人员取得的考核合格证书和操作资格证书；审核施工企业安全生产保证体系、安全生产责任制、各项规章制度和安全监管机构的建立及人员配备；审核施工企业应急救援预案和安全防护、文明施工措施费用使用计划，并检查安全生产费用的使用情况；审核施工现场安全防护是否符合投标时的承诺和《建筑施工现场环境与卫生标准》(JGJ 146—2013)等，检查施工现场各种安全标志和安全防护措施是否符合强制性标准要求；复查施工单位施工机械和各种设施的安全许可验收手续；审查施工组织设计中的安全技术措施或专项施工方案是否符合工程建设强制性标准，监督施工单位按照施工组织设计中的安全技术措施和专项施工方案组织施工，及时制止违规施工作业；定期巡视检查危险性较大工程作业，督促施工单位进行安全自查工作，并对施工单位自查情况进行抽查。

为避免因失职而承担监理责任，监理人员必须按程序性管理工作去做，监理安全主要责任及安全管理主要工作一定要做到位，但属于施工单位的安全工作，监理千万不要越俎代庖。

6.3 安全监理的工作内容

6.3.1 施工阶段安全监理的主要内容

1. 安全监理中的审查工作

(1)审查施工企业资质。对于施工企业资质(含分包单位)，主要审查以下内容：

①工程施工总承包或分包单位均须提供企业资质证书、信用管理手册等资料。

②审核施工总承包或分包单位承包的工程是否在其资质等级许可范围内。

③除总承包合同中约定的分包外，施工总承包单位将承包工程中的部分工程发包给具有相应资质条件的分包单位，必须经建设单位认可。

④施工总承包单位必须在分包单位进场施工前报审分包单位资格。

(2)审查安全生产许可证。在审查施工单位的安全生产许可证(安全协议)时，总承包或分包单位以及建筑起重机械安装、拆卸单位均须提供安全生产许可证及安全协议。同时审查安全生产许可证及安全协议的有效期是否满足合同工期要求。

(3)审查人员资格。

①在审查施工总承包或分包单位现场项目管理人员的执业资格时，主要审查以下内容：

A. 施工总承包或分包单位提供的项目经理、技术负责人、质检员、安全员、施工员等的执业资格证书及人员名单一览表(含通讯号码)是否与现场工作人员一致。

B. 项目经理、专业技术人员的执业资格许可范围是否超越所承包的工程。其间更换项目经理要经业主书面同意，并重新办理相关备案手续。

C. 项目经理和专职安全生产管理人员是否与投标文件相一致。

②审查三类人员安全生产考核合格证书，即施工企业主要负责人需持有 A 证，项目经理需持有 B 证，专职安全生产管理人员需持有 C 证。

审查特种作业人员操作资格证书，施工总承包或分包单位均须提供现场电工，电焊工，塔吊司机、安装拆卸工，垂直运输机械作业人员(含汽车吊操作人员等)，起重司索工、指挥、信号工，架子工，登高作业人员以及汽车、翻斗车、压路机等的驾驶员等特种作业人员操作资格证书及人员名单一览表。

施工总承包或分包单位的施工企业资质、安全生产许可证、项目管理人员的资质和执业资格、特种作业人员操作资格等证书必须提供原件及全本复印件，监理人员比对复印件与原件一致后在复印件上加盖原件已核章，或直接提供施工资质证书的复印件，但必须有年检栏，且年检合格，并加盖施工企业公章。

审查施工总承包单位与分包单位的安全监督备案证书，更换安全员的施工单位，必须重新办理安全监督备案手续。

(4)审查施工组织设计中的安全技术措施或专项施工方案是否符合工程建设强制性标准，督促施工单位严格按照监理审批通过的施工组织设计或专项施工方案施工。

①主要审查内容。施工单位开工前需要提前 7 天向监理报审施工组织设计或专项施工方案，监理要对施工组织设计或专项施工方案及时进行审批。其审查内容如下：

A. 程序性审查：有“编”“审”“批”封面的，封面上的“编制人”为施工企业现场项目经理部技术负责人，“审核人”为施工企业技术部门的专业技术人员，“批准人”为施工企业技术负责人，一般为总工程师。“编”“审”“批”人员必须亲笔签字，并加盖施工企业公章。

临时用电施工组织设计必须由电气工程技术人员组织编制。

B. 施工总平面布置图审查：审查是否有符合安全生产要求的施工总平面布置图。

C. 主要施工方案审查：审查是否有各分部分项工程的主要施工方案(包括临时用电方案)，其他如基坑支护、模板支撑、脚手架、起重吊装等专项施工方案可单独编制，但要有文字说明，比如详见××，或在××分部(分项)施工前编制、报审。

D. 强制性标准符合性审查：逐条比较审查各分部分项工程的施工工艺、技术、工序流程的可行性，计算书、安全验算结果的正确性；各项安全施工措施与项目施工特点结合的情况；安全技术措施符合工程建设强制性标准的情况。

②安全技术措施或专项施工方案的审查程序。

A. 项目监理部专业监理工程师先进行审查，必要时可向施工企业技术负责人求证相关技术数据，在可以保证安全时，总监理工程师签字同意施工。

当专业监理工程师审查无法确认是否符合强制性标准时，可向公司总工程师报告，由总工程师组织公司内的有关专家进行审查。

B. 对于施工企业或业主组织的专家组论证审查的专项施工方案，总监理工程师应根据专家组签字认可的论证审查意见签字同意施工，但必须确保最终实施的专项施工方案已根据专家组论证审查意见进行了修改、完善。

C. 专项施工方案审查专家组不得少于5人，未邀请项目监理部人员列席论证审查会议的，即使有专家组签字认可的论证审查意见，总监理工程师也可拒绝签字同意施工。

③以下工程必须组织专项施工方案审查专家组进行论证。

A. 深基坑工程：开挖深度≥5m，或开挖深度未超过5m，但地质条件和周围环境及地下管线极其复杂的工程。

B. 高大模板工程：建设工程施工现场混凝土构件模板支撑高度超过8m，或搭设跨度超过18m，或施工总荷载大于15kN/m²，或集中线荷载大于20kN/m²的模板工程。

C. 跨度在30m及以上的吊装工程和30m及以上的高空作业工程。

④临时用电及建筑起重机械、整体提升脚手架、模板等自升式架设设施和危险性较大的工程等必须编制专项安全施工方案。

A. 临时用电。

第一，临时用电设施必须满足三级配电二级保护、一机一箱一闸一漏、TN-S接零保护系统、动力照明用电分开设置；电缆线路应采用埋地或架空敷设，不得沿地面明设；电缆线路为三相四线制五芯电缆，电缆线截面尺寸满足用电负荷等要求；电器装置的闸具、熔断器参数与设备容量相匹配；在接零保护系统中电气设备的金属外壳必须与保护零线(PE线)连接；保护零线的重复接地点不得少于三处，应分别设置在配电室或总配电箱处，以及配电线路的中间处和末端处，每处重复接地电阻值不应大于10Ω；在接零保护系统中电气设备的金属外壳必须与保护零线(PE线)连接；有验收合格手续。

第二，保护零线应符合下列规定。保护零线应自专用变压器、发电机中性点处，或配电室、总配电箱进线处的中性线(N线)上引出；保护零线的统一标志为绿/黄双色绝缘导线，在任何情况下不得使用绿/黄双色线作负荷线；保护零线(PE线)必须与工作零线(N线)相隔离，严禁保护零线与工作零线混接、混用；保护零线上不得装设控制开关或熔断器；保护零线的截面不应小于对应工作零线的截面；与电气设备相连接的保护零线为截面不应小于2.5mm²的多股绝缘铜线。

第三，施工用电的配电箱与开关箱应符合下列要求。施工用电的配电箱、开关箱中应装设电源隔离开关、短路保护器、过载保护器，其额定值和动作整定值应与其负荷相适应。总配电箱、开关柜中还应装设漏电保护器。施工用电漏电保护器的额定漏电动作参数选择应符合下列规定。

在末级开关箱内的漏电保护器，其额定漏电动作电流不应大于 30mA，额定漏电动作时间不应大于 0.1s；使用于潮湿场所时，其额定漏电动作电流应不大于 15mA，额定漏电动作时间不应大于 0.1s。

总配电箱内的漏电保护器，其额定漏电动作电流应大于 30mA，额定漏电动作时间应大于 0.1s。但其额定漏电动作电流与额定漏电动作时间的乘积不应大于 30mA·s，即 $I\times t\leqslant 30mA\cdot s$。

配电箱须做到防雨防潮。

第四，施工照明设施的一般要求。

施工用照明设施，室外灯具距地面不得低于 3m，室内灯具距地面不得低于 2.5m；需要夜间或暗处施工的场所，必须配置应急照明电源。

夜间可能影响行人、车辆等安全通行的施工部位或设施、设备，必须设置红色警戒照明。

B. 模板支撑系统。施工方案内容应齐全，包括荷载取值，设计计算及支模，看模(观测)，拆模的程序、方法及安全措施。

模板支撑系统的荷载取值应符合《建筑结构荷载规范》(GB 50009—2012)的要求。模板支撑系统应当有足够的承载能力、刚度和稳定性，能够承受新浇筑混凝土的自重和侧压力，以及在施工过程中所产生的荷载、振动。严格控制模板上的堆料及设备荷载，当采用小推车运输时，应搭设小车运输通道，将荷载传给建筑结构。

模板支架立杆轴向力设计值 N 及弯矩设计值 M，应按下列公式计算：

$$N=1.2\Sigma N_{Gk}+1.4\Sigma N_{Qk} \tag{6.1}$$

$$\begin{aligned}M&=0.6\times 1.4M_{wk}\\&=0.6\times 1.4W_kL_ah\times\frac{2}{10}\\&=0.168W_kLah\end{aligned} \tag{6.2}$$

式中：ΣN_{Gk}—— 模板及支架自重、新浇筑混凝土自重与钢筋自重标准值产生的轴向力总和；

ΣN_{Qk}—— 施工人员及施工设备荷载标准值、振捣混凝土时产生的荷载标准值产生的轴向力总和；

M_{wk}—— 水平风荷载产生的弯矩标准值；

N—— 轴向力设计值；

M—— 水平风荷载产生的弯矩设计值；

W_k—— 水平风荷载标准值；

L_a—— 模板支架的纵向长度；

h—— 支架立杆的步距。

模板支架立杆的计算长度 L_0，应按下列公式计算：

$$L_0=h+2a \tag{6.3}$$

式中：h—— 支架立杆的步距；

a—— 模板支架立杆伸出顶层横向水平杆中心线至模板支撑点的距离。

在施工方案中应绘制模板细部构造大样图，该图如图 6.1、图 6.2、图 6.3、图 6.4、图 6.5、图 6.6、图 6.7 所示。

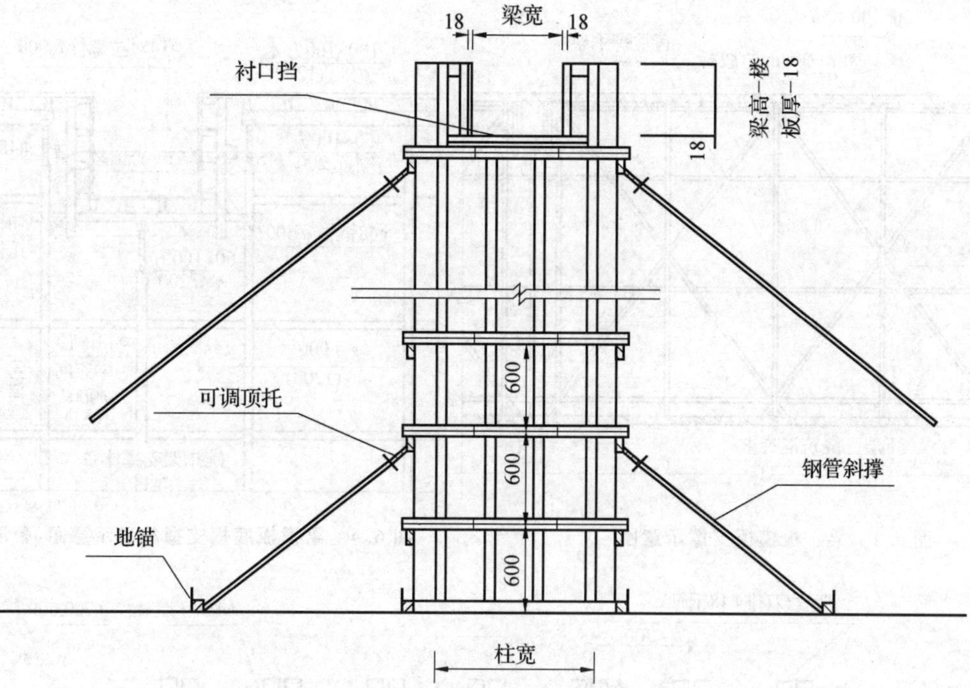

图 6.1 框架柱模板支撑图

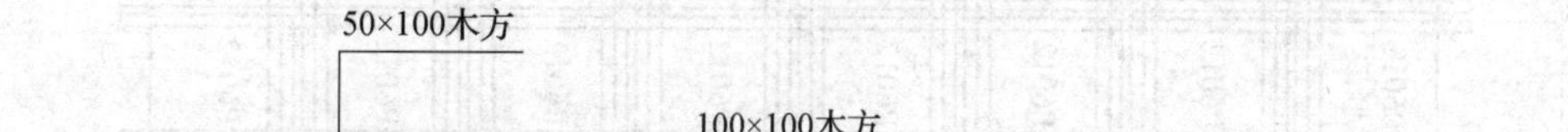

图 6.2 楼梯模板及支撑图

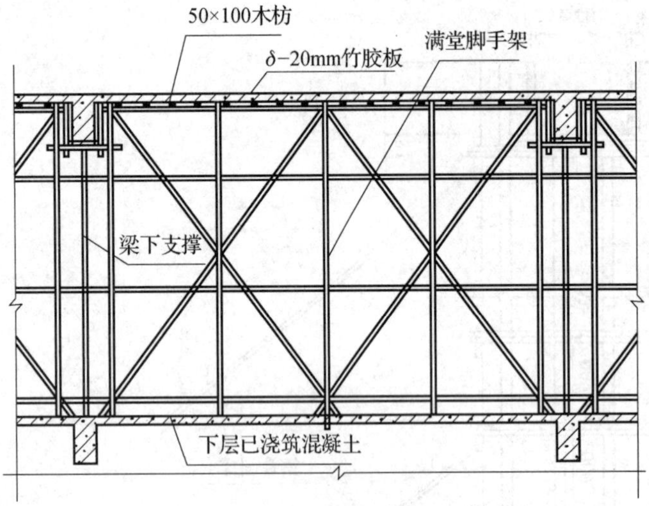

图 6.3　梁、板模板支撑示意图

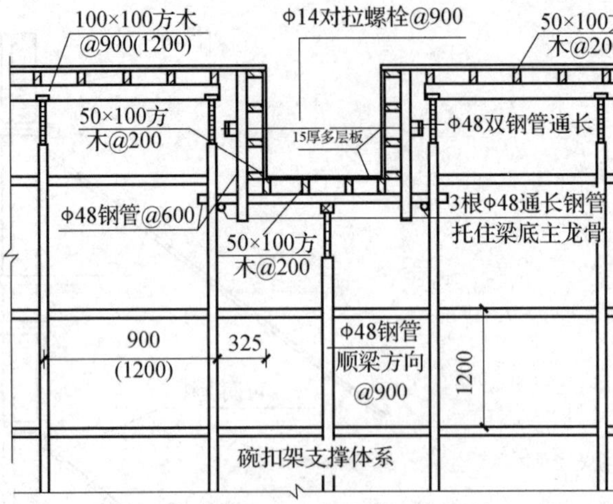

图 6.4　梁模板底板支撑施工示意图(多层板 碗扣架)

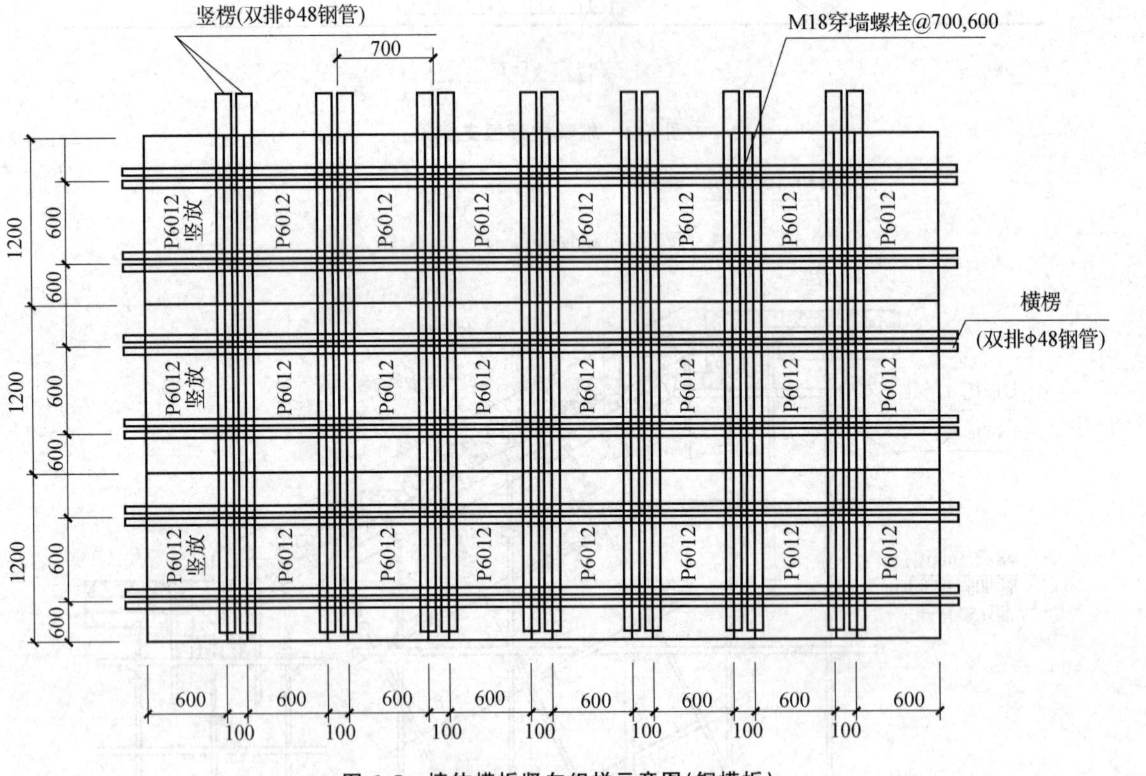

图 6.5　墙体模板竖向组拼示意图(钢模板)

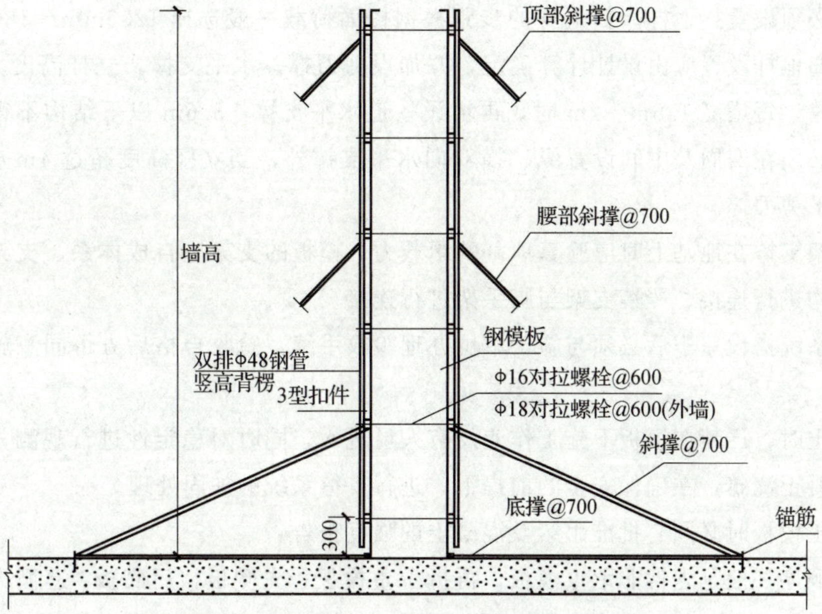

图 6.6 内墙模板支撑施工示意图(钢模板)

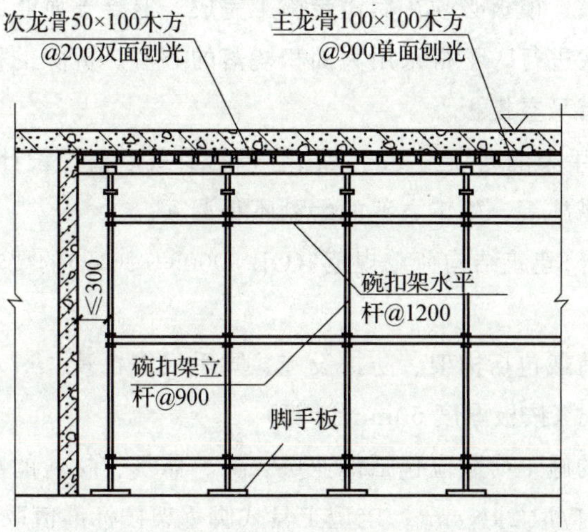

图 6.7 顶板模板施工示意图(覆膜多层板)

模板支撑系统中的立杆严禁使用锈蚀严重或变形的钢管。

高大模板支撑所用的钢管、扣件、型钢及其他材料，必须经有资质的质量检测机构检测合格，并有材质检测证明和抽检记录。

整个支撑系统中必须使用统一规格、壁厚的钢管。

钢管扣件的活动部位能灵活转动，旋转扣件的两个旋转面间隙小于 1mm；扣件夹紧钢管时，开口处的最小距离应小于 5mm。

支撑立杆底部垫板宜选用枕木或不小于 50mm×250mm×2000mm 的躺板土层(或垫层)；混凝土楼层的垫板，宜用可锻铸铁制造的标准底座或焊接底座；严禁用砖或钢模、三夹板之类的材料作垫板。

支撑立杆必须设置扫地杆。扫地杆的步距根据楼面荷载一般选择 1200mm～1800mm；高大模板支撑系统的扫地杆设置应由设计计算确定，并加设剪刀撑；水平支撑，立杆高度大于 2m 时，应设两道水平支撑，每增高 1.5m～2m 时，再增设一道水平支撑，3.6m 以下结构不得小于三道；满堂模板立杆除必须在四周及中间设置纵、横双向水平支撑外，当立杆高度超过 4m 时，尚应每隔 2 步设置一道水平剪刀撑。

当模板支架支撑在地基上时应验算地基的承载力。模板的支架应自成体系，支架的两端和中间部分与建筑结构进行连接，严禁支架与脚手架进行连接。

模板支撑系统搭设完毕后必须与施工单位办理验收手续，验收合格后方可同意施工单位进行混凝土浇筑。

浇筑混凝土时，严禁在模板下施工作业及有人员进入，同时对稳定性进行观测，发现危险时必须及时暂停混凝土浇筑，在确保安全的前提下，进行支撑系统的加固处理。

拆除混凝土模板时必须有批准手续及混凝土的强度报告。

模板拆除顺序一般是先拆非承重模板，再拆承重模板；先侧板，后底板。遵循先支后拆，先拆非承重部位，后拆承重部位以及自上而下的原则。楼梯模板的拆模顺序是梯级板—梯级侧板—梯板底板。后浇带区域内的支撑、模板必须待后浇带施工完成，混凝土强度达到要求后方可拆除。

模板拆除应按规定逐次进行，不得采用大面积撬落的方法。拆除的模板、支撑、连接件应用槽滑下或用绳系下。不得留有悬空模板。

C. 落地式脚手架。脚手架的专项施工方案内容包括荷载取值，设计计算及支模，看模(观测)，拆模的程序、方法及安全措施等，施工方案的编制不得漏项。

脚手架荷载取值应符合《建筑结构荷载规范》(GB 50009—2012)的要求，脚手架荷载标准值应符合下列规定。

恒荷载：脚手架的恒荷载包括构架、防护设施、脚手板等自重。对木脚手板、竹串片脚手板可取自重标准值为 $0.35kN/m^2$(按板厚度 50mm 计算)。

施工荷载：脚手架上的施工荷载应包括作业层人员、器具、材料的重量。结构作业脚手架应取 $3kN/m^2$；装修作业脚手架应取 $2kN/m^2$；定型工具式脚手架按标准值取用，但不得低于 $1kN/m^2$。

风荷载：作用于脚手架的水平风荷载标准值 W_k 应按下列公式计算：

$$W_k = \beta_z u_s u_z W_0 \tag{6.4}$$

式中：β_z——高度 z 处的风振系数；

u_s——脚手架风荷载体型系数，按表 6.3 选用；

u_z——风压高度变化系数，按现行国家标准《建筑结构荷载规范》(GB 50009—2012)的规定取用；

W_0——基本风压，按现行国家标准《建筑结构荷载规范》(GB 50009—2012)的规定取用，但不得小于 $0.3kN/m^2$。

表 6.3 脚手架风荷载体型系数

背靠建筑物状况	全封闭	敞开、开洞
μ_s	1.0ϕ	1.3ϕ

注：ϕ 为挡风系数，按脚手架封闭状况确定；ϕ＝脚手架挡风面积/脚手架迎风面积。

钢管脚手架结构设计应符合下列方法和基本计算模式：钢管脚手架的结构设计应采用概率极限状态计算法，同时要求其计算结果应按单一安全系数法计算的安全度进行校核，其中强度 $K_1 \geqslant 1.5$，稳定 $K_2 \geqslant 2.0$。

钢管脚手架结构设计基本计算模式：

$$\gamma_0 S \leqslant R \tag{6.5}$$

式中：γ_0—— 结构重要性系数，取 $\gamma_0 \geqslant 1.0$；

S—— 荷载效应；

R—— 结构抗力。

脚手架的基础必须经过硬化，每根立杆底部应设置垫板或底座，并应设置纵、横向扫地杆。

双排脚手架的立杆纵距及水平杆步距不应大于 2.1m，立杆横距不应大于 1.6m。

脚手架架体内立杆距墙面间距不大于 150mm，超出部分必须采取加铺木板或长拉安全兜网等密封措施。

脚手架钢管必须分色油漆，高度超过 24m 的落地式或悬挑式脚手架、落地式卸料平台所用的钢管、扣件、型钢及其他材料，必须经有资质的质量检测机构检测合格。

D. 钢结构吊装。钢结构工程吊装应符合《钢结构工程施工规范》(GB 50755—2012)要求。

起重吊装作业专项施工方案的内容应包括现场环境及措施、工程概况及施工工艺、起重机械的选型依据、起重扒杆的设计计算、地锚设计、钢丝绳及索具的设计选用、地耐力及道路的要求、构件堆放就位图以及吊装过程中的各种翔实细致的安全保障措施等；同时必须明确安装方法，吊装顺序，构件吊装后临时固定、校正和最后固定措施，要根据结构体系特点，在方案中按基本结构受力形成稳定单元后再逐步扩大安装后续单元的原则，用平面图、剖面图或立体图明确表明各钢结构构件的安装流程和顺序，结构稳定受力单元的形成及扩大安装，同时还要附有相应安装阶段的吊装稳定性计算。

起重吊装机械应根据建筑工程结构的跨度、吊装高度、构件重量以及作业条件和现有起重机类型、起重机的起重量、起升高度、工作半径、起重臂长度等工作参数选择起重机。

吊装用索具和吊具使用前应进行逐件检查验收；钢丝绳磨损、断丝不得超标；地锚可按经验做法，亦可经设计确定，埋设前应涂刷防腐油并在钢丝绳捆绑处加钢管和角钢保护，重要地锚或旧有地锚使用前必须经试拉确认，可采用地面压铁的方法提高安全系数；缆风绳安全系数不小于3.5 倍。

吊装时钢柱(梁)等钢构件的捆绑应由司索工进行，捆绑点要准确。构件吊点的选择应符合下列规定。

当采用一个吊点起吊时，吊点必须选择在构件重心以上，使吊点与构件重心的连线和构件的横截面垂直。

当采用多个吊点起吊时，应使各吊点吊索拉力的合力作用点置于构件的重心以上，使各吊索的汇交点(起重机的吊钩位置)与构件重心的连线和构件的支座面垂直。

工作中吊索的水平夹角宜在45°～60°，不得小于30°，索具使用合理，绳径倍数符合要求。

当屋面斜撑、檩条、墙面围梁和铺设屋面作业时，主要构件必须由起重机械吊运，严禁作业人员在梁(柱)上吊运。

起重机作业时，汽车驾驶室内不得有人，构件不得超越驾驶室上方，且不得在车的前方起吊，起重臂和重物下方严禁有人停留、工作或通过。禁止将物件放在板形构件上起吊，严禁从人上方通过。吊装区域四周必须设置警戒线，非操作人员严禁进入吊装区域；吊装过程中设专人进行监护。严格执行起重吊装“十不吊”规定。

起吊时起重臂、构件必须与架空电线、缆风绳及已吊装完成但未固定稳定的结构构件保持安全距离。

起重机严禁进行超负荷吊装，以避免加速机械零件的磨损和造成起重机倾翻。

起吊易晃动的构件应拉溜绳，速度要均匀，禁止突然制动和变换方向，平移应高出障碍物500mm以上，下落应低速轻放，防止倾倒。

两机或多机抬吊时，必须有统一指挥，动作配合协调，吊重应分配合理，每一台起重机不得超过单机允许起重量的80%。防止一台起重机失重，而使另一台起重机超载。

当两台吊装机械同时作业时，两机吊钩所悬吊构件之间应保持5m以上的安全距离，避免发生碰撞事故。

履带式起重机吊物行走时，载荷不得超过允许起重量的70%，行走道路应坚实平整，臂杆应在履带正前方，离地高度不得超过500mm，不得作远距离运输使用。停放地点必须平坦，不得停放在斜坡道上工作，不允许起重机两条履带停留部位一高一低，或土质一硬一软。

> **技术提示：**
>
> 起重吊装作业“十不吊”原则规定：a. 指挥信号不明不准吊。b. 斜牵斜挂不准吊。c. 吊物重量不明或超负荷不准吊。d. 散物捆扎不牢或物料装放过满不准吊。e. 吊物上有人不准吊。f. 埋在地下物不准吊。g. 机械安全装置失灵或带病时不准吊。h. 现场光线阴暗看不清吊物起落点时不准吊。i. 棱刃物与钢丝绳直接接触无保护措施时不准吊。j. 遇有六级以上风时不准吊。

轮胎式、汽车式起重机禁止吊物行驶。汽车式起重机行驶时，应将臂杆放在支架上，吊钩挂在保险杠的挂钩上，并将钢丝绳拉紧。

汽车式全液压起重作业前应将地面处理平坦，放好支腿，调平机架。支腿未完全伸出时，禁止作业。操作时，应锁住离合器操纵杆，防止离合器突然松开。

遇有六级以上强风、雷暴、浓雾、雨雪等恶劣气候影响施工安全时，禁止进行露天起重作业。

构件就位后初校及临时固定前，不得松钩或解开吊装索具，一般钢柱垂直度控制在20mm之内；缆风绳校正应采用拧紧或放松缆风绳上的法兰螺栓或倒链进行，无缆风绳校正柱子应随吊随校，但偏心较大、细长、杯口深度不足柱子长度的1/20或不足600mm时，禁止无缆风绳校正。构件最后固定后，应检查连接，牢固和稳定情况，当连接确实安全可靠时，方可拆除临时固定工具进行下步吊装。高宽比很大的单个构件，未经临时或最后固定组成一个稳定单元体系前，应设溜绳或斜撑进行拉(撑)固。构件固定后不得随意撬动或移动位置，如需重校时，必须回钩。杯口基础二次灌浆需混凝土强度达到70%时，方可拆除缆风绳。

多层结构吊装或分节柱吊装，应吊装完一层(或一节柱)后，将下层(下节)灌浆固定后，方可安装上层或上一节柱。

起重机停止工作时，应刹住回转和行走机构，关闭和锁好司机室门。吊钩上不得悬挂构件，并将吊钩升到高处，以免吊钩摆动伤人和造成吊车失稳。

高处作业须专设人员上下爬梯、斜道，严禁用起重机载运人员。

钢梁在对接过程中，对接安装人员必须有安全稳固的操作平台，须设置防坠落措施，作业人员须系安全带且安全带有牢靠悬挂点；屋面斜撑、檩条和铺设屋面过程中，应在作业区的钢梁下弦挂设安全网，高空作业人员应佩带工具袋，工具及零配件应装入工具袋内，不得向空中抛掷物品。

屋面周边必须设置临边防护；行车梁、屋面梁上部等，应架设安全滑索等。

当日安装的钢柱(梁)必须形成结构稳定体系，屋面必须具备抗风性能，多余屋面板必须采取临时固定措施。

施工组织设计中的安全技术措施或专项施工方案未经监理单位审查签字认可，施工单位擅自施工的，监理单位应及时下达工程暂停令，并将情况及时书面报告给建设单位。对无施工方案强行施工的要给予坚决制止，并有书面记录。

2. 安全监理的审核工作

(1)审核施工企业安全生产保证体系、安全生产责任制、各项规章制度和安全监管机构的建立及人员配备情况。施工总承包或分包单位均须建立安全生产保证体系。监理人员在审核施工总承包或分包单位安全生产保证体系时，须向监理部门提供安全生产保证体系流程框图和安全生产保证体系正常运行的保证措施，并且符合要求。

施工总承包或分包单位均须制定安全管理目标，主要包括伤亡控制指标和安全达标、文明施工目标，责任目标分解、责任目标考核规定等内容。

施工总承包或分包单位均须制定安全生产责任制，包括现场项目部管理人员、施工班组长等责任制，且必须经相关人员确认签字。

总承包或分包单位均须制定切实可行的安全生产规章制度和操作规程，主要包括：①安全生产规章制度；②安全教育培训制度；③定期安全检查制度；④特种作业人员管理制度；⑤施工现场消防管理制度(需明确消防安全责任人)；⑥安全防护用具及机械设备准用管理制度；⑦安全生产事故应急救援制度；⑧施工现场卫生管理制度(食堂、宿舍卫生)；⑨分部分项工程安全技术交底制度；⑩危险性较大工程备案(报告)制度；⑪重大危险源工程报告备案制度；⑫门卫值班管理制度；⑬各工种和各类施工机械设备的安全操作技术规程等；⑭施工机械的安装验收、使用检查维护制度；⑮临时用电管理制度；⑯易燃易爆(氧气、乙炔、油漆等)物品、重大危险源的存放使用管理制度；⑰班前安全活动制度；⑱专项施工方案专家审查制度；⑲安全生产费用保障制度；⑳文明施工管理制度；㉑工伤事故报告和调查处理制度等。

审核施工总承包或分包单位的安全管理机构是否建立、安全管理人员是否落实到位，施工总承包或分包单位的专职安全员配备数量是否按以下标准配备：建筑面积10000m^2以下配备1人，10000m^2～50000m^2配备2～3人，50000m^2以上按不同专业专职安全员组成安全管理组。

(2)审核施工企业应急救援预案和安全防护、文明施工措施费用使用计划，并检查安全生产费用的使用情况。施工总承包单位应统一编制生产安全事故应急救援预案。生产安全事故应急救援预案应包括工程和现场项目部管理人员的基本情况，救护组织情况，救援器材、设备的配置，救护单位(医院)的名称、电话，救护行驶路线等。总承包或分包单位必须定期组织救护演练。

生产安全事故应急救援预案应当告知现场施工作业人员。在工程施工期间，其内容应当在施工现场的显著位置予以公示。

施工总承包或分包单位须将安全防护、文明施工措施费用单独列入生产计划。安全防护、文明施工措施费用应不少于工程总造价的2%。监理部门应定期检查安全生产费用的使用情况。

(3)审核施工现场安全防护是否符合投标时的承诺和《建筑施工现场环境与卫生标准》(JGJ 146—2013)等标准要求的情况。根据施工总承包单位提供的投标承诺书，查看施工单位是否有完善的防止或减少粉尘、废气、废水、固体废物、噪声、振动和施工照明对人及环境造成的危害和污染的防护措施。

有毗邻建筑物、构筑物、地下管线的施工现场，施工单位还要有针对毗邻建筑物、构筑物和地下管线的专项防护措施。

(4)监理部门要检查施工现场的各种安全标志和安全防护措施是否符合强制性标准要求。

①检查安全防护用品的使用情况。安全帽、安全网、安全带、安全绳等安全防护用品必须提供安检合格证，并在有效的检验期内。

②检查“四口”“五临边”安全防护情况。楼梯口、电梯口、预留洞口、尚未安装栏杆或栏板的阳台、挑阳台周边、雨篷与挑檐周边、无外脚手架的屋面与楼层周边及水箱与水塔周边等处必须设护栏、护板或架网。施工现场各类洞口与坑槽等处，除设置防护设施与安全标志外，夜间还应设置红灯示警。

安全防护棚的宽度应大于出入口0.5m，棚的长度根据建筑物的高度，参照《高处作业分级》(GB/T 3608—2008)有关高处作业可能坠落半径范围进行搭设。高处作业的级别划分与可能坠落范围半径见表6.4。

表6.4 高处作业的级别划分与可能坠落范围半径

作业高度 H/m	高处作业级别	坠落范围半径 R/m
2～5	Ⅰ	3
5～15	Ⅱ	4
15～30	Ⅲ	5
30以上	Ⅳ	6

注：H为作业位置至其底部的垂直距离。

(5)高空作业的有关规定。高空作业是指凡在坠落高度基准面2m及以上，有可能坠落的在高处进行的作业。

①从事高空作业的人员要进行定期体检。经医生诊断，凡患高血压、心脏病、贫血病、癫痫病以及其他不适于高空作业的人员，不得从事高空作业。

②高空作业人员应挂牢安全带，安全带有牢靠悬挂点，悬空作业点没有挂安全带的条件时应架设安全滑索等，或低挂高用。高空作业衣着要灵便，禁止穿硬底和带钉易滑的鞋。

③高空作业所用材料要堆放平稳，钢丝绳的护套、工具及零配件等应随手放入工具袋(套)内。

上下传递物件禁止抛掷。高空往地面运输物件时，应用绳捆好吊下。

④遇有六级以上强风、雷暴、浓雾等恶劣气候时，不得进行露天攀登与悬空高处作业。

⑤雨天和雪天进行高处作业时，必须采取可靠的防滑、防寒和防冻措施，如在脚手架、走道、屋面铺麻袋或草垫。水、冰、霜均应及时清除。

⑥暴风雪及台风暴雨后，应对高处作业安全设施逐一加以检查，发现有倾斜、松动、变形、下沉、损坏或脱落、漏电等现象，应立即修理加固，有严重危险的，应立即排除。

⑦没有安全防护设施，禁止在屋架的上弦、支撑、桁条、挑架的挑梁和未固定的构件上行走或作业。高空作业与地面联系应设相应的通信装置，并由专人负责通信联系。

(6)监理部门须提示特殊天气作业安全措施。夏季施工严格执行高温期间作息时间表，35℃以上，不得在阳光直射下作业，38℃及以上，原则上应停止施工。施工人员应做好防暑降温、防雷击等安全管理工作。

(7)施工现场各类安全标志、标识齐全，并按现场安全标志布置总平面图进行设置。

(8)监理部门应按下列要求检查施工单位的文明施工情况。

①施工围挡的高度为1.8～2.5m，施工围挡要稳定、美观、连续设置。

②施工现场的进出口道路及主要干道必须进行硬化，出口有车辆冲洗设备。

③施工现场的钢筋、模板等加工场地应进行硬化，施工场地排水畅通，不得有积水现象。

④施工现场材料要堆放整齐，并挂有名称、品种、规格等标牌，操作时做到“落手清”“工完场清”。

⑤为工程项目建设的临时设施选址不得处在易发生滑坡、坍塌、低洼积水区域和强风口等危险地带；临时设施必须与作业区分开设置，并保持安全距离；搭设临时设施的队伍应具备合法资质，有搭设验收单；搭设临时设施的材质应轻质、保温、阻燃，有合格证；不得采用水泥珍珠岩板房和可燃的夹心彩钢板搭设临时设施；每6间临时设施用房设一控制电箱，导线有套管，插座必须在墙壁上固定。

⑥生活设施：生活垃圾有专门的垃圾箱存放，并定期清理；食堂有纱门、纱窗，炊事人员有健康证，并办理了卫生许可证；厕所有专人打扫，有冲水设施。

⑦现场防火：木工房、宿舍、食堂、易燃易爆物品库等场所要有灭火器材，并配置正确、合理；有动火审批手续和动火监护，要有消防水源满足消防要求。30m以上的高层建筑施工要有专项消防设施，要随层做消防水源管道；消防管道应使用对立管，设加压泵，每层留有消防水源接口。

⑧现场标牌要齐全，有七牌二图，即有工程概况牌、安全生产牌、文明施工牌、消防保卫牌、入场须知牌、施工现场管理制度牌、管理人员名单及监督电话牌和施工现场总平面图、建筑工程总平面图。深基坑、地下暗挖、高大模板及各类工具模板、附着式升降脚手架、高处作业吊篮设备及钢结构吊装、拆除爆破工程等重大危险源应按要求进行公示。

⑨保健急救：有经培训合格的急救人员，保健医药箱、急救器材等。

⑩其他：质量行为主体资料齐全；施工现场进出口有大门、门卫，设置了企业标志；给工人设置学习和娱乐场所；治安防范措施，夜间未经相关部门许可不得施工，现场不得焚烧有毒、有害物质；有用工管理制度和登记簿，并为工人办理了劳动合同；建立了农民工业余学校。

夏季施工要有防暑降温措施，如搭设遮阳棚或设置降温风扇等，施工现场必须配备茶水桶，茶水桶上有盖并上锁，茶水桶要有专人负责管理，每天清洗，定期进行消毒。

冬季施工要做好防寒保暖工作，施工现场要做好防滑和防冻措施。

3. 安全监理的复查内容

监理部门应复查施工单位施工机械和各种设施的安全许可验收手续。

监理部门要认真核查施工单位提交的建筑起重机械、整体提升脚手架、模板等自升式架设设施和安全设施等验收记录，并由安全监理人员签收备案。

在施工现场使用的起重机械坚持“谁租用，谁负责；谁使用，谁报检；谁使用，谁把关；谁使用，谁维修”的原则。

要严格审核机械设备、施工机械及配件的出租单位和自购使用单位的特种设备制造许可证、产品合格证、制造监督检验证明、备案证明等文件及安装单位的资质证书，使用单位的资质证书、安全生产许可证、安装或者拆卸合同等。

还要审核安装或者拆卸专项安全施工方案，当多台塔吊安装、作业时要有相互防碰撞的安全措施，并在施工过程中监督执行。塔吊应安装防雷装置(接地)。塔机安装后必须经现场调试、验收合格后方可投入使用。塔机验收由施工单位设备部门、安全部门、装拆队伍、工程项目共同执行，严格按照验收单内容逐项检查验收。同时要进行技术检查、空载试验、载荷试验，保证塔机的安全使用。每次的附墙、顶升加节后也必须进行严格验收，保证附墙连接的可靠和塔身垂直度的要求。未经验收或验收不合格的不得投入使用。

6.3.2 安全监理工作中的巡视和检查

各专业监理工程师要承担起本专业范围内涉及的安全技术措施的安全监理工作，监督施工单位按照方案要点组织施工，开展日常巡视检查、记录等。

1. 监督施工单位安全保证体系正常运行

(1)三级安全教育。

①施工企业教育、现场项目部教育、班组教育。

②三级安全教育具体内容的记录。

③安全教育考试保留试卷且成绩合格。

④安全教育卡签名要齐全。

⑤已接受了三级安全教育且安全教育考试合格人员名单一览表。

未经三级安全教育的人员不得进入施工现场作业。

(2)安全技术交底记录。

①按照分部(分项)工程进行各工种的安全技术交底。

②有书面安全技术交底记录。

③履行了签字手续。

(3)定期检查总承包单位的安全检查记录。监理工程师对总承包单位的安全检查记录每半月至少检查一次，重点检查总承包单位对分包单位的安全检查记录以及整改复查记录。

(4)施工单位管理人员履行职责情况。

①施工总承包或分包单位项目部主要安全管理人员在现场工作时间必须超过90%。

②施工单位的专(兼)职安全员必须现场跟班管理，必须佩戴袖标。

2. 监理的定期安全巡视检查

(1)以下工程和施工现场必须定期巡视检查。

①危险性较大的工程要随时进行巡视检查。

②在永久工程进行旁站、质量验收、现场试验的比较重要的施工现场和吊装作业场地要每天进行巡视检查。

③没有验收要求的永久工程的施工现场，如脚手架搭设、粉刷等，每3～4天巡视检查一次。

④在施工现场内永久工程之外的加工场地，如木工房、钢筋加工场等，每一周巡视检查一次。

⑤临时用电设施，易燃易爆(氧气、乙炔、油漆等)物品、重大危险源等存放库房，生活区等场所每月巡视检查一次。

(2)常见危险性较大的工程。危险性较大工程是指建筑工程在施工过程中存在的、可能导致作业人员群死群伤或造成重大不良社会影响的危险性较大的分部分项工程。常见危险性较大工程有以下七类。

①基坑支护与降水工程。基坑支护工程是指开挖深度≥5m的基坑(槽)并采用支护结构施工的工程；或基坑虽未超过5m，但地质条件和周围环境复杂，地下水位在坑底以上的工程。

②土方开挖工程。土方开挖工程是指开挖深度≥5m的基坑(槽)的土方开挖。

③模板工程。各类工具式模板工程，水平混凝土构件模板支撑系统及特殊结构模板工程。

④起重吊装工程。

⑤脚手架工程。高度超过24m的落地式钢管脚手架，悬挑式、门型、吊篮脚手架，卸料平台等。

⑥拆除工程。

⑦其他工程。建筑幕墙的安装施工、预应力结构张拉施工、特种设备施工、网架结构施工、6m以上的边坡施工等。

(3)监理巡视的内容。监理工程师在巡视时，主要审查以下方面是否有违反规范、规程的施工作业行为和异常现象。

①有无违反强制性规范、标准施工。

②有无未按设计图纸进行施工。

③有无无施工方案施工或未按施工组织设计、专项施工方案的要点进行施工。

④有无未按施工规程施工或违章作业。

⑤有无出现安全事故的先兆，如基坑漏水量加大，边坡塌方，脚手架晃动，配电箱漏电，龙门架、支撑架、脚手架变形过大，吊装过程中出现异常响声等。

⑥有无出现不该发生的施工操作、状况、现象等隐患。如脚手架拉结点是否被擅自拆除，支撑架是否支撑在软弱地基上，塔吊未经安检即投入使用，基坑边堆载超过规定等。

(4)检查的依据。监理检查的依据以及检查内容要严格按照《建筑施工安全检查标准》(JGJ 59—2011)进行。根据检查的评分结果，判定合格与否。对检查不符合要求的项目向施工单位下达整改通知单。

(5)记录检查情况，编制安全监理月报。对巡视检查的安全情况及存在的安全隐患均须记录在案，并整理归档保存。巡视检查情况要单独记录，不要与监理日记混记在一起。检查、整改、复查、报告等情况应记载在监理日志、监理月报中。安全监理月报应有以下内容：

①施工进度情况。

②建设单位发包的专业工程施工许可证办理情况及总承包单位分包的专业工程分包合同备案情况。总包及专业分包公司申请安全许可证情况及三类人员(企业主要负责人、项目负责人和专职安全生产管理人员)申领安全生产考核合格证情况。

③建设单位支付及施工单位使用专项安全措施费的情况，专项安全施工方案的编制情况。

④施工现场上月安全文明施工状况简介。

⑤施工现场建筑垃圾的收集、倾倒、堆放和装运是否符合《城市建筑垃圾管理规定》(建设部令第1390号)的要求。

⑥监理机构发出的有关施工安全隐患的监理通知单、工程暂停令等的整改情况。安监机构发出的安全文书的整改情况或停工令的执行情况。

⑦工程项目的第一次监理例会，须报告建设各方安全管理机构组成名单及其联系电话。建设、施工、监理机构主要安全管理人员有变动时，须报告变动情况。当有新进场的专业承包公司或分包公司时，须报告现场管理机构名单及联系电话。

⑧危险性较大的分部分项工程施工安全状况分析(必要时附照片)。

⑨安全生产问题及安全事故的分析和处理情况。

⑩存在问题及下月安全监理工作的计划和措施。

6.3.3 危险性较大的分部分项工程监理安全管理

项目监理机构部严格按照《危险性较大的分部分项工程安全管理规定》(住房和城乡建设部令第37号)的规定，进一步加强和规范房屋建筑和市政基础设施工程中危险性较大的分部分项工程安全管理实施监理工作。具体包括以下几个方面。

(1)危险性较大的分部分项工程监理实行总监负责制，总监全权负责危险性较大的分部分项工程的监督管理工作。

(2)针对危险性较大的分部分项工程，施工单位必须编制专项方案，企业技术负责人审批后，上报监理单位审核；超过一定规模的危险性较大的分部分项工程，必须按程序由企业相关部门审核、专家进行论证，企业技术负责人审批后上报监理单位审核，建设单位负责人签字后，方可组织实施。

(3)超过一定规模的危险性较大的分部分项工程，需要进行监测监控的，建议委托第三方实施。进行第三方监测的危险性较大的分部分项工程监测方案的内容包括工程概况、监测依据、监测内容、监测方法、人员及设备、测点布置与保护、监测频次、预警标准及监测成果报送等。

(4)项目监理机构应编制危险性较大的分部分项工程监理实施细则，现场配备专职安全监理工程师。

(5)监理单位对专项方案的实施情况进行现场巡视检查，对不按专项方案实施的应责令整改；施工单位拒不整改的，应及时向建设单位报告，责令施工单位停工整改；施工单位仍不停工整改的，由建设单位向相关建设主管部门报告。

(6)安全事故隐患消除后，监理单位应检查隐患项目的整改结果，并签署复查或复工意见。

(7)对施工中的安全隐患，施工单位拒不整改或不停工整改的，监理单位应当及时向工程所在地建设主管部门或工程项目的行业主管部门书面报告，以电话形式报告的，应当保存通话记录，并及时补充书面报告。

6.3.4 安全事故的处理

1. 事故处理程序

(1)当施工现场发生安全事故后，施工单位应迅速控制并保护现场，采取必要措施抢救人员和财产，防止情况的发展和扩大，并及时报告施工单位主管部门和现场项目监理部。

(2)总监理工程师及时会同施工单位、建设单位现场负责人了解事故情况，判断事故的严重程度，及时发出监理指令，并向监理单位主要负责人报告。

(3)当现场发生重伤事故后，总监理工程师应签发监理通知，要求施工单位提交事故调查报告，提出处理方案和安全生产补救措施，经安全监理人员审核同意实施，安全监理人员进行复查，并在监理通知回复单中签署复查意见，由总监理工程师签认。

2. 安全事故的等级划分

根据《生产安全事故报告和调查处理条例》(中华人民共和国国务院第493号令)规定，生产安全事故(以下简称“事故”)造成的人员伤亡或者直接经济损失，一般分为以下几个等级(以上包括本数，以下不包括本数)：

(1)特别重大事故，是指造成30人以上死亡，或者100人以上重伤(包括急性工业中毒，下同)，或者1亿元以上直接经济损失的事故；

(2)重大事故，是指造成10人以上30人以下死亡，或者50人以上100人以下重伤，或者5000万元以上1亿元以下直接经济损失的事故；

(3)较大事故，是指造成3人以上10人以下死亡，或者10人以上50人以下重伤，或者1000万元以上5000万元以下直接经济损失的事故；

(4)一般事故，是指造成3人以下死亡，或者10人以下重伤，或者1000万元以下直接经济损失的事故。

事故发生后，事故现场人员应当立即向本单位负责人报告情况；单位负责人接到现场情况报告后，应当于1小时内向事故发生地县级以上人民政府安全生产监督管理部门和负有安全生产监督管理职责的有关部门报告。

3. 安全事故监理处理流程

当现场发生了死亡或重大死亡事故后，总监理工程师应签发工程暂停令，并向监理工程的所在地建设行政主管部门报告；监理单位应指定单位主管负责人进驻现场，组织安全监理人员配合由有关主管部门组成的事故调查组的调查；按照事故调查组提出的处理意见和防范措施建议，监督检查施工单位对处理意见和防范措施的落实情况，督促施工单位及时办理工程复工手续，并填报工程复工报审表；经安全监理人员核查同意，交给总监理工程师签批。

基础考核

一、单项选择题(每题的备选项中，只有1个最符合题意)

1. 我国安全生产的方针是(　　)。

A. 安全责任重于泰山　　B. 质量第一、安全第一

C. 管生产必须管安全　　D. 安全第一、预防为主

2. 工程监理单位和监理工程师应当按照法律法规和工程建设强制性标准实施监理，并对建筑工

程安全生产承担(　　)责任。

A. 全部　　B. 连带　　C. 监理　　D. 主要

3. 按照住建部的有关规定，开挖深度超过(　　)的基坑、槽的土方开挖工程应当编制专项施工方案。

A. 3m(含3m)　　B. 5m　　C. 5m(含5m)　　D. 8m

4. 按照住建部的有关规定，对达到一定规模的危险性较大的分部分项工程中涉及深基坑、地下暗挖工程、高大模板工程的专项施工方案，施工单位应当组织(　　)进行论证、审查。

A. 专家　　B. 监理工程师

C. 施工单位技术人员　　D. 专业监理工程师

5. 根据《建设工程安全生产管理条例》规定，(　　)应当审查施工组织设计中的安全技术措施或者专项施工方案是否符合工程建设强制性标准。

A. 建设单位　　B. 工程监理单位　　C. 设计单位　　D. 施工单位

二、多项选择题(每题的备选项中，有2个或2个以上符合题意，至少有1个错项)

1. 安全管理目标的主要内容包括(　　)。

A. 生产安全事故控制目标　　B. 质量合格目标

C. 安全达标目标　　D. 文明施工实现目标

E. 施工进度目标

2. 下列哪些属于《建筑施工安全检查标准》(JGJ 59—2011)中所指的“四口”防护？(　　)

A. 通道口　　B. 管道口

C. 预留洞口　　D. 楼梯口

E. 电梯井口

3. 根据《建设工程安全生产管理条例》，下列哪些作业人员，必须按照国家有关规定经过培训，并取得特种作业操作资格证书后，方可上岗作业？(　　)

A. 垂直运输机械作业人员　　B. 爆破作业人员

C. 起重信号工　　D. 登高架设作业人员

E. 安装拆卸工

4. 按照住建部的有关规定，下列哪些工程须经专家论证审查专项施工方案？(　　)

A. 开挖深度超过5m(含5m)的深基坑工程

B. 地质条件和周围环境及地下管线极其复杂的深基坑工程

C. 地下暗挖及遇有溶洞、暗河、瓦斯、岩爆、涌泥、断层等地质复杂的隧道工程

D. 水平混凝土构件模板支撑系统高度超过8m，或跨度超过18m，施工总荷载大于$10kN/m^2$的高大模板工程

E. 24m及以上高空作业的工程

5. 依据《建设工程安全生产管理条例》，对工程监理单位在实施监理过程中行为的叙述，下列哪些是正确的？(　　)

A. 发现存在安全事故隐患的，应当要求施工单位整改

B. 发现存在安全事故隐患的，应当立即要求施工单位停工整改

C. 安全事故隐患情况严重的，应当要求施工单位暂时停止施工，并及时报告建设单位

D. 安全事故隐患情况严重的，应当要求施工单位立即停业整顿

E. 施工单位拒不整改或者不停止施工的，工程监理单位应当及时向有关主管部门报告

技能实训

某建筑公司承建了某市开发区20层的住宅楼，总建筑面积为26000m²，建筑高度为66.32m，全现浇钢筋混凝土剪力墙结构，筏板基础。工程在外檐装修时采用的是可分段式整体提升脚手架，脚手架的全部安装升降作业，以工程分包的形式交给了该脚手架的设计单位进行。

事件1：在进行降架作业时，突然两个机位的承重螺栓断裂，造成连续五个机位上的十条承重螺栓相继被剪切，楼南侧51m长的架体与支撑架脱离，自45m的高度坠落至地面，致使在架体上和地面上作业的20余名工人，除一人从架体上跳入室内幸免外，其余19人中有8人死亡，11人受伤，直接经济损失30万元。经调查，承重螺栓安装不合理，造成螺栓实际承受的载荷远远超过材料能够承受的载荷；脚手架整体超重，实际载荷是原设计载荷的2.7倍；施工现场管理混乱，施工设计方案与现场实际情况不符，施工队伍管理松弛。

事件2：某工程在即将竣工验收前的某天凌晨两点左右，突然发生一起首层悬臂式雨篷根部突然断裂的恶性质量事故，雨篷悬挂在墙面上。幸好是凌晨两点，未造成人员伤亡。经事故调查、原因分析，发现该质量事故的主要原因是施工队伍素质差，在施工时将受力钢筋位置错放在板底。

【问题】

1. 请简要分析事故1发生的原因。此起事故可定为哪种等级的事故？依据是什么？

2. 如在事故2中实施了工程监理，监理单位是否应承担责任？悬臂雨篷的钢筋应放置在什么部位？为什么？

3. 重大事故发生后，事故发生单位应在24h内写出书面报告，并按规定逐级上报。重大事故书面报告(初报表)应包括哪些内容？

4. 施工安全管理责任制中对项目经理的责任是如何规定的？

5. 脚手架工程交底与验收的程序是什么？

链接执考

1.(单项选择题)根据《建设工程安全生产管理条例》，下列关于施工单位安全责任的说法，正确的是(   )。(2018年注册监理工程师考试真题)

A. 不得压缩合同约定的工期　　B. 应当为施工现场人员办理意外伤害保险

C. 将安全生产保护措施报有关部门备案　　D. 保证本单位安全生产条件所需资金的投入

2.(单项选择题)根据《生产安全事故报告和调查处理条例》，某生产安全事故造成5人死亡，1亿元直接经济损失，该生产安全事故属(   )。(2018年注册监理工程师考试真题)

A. 特别重大事故　　B. 重大事故

C. 严重事故　　D. 较大事故

3.(多项选择题)根据《建设工程安全生产管理条例》关于工程参建各方安全责任的说法，正确的有(   )。(2020年注册监理工程师考试真题)

A. 建设单位应当向施工单位提供施工现场相邻建筑物和构筑物的有关资料

B. 施工单位应当在拆除工程施工前，将相关资料报有关部门备案

C. 设计单位应当对涉及施工安全的重点部位和环节在设计文件中注明，并对防范生产安全事故提出意见

D. 监理单位应当审查专项施工方案是否符合施工组织设计要求

E. 施工单位编制的地下暗挖工程专项施工方案须组织专家论证、审查

4.(多项选择题)根据《生产安全事故报告和调查处理条例》，事故发生单位对生产安全事故负有责任的处罚，正确的有(　　)。(2021年注册监理工程师考试真题)

A. 发生轻微事故的，处1万元以上5万元以下的罚款

B. 发生一般事故的，处10万元以上20万元以下的罚款

C. 发生较大事故的，处30万元以上100万元以下的罚款

D. 发生重大事故的，处50万元以上200万元以下的罚款

E. 发生特别重大事故的，处200万元以上500万元以下的罚款

项目7 建筑工程合同管理

知识目标

1. 了解合同的基本结构。
2. 了解我国的合同法律制度。
3. 熟悉建筑工程招投标管理。
4. 掌握工程索赔的程序和方法。

技能目标

1. 具备初步编制建设工程合同的能力。
2. 具备编制工程监理投标文件的能力。
3. 具备处理工程施工索赔事件的能力。

素养目标

1. 培养学生诚信守则的良好品德。
2. 进行失信教育，让学生意识到失信的严重后果。
3. 进行反诈教育，增强学生的反诈意识。

项目流程图

7.1 建筑工程招标管理

建筑工程招标、
投标管理

7.1.1 招标投标法律制度概述

招标投标实质上是一种订立合同的方式，它与通常合同订立过程中的要约、承诺不同之处在于其具有高度的竞争性，能够帮助产品和服务的购买方寻找到最好的合作伙伴，并获得最有利的交易条件。

1. 招标投标

招标投标是指由招标人(通常为采购方)向数人或公众发出招标通知或招标公告，在诸多投标人中选择自己最满意的投标人并与之订立合同的方式。

2. 招标、投标制度的起源

招标、投标制度最早起源于英国，它是作为一种“公共采购”或“集中采购”的手段出现的。由于公共采购的资金主要来源于税收，为保证公共采购活动的合理、有效，采购资金的充分利用，招标投标制度便应运而生。

3. 招标投标活动中必须遵循的法律原则

(1)公开原则。

(2)公平原则。

(3)公正原则。

(4)诚实信用原则。

7.1.2 勘察设计招标投标管理

1. 总则

(1) 为规范工程建设项目勘察设计招标投标活动，提高投资效益，保证工程质量，根据《招标投标法》制定本办法。

(2) 在中华人民共和国境内进行工程建设项目勘察设计招标投标活动，适用本办法。

(3)工程建设项目符合《工程建设项目招标范围和规模标准规定》(国家计委令第 3 号)规定的范围和标准的，必须依据本办法进行招标。任何单位和个人不得将依法必须进行招标的项目化整为零或者以其他任何方式规避招标。

(4)按照国家规定需要政府审批的项目，有下列情形之一的，经批准，项目的勘察设计可以不进行招标。

①涉及国家安全、国家秘密的。

②抢险救灾的。

③主要工艺、技术采用特定专利或者专有技术的。

④技术复杂或专业性强，能够满足条件的勘察设计单位少于三家，不能形成有效竞争的。

⑤已建成项目需要改、扩建或者技术改造，由其他单位进行设计影响项目功能配套性的。

(5)勘察设计招标工作由招标人负责。任何单位和个人不得以任何方式非法干涉招标投标活动。

(6)各级发展计划、经贸、建设、铁道、交通、信息产业(通信、电子)、水利、民航、广电等部门依照《国务院办公厅印发国务院有关部门实施招标投标活动行政监督的职责分工意见的通知》(国办发〔2000〕34 号)和各地规定的职责分工，对工程建设项目勘察设计招标投标活动实施监督，依法查处招标投标活动中的违法行为。

(7)招标人可以依据工程建设项目的不同特点，实行勘察设计一次性总体招标；也可以在保证项目完整性、连续性的前提下，按照技术要求实行分段或分项招标。

招标全部使用国有资金投资或者国有资金投资占控股或者主导地位的工程建设项目，以及国务院发展和改革部门确定的国家重点项目和省、自治区、直辖市人民政府确定的地方重点项目，除符合本办法第十一条规定条件并依法获得批准外，应当公开招标。

(8)依法必须进行勘察设计招标的工程建设项目，在下列情况下可以进行邀请招标。

①项目的技术性、专业性较强，或者环境资源条件特殊，符合条件的潜在投标人数量有限的；

②如采用公开招标，所需费用占工程建设项目总投资的比例过大的；

③建设条件受自然因素限制，如采用公开招标，将影响项目实施时机的。

(9) 招标人应当按招标公告或者投标邀请书规定的时间、地点出售招标文件或者资格预审文件。自招标文件或者资格预审文件出售之日起至停止出售之日止，最短不得少于五个工作日。

(10) 进行资格预审的，招标人只向资格预审合格的潜在投标人发售招标文件，并同时向资格预审不合格的潜在投标人告知资格预审结果。

(11)凡是资格预审合格的潜在投标人都应被允许参加投标。招标人不得以抽签、摇号等不合理条件限制或者排斥资格预审合格的潜在投标人参加投标。

(12) 招标人应当根据招标项目的特点和需要编制招标文件。

(13)招标人负责提供与招标项目有关的基础资料，并保证所提供资料的真实性、完整性。涉及国家秘密的除外。

(14)对于潜在投标人在阅读招标文件和现场踏勘中提出的疑问，招标人可以书面形式或召开投标预备会的方式解答，但需同时将解答以书面方式通知所有招标文件收受人。该解答的内容为招标文件的组成部分。

(15)招标人可以要求投标人在提交符合招标文件规定要求的投标文件外，提交备选投标文件，但应当在招标文件中作出说明，并提出相应的评审和比较办法。

(16)招标人应当确定潜在投标人编制投标文件所需要的合理时间。

依法必须进行勘察设计招标的项目，自招标文件开始发出之日起至投标人提交投标文件截止之日止，最短不得少于二十日。

(17)除不可抗力原因外，招标人在发布招标公告或者发出投标邀请书后不得终止招标，也不得在出售招标文件后终止招标。

2. 勘察设计招标文件的组成

(1)投标须知。

(2)投标文件格式及主要合同条款。

(3)项目说明书，包括资金来源情况。

(4)勘察设计范围，对勘察设计进度、阶段和深度的要求。

(5)勘察设计基础资料。

(6)勘察设计费用支付方式，对未中标人是否给予补偿及补偿标准。

(7)投标报价要求。

(8)对投标人资格审查的标准。

(9)评标标准和方法。

(10)投标有效期。

投标有效期，是招标文件中规定的投标文件有效期，从提交投标文件截止日起计算。对招标文件的收费应仅限于补偿编制及印刷方面的成本支出，招标人不得通过出售招标文件谋取利益。

3. 投标

(1)投标人是响应招标、参加投标竞争的法人或者其他组织。

(2)投标人应当符合国家规定的资质条件。

(3)投标人应当按照招标文件的要求编制投标文件。投标文件中的勘察设计收费报价，应当符合国务院价格主管部门制定的工程勘察设计收费标准。

(4)投标人在投标文件有关技术方案和要求中不得指定与工程建设项目有关的重要设备、材料的生产供应者，或者含有倾向或者排斥特定生产供应者的内容。

(5)招标文件要求投标人提交投标保证金的，保证金数额一般不超过勘察设计费投标报价的百分之二，最多不超过十万元人民币。

(6)在提交投标文件截止时间后到招标文件规定的投标有效期终止之前，投标人不得补充、修改或者撤回其投标文件，否则其投标保证金将被没收。评标委员会要求对投标文件做必要澄清或者说明的除外。

(7)投标人在投标截止时间前提交的投标文件，补充、修改或撤回投标文件的通知，备选投标文件等，都必须加盖所在单位公章，并且由其法定代表人或授权代表签字。招标人在接收上述材料时，应检查其密封或签章是否完好，并向投标人出具标明签收人和签收时间的回执。

(8)以联合体形式投标的，联合体各方应签订共同投标协议，连同投标文件一并提交招标人。联合体各方不得再单独以自己名义，或者参加另外的联合体投同一个标。

(9)联合体中标的，应指定牵头人或代表，授权其代表所有联合体成员与招标人签订合同，负责整个合同实施阶段的协调工作。但是，需要向招标人提交由所有联合体成员法定代表人签署的授权委托书。

(10)投标人不得以他人名义投标，也不得利用伪造、转让、无效或者租借的资质证书参加投标，或者以任何方式请其他单位在自己编制的投标文件代为签字盖章，损害国家利益、社会公共利益和招标人的合法权益。

(11)投标人不得通过故意压低投资额、降低施工技术要求、减少占地面积，或者缩短工期等手段弄虚作假，骗取中标。

(12)开标应当在招标文件确定的提交投标文件截止时间的同一时间公开进行；除不可抗力原因外，招标人不得以任何理由拖延开标，或者拒绝开标。

(13)勘察设计评标一般采取综合评估法进行。评标委员会应当按照招标文件确定的评标标准和方法，结合经批准的项目建议书、可行性研究报告或者上阶段设计批复文件，对投标人的业绩、信誉和勘察设计人员的能力以及勘察设计方案的优劣进行综合评定。

(14)评标委员会完成评标后，应当向招标人提出书面评标报告，推荐合格的中标候选人。

(15)评标委员会推荐的中标候选人应当限定在一至三人，并标明排列顺序。能够最大限度地满足招标文件中规定的各项综合评价标准的投标人，应当推荐为中标候选人。

(16)招标人应在接到评标委员会的书面评标报告后十五日内，根据评标委员会的推荐结果确定中标人，或者授权评标委员会直接确定中标人。

(17)招标人和中标人应当自中标通知书发出之日起三十日内，按照招标文件和中标人的投标文件订立书面合同。

(18)招标人与中标人签订合同后五个工作日内，应当向中标人和未中标人一次性退还投标保证金。招标文件中规定给予未中标人经济补偿的，也应在此期限内一并给付。

(19)依法必须进行勘察设计招标的项目，招标人应当在确定中标人之日起十五日内，向有关行政监督部门提交招标投标情况的书面报告，包括以下内容：

①招标项目基本情况。

②投标人情况。

③评标委员会成员名单。

④开标情况。

⑤评标标准和方法。

⑥废标情况。

⑦评标委员会推荐的经排序的中标候选人名单。

⑧中标结果。

7.1.3 建筑工程监理招标投标管理

1. 建筑工程监理及其范围

建筑工程监理是指具有相应资质的监理单位受工程项目建设单位(业主)的委托，依据国家有关工程建设的法律、法规，经建设主管部门批准的工程项目建设文件、建设工程委托监理合同及其他建设工程合同，对工程建设实施的专业化监督管理。

必须实施建设监理的项目有如下几类：

(1)国家重点建设工程。

(2)大中型公用事业工程。

(3)成片开发建设的住宅小区工程。

(4)利用外国政府或者国际组织贷款、援助资金的工程。

(5)国家规定必须实行监理的其他工程。

2. 建设工程监理招标主体

建设工程监理招标主体是承建招标项目的建设单位，又称业主招标人。招标人可以自行组织监理招标也可以委托相应资质的招标代理机构组织招标。必须进行监理招标的项目，招标人自行办理招标事宜的，应向招标管理部门备案。

3. 参加投标的监理单位

参加投标的监理单位首先应当是取得监理资质证书，具有法人资格的监理公司、监理事务所或兼承监理业务的工程设计、科学研究及工程建设咨询的单位，同时必须具有与招标工程规模相适应的资质等级。

4. 监理招标方式

《招标投标法》规定，招标方式分为公开招标和邀请招标两类。

(1)公开招标。公开招标又称无限竞争招标，招标人通过报刊、信息网络或其他媒介等新闻媒体，向社会公开发布招标公告。

(2)邀请招标。邀请招标又称有限竞争招标或选择性招标，是由招标人根据供应商或施工单位的资信和业绩，选择一定数目的法人或其他组织(不能少于 3 家)，向其发出投标邀请书，邀请他们参加投标竞争。被邀请的施工单位同意参加投标后，从招标人处获取招标文件，按规定要求进行投标报价。

(3)建筑工程监理招标与投标程序。

①招标人组建项目管理班子，确定委托监理的范围；自行办理招标事宜的，则应在规定时间内到招投标管理机构办理备案手续。

②编制招标文件。

③发布招标公告或发出邀标通知书。

④向投标人发出投标资格预审通知书，对投标人进行资格预审。

⑤招标人向投标人发出招标文件，投标人组织编写投标文件。

⑥招标人组织必要的答疑、现场勘察、解答投标人提出的问题，编写答疑文件或补充招标文件等。

⑦投标人递送投标书，招标人接受投标书。

⑧招标人组织开标、评标、决标。

⑨招标人确定中标单位后向投标管理机构提交招投标情况的书面报告。

⑩招标人向投标人发出中标或者未中标通知书。

⑪招标人与中标单位进行谈判，订立委托监理书面合同。

⑫投标人报送监理规划，实行监理工作。

5. 监理招标文件

监理招标实际上是征询投标人实施监理工作的方案建议。招标文件是招标人根据实际工程情况对监理单位提出要求，并说明监理的内容、规模、范围及能提供的资料条件，目的是指导投标人正确地编制投标书。监理招标文件应包括以下几个方面的内容：

(1)投标须知。

①工程建设项目综合说明。其包括项目的主要建设内容、规模、工程等级、地点、总投资、现场条件、开竣工日期。

②委托的监理范围和监理业务内容。

③投标文件的格式、编制、递交要求。

④无效投标文件的规定。

⑤投标起止时间，开标、评标、定标时间和地点。

⑥招标文件、投标文件的澄清与修改。

⑦评标的标准和原则。

(2)合同主要条件。

(3)招标人(单位)提供的现场办公条件(包括交通、通信、住宿、办公用房等)。

(4)对监理单位的要求，包括对现场监理人员、检测手段、工程技术难点等方面的要求。

(5)有关技术规定。

(6)必要的设计文件、图纸和有关资料。

6. 监理招标的特点

(1)招标宗旨是对监理单位能力的选择。监理服务是监理单位的高智能投入，服务工作的好坏更多地取决于监理工作人员的业务专长、经验、判断能力、创新能力以及风险意识。监理招标是能力竞争而不是价格竞争。

(2)报价在选择中居于次要地位。

(3)邀请投标人较少。

(4)选择监理单位时，一般邀请投标人的数量为3～5人。

7. 监理投标技术标书

技术标书又称监理大纲，它是监理单位在业主委托监理的过程中为承揽监理业务而编写的监理方案性文件。

技术标书的内容应当依据监理招标文件的要求进行编制。

(1)监理范围及内容。

(2)监理组织。

(3)监理目标控制措施。

8. 监理投标商务标书

商务标书一般包括监理单位的综合实力及投标报价。虽然商务标书在整个投标文件中所占的比重没有技术标书的比重大，但由于商务标书编制的内容与业主的经济利益直接相关，因此商务标书内容的合理性成为监理投标工作成败的重要因素。其编制的优劣也直接影响到投标单位是否中标。

9. 附件

投标文件的附件主要包括投标人的资质证书、项目组监理工作人员的资质证书等。业主和评标委员会可以通过它来进一步了解投标人的实力，因此在此项内容中投标人应尽量将一些能反映自身实力的因素反映出来，以获取业主对投标人的信任。

> **技术提示：**
>
> 投标文件由商务部分和技术部分两部分组成。

10. 建设工程监理开标

(1)开标程序。

①按招标文件规定的日期、时间和地点由招标人或招标代理机构主持举行开标仪式，宣布会议开始。

②为了保证开标的公正性，还可以邀请相关单位的代表，如招标项目主管部门人员、评标委员会成员、监察部门代表及公证人员参加。

③招标单位或代理机构检验各投标单位法人代表证件或法人代理人的授权委托书和身份证件，检验投标人的总监理工程师证书及身份证复印件。

④请投标人或者其推选的代表也可以由招标人委托的公证机构当场对投标书的密封、签署等情况进行检查，以确认其有效性。

(2)开标时如遇下列情况之一者，均应宣布废标。

①未密封或书写标记不符合招标文件要求的标书。

②未加盖单位公章和法人代表或其委托代理人印章的标书。

③未按规定格式填写，内容不全或字迹不清无法辨认的标书。

④逾期送达的标书。

⑤投标人未按照招标文件的要求提供投标保证金或者投标保函的。

11. 评标

(1)评标委员会。评标委员会应由招标人或其委托的招标代理机构熟悉相关业务的代表，以及有关技术、经济等方面的专家组成。成员数量一般为5人以上单数，其中技术、经济等方面的专家不能少于成员总数的2/3。

(2)建设工程监理评标方法。监理评标通常采用综合评分法，具体细分为综合评议推荐法和评分法两种。

12. 定标

招标人可以授权评标委员会直接确定中标人，也可以由评标委员会通过评审向招标人推荐中标候选人，推荐的中标候选人应当限定在1～3人，并标明排列顺序。招标人应当接受评标委员会推荐的中标候选人，不得在评标委员会推荐的中标候选人之外确定中标人。

13. 签订监理合同

招标人和中标人应当自中标通知书发出之日起30日内，以招标文件和中标人的投标文件等为依据签订书面合同。招标人不得向中标人提出压低报价、增加工作量、延长监理时间或其他违背中标人意愿的要求，以此作为签订合同的条件，所订立的合同应该按规定向有关管理部门备案。

7.1.4 施工招标投标管理

1. 建筑工程招标方式

《招标投标法》规定，建设工程招标方式分为公开招标和邀请招标。

(1)公开招标。公开招标是指招标人通过报刊、广播、电视或网络等公共传播媒介介绍、发布招标公告或信息而进行招标。它是一种无限制的竞争方式。

(2)邀请投标。邀请投标是指招标人以投标邀请书的方式邀请特定的法人或者其他组织投标。招标人采用邀请招标方式的，应当向三个以上具备承担招标项目的能力、资信良好的特定的法人或者其他组织发出投标邀请书。邀请招标虽然也能够邀请到有经验和资信可靠的投标者投标，保证履行合同，但限制了竞争范围，可能会失去技术上和报价上有竞争力的投标者。

按照《工程建设项目施工招标投标办法》的规定，国务院发展计划部门确定的国家重点建设项目和各省、市、自治区、直辖市人民政府确定的地方重点项目，以及全部使用国有资金投资或者国有资金投资占控股或者主导地位的工程建设项目，应当公开招标；有下列情况之一的，经批准可以进行邀请招标。

①项目技术复杂或有特殊要求，只有少量几家潜在投标人可供选择的。

②受自然地域环境限制的。

③涉及国家安全、国家秘密或者抢险救灾，适宜招标但不宜公开招标的。

④拟公开招标的费用与项目的价值相比，不值得的。

⑤法律、法规规定不宜公开招标的。

2. 建设工程施工招标应具备的条件

(1)招标人已经依法成立。

(2)初步设计及概算应当履行审批手续的，已经批准。

(3)招标范围、招标方式和招标组织形式等应当履行核准手续的，已经核准。

(4)有相应资金或资金来源已经落实。

(5)有招标所需的设计图纸及技术资料。

3. 建设工程招标程序

(1)建设工程项目报建。建设工程项目报建的内容主要包括工程名称、建设地点、投资规模、资金来源、当年投资额、工程规模、结构类型、发包方式、计划竣工日期、工程筹建情况等。

(2)审查建设单位资质。招标人具有编制招标文件和组织评标能力的，可以自行组织招标。不具备条件的必须委托招标。

(3)招标申请。招标单位填写建设工程施工招标申请表，连同工程建设项目报建登记表报招标管理机构审批。

(4)资格预审文件、招标文件的编制与送审。

资格预审文件的内容如下：

①投标单位组织与机构和企业概况、企业资质等级、企业质量安全环保认证。

②近3年完成工程的情况，目前正在履行的合同情况。

③资源方面，如财务状况、管理人员情况、劳动力和施工机械设备等方面的情况。

④其他情况(各种奖励和处罚等)。

(5)工程标底价格或工程量清单的编制。标底价应由成本、利润、税金及风险系数组成。除外资或保密等特殊工程外，我国现行建设工程主要采用工程量清单形式招标。

(6)刊登资审通告、招标通告。采用公开招标方式的工程，应当通过公开媒介发布招标公告。招标公告应当载明招标人的名称和地址，招标项目的性质、数量、实施地点和时间以及获取招标文件的办法等事项。

(7)资格预审。其主要程序：一是资格预审公告；二是编制、发出资格预审文件；三是对投标人资格的审查和确定合格投标人名单。

(8)发放招标文件。招标单位对招标文件所做的任何修改或补充，须报招标管理机构审查同意后，在投标截止时间之前，发给所有获得招标文件的投标单位。

(9)勘察现场。勘察现场的目的在于了解工程场地和周围环境情况，以获取投标单位认为有必要的信息。勘察现场一般安排在投标预备会的前1～2天。

(10)投标预备会。投标预备会的目的在于澄清招标文件中的疑问，解答投标单位对招标文件和勘察现场中所提出的疑问问题。投标预备会可安排在发出招标文件7日后28日内举行。

(11)投标文件的编制与递交。投标人应当在招标文件要求提交投标文件的截止时间前，将投标文件送达投标地点。

(12)开标。在招标文件确定的提交投标文件截止时间的同一时间公开进行开标，开标地点应当为招标文件预先确定的地点。开标由招标人主持，邀请所有投标人、评标委员会委员和其他有关单位代表参加。

(13)评标。评标由招标人依法组建的评标委员会负责。

(14)中标。招标人根据评标委员会提出的书面评标报告和推荐的中标候选人确定中标人。招标人可以将确定中标人的权力授权给评标委员会。

(15)合同签订。中标人确定后，招标人应当向中标人发出中标通知书，并同时将中标结果通知所有未中标的投标人。招标人和中标人应当自中标通知书发出之日起30日内，按照招标文件和中标人的投标文件订立书面合同。招标人和中标人不得再行订立背离合同实质性内容的其他协议。

4. 建设工程评标

评标委员会由招标人的代表和有关技术、经济等方面的专家组成，成员人数为五人以上单数，其中(招标人和招标代理机构以外的)技术、经济等方面的专家不得少于成员总数的2/3。

建设工程评标一般应遵循公平、公正、科学、择优的原则，分为初步评审和详细评审两个步骤。

(1)初步评审。初步评审的内容包括对投标文件的符合性评审、技术性评审和商务性评审。

①投标文件的符合性评审。其包括商务符合性和技术符合性鉴定。

②投标文件的技术性评审。其包括方案可行性评估和关键工序评估，劳务、材料、机械设备、质量控制措施评估以及对施工现场周围环境污染的保护措施评估。

③投标文件的商务性评审。其包括投标报价校核，审查全部报价数据计算的正确性，分析报价构成的合理性，并与标底价格对比分析。修正后的投标报价经投标人确认后对其起约束作用。

(2)修正原则。评标委员会在对实质上响应招标文件要求的投标进行报价评估时，除招标文件另有约定外，应当按下列原则进行修正。

①投标文件中用数字表示的数额与用文字表示的数额不一致时，以文字数额为准。

②单价与工程量的乘积与总价之间不一致时，以单价为准，若单价有明显的小数点错位，应以总价为准，并修改单价。

③对不同文字文本投标文件的解释发生异议的，以中文文本为准。

④废标的处理。初审中发现的废标和出现重大偏差的标书由评标委员会按规定处理。

(3)详细评审。经初步评审合格的投标文件，评标委员会应当根据招标文件确定的评标标准和方法，对其技术部分和商务部分作进一步评审、比较。评标方法主要包括综合评估法和经评审的最低投标价法。

5. 定标

经过评标，确定出中标候选人(或中标单位)。评标委员会推荐的中标候选人应当限定在1～3人，并标明排列顺序。

评标委员会提出书面评标报告后，招标人一般应当在15日内确定中标人，但最迟应当在投标有效期结束日30个工作日前确定。

中标人的投标应当符合下列条件之一。

(1)能够最大限度满足招标文件中规定的各项综合评价标准。

(2)能够满足招标文件的实质性要求，并且经评审的投标价格最低；但是投标价格低于成本的除外。

招标人应当自发出中标通知书之日起15日内，向有关行政监督部门提交施工招标投标情况的书面报告。

7.2 建筑工程合同管理概述

7.2.1 合同法律关系

合同法律关系是指由合同法律规范调整的当事人在民事流转过程中形成的权利义务关系。

合同法律关系同其他法律关系一样，由主体、客体和内容构成。

主体：参加合同法律关系，依法享有权利，承担义务的当事人，包括自然人、法人和其他组织。

客体：法律关系主体的权利和义务所指向的对象。

在法律关系中，主体间的权利与义务之争总是围绕着一定的对象展开的，没有一定的对象，也就没有权利义务之分，当然也就不会存在法律关系了。

合同法律关系客体包括行为、物、财产、智力成果。

合同法律关系的内容即是合同主要条款所规范的主体的权利和义务。

1. 权利

权利，是指权利主体依据法律规定和约定，有权按照自己的意志做出某种行为，同时要求义务主体做出某种行为或者不得做出某种行为，以实现合法权益。

2. 义务

义务，是指义务主体依据法律规定和权利主体的合法要求，必须做出某种行为或不得做出某种行为，以保证权利主体实现其权益，否则要承担法律责任。

7.2.2 合同担保及工程保险

合同担保指合同当事人依据法律规定或双方约定，由债务人或第三人向债权人提供的以确保债权实现和债务履行为目的的措施。

合同担保的基本理论如下。

1. 担保的方式

合同的担保形式包括保证、抵押、质押、留置和定金。

(1)保证。保证是指保证人和债权人约定，与债务人不履行债务时，由保证人按照约定履行主合同的义务或者承担责任的行为。

(2)抵押。抵押是指债务人或者第三人不转移抵押财产的占有，将抵押财产作为债权的担保。当债务人不履行债务时，债权人有权依照担保法的规定以抵押财产折价或者以拍卖、变卖该财产的价款优先受偿。

(3)质押。质押是指债务人或者第三人将其动产移交债权人占有，或者将其财产权利交由债权人控制，将该动产或者财产权利作为债权的担保。债务人不履行债务时，债权人有权依照担保法的规定以该动产或者财产权利折价，或者以拍卖、变卖该动产或者财产权利的价款优先受偿。

(4)留置。留置是指在保管合同、运输合同、加工承揽合同中，债权人依照合同约定占有债务人的动产，债务人不按照合同约定的期限履行债务的，债权人有权依照担保法规定留置该财产，以该财产折价或者以拍卖、变卖该财产的价款优先受偿。

(5)定金。定金是指合同当事人一方为了担保合同的履行，预先支付另一方一定数额的金钱的行为。债务人履行债务后，定金应当抵作价款或者收回。给付定金的一方不履行合同约定的债务的，无权要回定金；收受定金的一方不履行合同约定的债务的，应当双倍返还定金。

上述 5 种担保方式中，留置是法定担保方式，即债权人依照法律规定行使留置权，无需当事人之间约定。其他 4 种担保方式需由当事人之间约定，是协议的担保方式。

2. 工程保险

(1)工程保险概念。

工程保险是承保建筑安装工程期间一切意外物质损失和对第三人经济赔偿责任的保险。包括建筑工程一切险与安装工程一切险，属综合性保险。保险标的为工程项目主体、工程用的机械设备以及第三者责任，此外尚有些附带项目。

(2)工程保险承保范围。

①主体工程保险。被保险人在保险期限内由自然灾害和意外事故等原因造成主体工程物质损失的，由保险公司负责经济赔偿。

②场地清理费保险。被保险人在保险期限内，在建主体工程由自然灾害或意外事故造成工地现场残骸，需要清理费用的，由保险公司负责赔偿。

③附加工程及临时工程保险。在建设合同的工程量清单中没有列明的项目，或只有部分拆旧费用的临时及附加项目，为了主体工程的建设又必须有这些项目的建设，可向保险公司投保附加工程及临时工程保险。

知识链接：

工程险的保险可分为建筑工程一切险和安装工程一切险，凡属于楼房、厂房、商场、市政工程项目、各类公路、铁路、地铁、桥梁、机场、码头、隧道、电站、排灌系统、引水工程、火电厂、水电厂、核电厂等工业建筑、民用建筑的土木建筑工程项目，均属于建筑工程保险范围。机器设备安装、企业技术改造、设备更新等安装工程项目均属于安装工程保险范围。

建筑工程一切险属于工程保险的一种，承保建筑工程项目在建造过程中，由自然灾害或意外事故引起的一切损失(不包括保险条款中规定的除外责任)：①洪水、暴风雨等自然灾害；②火灾、爆炸、飞行物体坠落等意外事故；③清理受灾现场的费用。此外，还有第三者责任保险。凡因上述原因造成的依法应由被保险人负责的工地上及邻近地区的工程项目物质损失、第三者人身伤亡、疾病或财产损失，以及诉讼费等均在理赔范围。

安装工程一切险是财产保险中工程保险的一种，承保被保险工程项目在安装过程中自然灾害、意外事故(不包括保险条款中规定的除外责任)，以及机械事故等造成的物质损失和费用，并负责对第三者损害的赔偿责任。它的责任范围：①洪水、暴风雨等自然灾害；②火灾、爆炸、飞行物体坠落等意外事故；③清理受灾现场的费用。此外，还有第三者责任保险。凡因上述原因造成的依法应由被保险人负责的工地上及邻近地区的工程项目物质损失、第三者人身伤亡、疾病或财产损失，以及诉讼费等均在理赔范围。

④施工机械、施工车辆保险。被保险人在保险期限内由自然灾害及意外事故造成施工机械、施工车辆损失的，由保险公司负责经济赔偿。

⑤其他工程险及附加险。除此之外保险公司还可根据工程风险的需要和施工企业的需求，设计出各种附加险和特殊风险工程保险，以满足对风险管理的要求。

⑥工程第三者责任保险。被保险人在保险期限内，由于发生与主保单所承保的主体工程直接相关的意外事故引起工地内及邻近区域的第三者人身伤亡或财产损失的，依法应由被保险人(工程业主或施工单位)承担经济赔偿责任，保险公司按保单规定进行赔偿。

⑦施工人员意外伤害责任保险或称雇主责任险。根据《中华人民共和国建筑法》和《中华人民共和国劳动法》的规定，被雇人员在施工工地发生意外事故，造成人员的伤残、死亡，不管雇主有无过失，都必须承担相应的经济责任。

技术提示：

第三者责任险是指工程范围以外，与工程相关或由工程的影响造成的保险。工程险的全称应该是建筑(安装)工程一切险及第三者责任保险。所以这个第三者责任是这个险种的一部分。

7.2.3 合同的公证和鉴证法律制度

1. 合同公证的概念和原则

合同公证，是指国家公证机关根据当事人双方的申请，依法对合同的真实性与合法性进行审查并予以确认的法律制度。

合同公证一般实行自愿原则。

在建设工程领域，除了证明合同本身的合法性与真实性外，有时还可通过公证进行证据保全，为日后纠纷的解决留下证据。

2. 合同鉴证的概念和原则

合同鉴证，是指合同管理机关根据当事人双方的申请对其所签订的合同进行审查，证明其真实性和合法性，并督促当事人认真履行的法律制度。

我国的合同鉴证实行自愿的原则。

3. 合同公证与鉴证的相同点与区别

(1)相同点。

①原则相同，都遵循自愿原则。

②内容和范围相同。

③目的相同，都是为了证明合同的真实性与合法性。

(2)区别。

①合同鉴证是工商机关实施的行政管理行为。

②合同公证是公证处实施的司法行政行为。

③效力不同。经过公证的合同，其法律效力高于经过鉴证的合同。经过公证的合同，人民法院应当作为认定事实的根据。但有相反证据足以推翻公证证明的除外。而经过鉴证的合同则没有这样的效力，在诉讼中仍需对合同进行质证。

④法律效力的适用范围不同。公证作为司法行政行为，按照国际惯例，在我国域内和域外都有法律效力；而鉴证作为行政管理行为，其效力只能限于我国国内。

7.3 合同法律制度

7.3.1 合同的概念

1. 合同的基本理论

我国《中华人民共和国民法典》(第三编)所指的合同是民事主体之间设立、变更、终止民事法律关系的协议。

2. 合同的适用范围

《中华人民共和国民法典》(第三编)合同部分规定，婚姻、收养、监护等有关身份关系的协议，适用有关该身份关系的法律规定；没有规定的，可以根据其性质参照适用本编规定。本法或者其他法律没有明文规定的合同，适用本编通则的规定。

3.《中华人民共和国民法典》的基本原则

(1)平等原则：民事主体在民事活动中的法律地位一律平等。

(2)自愿原则：民事主体从事民事活动，应当遵循自愿原则，按照自己的意思设立、变更、终止民事法律关系。

(3)公平原则：民事主体从事民事活动，应当遵循公平原则，合理确定各方的权利和义务。

(4)诚信原则：民事主体从事民事活动，应当遵循诚信原则，秉持诚实，恪守承诺。

(5)守法与公序良俗原则：民事主体从事民事活动，不得违反法律，不得违背公序良俗。

(6)绿色原则：民事主体从事民事活动，应当有利于节约资源、保护生态环境。

4. 合同的分类

(1)有名合同与无名合同。

(2)单务合同与双务合同。

(3)诺成合同与实践合同。常见的实践合同主要有保管合同、自然人借款合同、定金合同等。

7.3.2 合同的订立与效力

1. 要约

要约(即订约提议)，是指一方当事人以缔结合同为目的向对方当事人所作的意思表示。根据《中华人民共和国民法典》(下文简称《民法典》)的规定，要约应当符合下列规定：第一，内容具体确定；第二，表明经受要约人承诺，要约人即受该意思表示约束。

(1)要约与要约邀请的区别。要约邀请是希望他人向自己发出要约所作的意思表示，不属于订立合同的行为。

(2)要约到达受要约人时生效。采用数据电文形式订立合同，收件人指定特定系统接收数据电文的，该数据电文进入该特定系统的时间，视为到达时间；未指定特定系统的，该数据电文进入收件人的任何系统的首次时间，视为到达时间。

(3)撤回、撤销和失效。

①撤回要约。

要约在发出后、生效前，要约人可以撤回要约。

②撤销要约。

在要约生效后、受要约人承诺前，要约人可以撤销要约，但法律规定的三种情形不得撤销。该三种情形：

A. 要约人确定了承诺期限的。

B. 以其他形式明示要约不可撤销。

C. 受要约人有理由认为要约是不可撤销的，并已经为履行合同作了准备工作。

③要约失效的情形。

A. 拒绝要约的通知到达要约人。

B. 要约人依法撤销要约。

C. 承诺期限届满，受要约人未作出承诺。

D. 受要约人对要约的内容作出实质性变更。

2. 承诺

承诺是受要约人同意要约的意思表示。承诺应当由受要约人向要约人作出，并在要约确定的期限内到达要约人。

(1)承诺期限。要约确定的期限称为承诺期限。要约以信件或者电报作出的，承诺期限自信件载明的日期或者电报交发之日开始计算。信件未载明日期的，自投寄该信件的邮戳日期开始计算。要约以电话、传真等快速通信方式作出的，承诺期限自要约到达受要约人时开始计算。

要约没有确定承诺期限的，承诺应当依照下列规定到达。

①要约以对话方式作出的，应当即时作出承诺，但当事人另有约定的除外。

②要约以非对话方式作出的，承诺应当在合理期限内到达。

(2)承诺的生效时间。承诺自通知到达要约人时生效。承诺不需要通知的，自根据交易习惯或者要约的要求作出承诺的行为时生效。采用数据电文形式订立合同，收件人指定特定系统接收数据电文的，该数据电文进入该特定系统的时间，视为承诺到达时间；未指定特定系统的，该数据电文进入收件人的任何系统的首次时间，视为承诺到达时间。承诺生效时合同成立。

(3)承诺的撤回。承诺人发出承诺后反悔的，可以撤回承诺，其条件是撤回承诺的通知应当在承诺通知到达要约人之前或者与承诺通知同时到达要约人，即撤回的通知必须在承诺生效前到达要约人。

(4)承诺的迟延与迟到。

①受要约人超过承诺期限发出承诺的，为迟延承诺，除要约人及时通知受要约人该承诺有效的以外，迟延承诺应视为新要约。

②受要约人在承诺期限内发出承诺，按照通常情况能够及时到达要约人，但受其他因素影响致使承诺到达要约人时超过承诺期限的，为迟到承诺，除要约人及时通知受要约人因承诺超过期限不接受该承诺的以外，迟到承诺为有效承诺。

(5)承诺的内容。承诺的内容应当与要约的内容一致。

①受要约人对要约的内容作出实质性变更的，为新要约。有关合同的标的、数量、质量、价款或者报酬、履行期限、履行地点和方式、违约责任和解决争议的方法等内容的变更，是对要约内容的实质性变更。

②承诺对要约的内容作出非实质性变更的，除要约人及时表示反对或者要约表明承诺不得对要约的内容作出任何变更的以外，该承诺有效，合同的内容以承诺的内容为准。

3. 合同成立的时间与地点

(1)合同成立的时间。

①在一般情况下，承诺生效时合同成立。当事人约定采用合同书形式订立合同的，自双方当事人签字或者盖章时合同成立。尤其注意实际履行与合同成立的关系。

法律、行政法规规定或者当事人约定采用书面形式订立合同，当事人未采用书面形式但一方已经履行主要义务并且对方接受的，该合同成立。

②采用合同书形式订立合同，在签字或者盖章之前，当事人一方已经履行主要义务并且对方接受的，该合同成立。

(2)合同成立的地点。承诺生效的地点为合同成立的地点。

①采用数据电文形式订立合同的，收件人的主营业地为合同成立的地点；没有主营业地的，其经常居住地为合同成立的地点。当事人另有约定的，按照其约定。

②当事人采用合同书形式订立合同的，双方当事人签字或者盖章的地点为合同成立的地点。

③涉外合同的当事人可以选择处理合同争议所适用的法律，但法律另有规定的除外。

④涉外合同的当事人对此没有选择的，适用与合同有最密切联系的国家的法律。但在中华人民共和国境内履行的中外合资经营企业合同、中外合作经营企业合同、中外合作勘探开发自然资源合同，只能适用中华人民共和国法律。

7.3.3 合同的履行与终止

1. 合同的履行规则

(1)约定不明时合同内容的确定规则。合同生效后，当事人就质量、价款或者报酬、履行地点等内容没有约定或者约定不明确的，可以协议补充；不能达成补充协议的，按照合同有关条款或者交易习惯确定。如果仍然不能确定的，适用下列履行规则：

①质量要求不明确的，按照国家标准、行业标准履行；没有国家标准、行业标准的，按照通常标准或者符合合同目的的特定标准履行。

②价款或者报酬不明确的，按照订立合同时履行地的市场价格履行。这一规定注意三个要点：订立合同时，履行地，市场价格。

③履行地点不明确的，给付货币的，在接受货币一方所在地履行；交付不动产的，在不动产所在地履行；其他标的，在履行义务一方所在地履行。

④履行期限不明确的，债务人可以随时履行，债权人也可以随时要求履行，但应当给对方必要的准备时间。

⑤履行方式不明确的，按照有利于实现合同目的的方式履行。

⑥履行费用的负担不明确的，由履行义务的一方负担。

(2)向第三人履行和由第三人履行。

①由于第三人不是合同的当事人，因此既不承担合同项下的义务，也不享有合同项下的权利。

②当事人约定由债务人向第三人履行的合同或者由第三人履行的合同，由于第三人不是合同的当事人，故不承担违约责任，应由合同的债务人向债权人承担违约责任。

(3)中止履行、提前履行与部分履行。

①债权人分立、合并或者变更住所没有通知债务人，致使履行债务发生困难的，债务人可以中止履行或者将标的物提存。

②债权人可以拒绝债务人提前履行债务，但提前履行不损害债权人利益的除外。债务人提前履行债务给债权人增加的费用，由债务人负担。

③债权人可以拒绝债务人部分履行债务，但部分履行不损害债权人利益的除外。债务人部分履行债务给债权人增加的费用，由债务人负担。

2. 双务合同的履行抗辩权

合同的履行抗辩权包括同时履行抗辩权、先履行抗辩权和不安抗辩权。

(1)同时履行抗辩权。同时履行抗辩权，是指双务合同的当事人应同时履行义务的，一方当事人在对方未履行前，有拒绝对方请求自己履行合同的权利。

(2)先履行抗辩权。先履行抗辩权，是指双务合同中应当先履行义务的一方当事人未履行时，对方当事人有拒绝对方请求履行的权利。

(3)不安抗辩权。双务合同中应先履行义务的一方当事人，有确切证据证明相对人财产明显减少或欠缺信用，不能保证及时给付时，有暂时中止履行合同的权利。该情形如下：

①经营状况严重恶化。

②转移财产、抽逃资金，以逃避债务。

③丧失商业信誉。

④有丧失或者可能丧失履行债务能力的其他情形。

3. 代位权

代位权，是指债务人怠于行使其对第三人(次债务人)享有的到期债权，危及债权人债权实现时，债权人为保障自己的债权，可以以自己的名义代位行使债务人对次债务人的债权的权利。

(1)代位权行使的条件。

①债权人对债务人的债权合法。

②债务人怠于行使其到期债权，对债权人造成损害。

③债务人的债权已到期，债权人的债权已到期。

④债务人的债权不是专属于债务人自身的债权。

专属于债务人自身的债权是指基于扶养关系、抚养关系、赡养关系、继承关系产生的给予请求权和劳动报酬、退休金、养老金、抚恤金、安置费、人寿保险、人身伤害赔偿请求权等权利。

(2)在代位权诉讼中，债权人是原告，次债务人是被告，债务人为诉讼的第三人。如果债权人胜诉，由次债务人承担诉讼费用，其他必要费用则由债务人承担。代位权诉讼由被告住所地人民法院管辖。

(3)经人民法院审理认定代位权成立的，由次债务人向债权人履行清偿义务，债权人与债务人、债务人与次债务人之间的债权债务关系即予消灭。债权人的债权就代位权行使的结果有优先受偿权利。在代位权诉讼中，次债务人对债务人的抗辩，可以向债权人主张。

4. 撤销权

撤销权，是指债权人对债务人减少财产以致危害债权的行为，请求人民法院予以撤销的权利。

(1)债权人行使撤销权，应当具备以下条件：

①债权人须以自己的名义行使撤销权。

②债权人对债务人存在有效债权。

③债务人实施了减少财产的处分行为。

④债务人的处分行为有害于债权人债权的实现。

(2)撤销权自债权人知道或者应当知道撤销事由之日起1年内行使，自债务人的行为发生之日起5年内没有行使撤销权的，该撤销权消灭。

(3)一旦人民法院确认债权人的撤销权成立，债务人的处分行为即归于无效。撤销权行使的目的是恢复债务人的财产，债权人就撤销权行使的结果并无优先受偿权利。

(4)在诉讼中，债权人为原告，债务人为被告，受益人或者受让人为诉讼上的第三人。

5. 合同解除

根据《民法典》规定，引起合同终止的法律事实，主要有以下情况：

(1)债务已经按照约定履行。

(2)合同解除。合同的解除分为合意解除和法定解除，重点掌握法定解除的情形。

合同的法定解除条件如下：

①不可抗力致使不能实现合同目的。

②在履行期限届满之前，当事人一方明确表示或者以自己的行为表明不履行主要债务。

③当事人一方迟延履行主要债务，经催告在合理期限内仍未履行。

④当事人一方迟延履行债务或者有其他违约行为致使不能实现合同目的。

当事人一方主张解除合同时，应当通知对方，合同自通知到达对方时解除。对方有异议的，可以请求人民法院或者仲裁机构确认解除合同的效力。

(3)债务相互抵销。对法定抵销，其债务的标的物种类、品质应当相同；对约定抵销，其债务的标的物种类、品质不相同的，经双方协商一致，也可以抵销。

《民法典》规定的法定抵销须具备以下条件：

①须双方互负有债务，互享有债权。效力不完全的债权不能作为主动债权而主张抵销，如诉讼时效完成后的债权，债权人不得主张抵销，但作为被动债权，对方以其债权主张抵销的，应当允许。

②须双方债务的给付为同一种类。抵销的债务只要求同种类，不要求数额或价值相等。

③须双方的债务均届清偿期。

(4)债务人依法将标的物提存。《民法典》规定，有下列情形之一，难以履行债务的，债务人可以将标的物提存。

①债权人无正当理由拒绝受领。

②债权人下落不明。

③债权人死亡未确定继承人或者丧失民事行为能力未确定监护人。

(5)债权人免除债务。债权人免除债务人部分或者全部债务的，合同的权利义务部分或者全部终止。

(6)债权债务同归于一人，即混同。由于某种事实的发生，使一项合同原本由一方当事人享有的债权和由另一方当事人负担的债务统归于一方当事人，使得该当事人既是合同的债权人，又是合同的债务人，合同的履行就失去了实际意义，合同的权利义务关系终止。

7.3.4 违约责任

1. 继续履行

注意继续履行的除外情形。当事人一方不履行非金钱债务或者履行非金钱债务不符合约定的，对方可以要求履行，但有下列情形之一的除外：

(1)法律上或者事实上不能履行。

(2)债务的标的不适合于强制履行或者履行费用过高。

(3)债权人在合理期限内未要求履行。

2. 补救措施

履行质量不符合约定的，应当按照当事人的约定承担违约责任。受损害方可以根据标的的性质以及损失的大小，合理选择要求对方采取修理、更换、重作、退货、减少价款或者报酬等补救措施。

3. 损害赔偿

(1)赔偿损失。

①损失赔偿额应当相当于违约所造成的损失，包括合同履行后可以获得的利益，但不得超过违反合同一方订立合同时预见到或者应当预见到的因违反合同可能造成的损失。

②经营者对消费者提供商品或者服务有欺诈行为的，应依照《中华人民共和国消费者权益保护法》的规定，按照购买商品的价款或者接受服务的费用承担双倍赔偿责任。

(2)支付违约金。

①违约金的具体数额视造成损失的大小而定，即约定的违约金低于损失的，当事人可以要求增加；约定的违约金过分高于损失的，可以要求适当减少。

②根据《最高人民法院关于审理商品房买卖合同纠纷案件适用法律若干问题的解释》规定："当事人以约定的违约金过高为由请求减少的，应当以违约金造成的损失30%为标准适当减少；当事人以约定的违约金低于造成的损失为由请求增加的，应当以违约造成的损失确定违约金数额。"

(3)定金。当事人在合同中既约定违约金，又约定定金的，当事人可以选择适用违约金或定金条款，不可同时并用。

4. 免责事由

(1)因不可抗力不履行合同可以免责。《民法典》规定，不可抗力是指不能预见、不能避免并不能克服的客观情况。

(2)情势变更。在合同成立以后，如果客观情况发生了当事人在订立合同时无法预见的、非不可抗力造成的不属于商业风险的重大变化，继续履行合同对于一方当事人明显不公平或者不能实现合同目的，当事人请求人民法院变更或者解除合同的，人民法院应当根据公平原则，并结合案件的实际情况确定是否变更或者解除。

7.4 建筑工程合同管理

7.4.1 建筑工程合同类型及选择

1. 建筑工程合同类型

建筑工程项目合同可以从不同的角度进行分类，下面主要介绍根据计价方式对承包合同的分类。

按承包合同的计价方式，可将合同分为总价合同、单价合同、成本加酬金合同三种类型。

(1)总价合同。总价合同是指发承包双方约定以施工图及其预算和有关条件进行合同价款计算、调整和确认的建设工程施工合同。在合同中确定一个完成项目的总价，承包单位据此完成项目全部内容。这种合同类型能够使建设单位在评标时易于确定报价最低的承包人、易于进行支付计算。但这类合同仅适用于工程量不太大且能精确计算、工期较短、技术不太复杂、风险不大的项目。因而采用这种合同类型要求建设单位必须准备详细而全面的设计图纸(一般要求施工详图)和各项说明，使承包人能准确计算工程量。总价合同又可分以下两种类型：

①固定总价合同。这种合同以图纸和工程说明为依据，按照商定的总价进行承包，并一笔包死。在合同执行过程中，除非业主要求变更原定的承包内容，否则承包人不得要求变更总价。这种合同方式一般适用于工程规模较小、技术不太复杂、工期较短、且签订合同时已具备详细设计文件的情况。

②可调价总价合同。在招标及签订合同时，以设计图纸及当时的市场价格计算签订总价合同，但在合同条款中双方商定，若在执行合同过程中发生合同内约定的风险，如物价上涨，引起工料成本增加时，合同总价应依照规定了的调整方法做出相应调整。这时发包人承担了物价上涨这一不可预测费用因素的风险。这种合同方式一般适用于工期较长、通货膨胀率难以预测、但现场条件较为简单的工程项目。

(2)单价合同。单价合同是指发承包双方约定以工程量清单及其综合单价进行合同价款计算、调整和确认的建设工程施工合同。这类合同的适用范围比较宽，其风险可以得到合理的分摊，并且能鼓励承包人通过提高工效等手段从成本节约中提高利润。这类合同能够成立的关键在于双方对单价和工程量计算方法的确认。在合同履行中需要注意的问题则是双方对实际工程量计量的确认。单价合同可分为以下两种类型：

①固定价单价合同，即单价在合同约定的风险范围内(一般主要指市场价格波动、政策法规变化等风险)不可调整。

②可调价单价合同，即单价在合同实施期内，根据合同约定的办法在约定的风险范围内调整。

(3)成本加酬金合同。发承包双方约定以施工工程成本再加合同约定酬金进行合同价款计算、调整和确认的建设工程施工合同。

2. 合同类型的选择

合同类型的选择取决于工程项目的具体内容、工程项目的性质、发包人和承包人双方的兴趣及合作基础、项目复杂程度及项目客观条件、项目风险程度等多种因素。一般而言，合同类型选择需考虑下列因素：

(1)发包人和承包人的意愿。发包人从自己的角度出发，一般都希望自己少承担风险，简化管理手续，并期望通过各种合同条件将项目目标、责任及约束条件由承包人全部承担下来。因此，许多发包人对固定总价合同更感兴趣。从承包人角度出发，一般都不愿对大型复杂项目搞总价包死的合同，以免承担过大风险。若发包人坚持搞固定总价合同，承包人往往把风险应变费和盈利打得很高，以应付可能出现的风险。

(2)工程项目规模和复杂程度。一般而言，项目规模越大，技术越复杂，越难于采用固定价总价的合同，因为承包人要为此承担全部风险。从发包人角度看，则相反。

(3)工程项目的明确程度和设计深度。总价合同要求工程细节明确，单价合同要求工程设计具有一定的深度，以便准确地估算工程成本。若工程细节不够明确，设计没有达到一定深度，则一般采用成本加酬金合同较合适。

(4)工程进度的紧迫程度。工期要求过紧的项目一般不宜采用总价合同。这种项目由于仓促上马，图纸不全，准备不充分，实施中变更频繁，很难以固定价格成交，故多采用成本加酬金合同。

(5)项目竞争激烈程度和市场供求状况。当建筑承包市场呈现供过于求的买方市场时，业主对合同类型的选择拥有较大主动权。由于竞争激烈，承包人只能尽量满足发包人意愿。相反，若施工任务多于施工力量，或承包人对项目某种特殊技术处于垄断地位，则承包人对合同类型选择起主导作用。

(6)项目外部因素和风险。项目实施要受到项目外部条件和环境的影响，当项目外部风险较大时，大型项目一般难于采用总价合同。例如通货膨胀率较高、政局不稳或者气候恶劣地区，受物价、政治和自然条件多变的影响，项目风险可能会加大，承包人一般难以接受固定总价合同，因为这些不可控制因素可能导致项目成本大幅度上升。

施工承包合同即建筑安装工程承包合同，是发包人和承包人为完成商定的建筑安装工程，明确相互权利、义务关系的合同。施工承包合同有施工总承包合同和施工分包合同之分。施工分包合同又有专业工程分包合同和劳务作业分包合同之分。

合同管理的主要工作内容：根据项目的特点和要求确定施工任务委托模式和施工任务承包模式(合同结构)、选择合同文本、确定合同计价方法和支付方法、合同履行过程的管理与控制、合同索赔等。

7.4.2 建筑工程施工合同

施工承包合同文件是施工合同管理的基本依据，也是发包人、监理人和承包人进行项目管理的基本准则。不论是发包人、监理人还是承包人，不仅要掌握已经形成的最终的合同文件，而且还要了解这些条款或规定的来龙去脉；不仅要了解合同文件的主要部分，例如合同条款，而且也要熟悉报价单、规范和图纸，要把合同文件作为一个整体来考虑。

1. 施工承包合同示范文本

施工合同的内容复杂、涉及面宽，如果当事人缺乏经验，所订合同常易发生纠纷。为了避免当事人遗漏和纠纷的产生，建设部和国家工商行政管理总局从1991年开始批准发布了全国第一个《建设工程施工合同(示范文本)》，旨在提示合同当事人在订立合同时更好地明确各自的权利义务，防止合同纠纷；并于1999年对其进行了修订，印发了《建设工程施工合同(示范文本)》(GF—1999—0201)。2013年住房和城乡建设部、国家工商行政管理总局对《建设工程施工合同(示范文本)》(GF—1999—0201)进行了修订，制定了《建设工程施工合同(示范文本)》(GF—2013—0201)。2017年10月1日住房和城乡建设部，国家工商行政管理总局对《建设工程施工合同(示范文本)》(GF—2013—0201)进行了修订，制定了《建设工程施工合同(示范文本)》(GF—2017—0201)(以下简称《示范文本》)。

《示范文本》适用于房屋建筑工程、土木工程、线路管道和设备安装工程、装修工程等建设工程的施工承发包活动，合同当事人可结合建设工程具体情况，根据《示范文本》订立合同，并按照法律法规规定和合同约定承担相应的法律责任及合同权利义务。

《示范文本》由《协议书》《通用条款》《专用条款》三部分组成，并有11个附件。

2. 施工承包合同文件的组成及解释顺序

(1)施工合同文件的组成。组成建设工程施工合同的文件包括如下内容：

①施工合同协议书。

②中标通知书。

③投标书及其附件。

④施工合同专用条款。

⑤施工合同通用条款。

⑥标准、规范及有关技术文件。

⑦图纸。

⑧已标价工程量清单或预算书。

⑨其他合同文件。

双方有关工程的洽商、变更等书面协议或文件视为协议书的组成部分。

(2)施工合同文件的解释顺序。上述合同文件应能够互相解释、互相说明。当合同文件中出现不一致时，上面的顺序就是合同的优先解释顺序。当合同文件出现含糊不清或者当事人有不同理解时，按照合同争议的解决方式处理。

3. 施工承包合同中发包人的责任与义务

(1)发包人应按照专用合同条款约定的期限、数量和内容向承包人免费提供图纸，并组织承包人、监理人和设计人进行图纸会审和设计交底。

(2)根据施工需要，负责取得出入施工现场所需的批准手续和全部权利，以及取得因施工所需修建道路、桥梁以及其他基础设施的权利，并承担相关手续费用和建设费用。

(3)发包人应提供场外交通设施的技术参数和具体条件，场外交通设施无法满足工程施工需要的，由发包人负责完善并承担相关费用。

(4)办理法律规定由其办理的许可、批准或备案，包括但不限于建设用地规划许可证、建设工程规划许可证、建设工程施工许可证，施工所需临时用水、临时用电，中断道路交通、临时占用土地等许可和批准。发包人应协助承包人办理法律规定的有关施工证件和批件。

(5)发包人应最迟于开工日期 7 天前向承包人移交施工现场。

(6)发包人应负责提供施工所需要的条件，包括将施工用水、电力、通讯线路等施工所必需的条件接至施工现场内；保证向承包人提供正常施工所需要的进入施工现场的交通条件；协调处理施工现场周围地下管线和邻近建筑物、构筑物、古树名木的保护工作，并承担相关费用；按照专用合同条款约定应提供的其他设施和条件。

(7)提供施工现场及工程施工所必需的毗邻区域内供水、排水、供电、供气、供热、通信、广播电视等地下管线资料，气象和水文观测资料，地质勘察资料，相邻建筑物、构筑物和地下工程等有关基础资料。

(8)按合同约定向承包人及时支付合同价款。

(9)按合同约定及时组织竣工验收。

4. 施工承包合同中承包人的责任与义务

承包人在履行合同过程中应遵守法律和工程建设标准规范，并履行以下义务：

(1)办理法律规定应由承包人办理的许可和批准，并将办理结果书面报送发包人留存。

(2)按法律规定和合同约定完成工程，并在保修期内承担保修义务。

(3)按法律规定和合同约定采取施工安全和环境保护措施，办理工伤保险，确保工程及人员、材料、设备和设施的安全。

(4)按合同约定的工作内容和施工进度要求编制施工组织设计和施工措施计划，并对所有施工作业和施工方法的完备性和安全可靠性负责。

(5)在进行合同约定的各项工作时，不得侵害发包人与他人使用公用道路、水源、市政管网等公共设施的权利，避免对邻近的公共设施产生干扰。承包人占用或使用他人的施工场地，影响他人作业或生活的，应承担相应责任。

(6)按照环境保护约定负责施工场地及其周边环境与生态的保护工作。

(7)按安全文明施工约定采取施工安全措施，确保工程及其人员、材料、设备和设施的安全，防止工程施工造成的人身伤害和财产损失。

(8)将发包人按合同约定支付的各项价款专用于合同工程，且应及时支付其雇用人员工资，并及时向分包人支付合同价款。

(9)按照法律规定和合同约定编制竣工资料，完成竣工资料立卷及归档，并按专用合同条款约定的竣工资料的套数、内容、时间等要求移交发包人。

(10)应履行的其他义务。

工程实行监理的，发包人和承包人应在专用合同条款中明确监理人的监理内容及监理权限等事项。监理人应当根据发包人授权及法律规定，代表发包人对工程施工相关事项进行检查、查验、审核、验收，并签发相关指示，但监理人无权修改合同，且无权减轻或免除合同约定的承包人的任何责任与义务。

7.4.3 建筑工程委托监理合同

建筑工程委托监理合同是指委托人与监理人就委托的建筑工程监理与相关服务签订协议。

1. 监理委托合同的特点

建设工程监理合同是一种委托合同，除具有委托合同的共同特点外，还具有以下特点：

(1)建筑工程监理合同当事人双方应是具有民事权力能力和民事行为能力、具有法人资格的企事业单位及其他社会组织，监理单位实行资质审批制度。

(2)建设工程监理合同委托的工作内容是对建设工程项目目标实施控制，因此建设工程监理合同必须符合法律法规和有关工程建设标准，并与工程设计文件、施工合同及材料设备采购合同相协调。

(3)建设工程监理合同的标的是项目管理服务工作。由监理工程师凭借自己所掌握的施工知识、经验、技术受委托人委托对其所在工程项目的履行实施监督管理。

2. 工程监理合同的组成

建设工程委托监理合同是一种专业性很强的合同，住房和城乡建设部、国家工商行政管理总局对《建设工程委托监理合同(示范文本)》(GF—2000—2002)进行了修订，制定了《建设工程监理合同(示范文本)》(GF—2012—0202)。

组成本合同的文件如下：

(1)协议书。

(2)中标通知书(适用于招标工程)或委托书(适用于非招标工程)。

(3)投标文件(适用于招标工程)或监理与相关服务建议书(适用于非招标工程)。

(4)专用条件。

(5)通用条件。

(6)附录。

本合同签订后，双方依法签订的补充协议也是本合同文件的组成部分。

3. 工程监理合同履行

(1)监理合同的范围。建筑监理委托范围可以是整个建筑工程项目，也可以是某个施工标段。监理合同应包括监理单位对建设工程质量、造价、进度进行项目控制和管理的条款。可在监理合同范本专用条件部分有关监理范围和监理工作的内容的条款中进行约定，明确建设工程监理的具体范围。

(2)项目监理机构的组成人员。项目监理机构的组建应满足合同要求及工作需要，并配备必要的检测设备及仪器。《建设工程监理规范》(GB/T 50319—2013)对各类监理人员都做了相应的资质要求，监理单位派出的监理人员应符合《建设工程监理规范》(GB/T 50319—2013)的要求。项目监理机构应由总监理工程师、专业监理工程师和监理员组成。总监理工程师必须由注册监理工程师担任，必要时可设总监理工程师代表。过程中需要更换总监理工程师的，应提前 7 天向委托人书面报告，经委托人同意方可更换。因工程需要更换项目监理机构其他监理人员，应将更换情况通知委托人。

(3)合同的职责履行。项目监理机构应严格按照法律法规、工程建设有关标准及监理合同履行职责。

①监理人应在专用条件约定的授权范围内，充分发挥协调作用。与委托人、施工承包人及其他合同参建各方人员协商解决。应及时处置委托人、施工承包人及有关各方的意见和要求。

②合同的变更事宜，如果变更超过授权范围，在处理合同变更问题前，应以书面形式报委托人批准。

③项目监理机构有权要求施工承包人及其他合同参建各方人员调换其不能胜任本职工作的人员。

④委托人与施工承包人及其他合同参建各方人员发生合同争议的，首先应通过协商、调解等方式解决。如果协商、调解不成而通过仲裁或诉讼途径解决的，监理人应按仲裁机构或法院要求提供必要的证明材料。

⑤相关文件资料的管理。

7.5 建设工程施工索赔

7.5.1 施工索赔的概念

工程索赔是指在建设工程施工合同履行中，当事人一方由于另一方未履行合同所规定的义务而遭受损失时，向另一方提出赔偿要求的行为。工程索赔是双向的，发包人(建设单位)和承包人(施工单位)都可能向对方提出索赔要求。

通常情况下，工程索赔是指承包人在合同实施过程中，对非自身因素造成的工程延期、费用增加而要求发包人给予补偿损失的一种权利要求，可称其为承包人的施工索赔(简称施工索赔)。发包人对属于承包人应承担责任造成的损失而向承包人要求的赔偿主张，称为发包人的反索赔(简称反索赔)。

7.5.2 施工索赔的分类及原因

施工索赔是指在建设工程施工合同履行过程中，承包人或者因非自身因素，或者因发包人不履行合同或未能正确履行合同，给承包人造成经济损失，承包人根据法律、合同的规定，向发包人提出经济补偿或工期延长的要求。

1. 发生施工索赔的主要内容

在施工合同履行过程中发生下列情形之一的，承包人可以索赔。

(1)发包人没有按合同约定的时间和要求向承包人提供施工场地、创造施工条件。发包人须按合同约定的时间和要求向承包人提供“三通一平”的施工场地，即水通、电通、施工道路通和场地平整等条件，并办好施工所需各种证件、批件及有关申报批准手续，向承包人提供施工场地地下管网线路资料。如果发包人不能在合同约定的时间内给承包人创造上述条件，必然导致合同工期延误并给承包人造成损失。

(2)工程设计变更。在施工合同履行过程中，发生工程设计变更往往会影响承包人的局部甚至整个施工计划的安排，造成承包人重复采购、人力及施工机械重新调整、等待修改设计图纸、对已完工程进行拆除，这必然造成施工成本比原计划增加，工期比原计划延长。

(3)发包人未按合同约定，向承包人支付工程预付款或进度款。

①发包人不按合同约定支付工程预付款，承包人应在预付时间到期后 10 天内向发包人发出要求付款的通知，发包人收到通知后仍不付款，承包人可在发出通知 14 天后停止施工，发包人应从约定应付之日起向承包人支付应付款利息，并承担违约责任。

②发包人不按合同约定支付工程进度款，双方又未达成延期付款协议，导致施工无法进行，承包人可停止施工，由发包人承担违约责任。

(4)发包人未按合同约定向承包人供应材料、设备。如果发包人没有按合同约定的时间向承包人供应材料、设备，或者供应的材料、设备的种类、规格、数量、价格、质量等级与合同不符，将导致工期延误，并给承包人造成损失。

(5)施工中断或发包人工作失误导致工效降低。由发包人的监理工程师引起施工中断的工效降低，特别是根据发包人不合理的指令压缩合同规定的工作进度，使工程比合同规定日期提前竣工，从而导致工程费用的增加。承包人可索赔人工费用的增加、设备费用的增加、材料费用的增加。

(6)不利的自然条件或人为障碍增加了施工的难度，导致承包人必须花费更多的时间的费用。不利的自然条件是指施工中遇到的实际自然条件比招标文件中所描述的更为困难和恶劣，这些不利的自然条件或人为障碍增加了施工的难度，导致承包人必须花费更多的时间的费用，在这种情况下承包人可提出索赔要求。

(7)工期延长或延误。通常包括两方面：一是发包人要求延长工期，二是承包人要求偿付由于非承包方原因导致工程延误而造成的损失。一般这方面的索赔报告要求分别编写，因为工期和费用的索赔并不一定同时成立。

(8)发生非承包人的原因，致使工程终止或放弃。在施工合同履行过程中若发生非承包人的原因，致使工程终止或放弃，承包人有权提出盈利损失或者补偿损失的索赔。盈利损失等于该项工程合同价款与完成遗留工程所需花费的差额；补偿损失等于承包人在该项工程已花费的费用减去已结算的工程款。

(9)物价上涨引起索赔。物价上涨索赔是指在直接影响工程造价的某些物价上涨情况下，按照由工程造价管理部门发布的在建工程材料预算价格调整、建筑材料的市场价与预算定额价差的有关处理规定依法进行的赔偿。

(10)货币贬值导致索赔。在一些外资或中外合资项目，合同中一般有货币贬值补偿的条款，索赔数额一般以官方正式公布的汇率计算。

(11)其他因素引起的索赔。如在施工中发现不可预见因素；在施工合同的履行过程中，国家政策及法规发生变化等。

2. 工期索赔

在工程施工中，常常会发生一些未能预见的干扰事件使施工不能顺利进行，使预定的施工计划受到干扰，造成工期延长。这样，对合同双方都会造成损失。

承包人提出工期索赔的目的，一是免去或推卸自己对已产生的工期延长的合同责任，使自己不支付或尽可能不支付工期延长的违约金；二是进行因工期延长而造成的费用损失的索赔。

对已经产生的工期延长，发包人一般采用两种解决办法：一是不采取加速措施，工程仍按原方案和计划实施，但将工期顺延；二是指示承包人采取加速措施，以全部或部分弥补已经损失的工期。如果工期延缓责任不是由承包人造成，而发包人已认可承包人工期索赔，则承包人还可以提出因采取加速措施而增加的费用索赔。

工期索赔主要依据合同规定的总工期计划、进度计划，以及双方共同认可的对工期修改的文件，调整计划和受干扰后实际工程进度记录，如施工日记、工程进度表等。承包人应在每个月底以及在干扰事件发生时，分析对比上述资料，以发现工期拖延以及拖延原因，提出有说服力的索赔要求。

3. 费用索赔

费用索赔以补偿实际损失为原则，对发包人不具有任何惩罚性质。实际损失包括直接损失和间接损失两个方面。因此，所有干扰事件引起的损失以及这些损失的计算，都应有详细的具体证明，并在索赔报告中出具这些证据。

7.5.3 索赔程序

1. 施工索赔提出的程序

《建设工程施工合同》对索赔的程序和时间要求有明确而严格的限定。发(承)包人未能按合同约定履行自己的各项义务或发生错误以及应由发(承)包人承担责任的其他情况，造成工期延误和(或)

延期支付合同价款及造成承(发)包人的其他经济损失，经济律师根据有关规定，提醒承包人按下列程序以书面方式向发包人索赔。

(1)索赔事项发生后28天内，向工程师发出索赔意向通知。

(2)发出索赔意向通知后28天内，向工程师提出补偿经济损失和(或)延长工期的索赔报告及有关资料。

(3)工程师在收到承包人送交的索赔报告和有关资料后，于28天内给予答复，或要求承包人进一步补充索赔理由和证据。

(4)工程师在收到承包人送交的索赔报告和有关资料28天内未予答复或未对承包人做进一步要求，视为该项索赔已经认可。

(5)当该索赔事件持续进行时，承包人应当阶段性向工程师发出索赔意向，在索赔事件终了后28天内，向工程师送交索赔的有关资料和最终索赔报告，索赔答复程序与(3)、(4)的规定相同。

2. 施工索赔的几个关键环节

(1)索赔意向书。根据招标文件及合同要求中有关规定提出索赔意向书，意向书中应包含索赔结构物名称、索赔事由及依据、事件发生起算日期和估算损失，无须附有详细的计算资料和证明。这样，监理工程师通过意向书就可以对整个事件的起因、地点及索赔方向有大致了解。意向书应根据合同要求抄送、抄报相关单位。

索赔意向书递交监理工程师后应经主管监理工程师签字确认，必要时施工单位负责人、现场负责人及现场监理工程师、主管监理工程师要一起到现场核对。

索赔意向书送交监理工程师签字确认后要及时收集证据，收集的证据要确凿，理由要充分，所有工程费用和工期索赔应附有现场工程监理工程师认可的记录和计算资料及相关的证明材料。

(2)索赔项目种类及起止日期计算方法。

①延期发出图纸引起的索赔。如果在接到中标通知书后28天之内，未收到由发包人或其委托的设计单位提供的全部图纸、技术规范和其他技术资料，且未向承包人进行技术交底，作为承包人应依照合同提出索赔申请，接中标通知书后的第29天为索赔起算日，收到图纸及相关资料的日期为索赔结束日。

②恶劣的气候条件导致的索赔。此类索赔分为工程损失索赔及工期索赔。发包人一般对在建项目进行投保，故由恶劣天气影响造成的工程损失可向保险机构申请损失费用。在建项目未投保时，应根据合同条款及时索赔。该类索赔计算方法：在恶劣气候条件开始影响的第一天为起算日，恶劣气候条件终止日为索赔结束日。

③工程变更导致的索赔。此类索赔分为工程施工项目已进行施工又进行变更、工程施工项目增加或局部尺寸、数量变化等。该类索赔计算方法：以承包人收到监理工程师书面工程变更指令或发包人下达的变更图纸日期为起算日，变更工程完成日为索赔结束日。

④承包人能力不可预见引起的索赔。由于在工程投标时图纸不全，因此有些项目承包人无法作正确计算，如地质情况等，该类项目一般索赔工程数量增加或需重新投入新工艺、新设备等。该类索赔计算方法：在承包人未预见的情况开始出现的第一天为起算日，终止日为索赔结束日。

⑤由外部环境引起的索赔。由外部环境影响如征地拆迁、用地的出入权和使用权等而引起的索

赔，这是属于发包人原因引起的索赔。此类索赔以监理工程师批准的施工计划影响的第一天为起算日，经发包人协调或外部环境影响自行消失日为索赔事件结束日。该类项目一般进行工期及工程机械停滞费用索赔。

⑥监理工程师指令导致的索赔。以收到监理工程师书面指令时为起算日，按其指令完成某项工作的日期为索赔事件结束日。

⑦其他因素导致的承包人的索赔，视具体情况确定起算和结束日期。

3. 做好同期记录

索赔意向书提交后，就应从索赔事件起算日起至索赔事件结束日止，认真做好同期记录。每天均应有记录，要有现场监理工程人员的签字。索赔事件造成现场损失时，还应注意现场照片、录像资料的完整性，且粘贴打印说明后请监理工程师签字。

同期记录的内容有事件发生时及过程中现场实际状况，导致现场人员停工、设备闲置的清单，工期的延误情况，对工程的损害程度，导致费用增加的项目及所用的人员、机械、材料数量、有效票据等。

4. 提交详细情况报告

在索赔事件的进行过程中，承包人应向监理工程师提交索赔事件的阶段性详细情况报告，说明索赔事件目前损失款额的影响程度及费用索赔的依据。

5. 提交最终索赔报告

当索赔事件所造成的影响结束后，承包人应在合同规定的时间内向监理工程师提交最终索赔详细报告，并同时抄送、抄报相关单位。索赔报告应包括以下内容：

(1)承包人的正规性文件。

(2)索赔申请表：索赔项目、依据、证明文件、索赔金额和日期。

索赔项目一般包括工程变更引起费用、工期增加，由于地方关系影响造成局部停工等引起的机械、人员停滞，相应工期及费用增加等。

索赔依据一般包括在建工程技术规范，施工图纸，发包人与承包人签订的工程承包协议，发包人对承包人施工进度计划的批复，业主下达的变更图纸、变更令及大型工程项目技术方案的修改等。

索赔证明文件包括发包人下达的各项往来文件及承包人在施工过程中收集到的各项有利证据。索赔金额及工期的计算一般参照承包人与发包人签订合同中包含的工程量清单、工程概预算定额、定额编制办法、机械台班单价，地方下达的定额补充编制办法及业主、总监下达的有关文件。

(3)编制说明：索赔事件的起因、经过和结束的详细描述。

(4)附件：与本项费用或工期索赔有关的各种往来文件，包括承包人发出的与工期和费用索赔有关的证明材料及详细计算资料。

6. 施工索赔小结

(1)索赔时效。索赔事件发生后，承包人必须在合同约定的时间内索赔。

(2)承包人必须按照合同约定的程序进行，否则可能会造成索赔利益难以实现。

(3)施工索赔实现的关键是承包人提供的证据确凿充分。

(4)施工索赔是单方主张权利要求，经对方签字确认后即成为工程签证，在双方未能协商一致的情况下，可通过其他合同争议的解决方法来解决索赔事项。

基础考核

一、单项选择题(每题的备选项中，只有1个最符合题意)

1. 担保方式中的保证，实际运用过程中应理解为(　　)。

A. 债务人和债权人约定，债务人向债权人保证履行合同义务

B. 债务人和债权人约定，当债务人不履行债务时，由保证人代为履行债务

C. 保证人和债权人约定，当债务人不履行债务时，保证人按约定履行债务

D. 保证人和债务人约定，当债务人不履行债务时，保证人按约定履行债务

2. 合同公证与鉴证的相同点是(　　)。

A. 目的、法律效力、原则　　B. 范围、性质、目的

C. 目的、原则、内容　　D. 法律效力、目的、性质

3. 接受要约的承诺人要使发出的承诺不产生法律效力，则撤回承诺的通知应当在(　　)到达要约人。

A. 要约到达受要约人之前　　B. 承诺通知到达要约人之前

C. 承诺通知发出之前　　D. 承诺通知到达要约人之后

4. 业主提供的设计图纸错误导致分包工程返工，为此分包商向承包商索赔。承包商(　　)。

A. 因不属于自己的原因拒绝索赔要求

B. 认为要求合理，先行支付后再向业主索要

C. 不予支付，以自己的名义向工程师提交索赔报告

D. 不予支付，以分包商的名义向工程师提交索赔报告

5. 工程建设单位与某设计单位签订合同，购买该设计单位已完成设计的图纸，该合同法律关系的客体是(　　)。

A. 物　　B. 财　　C. 行为　　D. 智力成果

二、多项选择题(每题的备选项中，有2个或2个以上符合题意，至少有1个错项)

1. 合同担保的方式有(　　)。

A. 抵押　　B. 质押

C. 定金　　D. 保证

E. 押金

2. 在(　　)履行过程中发生债权债务，债权人有权行使留置。

A. 买卖合同　　B. 保管合同

C. 运输合同　　D. 加工承揽合同

E. 施工合同

3. 合同可以终止的情况有(　　)。

A. 合同解除　　B. 债务相互抵消

C. 债权人免除债务　　D. 债权债务同归于一人

E. 债权人未请求履行

4. 合同法律关系的主体包括(　　)。

A. 自然人　　B. 法人

C. 行为　　D. 权利

E. 事件

5. 合同履行中，承担违约责任的方式包括(　　)等。

A. 继续履行　　B. 采取补救措施

C. 赔偿损失　　D. 返还财产

E. 追缴财产，收归国有

技能实训

某建设工程项目，建设单位委托某监理公司负责施工阶段的监理工作，目前该工程正在施工。在工程施工中发生如下事件：

事件1：监理工程师在施工准备阶段组织了施工图纸的会审，施工过程中发现由于施工图的错误，造成承包商停工2天，承包商提出工期费用索赔报告。业主代表认为监理工程师对图纸会审监理不力，提出要扣监理费1000元。

事件2：监理工程师在施工准备阶段，审核了承包商的施工组织设计并批准实施，施工过程中发现施工组织设计有错误，造成停工1天，承包商认为："施工组织设计监理工程师已审核批准，现在出现错误是监理工程师的责任。"承包商向监理工程师提出工期费用索赔。业主代表认为监理工程师监理不力，提出要扣监理费1000元。

事件3：由于承包商的错误造成了返工。承包商向监理工程师提出工期费用索赔，业主代表认为监理工程师对工程质量监理不力。提出要扣监理费1000元。

事件4：监理工程师检查了承包商的隐蔽工程，并按合格签证验收。但是事后再检查发现不合格。承包商认为："隐蔽工程监理工程师已按合格签证验收，现在却断为不合格，是监理工程师的责任"。承包商向监理工程师提出工期费用索赔报告。业主代表认为监理工程师对工程质量监理不力，提出要扣监理费1000元。

事件5：监理工程师检查了承包商的管材并签证了合格可以使用，事后发现承包商在施工中使用的管材不是送检的管材，重新检验后不合格，马上向承包商下达停工令，随后下达了监理通知书，指令承包商返工，把不合格的管材立即撤出工地，按第一次检验样品进货，并报监理工程师重新检验合格后才可用于工程。为此停工2天，承包商损失5万元。承包商向监理工程师提出工期费用索赔报告。业主代表认为监理工程师对工程质量监理不力，提出要扣监理费1000元。

【问题】

1. 事件1中，监理工程师怎样处理索赔报告？监理工程师承担什么责任？设计院承担什么责任？承包商承担什么责任？业主承担什么责任？业主扣监理费对吗？

2. 事件2中，监理工程师怎样处理索赔报告？设计院承担什么责任？监理工程师承担什么责任？承包商承担什么责任？业主承担什么责任？业主扣监理费对吗？

3. 事件3中，监理工程师怎样处理索赔报告？监理工程师承担什么责任？设计院承担什么责任？承包商承担什么责任？业主承担什么责任？业主扣监理费对吗？

4. 事件4中，监理工程师怎样处理索赔报告？监理工程师承担什么责任？承包商承担什么责任？业主承担什么责任？

5. 事件5中，监理工程师怎样处理索赔报告？监理工程师承担什么责任？承包商承担什么责任？业主承担什么责任？

链接执考

1.（单项选择题）根据《标准施工招标文件》，属于施工招标文件主要内容的是（　　）。（2019年注册监理工程师考试真题）

A. 资格预审公告　　B. 申请人须知

C. 招标公告　　D. 资格审查办法

2.（单项选择题）关于实施两阶段招标项目的说法，正确的是（　　）。（2019年注册监理工程师考试真题）

A. 两阶段招标只适用于技术复杂的项目

B. 两阶段招标在第一阶段可以要求同时投技术标与商务标

C. 两阶段招标在第二阶段对商务标不再审查是否对招标文件作出了实质性响应

D. 两阶段招标在第二阶段才进行价格竞争

3.（单项选择题）下列合同文件中，列入《标准施工招标文件》施工合同文本中的合同附件格式的是（　　）。（2019年注册监理工程师考试真题）

A. 协议书、投标保函、履约保函

B. 投标保函、履约保函、预付款保函

C. 协议书、预付款保函、履约保函

D. 工程量清单、材料设备一览表、工程预付款明细单

4.（单项选择题）下列合同文件中，属于《标准施工招标文件》施工合同文本中的合同文件，在专用条款没有另行约定的情况下，其正确的解释次序是（　　）。（2019年注册监理工程师考试真题）

A. 中标通知书、专用合同条款、通用合同条款、合同协议书

B. 合同协议书、通用合同条款、专用合同条款、中标通知书

C. 合同协议书、中标通知书、专用合同条款、通用合同条款

D. 中标通知书、合同协议书、专用合同条款、通用合同条款

5.（单项选择题）工程监理投标工作包括：①购买招标文件；②进行投标决策；③编制投标文件，④递送投标文件并参加开标会。仅就上述工作而言，正确的工作流程是（　　）。（2020年注册监理工程师考试真题）

A. ①—②—④—③　　B. ①—③—④—②

C. ①—②—③—④　　D. ②—①—③—④

6.（单项选择题）根据《中华人民共和国招标投标法》，招标人对已发出的招标文件进行必要的澄清时，应在提交投标文件截止时间至少（　　）日前，以书面形式通知所有招标文件收受人。（2021年注册监理工程师考试真题）

A. 5　　B. 10　　C. 15　　D. 20

项目8 建筑工程信息档案管理

知识目标

建筑工程信息档案管理

1. 了解建筑工程信息管理。
2. 掌握建筑工程信息过程管理中收集、加工整理和输出与反馈的内容。
3. 掌握建筑工程档案资料的编制要求与组卷方法。
4. 熟悉建筑工程档案资料验收与移交相关程序。

技能目标

具备建筑工程文件档案资料编制及管理的能力。

素养目标

1. 培养学生严谨细致的工作态度。
2. 培养学生善于创新的意识。
3. 培养学生与人沟通交流的能力。

项目流程图

01 建设工程信息管理概述 → 02 建设工程信息过程管理 → 03 建设工程文件档案资料管理

8.1 建设工程信息管理概述

党的二十大报告指出，到2035年，要基本实现新型信息化。在工程建设过程中，时时刻刻都在产生信息(数据)，而且数量相当大，对这些信息需要迅速搜集、整理与使用。传统的处理方法是依靠监理工程师的经验。面对当今复杂、庞大的工程，传统方法显得不足，难免给工程建设带来损失。随着计算机技术的发展，建设工程信息档案管理的开发已经成为工程建设管理便捷的手段。

8.1.1 信息概念

信息是内涵和外延不断变化、发展着的一个概念。一般认为，信息是以数据形式表达的客观事实，它是对数据的解释，反映着事物的客观状况和规律。一般来说，信息具有以下基本特征：

(1)真实性。事实是信息的基本性质，也是信息价值的所在。如果信息失真，不仅无用而且有害，真实、准确地把握信息是我们处理数据的最终目的。

(2)时效性。信息在工程实际中是动态的、不断变化的、不断产生的，这要求我们采用技术手段处理数据，及时处理信息，及时得到数据，只有这样才能做好决策和管理工作，避免事故的发生，真正做到事前管理。同时，随着时间的发展，该信息的价值将逐渐降低和完全抵消。

(3)系统性。信息本身需要全面掌握各方面的数据后才能得到。因此，在工程实际中不能片面地处理数据，片面地产生和使用信息。信息也是系统中的组成部分之一，这要求我们从系统的观点来对待各种信息，避免工作的片面性。

(4)不完全性。由于使用数据的人对客观事物认识的局限性，因此必须针对不同的信息需求分类提供相应的信息。通常可以将信息分为决策级、管理级、作业级三个层次。

8.1.2 建设工程信息概念

1. 建设工程信息的概念

建设工程信息是对参与建设各方主体(如建设单位、设计单位、施工单位、供货厂商和监理企业等)从事工程项目管理(或监理)提供决策支持的一种载体，如项目建议书、可行性研究报告、设计图纸及其说明、各种法规及建设标准等。在现代建设中，能及时、准确、完善地掌握与建设工程项目有关的大量信息，处理好各类建设信息，是建设工程项目管理(或监理)的重要内容。

2. 建设工程项目管理中的信息

(1)建设工程项目信息的构成。由于建设工程信息管理工作涉及多部门、多环节、多专业、多渠道，工程信息量大，来源广泛，形式多样，主要信息形态有下列形式：

①文字图形信息。文字图形信息包括勘察、测绘、设计图纸及说明书、计算书、合同，工作条例及规定，施工组织设计，情况报告，原始记录，统计图表、报表，信函等信息。

②语言信息。语言信息包括口头分配任务、作指示、汇报、工作检查、介绍情况、谈判交涉、建议、批评、工作讨论和研究、会议等信息。

③新技术信息。新技术信息包括通过网络、电话、电报、电传、计算机、电视、录像、录音、广播等现代化手段收集及处理的一部分信息。监理工作者应当捕捉各种信息并加工处理和运用各种信息。

(2)建设工程项目信息的分类。建设工程项目监理过程中，涉及大量的信息，这些信息依据不同标准可划分如下：

①按照建设工程的目标划分。

A. 投资控制信息。

B. 质量控制信息。

C. 进度控制信息。

D. 合同管理信息。

②按照建设工程项目信息的来源划分。

A. 项目内部信息。

B. 项目外部信息。

③按照信息的稳定程度划分。

A. 固定信息。

B. 流动信息。

④按照信息的层次划分(见图 8.1)。

A. 战略性信息。战略性信息是指该项目建设过程中的战略决策所需的投资总额、建设总工期、承包商的选定、合同价的确定等信息。

B. 管理性信息。管理性信息是指项目年度进度计划、财务计划等信息。

C. 业务性信息。业务性信息是指各业务部门的日常信息，较具体、精度较高。

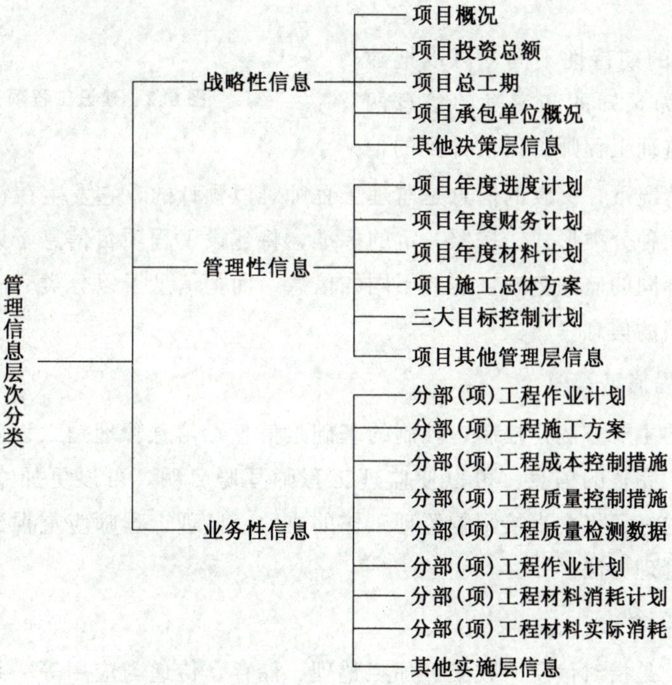

图 8.1 按照信息的层次划分信息分类图

⑤按照项目管理功能划分。

将建设项目信息按项目管理功能划分为组织类信息、管理类信息、经济类信息和技术类信息四大类，每类信息根据工程建设各阶段项目管理的工作内容又可进一步细分，如图 8.2 所示。

⑥按其他标准划分。

A. 按照信息范围的不同，可以把建设工程项目信息分为精细的信息和摘要的信息两类。

B. 按照信息时间的不同，可以把建设工程项目信息分为历史性信息、即时信息和预测性信息三类。

C. 按照监理阶段的不同，可以把建设工程项目信息分为计划的、作业的、核算的、报告的信息。在监理开始时，要有计划的信息；在监理过程中，要有作业的和核算的信息；在某一项目的监理工作结束时，要有报告的信息。

D. 按照对信息的期待性不同，可以把建设工程项目信息分为预知的和突发的信息两类。预知的信息是监理工程师可以估计到的信息，它产生在正常情况下；突发的信息是监理工程师难以预计的，它发生在特殊情况下。

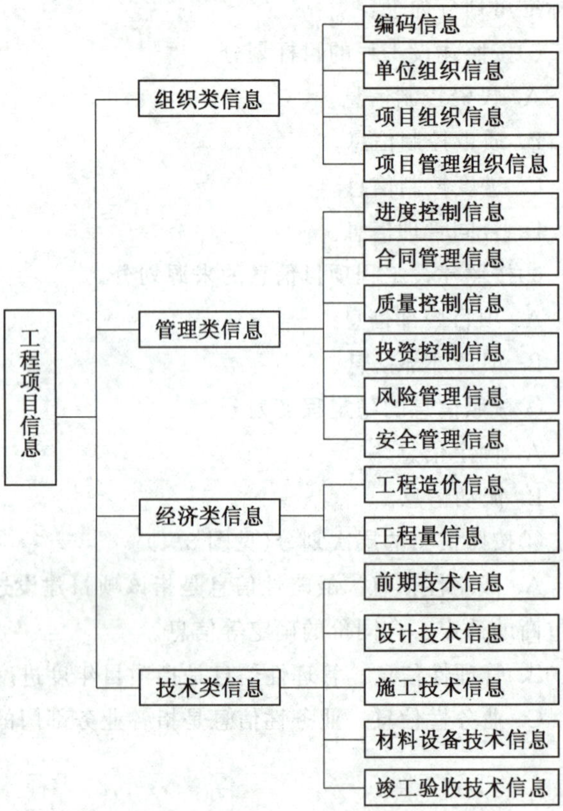

图 8.2　建设工程项目信息分类

以上是常用的几种分类形式。按照一定的标准，将建设工程项目信息予以分类，对监理工作有着重要意义。因为不同的监理范畴，需要不同的信息，而把信息予以分类，有助于根据监理工作的不同要求，提供适当的信息。

8.1.3　建设工程信息管理

建设工程监理的主要方法是控制，控制的基础是信息，信息管理是工程监理任务的主要内容之一。及时掌握准确、完整的信息，可以使监理工程师耳聪目明，可以更加卓有成效地完成监理任务。信息管理工作的好坏将会直接影响监理工作的成败。监理工程师应重视建设工程项目的信息管理工作，掌握信息管理方法。

1. 信息管理的概念

所谓信息管理，是指对信息的收集、加工整理、储存、传递与应用等一系列工作的总称。信息管理的目的就是通过有组织的信息流通，使决策者能及时、准确地获得相应的信息。为了达到信息管理的目的，需把握好信息管理的各个环节，并要做到以下三点：

(1)了解和掌握信息来源，对信息进行分类。

(2)掌握和正确运用信息管理的手段(如计算机)。

(3)掌握信息流程的不同环节，建立信息管理系统。

2. 建设工程项目信息管理的基本任务

监理工程师作为项目管理者，承担着项目信息管理的任务，负责收集项目实施情况的信息，做各种信息处理工作，并向上级、向外界提供各种信息，其信息管理的任务主要包括以下几个方面：

(1)组织项目基本情况信息的收集并系统化，编制项目手册。

(2)规定项目报告及各种资料的基本要求，如资料的格式、内容、数据结构要求。

(3)按照项目实施、项目组织、项目管理工作过程建立项目管理信息系统流程，在实际工作中保证这个系统正常运行，并控制信息流。

(4)文件档案管理工作。

有效的项目管理需要更多地依靠信息系统的结构和维护。信息管理影响组织和整个项目管理系统的运行效率，是人们沟通的桥梁，监理工程师应对它足够重视。

3. 建设工程信息管理工作的原则

对于大型项目，建设工程产生的信息数量巨大，种类繁多。为了方便信息的搜集、处理、储存、传递和利用，监理工程师在进行建设工程信息管理实践中逐步形成了以下基本原则。

(1)标准化原则。该原则要求在项目的实施过程中对有关信息的分类进行统一，对信息流程进行规范，产生的控制报表则力求做到格式化和标准化。

(2)有效性原则。监理工程师所提供的信息应针对不同层次管理者的要求进行适当加工，针对不同管理层提供不同要求和不同程度的信息。这一原则是为了保证信息产品对于决策支持的有效性。

(3)定量化原则。建设工程产生的信息不应是项目实施过程中产生数据的简单记录，应该经过信息处理人员的比较与分析。采用定量工具对有关数据分析和比较是十分必要的。

(4)时效性原则。考虑工程项目决策过程的时效性，建设工程的成果也应具有相应的时效性。建设工程的信息都有一定的生产周期，如月报表、季度报表、年度报表等，这都是为了保证信息产品能够及时服务于决策。

(5)高效处理原则。通过采用高性能的信息处理工具(建设工程信息管理系统)，尽量缩短信息在处理过程中的延迟，监理工程师的主要精力应放在对处理结果的分析和控制措施的制定上。

(6)可预见原则。建设工程产生的信息作为项目实施的历史数据，可以用于预测未来的情况，监理工程师应通过采用先进的方法和工具为决策者制定未来目标和行动规划提供必要的信息。

8.2 建设工程信息过程管理

8.2.1 建设工程信息的收集

建设工程信息管理贯穿建设工程全过程，衔接建设工程各个阶段、各个参建单位和各个方面，其基本环节有：信息的收集、传递、加工、整理、检索、分发、存储、输出与反馈。

建设工程参建各方对数据和信息的收集是不同的，有不同的来源、不同的角度、不同的处理方法，但要求各方相同的数据和信息应该规范。建设工程参建各方在不同的时期对数据和信息收集也是不同的，侧重点有不同，但也要规范信息行为。

从监理的角度，建设工程的信息收集由于介入阶段不同，决定了收集内容的不同。监理单位介入的阶段有：项目决策阶段、项目设计阶段、项目施工招投标阶段、项目施工阶段等多个阶段，与建设单位签订的监理合同内容也不尽相同，因此，收集信息要根据具体情况来决定。

(1)项目决策阶段的信息收集。在项目决策阶段，信息收集从以下几个方面进行：

①项目相关市场方面的信息。如产品预计进入市场后的市场占有率、社会需求量、预计产品价格变化趋势、影响市场渗透的因素、产品的生命周期等。

②项目资源相关方面的信息。如资金筹措渠道、方式，原辅料、矿藏来源，劳动力，水、气供应等。

③自然环境相关方面的信息。如城市交通、运输、气象、地质、水文、地形地貌、废料处理可能性等。

④新技术、新设备、新工艺、新材料，专业配套能力方面的信息。

⑤政治环境，社会治安状况，当地法律、政策、教育的信息。

(2)项目设计阶段的信息收集。监理单位在设计阶段的信息收集要从以下几方面进行：

①可行性研究报告、前期相关文件资料、存在的疑点和建设单位的意图、建设单位前期准备和项目审批完成的情况。

②同类工程相关信息：建筑规模，结构形式，造价构成，工艺、设备的选型，地质处理方式及实际效果，建设工期，采用新材料、新工艺、新设备、新技术的实际效果及存在问题，技术经济指标。

③拟建工程所在地相关信息：地质、水文情况，地形地貌、地下埋设和人防设施情况，城市拆迁政策和拆迁户数，青苗补偿，周围环境。

④勘察、测量、设计单位相关信息：同类工程完成情况，实际效果，完成该工程的能力，人员构成，设备投入，专业配套能力，设计概算和施工图预算编制能力，合同履约情况，采用设计新技术、新设备能力等。

⑤工程所在地政府相关信息：国家和地方政策、法律、法规、规范规程、环保政策、政府服务情况和限制等。

⑥设计中的设计进度计划，设计质量保证体系，设计合同执行情况，偏差产生的原因，纠偏措施，专业间设计交接情况，执行规范、规程、技术标准，特别是强制性规范执行的情况，设计概算和施工图预算结果，了解超限额的原因，了解各设计工序对投资的控制等。

(3)项目施工招投标阶段的信息收集。施工招投标阶段信息收集从以下几个方面进行：

①工程地质、水文地质勘察报告，施工图设计及施工图预算、设计概算，设计、地质勘察、测绘的审批报告等方面的信息，特别是该建设工程有别于其他同类工程的技术要求、材料、设备、工艺、质量要求有关信息。

②建设单位建设前期报审文件：立项文件，建设用地、征地、拆迁文件。

③工程造价的市场变化规律及所在地区的材料、构件、设备、劳动力差异。

④当地施工单位管理水平，质量保证体系、施工质量、设备、机具能力。

⑤本工程适用的规范、规程、标准，特别是强制性规范。

⑥所在地关于招投标有关法规、规定，国际招标、国际贷款指定适用的范本，本工程适用的建筑施工合同范本及特殊条款精髓所在。

⑦所在地招投标代理机构能力、特点，所在地招投标管理机构及管理程序。

⑧该建设工程采用的新技术、新设备、新材料、新工艺，投标单位对“四新”的处理能力和了解程度、经验、措施。

(4)项目施工阶段的信息收集。施工阶段的信息收集，可从施工准备期、施工实施期、竣工保修期三个子阶段分别进行。

①施工准备期。施工准备期指从建设工程合同签订到项目开工这个阶段，在施工招投标阶段监理未介入时的时期。本阶段是施工阶段监理信息收集的关键阶段。

在施工准备期，信息的来源较多、较杂，由于参建各方相互了解还不够，信息渠道没有建立，收集有一定困难。因此，更应该组建工程信息合理的流程，确定合理的信息源，规范各方的信息行为，建立必要的信息秩序。

②施工实施期。施工实施期收集的信息应该分类并由专门的部门或专人分级管理。

③竣工保修期。竣工保修期的信息是建立在施工期日常信息积累基础上，现代工程管理则要求数据实时记录，真实反映施工过程，真正做到积累在平时，竣工保修期只是建设各方最后的汇总和总结。

在竣工保修期，监理单位按照现行《建设工程文件归档整理规范(2019 年版)》(GB/T 50328—2014)收集监理文件并协助建设单位督促施工单位完善全部资料的收集、汇总和归类整理。

8.2.2 建设工程信息的加工、整理、分发、检索、存储、传递和反馈

建设工程信息的加工、整理和存储是数据收集后的必要过程。收集的数据经过加工、整理产生信息。信息是指导施工和工程管理的基础，要把管理由定性分析转到定量管理上来，信息是不可或缺的要素。

1. 信息的加工、整理

信息的加工主要是把建设各方得到的数据和信息进行鉴别、选择、核对、合并、排序、更新、计算、汇总、转储，生成不同形式的数据和信息，提供给不同需求的各类管理人员使用。在信息加工时，往往要求按照不同的需求，分层进行加工。对动态的数据要及时更新，对于施工中产生的数据要按照单位工程、分部工程、分项工程组织在一起，每一个单位、分部、分项工程又把数据分为进度、质量、造价三个方面分别组织。

2. 信息的加工、整理和存储流程

信息处理包括信息的加工、整理和存储。信息的加工、整理和存储流程是信息系统流程的主要组成部分。信息系统的流程图有业务流程图、数据流程图，一般先找到业务流程图，通过绘制的业务流程图再进一步绘制数据流程图，通过绘制业务流程图可以了解到具体处理事务的过程，发现业务流程的问题和不完善处，进而优化业务处理过程。在这里我们以项目监理部对施工阶段的工程量信息处理业务流程为例加以说明，其业务流程图如图 8.3 所示。

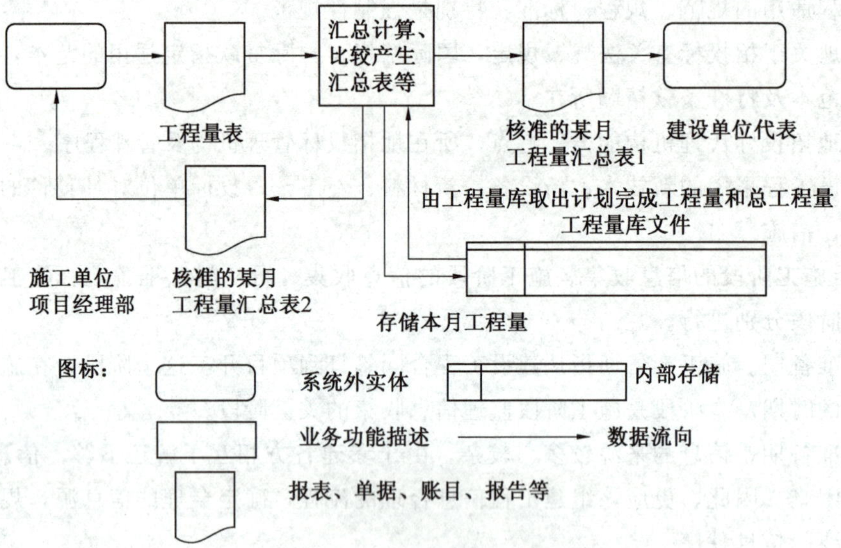

图 8.3　施工阶段工程量处理业务流程图

由上述业务流程图进而产生数据流程图，数据流程图如图 8.4 所示。

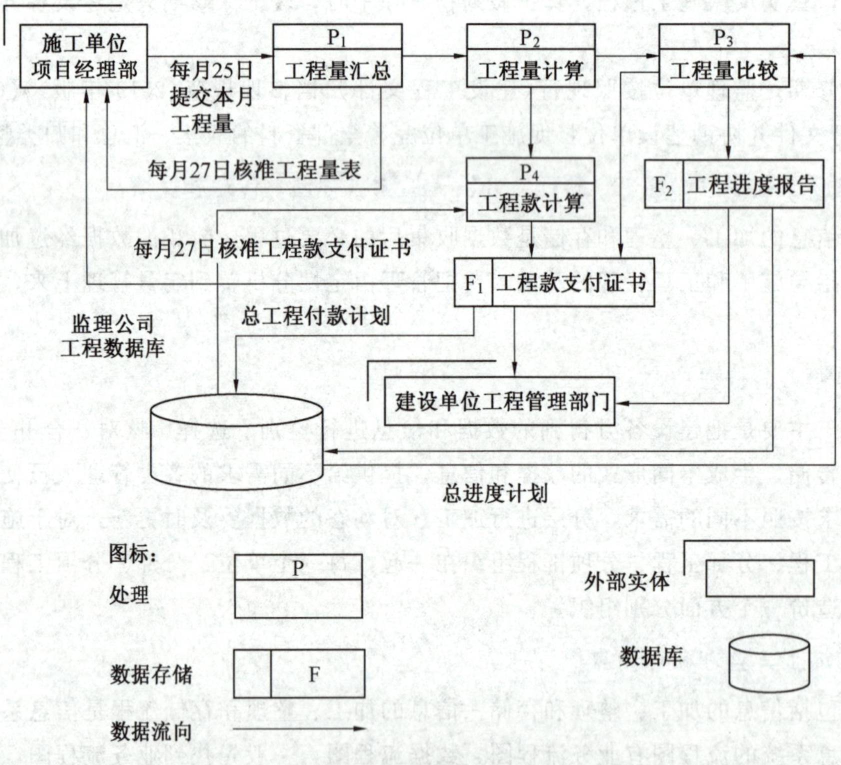

图 8.4　施工阶段工程量处理数据流程图

类似的其他数据处理流程图也可用同样方法产生，数据加工主要由相应的软件来完成，对于使用者，主要是找到数据间的关系和数据流程图，决定处理的时间要求和选择必要的、适合的软件和数学模型来实现加工、整理和存储过程。

3. 信息的分发和检索

在对收集的数据进行分类加工处理产生信息后，要及时提供给需要使用数据和信息的部门。信息和数据要根据需要来分发，信息和数据的检索则要建立必要的分级管理制度，一般由使用软件来保证实现数据和信息的分发、检索，分发和检索的关键是要决定其原则。分发和检索的原则是：需要的部门和使用人，有权在需要的第一时间，方便地得到所需要的、以规定形式提供的一切信息和数据，而保证不向不该知道的部门(人)提供任何信息和数据。建立分发制度要根据监理工作特点来进行。分发设计时，主要考虑以下内容：

(1)了解使用部门(人)的使用目的、使用周期、使用频率、得到时间、数据的安全要求；

(2)决定分发的项目、内容、分发量、范围、数据来源；

(3)决定分发信息和数据的数据结构、类型、精度和如何组合成规定的格式；

(4)决定提供的信息和数据介质(纸张、显示器显示、磁盘或其他形式)。

检索设计时则要考虑：

(1)允许检索的范围、检索的密级划分、密码的管理。

(2)检索的信息和数据能否及时、快速地提供，采用什么手段实现(网络、通信、计算机系统)。

(3)提供检索需要的数据和信息输出形式，能否根据关键字实现智能检索。

4. 信息的存储

信息的存储一般需要建立统一的数据库，各类数据以文件的形式组织在一起，组织的方法一般由单位自定，但要考虑规范化。根据建设工程实际，可以按照下列方式组织：

(1)按照工程进行组织，同一工程按照投资、进度、质量、合同的角度组织，各类进一步按照具体情况细化。

(2)文件名规范化，以定长的字符串作为文件名，可以按照类别、工程代号(拼音或数字)、开工年月等组成文件名，例如合同以 HT 开头，该合同为监理合同 J，工程为 2002 年 6 月开工，工程代号为 08，则该监理合同文件名可以用 HTJ 080206 表示。

(3)各建设方协调统一存储方式，在国家技术标准有统一的代码时尽量采用统一代码。

(4)有条件时可以通过网络数据库形式存储数据，使建设各方数据共享，减少数据冗余，保证数据的唯一性。

5. 信息的传递和反馈

信息传递是指信息在工程与管理人员或管理人员之间的发送、接受。信息不畅往往是建设项目信息管理中的最大障碍。各方由于信息交流不畅而导致工程未达到预期目标，主要原因有以下几点：

(1)信息的准确性：它可以通过冲突信息出现的频率、缺少协调和其他因缺少交流而表现出来的现象来衡量信息的准确性。

(2)项目本身的制度：它表现为项目正式的工作程序、方法和工作范围。这是所有关键因素的种类中最难以改进的一类，是项目管理者所不能解决的。

(3)一些人际因素和信息可获取性之类导致的信息交流障碍。

(4)项目参与者对所接收信息的理解能力。

(5)设计和计划变更信息发布和接收的及时性。

(6)有关信息的完整性。

因此，信息传递要遵循下列原则：

(1)快速原则。力求在最短时间内，将项目事件的信息传递到相关人员和部门。

(2)高质量原则。高质量原则指对于一次信息传递，尽量传递较多的信息，防止信息的多次传递造成紊乱。并且，传递的信息要能完整地反映所描述的工程实物。

(3)适用原则。保证信息的传递符合信息源和项目信息使用者的使用习惯、专业特性。

信息反馈与信息交流的方向相反。对于项目监理管理人员而言，其接收的信息往往不能一次性的达到其意愿，或其对于信息有着特殊的要求，这就需要对信息进行反馈。由信息接收者反馈给信息源，将所需要的工程信息进行重新组织，根据其特殊要求进行调整。信息反馈同样要符合上述几条原则。

8.3 建设工程文件档案资料管理

8.3.1 建设工程文件档案资料管理概述

1. 建设工程文件档案资料概念与特征

(1)建设工程文件概念。建设工程文件指在工程建设过程中形成的各种形式的信息记录，包括工程准备阶段文件、监理文件、施工文件、竣工图和竣工验收文件，也可简称为工程文件。

(2)建设工程档案概念。建设工程档案是指在工程建设活动中直接形成的具有归档保存价值的文字、图表、声像等各种形式的历史记录，也可简称工程档案。

(3)建设工程文件档案资料。建设工程文件和档案组成建设工程文件档案资料。

(4)建设工程文件档案资料载体。

①纸质载体：以纸张为基础的载体形式。

②缩微载体：以胶片为基础，利用缩微技术对工程资料进行保存的载体形式。

③光盘载体：以光盘为基础，利用计算机技术对工程资料进行存储的形式。

④磁性载体：以磁性记录材料(磁带、磁盘等)为基础，对工程资料的电子文件、声音、图像进行存储的方式。

(5)建设工程文件档案资料特征。建设工程文件档案资料有以下几个方面的特征：

①分散性和复杂性。建设工程周期长，生产工艺复杂，建筑材料种类多，建筑技术发展迅速，影响建设工程因素多种多样，工程建设阶段性强并且相互穿插，由此导致了建设工程文件档案资料的分散性和复杂性。这个特征决定了建设工程文件档案资料是多层次、多环节、相互关联的复杂系统。

②继承性和时效性。随着建筑技术、施工工艺、新材料以及建筑企业管理水平的不断提高和发展，文件档案资料可以被继承和积累。同时，建设工程文件档案资料有很强的时效性，文件档案资料的价值会随着时间的推移而衰减，有时文件档案资料一经生成，就必须传达到有关部门，否则会造成严重后果。

③全面性和真实性。建设工程文件档案资料只有全面反映项目的各类信息，形成一个完整的系统，才更有实用价值，有时只言片语的引用往往会起到误导作用。另外，建设工程文件档案资料必须真实反映工程情况，包括发生的事故和存在的隐患。真实性是对所有文件档案资料的共同要求，但在建设领域对这方面要求更为迫切。

④随机性。建设工程文件档案资料产生于工程建设的整个过程中，工程开工、施工、竣工等各个阶段、各个环节都会产生各种文件档案资料。部分建设工程文件档案资料的产生有规律性(如各类报批文件)，但还有相当一部分文件档案资料的产生是由具体工程事件引发的，因此建设工程文件档案资料是有随机性的。

⑤多专业性和综合性。建设工程文件档案资料依附于不同的专业对象而存在，又依赖不同的载体而流动，涉及建筑、市政、公用、消防、保安等多种专业，也涉及电子、力学、声学、美学等多种学科，并同时综合了质量、进度、造价、合同、组织协调等多方面内容。

(6)工程文件归档范围。

①对与工程建设有关的重要活动、记载工程建设主要过程和现状、具有保存价值的各种载体的文件，均应收集齐全，整理立卷后归档。

②工程文件的具体归档范围按照现行《建设工程文件归档整理规范(2019 年版)》(GB/T 50328—2014)中“建设工程文件归档范围和保管期限表”共 5 大类执行。

2. 建设工程文件档案资料管理职责

建设工程档案资料的管理涉及建设单位、监理单位、施工单位等以及地方城建档案管理部门。对于一个建设工程而言，归档有三方面含义：

(1)建设、勘察、设计、施工、监理等单位将本单位在工程建设过程中形成的文件向本单位档案管理机构移交。

(2)勘察、设计、施工、监理等单位将本单位在工程建设过程中形成的文件向建设单位档案管理机构移交。

(3)建设单位按照现行《建设工程文件归档整理规范》(GB/T 50328—2014)要求，将汇总的该建设工程文件档案向地方城建档案管理部门移交。

8.3.2 建设工程档案编制质量要求与组卷方法

对建设工程档案编制质量要求与组卷方法，应该按照住建部和国家质量监督检验检疫总局于 2014 年 7 月 13 日联合发布，2015 年 5 月 1 日实施的《建设工程文件归档整理规范》(GB/T 50328—2014)国家标准执行，此外，尚应执行《科学技术档案案卷构成的一般要求》(GB/T 11822—2008)、《技术制图复制图的折叠方法》(GB/T 10609. 3—2009)、《城市建设档案案卷质量规定》(建办〔1995〕697 号)等规范或文件的规定及各省、市地方相应的地方规范执行。

1. 归档文件的质量要求

(1)归档的工程文件一般应为原件。

(2)工程文件的内容及其深度必须符合国家有关工程勘察、设计、施工、监理等方面的技术规范、标准和规程。

(3)工程文件的内容必须真实、准确，与工程实际相符合。

(4)工程文件应采用耐久性强的书写材料，如碳素墨水、蓝黑墨水，不得使用易褪色的书写材料，如红色墨水、纯蓝墨水、圆珠笔、复写纸、铅笔等。

(5)工程文件应字迹清楚、图样清晰、图表整洁、签字盖章手续完备。

(6)工程文件中文字材料幅面尺寸规格宜为A4幅面(297mm×210mm)。图纸宜采用国家标准图幅。

(7)工程文件的纸张应采用能够长期保存的韧力大、耐久性强的纸张。图纸一般采用蓝晒图，竣工图应是新蓝图。计算机出图必须清晰，不得使用计算机所出图纸的复印件。

(8)所有竣工图均应加盖竣工图章。

(9)利用施工图改绘竣工图，必须标明变更修改依据；凡施工图结构、工艺、平面布置等有重大改变，或变更部分超过图面1/3的，应当重新绘制竣工图。

(10)不同幅面的工程图纸应按《技术制图复制图的折叠方法》(GB/T 10609.3—2009)统一折叠成A4幅面，图标栏露在外面。

(11)工程档案资料的缩微制品，必须按国家缩微标准进行制作，主要技术指标(解像力、密度、海波残留量等)要符合国家标准，保证质量，以适应长期安全保管。

(12)工程档案资料的照片(含底片)及声像档案，要求图像清晰、声音清楚、文字说明或内容准确。

(13)工程文件应采用打印的形式并使用档案规定用笔，手工签字，在不能够使用原件时，应在复印件或抄件上加盖公章并注明原件保存处。

2. 归档工程文件的组卷要求

(1)立卷的原则和方法。

①立卷应遵循工程文件的自然形成规律，保持卷内文件的有机联系，便于档案的保管和利用。

②一个建设工程由多个单位工程组成时，工程文件应按单位工程组卷。

③立卷采用如下方法：

A. 工程文件可按建设程序划分为工程准备阶段的文件、监理文件、施工文件、竣工图、竣工验收文件5部分。

B. 工程准备阶段文件可按单位工程、分部工程、专业、形成单位等组卷。

C. 监理文件可按单位工程、分部工程、专业、阶段等组卷。

D. 施工文件可按单位工程、分部工程、专业、阶段等组卷。

E. 竣工图可按单位工程、专业等组卷。

F. 竣工验收文件可按单位工程、专业等组卷。

(2)卷内文件的排列。

①文字材料按事项、专业顺序排列。同一事项的请示与批复、同一文件的印本与定稿、主件与附件不能分开，并按批复在前、请示在后，印本在前、定稿在后，主件在前、附件在后的顺序排列。

②图纸按专业排列，同专业图纸按图号顺序排列。

③既有文字材料又有图纸的案卷，文字材料排前，图纸排后。

(3)案卷的编目。

①编制卷内文件页号应符合下列规定：

A. 卷内文件均按有书写内容的页面编号。每卷单独编号，页号从“1”开始。

B. 页号编写位置：单页书写的文字在右下角；双面书写的文件，正面在右下角，背面在左下角。折叠后的图纸一律在右下角。

C. 成套图纸或印刷成册的科技文件材料，自成一卷的，原目录可代替卷内目录，不必重新编写页码。

D. 案卷封面、卷内目录、卷内备考表不编写页号。

②卷内目录的编制应符合下列规定：

A. 卷内目录式样宜符合现行《建设工程文件归档规范(2019 年版)》(GB/T 50328—2014)中附录B 的要求。

B. 序号：以一份文件为单位，用阿拉伯数字从“1”依次标注。

C. 责任者：填写文件的直接形成单位和个人。有多个责任者时，选择两个主要责任者，其余用“等”代替。

D. 文件编号：填写工程文件原有的文号或图号。

E. 文件题名：填写文件标题的全称。

F. 日期：填写文件形成的日期。

G. 页次：填写文件在卷内所排列的起始页号。最后一份文件填写起止页号。

H. 卷内目录排列在卷内文件之前。

③卷内备考表的编制应符合下列规定：

A. 卷内备考表的式样宜符合现行《建设工程文件归档规范(2019 年版)》(GB/T 50328—2014)中附录C 的要求。

B. 卷内备考表主要标明卷内文件的总页数、各类文件数(照片张数)，以及立卷单位对案卷情况的说明。

C. 卷内备考表排列在卷内文件的尾页之后。

④案卷封面的编制应符合下列规定：

A. 案卷封面印刷在卷盒、卷夹的正表面，也可采用内封面形式。案卷封面的式样宜符合现行《建设工程文件归档规范(2019 年版)》(GB/T 50328—2014)中附录D 的要求。

B. 案卷封面的内容应包括档号、档案馆代号、案卷题名、编制单位、起止日期、密级、保管期限、共几卷、第几卷。

C. 档号应由分类号、项目号和案卷号组成。档号由档案保管单位填写。

D. 档案馆代号应填写国家给定的本档案馆的编号。档案馆代号由档案馆填写。

E. 案卷题名应简明、准确地揭示卷内文件的内容。案卷题名应包括工程名称、专业名称、卷内文件的内容。

F. 编制单位应填写案卷内文件的形成单位或主要责任者。

G. 起止日期应填写案卷内全部文件形成的起止日期。

H. 保管期限分为永久、长期、短期三种期限。各类文件的保管期限见现行《建设工程文件归档整理规范(2019 年版)》(GB/T 50328—2014)中附录 A 的要求。永久是指工程档案需永久保存。长期是指工程档案的保存期等于该工程的使用寿命。短期是指工程档案保存 20 年以下。同一案卷内有不同保管期限的文件，该案卷保管期限应从长。

I. 工程档案套数一般不少于两套，一套由建设单位保管，另一套原件要求移交当地城建档案管理部门保存，接受范围规范规定可以各城市根据本地情况适当拓宽和缩减，具体可向建设工程所在地城建档案管理部门询问。

J. 密级分为绝密、机密、秘密三种。同一案卷内有不同密级的文件，应以高密级为本卷密级。

⑤卷内目录、卷内备考表、卷内封面应采用 70g 以上白色书写纸制作，幅面统一采用 A4 幅面。

3. 建设工程档案验收与移交

(1)验收。

①列入城建档案管理部门档案接收范围的工程，建设单位在组织工程竣工验收前，应提请城建档案管理部门对工程档案进行预验收。建设单位未取得城建档案管理部门出具的认可文件，不得组织工程竣工验收。

②城建档案管理部门在进行工程档案预验收时，应重点验收以下内容：

A. 工程档案分类齐全、系统完整。

B. 工程档案的内容真实、准确地反映工程建设活动和工程实际状况。

C. 工程档案已整理立卷，立卷符合现行《建设工程文件归档规范(2019 年版)》(GB/T 50328—2014)的规定。

D. 竣工图绘制方法、图式及规格等符合专业技术要求，图面整洁、盖有竣工图章。

E. 文件的形成、来源符合实际，要求单位或个人签章的文件，其签章手续完备。

F. 文件材质、幅面、书写、绘图、用墨、托裱等符合要求。

③工程档案由建设单位进行验收，属于向地方城建档案管理部门报送工程档案的工程项目还应会同地方城建档案管理部门共同验收。

④国家、省市重点工程项目或一些特大型、大型的工程项目的预验收和验收，必须有地方城建档案管理部门参加。

⑤为确保工程档案的质量，各编制单位、地方城建档案管理部门、建设行政管理部门等要对工程档案进行严格检查、验收。编制单位、制图人、审核人、技术负责人必须进行签字或盖章。对不符合技术要求的，一律退回编制单位进行改正、补齐，问题严重者可令其重做。不符合要求者，不能交工验收。

⑥凡报送的工程档案，如验收不合格将其退回建设单位，由建设单位责成责任者重新编制，待达到要求后重新报送。检查验收人员应对接收的档案负责。

⑦地方城建档案管理部门负责工程档案的最后验收。并对编制报送工程档案进行业务指导、督促和检查。

(2)移交。

①列入城建档案管理部门接收范围的工程，建设单位在工程竣工验收后 3 个月内向城建档案管理部门移交一套符合规定的工程档案。

②停建、缓建工程的工程档案，暂由建设单位保管。

③对改建、扩建和维修工程，建设单位应当组织设计单位、监理单位、施工单位据实修改、补充和完善工程档案。对改变的部位，应当重新编写工程档案，并在工程竣工验收后3个月内向城建档案管理部门移交。

④建设单位向城建档案管理部门移交工程档案时，应办理移交手续，填写移交目录，双方签字、盖章后交接。

⑤施工单位、监理单位等有关单位应在工程竣工验收前将工程档案按合同或协议规定的时间、套数移交给建设单位，办理移交手续。

4. 建设工程档案的分类

本部分所提供的分类方法是根据编写组收集到的一些政府文件进行归纳所得的，建设工程档案归档过程的组卷工作应按照当地城建档案管理部门的有关要求进行。监理工程师可通过本部分内容对建设过程档案的总体情况有概念性的认识。

(1)工程准备阶段文件。

①立项文件。立项文件由建设单位在工程建设前期形成并收集汇编，包括项目建议书，项目建议书审批意见及前期工作通知书，可行性研究报告及附件等资料。

②建设用地、征地、拆迁文件。该类文件由建设单位在工程建设前期形成并收集汇编，包括选址申请及选址规划意见通知书，用地申请报告及县级以上人民政府城乡建设用地批准书等资料。

③勘察、测绘、设计文件。该类文件由建设单位委托勘察、测绘、设计有关单位完成，建设单位统一收集汇编，包括工程地质勘察报告，水文地质勘察报告、自然条件、地震调查，建设用地钉桩通知单(书)，地形测量和拨地测量成果报告，申报的规划设计条件和规划设计条件通知书，初步设计图纸和说明，技术设计图纸和说明，审定设计方案通知书及审查意见，有关行政主管部门批准文件或取得的有关协议，施工图及其说明，设计计算书，政府有关部门对施工图设计文件的审批意见。

④招投标及合同文件。由建设单位和勘察设计单位、承包单位、监理单位签订的有关合同、文件，包括勘察设计招投标文件、勘察设计承包合同、施工招投标文件、施工承包合同、工程监理招投标文件、委托监理合同。

⑤开工审批文件。由建设单位在工程建设前期形成并收集汇编，包括建设项目列入年度计划的申报文件，建设项目列入年度计划的批复文件或年度计划项目表，规划审批申报表及报送的文件和图纸，建设工程规划许可证及其附件，建设工程开工审查表，建设工程施工许可证，投资许可证、审计证明、缴纳绿化建设费等证明，工程质量监督手续。

⑥财务文件。由建设单位自己或委托设计、监理、咨询服务有关单位完成，在工程建设前期形成并收集汇编，包括工程投资估算材料、工程设计概算材料、施工图预算材料、施工预算等。

⑦建设、施工、监理机构及负责人名单。由建设单位在工程建设前期形成并收集汇编，包括建设单位工程项目管理部、工程项目监理部、工程施工项目经理部及各自负责人名单。

(2)监理文件。

①监理规划。由监理单位的项目监理部在建设工程施工前期形成并收集汇编，包括监理规划，

监理实施细则，监理部总控制计划等。

②监理月报中的有关质量问题。在监理全过程中形成，监理月报中的相关内容。

③监理会议纪要中的有关质量问题。在监理全过程中形成，反映有关的例会和专题会议记录中的内容。

④进度控制。在建设全过程监理中形成，包括工程开工/复工报审表、工程延期报审与批复、工程暂停令。

⑤质量控制。在建设全过程监理中形成，包括施工组织设计(方案)报审表、工程质量报验申请表、工程材料构配件/设备报审表、工程竣工报验单、不合格项目处置记录、质量事故报告及处理结果。

⑥造价控制。在建设全过程监理中形成，包括工程款支付申请表、工程款支付证书、工程变更费用报审与签认。

⑦分包资质。在工程施工期中形成，包括分包单位资质报审表、供货单位资质材料、试验等单位资质材料。

⑧监理通知及回复。在建设全过程监理中形成，包括有关进度控制的，有关质量控制的，有关造价控制的监理通知及回复等。

⑨合同及其他事项管理。在建设全过程中形成，包括费用索赔报告及审批，工程及合同变更，合同争议、违约报告及处理意见。

⑩监理工作总结。在建设全过程监理中形成，包括专题总结、月报总结、工程竣工总结、质量评估报告。

(3)施工文件。施工文件包括建筑安装工程和市政基础设施工程两类，建筑安装工程中又有土建工程、机电工程和室外工程。市政基础设施工程中又有施工技术准备，施工现场准备，工程变更、洽商记录，原材料、成品、半成品、构配件设备出厂质量合格证及试验报告，施工试验记录，施工记录，预检记录，隐蔽工程检查(验收)记录，工程质量检查验收记录，功能性试验记录，质量事故及处理记录，竣工测量资料等12类文件。

第一类，建筑安装工程，具体包括以下几类。

①土建(建筑与结构)工程。

②电气、给排水、消防、采暖、通风、空调、燃气、建筑智能化、电梯工程。

③室外工程。

第二类，市政基础设施工程，具体包括以下几类。

①施工技术准备：施工组织设计、技术交底、图纸会审记录、施工预算的编制和审查。

②施工现场准备：工程定位测量资料，工程定位测量复核记录，导线点、水准点测量复核记录，工程轴线、定位桩、高程测量复核记录，施工安全措施，施工环保措施。

③设计变更、洽商记录：图纸会审记录、设计变更通知单、变更通知单、其他有关洽商记录等。

④原材料、成品、半成品、构配件设备出厂质量合格证及试验报告：砂、石、砌块、水泥、钢筋(材)、石灰、沥青、涂料、各类地下管线井室设施、产品等出厂合格证书和安装使用说明、汇总表，设备开箱记录。

⑤施工试验记录。

⑥施工记录。

⑦竣工图。竣工图包括建筑安装工程竣工图和市政基础设施工程竣工图两类。建筑安装工程竣工图包括综合竣工图和专业竣工图两大类。

⑧竣工验收文件。竣工验收文件包括工程竣工总结，竣工验收记录，财务文件，声像、缩微、电子档案。

8.3.3 监理资料基本表式及内容要求

1. 监理工作的基本表式

建设工程监理在施工阶段的基本表式按照《建设工程监理规范》(GB 50319—2013)附录执行，以提高建设工程信息的标准化、规范化。规范中基本表式有三类：

A类表共8个表(A.0.1—A.0.8)，为监理单位用表，由工程监理单位或项目监理机构签发。

B类表共14个表(B.0.1—B.0.14)，为施工单位报审、报验用表，由施工单位或施工项目经理部填写后报送工程建设相关方。

C类表共3个表(C.0.1—C.0.3)，为各方通用表，工程建筑相关方工作联系的通用表。

各类表中施工项目经理部用章的样章应在项目监理机构和建设单位备案，项目监理机构用章的样章应在建设单位和施工单位备案。

其中，下列表式应由总监理工程师签字并加盖执业印章：

A.0.2 工程开工令。

A.0.5 工程暂停令。

A.0.7 工程复工令。

A.0.8 工程款支付证书。

B.0.1 施工组织设计或(专项) 施工方案报审表。

B.0.2 工程开工报审表。

B.0.10 单位工程竣工验收报审表。

B.0.11 工程款支付报审表。

B.0.13 费用索赔报验表。

B.0.14 工程临时或最终延期报审表。

A.0.1“总监理工程师任命书”必须由工程监理单位法人代表签字，并加盖工程监理单位公章。“B.0.2 工程开工报审表”“B.0.10 单位工程竣工验收报审表”必须由项目经理签字并加盖施工单位公章。

2. 监理资料表格内容要求

(1)监理单位用表(A类表)。A类表共8个表(A.0.1—A.0.8)，主要用于施工阶段。使用时应注意以下内容：

①监理通知单(A.0.3)。监理通知单是工程项目监理部按照委托监理合同所授予的权限，针对承包单位出现的各种问题而发出的要求承包单位进行整改的指令性文件。工程项目监理部使用时要注意尺度，既不能不发通知，也不能滥发，以维护监理通知的权威性。监理工程师现场发出的口头

指令及要求，也应采用此表，事后予以确认。承包单位应使用“监理通知回复”(B.0.9)回复。本表一般可由专业工程监理工程师签发，但发出前必须经过总监理工程师同意，重大问题应由总监理工程师签发。填写时，“事由”应填写通知内容的主题词，相当于标题，“内容”应写明发生问题的具体部位、具体内容，写明监理工程师的要求、依据。

②工程暂停令(A.0.5)。在建设单位要求且工程需要暂停施工；出现工程质量问题，必须停工处理；出现质量或安全隐患，为避免造成工程质量损失或危及人身安全需要暂停施工；承包单位未经许可擅自施工或拒绝项目监理部管理；发生了必须暂停施工的紧急事件时；发生上述五种情况中任何一种，总监理工程师应根据停工原因、影响范围，确定工程停工范围，签发工程暂停令，向承包单位下达工程暂停的指令。表内必须注明工程暂停的原因、范围、停工期间应进行的工作及责任人、复工条件等。签发本表要慎重，要考虑工程暂停后可能产生的各种后果，并应事前与建设单位协商，取得一致意见。

③工程款支付证书(A.0.8)。本表为项目监理部收到承包单位报送的“工程款支付报审表”(B.0.11)后用于批复用表，由各专业工程监理工程师按照施工合同进行审核，及时抵扣工程预付款后，确认应该支付工程款的项目及款额，提出意见，经过总监理工程师审核签认，报送建设单位，作为支付的证明，同时批复给承包单位，随本表应附承包单位报送的“工程款支付报审表”(B.0.11)及其附件。

(2)承包单位用表(B类表)。B类表共14个表(B.0.1—B.0.14)，主要用于施工阶段。使用时应注意以下内容：施工组织设计或(专项)施工方案报审表(B.0.1)。施工单位在开工前向项目监理部报送施工组织设计(施工方案)的同时，填写施工组织设计或(专项)施工方案报审表。总监理工程师应组织审查并在约定的时间内核准，同时报送建设单位，需要修改时，应由总监理工程师签发书面意见退回承包单位修改后再报，重新审核。

(3)工程开工(B.0.2)/复工(B.0.3)报审表。本表由施工阶段承包单位向监理单位报请开工和工程暂停后报请复工时填写，如整个项目一次开工，只填报一次，如工程项目中涉及多个单位工程且开工时间不同，则每个单位工程开工都应填报一次。申请开工时，承包单位认为已具备开工条件时向项目监理部申报“工程开工报审表”，监理工程师应从下列几个方面审核，认为具备开工条件时，由总监理工程师签署意见，报建设单位。

由于建设单位或其他非承包单位的问题导致工程暂停，在施工暂停原因消失、具备复工条件时，项目监理部应及时督促施工单位尽快报请复工；由于施工单位问题导致工程暂停，在具备恢复施工条件时，承包单位报请复工报审表并提交有关材料，总监理工程师应及时签署复工报审表，施工单位恢复正常施工。

(4)分包单位资格报审表(B.0.4)。由承包单位报送监理单位，专业监理工程师和总监理工程师分别签署意见，审查批准后，分包单位完成相应的施工任务。

(5)工程材料、构配件或设备报审表(B.0.6)。本表用于承包单位将进入施工现场的工程材料、构配件经自检合格后，由承包单位项目经理签章，向工程项目监理部申请验收；对运到施工现场的设备，经检查包装无破损，向项目监理部申请验收，并移交给设备安装单位。工程材料、构配件还应注明使用部位。随本表应同时报送材料、构配件、设备数量清单、质量证明文件(产品出厂合格证、材质化验单、厂家质量检验报告、厂家质量保证书、进口商品海关报检证书、商检证等)、自检结果文件(如复检、复试合格报告等)。

项目监理部应对进入施工现场的工程材料/构配件进行检验(包括抽验、平行检验、见证取样送检等);对进厂的大中型设备要会同设备安装单位共同开箱验收。检验合格时，监理工程师在本表上签认，注明质量控制资料和材料试验合格的相关说明；检验不合格时，在本表上签批不同意验收，工程材料、配件、设备应清退出场。

(6)报审/报验表(B. 0. 7)。本表主要用于承包单位向监理单位的工程质量检查验收申报。用于隐蔽工程的检查和验收时，承包单位必须完成自检并附有相应工序、部位的工程质量检查记录；用于施工放样报检时应附有承包单位的施工放样成果；用于分项、分部、单位工程质量验收时应附有相关符合质量验收标准的资料及规范规定的表格。

(7)监理通知回复(B. 0. 9)。本表用于承包单位接到项目监理部的“监理通知单”(A. 0. 3)，并已完成了监理工程师通知单上的工作后，报请项目监理部进行核查。表中应对监理工程师通知单中所提问题产生的原因、整改经过和今后预防同类问题准备采取的措施进行详细的说明，且要求承包单位对每一份监理工程师通知都要予以答复。监理工程师应对本表所述完成的工作进行核查，签署意见，批复给承包单位。本表一般可由专业工程监理工程师签认，重大问题由总监理工程师签认。

(8)单位工程竣工验收报审表(B. 0. 10)。在单位工程竣工，承包单位自检合格，各项竣工资料齐备后，承包单位填报本表向工程项目监理部申请竣工验收。表中附件是指可用于证明工程已按合同约定完成并符合竣工验收要求的资料。总监理工程师收到本表及附件后，应组织各专业工程监理工程师对竣工资料及各专业工程的质量进行全面检查，对检查出的问题，应督促承包单位及时整改，合格后，总监理工程师签署本表，并向建设单位提出质量评估报告，完成竣工预验收。

(9)工程款支付报审表(B. 0. 11)。在分项、分部工程或按照施工合同付款的条款完成相应工程的质量已通过监理工程师认可后，承包单位要求建设单位支付合同内项目及合同外项目的工程款时，填写本表向工程项目监理部申报，附件有：

①用于工程预付款支付申请时：施工合同中有关规定的说明。

②在申请工程进度款支付时：已经核准的工程量清单，监理工程师的审核报告、款额计算和其他有关的资料。

③合同内项目及合同外项目其他应附的付款凭证。

工程项目监理部的专业工程监理工程师对本表及其附件进行审批，提出审核记录及批复建议。同意付款时，应注明应付的款额及其计算方法，报总监理工程师审批，并将审批结果以“工程款支付证书”(A. 0. 8)批复给施工单位并通知建设单位。

(10)费用索赔报审表(B. 0. 13)。本表用于费用索赔事件结束后，承包单位向项目监理部提出费用索赔时填报。在本表中详细说明索赔事件的经过、索赔理由、索赔金额的计算等，并附有必要的证明材料，经过承包单位项目经理签字。总监理工程师应组织监理工程师对本表所述情况及所提的要求进行审查与评估，并与建设单位协商后，在施工合同规定的期限内签署意见；或要求承包单位进一步提交详细资料后重报申请，批复承包单位。

(11)工程临时延期或最终延期报审表(B. 0. 14)。本表用于工程项目监理部接到承包单位报送的工程临时延期或最终延期报审表(B. 0. 14)后，对申报情况进行调查、审核与评估后，初步做出是否同意延期申请的批复。表中应写明总监理工程师同意或不同意工程延期的理由和依据。如同意，应注明暂时同意工期延长的日数、延长后的竣工日期。同时应指令承包单位在工程延长期间，随延期时间的推移，应陆续补充的信息与资料。本表由总监理工程师签发，签发前应征得建设单位同意。

3. 各方通用表(C类表)

(1)工作联系单(C.0.1)。本表适用于参与建设工程的建设、施工、监理、勘察设计相互之间就有关事项的联系。

(2)工程变更单(C.0.2)。本表适用于参与建设工程的建设、施工、勘察设计、监理各方使用，在任一方提出工程变更时都要先填该表。

4. 监理日志

根据《建设工程监理规范》(GB 50319—2013)规定，由专业工程监理工程师根据本专业监理工作的实际情况做好监理日志，监理员做好监理日志和有关的监理记录。监理日志由专人妥善保管，待工程竣工后统一交公司归档。

监理日志是监理单位对工程建设监理的重要的原始资料之一。同时记录着监理的业绩，记录着工程质量、进度、投资控制的过程情况，是监理工作重要的档案之一。

监理日志记录的内容包括：①日期、天气情况、当日气温；②当日施工情况：主要施工内容及完成情况，主要工程材料、设备的进场情况，安全、文明施工情况；③当日监理工作情况(关键部位或关键工序的旁站、见证、巡视、平行检验或验收情况)；④当日存在的问题及处理情况；⑤其他事项(包括外部检查，来访和会见，工地有关问题协调情况等)。

5. 监理通知单

(1)签发监理通知单的基本要求。

①签发的监理通知单编号应连续，每份监理通知单均应有回复单并对回复的内容进行查验复核，能逐条闭合并签字完整。

②监理通知单表述的内容必须清楚、语言规范、处理意见明确。

③签发监理通知单时注意时效性，应及时签发，必要时把签发时的具体时间写清楚。

(2)签发监理通知单的注意事项。在撰写监理通知单时，一方面要坚持原则，分清责任，既要提出问题所在，还要提出解决问题的要求和应当达到的目标；另一方面，内容应准确、完整，条理性强，表达清晰且要符合一定的格式要求。监理通知单在用词上要区别对待。对要求严格程度不同的用词，应分别采用“必须”“严禁”“应”“不应”“不得”或“宜”“可”“不宜”等，和规范的用词一样，保持严肃与严谨的态度。

6. 旁站记录

旁站监理是监理人员控制工程质量，保证项目目标实现必不可少的重要手段。旁站监理部位往往是那些施工难度大、技术要求高、难以检查、出现问题后难以处理的关键部位或关键工序。因此真实、准确地记录好旁站情况，对于每一位旁站监理人员来说至关重要。建设部〔2002〕189号文印发的《房屋建筑工程施工旁站管理办法(试行)》，对如何写好旁站记录表提出一些要求，供各监理人员在工作中参考执行。

(1)旁站记录的要求。旁站记录应真实、及时、准确、全面反映关键部位或关键工序的有关情况。文字书写应工整、清晰，语言表达应简明扼要，措辞严谨。旁站记录应尽量采用专业术语，不用过多的修饰词语，更不要夸大其词。涉及数量的地方，应写清准确的数字。

(2)旁站监理记录的主要内容。

①基本情况：天气情况、现场人员情况、施工起止时间、施工部位、完成的工程量等。

②施工情况：关键部位或关键工序的施工过程情况、试验与检验情况、材料的使用情况、质量保证体系运行情况等。

③管理情况：旁站过程中监理人员发出的指令、施工单位提出的问题及监理人员的回复、各方指示(如建设单位、总监理工程师或专业监理工程师对旁站监理人员的指示等)。

(3)监理人员应对旁站记录定期整理，并报建设单位审阅。

7. 监理例会会议纪要

监理例会是履约各方沟通情况、交流信息、协调处理、研究解决合同履行中存在的各方面问题的主要协调方式。会议纪要由项目监理部根据会议记录整理，主要内容包括：

(1)会议地点及时间。

(2)会议主持人。

(3)与会人员姓名、单位、职务。

(4)会议主要内容、议决事项及其负责落实单位、负责人和时限要求。

(5)其他事项。

对于会议上意见不一致的重大问题，应将各方的主要观点，特别是相互对立的意见记入“其他事项”中。会议纪要的内容应准确如实，简明扼要，经总监理工程师审阅，与会各方代表会签，发至合同有关各方，并应有签收手续。

8. 监理月报

(1)监理月报是向建设单位汇报工程实施情况和工程中存在的困难及尚待解决的问题。根据《建设工程监理合同(示范文本)》(GF—2012—0202)的要求，项目监理部向建设单位报送监理月报。定期报送监理月报也是项目监理部与建设单位沟通的一种方式，通过监理月报，建设单位可以及时并充分地了解和掌握监理工作状况。

(2)监理月报是向监理单位汇报工程监理项目情况。通过监理月报，使监理单位掌握项目监理情况，有效地了解工程质量、进度、投资控制和合同、安全管理及组织协调等尚存在的问题和经验教训等，便于监理单位及时指导和总结控制。

(3)监理月报可作为项目监理部本月的工作总结和下一阶段监理工作的计划和部署。监理月报对项目监理部工作也具有指导作用，总结过去有助于更好地对今后的监理工作改进和完善。

(4)编制要求。

①监理月报应由总监理工程师按月(一般正常资料统计时间为每月二十五日)组织编制，应客观、公正、真实、准确地反映本月工程进展情况和监理工作实施情况，抓住重点、分清主次、简明扼要，规范化和格式化地编制叙述，确保信息沟通与交流、便于决策和指导工程项目管理的动态信息反馈。

②编制依据：监理月报是由现场工程项目专业监理工程师编制整理，呈报给建设单位和监理单

位主管部门审阅的工程动态文件资料，突出和集中反映本月工程的特点、难点和注意事项，重在平日的数据采集，监理日志及监理日报，本月发放的通知单、联系单、会议纪要、备忘录等常规书面文件均为监理月报的编制依据，同时常规的检查和检测数据也是分析对比的重要依据。

③监理月报的内容，根据建设工程规模大小决定汇总内容的详细程度，具体包括以下内容：

A. 工程概况：本月工程概况、本月施工基本情况。

B. 本月工程形象进度。

C. 工程进度：本月实际完成情况与计划进度比较、对进度完成情况及采取措施效果的分析。

D. 工程质量：本月工程质量分析、本月采取的工程质量措施及效果。

E. 工程计量与工程款支付：工程量审核情况、工程款审批情况及支付情况、工程款支付情况分析、本月采取的措施及效果。

F. 合同其他事项的处理情况：工程变更、工程延期、费用索赔。

G. 本月监理工作小结：对本月进度、质量、工程款支付等方面情况的综合评价，本月监理工作情况，有关本工程的建议和意见，下月监理工作的重点。

9. 监理工作总结

监理总结有工程竣工总结、专题总结、月报总结三类，按照《建设工程文件归档整理规范(2019年版)》(GB/T 50328—2014)的要求，三类总结在建设单位都属于要长期保存的归档文件，专题总结和月报总结在监理单位属于短期保存的归档文件，而工程竣工总结属于要报送城建档案管理部门的监理归档文件。

工程竣工的监理总结内容有六点：

(1)工程概况。

(2)监理组织机构、监理人员和投入的监理设施。

(3)监理合同履行情况。

(4)监理工作成效。

(5)施工过程中出现的问题及其处理情况和建议(该内容为总结的要点，主要内容有质量问题、质量事故、合同争议、违约、索赔等处理情况)。

(6)工程照片(有必要时)。

8.3.4 建设工程监理文件档案资料管理

建设工程监理文件档案资料管理，是建设工程信息管理的一项重要工作。它是监理工程师实施工程建设监理，进行目标控制的基础性工作。在监理组织机构中必须配备专门的人员负责监理文件和档案的收发、管理、保存工作。

1. 建设工程监理文件档案资料管理的基本概念

(1)监理文件档案资料管理的基本概念。所谓建设工程监理文件档案资料的管理，是指监理工程师受建设单位委托，在进行建设工程监理的工作期间，对建设工程实施过程中形成的与监理相关的文件和档案进行收集积累、加工整理、立卷归档和检索利用等的一系列工作。

(2)监理文件档案资料管理的意义。

①对监理文件档案资料进行科学管理，可以为建设工程监理工作的顺利开展创造良好的前提条

件。建设工程监理的主要任务是进行工程项目的目标控制，而控制的基础是信息。如果没有信息，监理工程师就无法实施有效的控制。在建设工程实施过程中产生的各种信息，经过收集、加工和传递，以监理文件档案资料的形式进行管理和保存，会成为有价值的监理信息资源，它是监理工程师进行建设工程目标控制的客观依据。

②对监理文件档案资料进行科学管理，可以极大地提高监理工作效率。监理文件档案资料经过系统、科学的整理归类，形成监理文件档案资料库，当监理工程师需要时，就能进行系统、科学的管理，使其在建设工程监理工作中得到充分利用。

2. 建设工程监理文件档案资料管理的主要内容

建设工程监理文件档案资料管理的主要内容是：监理文件和档案收文与登记，监理文件档案资料传阅，监理文件资料发文与登记，监理文件档案资料分类存放，监理文件档案资料归档，监理文件档案资料借阅、更改与作废。

(1)监理文件和档案收文与登记。所有收文应在收文登记表上进行登记(按监理信息分类别进行登记)。应记录文件名称、文件摘要信息、文件的发放单位(部门)、文件编号以及收文日期，必要时应注明接收文件的具体时间，最后由项目监理部负责收文人员签字。

(2)监理文件档案资料传阅。由建设工程项目监理部总监理工程师或其授权的监理工程师确定文件、记录是否需传阅，如需传阅应确定传阅人员名单和范围，并注明在文件传阅纸上，随同文件和记录进行传阅。也可按文件传阅纸样式刻制方形图章，盖在文件空白处，代替文件传阅纸。每位传阅人员阅后应在文件传阅纸上签名，并注明日期。文件和记录传阅期限不应超过该文件的处理期限。传阅完毕后，文件原件应交还信息管理人员归档。

(3)监理文件资料发文与登记。发文由总监理工程师或其授权的监理工程师签名，并加盖项目监理部图章，对盖章工作应进行专项登记。如为紧急处理的文件，应在文件首页标注“急件”字样。所有发文按监理信息资料分类和编码要求进行分类编码，并在发文登记表上登记。登记内容包括：文件资料的分类编码、发文文件名称、摘要信息、接收文件的单位(部门)名称、发文日期(强调时效性的文件应注明发文的具体时间)。收件人收到文件后应签名。

发文应留有底稿，并附一份文件传阅纸，信息管理人员根据文件签发人指示确定文件责任人和相关传阅人员。文件传阅过程中，每位传阅人员阅后应签名并注明日期。发文的传阅期限不应超过其处理期限。重要文件的发文内容应在监理日记中予以记录。项目监理部的信息管理人员应及时将发文原件归入相应的资料柜(夹)中，并在目录清单中予以记录。

(4)监理文件档案资料分类存放。监理文件档案经收/发文、登记和传阅工作程序后，必须使用科学的分类方法进行存放，这样既可满足项目实施过程查阅、求证的需要，又方便项目竣工后文件和档案的归档和移交。项目监理部应备有存放监理信息的专用资料柜和用于监理信息分类归档存放的专用资料夹。在大中型项目中应采用计算机对监理信息进行辅助管理。

项目建设过程中文件和档案的具体分类原则应根据工程特点制定，监理单位的技术管理部门可以明确本单位文件档案资料管理的框架性原则，以便统一管理并体现出企业的特色。下文推荐的施工阶段监理文件和档案分类方法供监理工程师在具体项目操作中予以参考。需要注意的是，下文提出的分类方法在监理开展工作过程中使用，与前文中监理资料分类方法有所区别，后者指的是项目竣工后监理单位应交给建设单位以及地方城建档案管理部门的资料，这些资料只是监理工作之中需要和产生文件和档案的一小部分。

监理信息的分类可按照本部分内容定出框架，同时应考虑所监理工程项目的施工顺序、施工承包体系、单位工程的划分以及质量验收工作程序并结合自身监理业务工作的开展情况进行分类的编排，原则上可考虑按承包单位、按专业施工部位、按单位工程等划分，以保证监理信息检索和归档工作的顺利进行。

信息管理部门应注意建立适宜的文件档案资料存放地点，防止文件档案资料受潮霉变或虫害侵蚀。

资料夹装满或工程项目某一分部或单位工程结束时，资料应转存至档案袋，袋面应以相同编号标识。

如资料缺项时，类号、分类号不变，资料可空缺。

(5)监理文件档案资料归档。监理文件档案资料归档内容、组卷方法以及监理档案的验收、移交和管理工作，应根据现行《建设工程监理规范》及《建设工程文件归档整理规范》并参考工程项目所在地区建设工程行政主管部门、建设监理行业主管部门、地方城市建设档案管理部门的规定执行。

对一些需连续产生的监理信息，如对其有统计要求，在归档过程中应对该类信息建立相关的统计汇总表格以便进行核查和统计，并及时发现错漏之处，从而保证该类监理信息的完整性。

在对监理文件档案资料的归档保存中，应严格遵循保存原件为主、复印件为辅和按照一定顺序归档的原则。如在监理实践中出现作废和遗失等情况，应明确地记录作废和遗失原因、处理的过程。

如采用计算机对监理信息进行辅助管理的，当相关的文件和记录经相关责任人员签字确定、正式生效并已存入项目部相关资料夹中时，计算机管理人员应将储存在计算机中的相关文件和记录的文件属性改为“只读”，并将保存的目录记录在书面文件上以便查阅。在项目文件档案资料归档前不得将计算机中保存的有效文件和记录删除。

按照现行《建设工程文件归档整理规范(2019 年版)》(GB/T 50328—2014)，监理文件有 10 大类 27 个，要求在不同的单位归档保存，现分述如下：

①监理规划。

②监理月报中的有关质量问题(建设单位长期保存，监理单位长期保存，送城建档案管理部门保存)。

③监理会议纪要中的有关质量问题(建设单位长期保存，监理单位长期保存，送城建档案管理部门保存)。

④进度控制。

⑤质量控制。

⑥造价控制。

⑦分包资质。

⑧监理通知。

⑨合同与其他事项管理。

⑩监理工作总结。

(6)监理文件档案资料借阅、更改与作废。项目监理部存放的文件和档案原则上不得外借，如政府部门、建设单位或施工单位确有需要，应经过总监理工程师或其授权的监理工程师同意，并在信息管理部门办理借阅手续。

监理人员在项目实施过程中需要借阅文件和档案时，应填写文件借阅单，并明确归还时间。

信息管理人员办理有关借阅手续后，应在文件夹的内附目录上做特殊标记，以避免其他监理人员查阅该文件时找不到文件而导致工作混乱。

监理文件档案的更改应由原制定部门相应责任人执行，涉及审批程序的，由原审批责任人执行。若指定其他责任人进行更改和审批，新责任人必须获得所依据的背景资料。监理文件档案更改后，由信息管理部门填写监理文件档案更改通知单，并负责发放新版本文件。发放过程中必须保证项目参建单位中所有相关部门都得到相应文件的有效版本。文件档案换发新版时，应由信息管理部门负责将原版本收回作废。考虑到日后有可能出现追溯需求，信息管理部门可以保存作废文件的样本以备查阅。

基础考核

一、单项选择题(每题的备选项中，只有1个最符合题意)

1. 归档整理规范要求长期、永久保存的工程资料不得用(　　)。

A. 碳素墨水书写　　B. 蓝黑墨水书写

C. 圆珠笔书写　　D. 光盘

2. 一个建设工程由多个单位工程组成，工程文件应按(　　)组卷。

A. 单项工程　　B. 单位工程　　C. 分部工程　　D. 分项工程

3. 同一案卷内有不同密级的文件，应以(　　)为本卷密级。

A. 低密级　　B. 中密级　　C. 高密级　　D. 以上均可

4. 施工文件可按(　　)等组卷。

A. 建设程序、专业、形成单位

B. 单位工程、分部工程、专业、阶段

C. 单项工程、单位工程、分部工程、分项工程

D. 单位工程、专业

5. 工程技术档案：永久是指工程档案需要永久保存，长期是指工程档案保存期限等于工程使用寿命，短期是指工程档案保存(　　)年以下。

A. 5　　B. 10　　C. 15　　D. 20

二、多项选择题(每题的备选项中，有2个或2个以上符合题意，至少有1个错项)

1. 信息的基本特征有(　　)。

A. 真实性　　B. 时效性

C. 系统性　　D. 完全性

E. 全面性

2. 以下资料不属于施工资料的是(　　)。

A. 项目立项文件　　B. 监理工作记录

C. 施工测量记录　　D. 商务文件

E. 竣工图

3. 以下属于工程准备阶段文件的有(　　)。

A. 招投标文件　　B. 开工审批文件

C. 财务文件　　D. 监理规划

E. 建设、施工、监理项目管理机构及负责人

4. 归档文件的质量要求(　　)。

A. 归档的工程文件可以为复印件　　B. 所有竣工图均应加盖竣工验收图章

C. 可以用铅笔书写材料　　D. 文字材料图幅宜为A4

E. 当图纸修改部分超过1/3时，应当重新绘制竣工图

5. 下列说法正确的有(　　)。

A. 工程文档密级分为绝密、机密和秘密　　B. 保管期限分为永久、长期和短期

C. 工程档案套数可以是一套　　D. 短期工程档案的保存期限是10年

E. 不同密级的文件，应以低密级为本卷密级

技能实训

星河大厦建设工程项目的业主与某监理公司和某建筑工程公司分别签订了建设工程施工阶段委托监理合同和建设工程施工合同。为了能及时掌握准确、完整的信息，依靠有效的信息对该建设工程的质量、进度、投资实施最佳控制，项目总监理工程师召集了有关监理人员专门讨论了如何加强监理文件档案资料的管理问题，涉及有关监理文件档案资料管理的意义、内容和组织等方面的问题。

【问题】

1. 你认为对监理文件档案资料进行科学管理的意义何在?

2. 在项目监理部，对监理文件档案资料管理部门和实施人员的要求如何?

3. 监理文件档案资料管理的主要内容是哪些?

链接执考

1.(单项选择题)根据《建设工程监理规范》，下列施工单位报审表中，需要总监理工程师签字并加盖执业印章的是(　　)。(2019年注册监理工程师考试真题)

A. 监理通知回复单　　B. 施工组织设计报审表

C. 分部工程报验表　　D. 工程复工报审表

2.(单项选择题)根据《建设工程监理规范》，下列工程资料中，需要建设单位签署审批意见的是(　　)。(2019年注册监理工程师考试真题)

A. 监理规划

B. 施工组织设计

C. 工程暂停令

D. 超过一定规模的危险性较大的分部分项工程专项施工方案

3.(多项选择题)下列表式中，属于各方通用表式的有(　　)。(2019 年注册监理工程师考试真题)

A. 工程开工报审表　　B. 工程变更单

C. 索赔意向通知单　　D. 费用索赔报审表

E. 单位工程竣工验收报审表

4.(多项选择题)根据《建设工程监理规范》，监理文件资料应包括的主要内容有(　　)。(2019 年注册监理工程师考试真题)

A. 监理规划、监理实施细则　　B. 施工控制测量成果报验文件资料

C. 施工安全教育培训证书　　D. 施工设备租赁合同

E. 见证取样文件资料

5.(多项选择题)为了进行科学的信息加工和整理，工程监理人员需要结合工程监理与相关服务工作绘制的流程图有(　　)。(2020 年注册监理工程师考试真题)

A. 业务流程图　　B. 组织流程图

C. 资源流程图　　D. 工艺流程图

E. 数据流程图

6.(单项选择题)关于工程档案的说法，正确的是(　　)。(2021 年注册监理工程师考试真题)

A. 工程档案保管期限分为永久、长期、短期三种

B. 工程档案文件项经项目监理机构审查盖章

C. 永久保管是指工程档案保存到该工程的设计使用年限

D. 应归档的文件必须是纸质文件原件

7.(单项选择题)项目管理知识体系中，为确保项目及其利益相关者的信息需求得到满足而进行的必要管理过程称为(　　)。(2021 年注册监理工程师考试真题)

A. 项目沟通管理　　B. 项目资源管理

C. 项目范围管理　　D. 项目利益相关者管理

参考文献

[1]徐锡权，金从. 建设工程监理概论[M]. 北京：北京大学出版社，2008.

[2]中国建设监理协会. 建设工程进度控制[M]. 北京：中国建筑工业出版社，2011.

[3]安德锋. 建设工程信息管理[M]. 北京：北京理工大学出版社，2009.

[4]徐锡权，李海涛. 建设工程监理概论[M]. 北京：冶金工业出版社，2010.

[5]于惠中. 建设工程监理概论[M]. 北京：机械工业出版社，2010.

[6]郭阳明. 工程建设监理概论[M]. 北京：北京理工大学出版社，2009.

[7]高兴元，胡岩. 建设工程监理概论[M]. 北京：机械工业出版社，2009.

[8]中国建设监理协会. 建设工程监理概论[M]. 北京：中国建筑工业出版社，2015.